Lesley Smart
Elaine Moore

Einführung in die Festkörperchemie

Lesley Smart
Elaine Moore

Einführung in die Festkörperchemie

Aus dem Englischen übersetzt
von Arno Martin

Mit einem Geleitwort von Wolfgang Schnick

Springer Fachmedien Wiesbaden GmbH

Originalausgabe:
© 1992, 1995 Lesley Smart und Elaine Moore
Authorised translation from English language edition "Solid State Chemistry"
published by Chapman & Hall, London, UK

Internetadresse: http://www.vieweg.de

Gedruckt auf säurefreiem Papier

ISBN 978-3-540-67066-7   ISBN 978-3-642-59283-6 (eBook)
DOI 10.1007/978-3-642-59283-6

Geleitwort zur deutschen Auflage

Bei oberflächlicher Betrachtung könnte der Begriff „Festkörperchemie" den Eindruck erwecken, daß sich dieser Wissenschaftszweig ausschließlich mit nur einem der drei Aggregatzustände – den Feststoffen – beschäftigt. Die scheinbar einseitige Hervorhebung einer Zustandsform ergibt sich jedoch daraus, daß anders als in der Gasphase und im flüssigen Zustand komplexe und kollektive Wechselwirkungen auftreten, die die faszinierenden Materialeigenschaften von Festkörper-Verbindungen wie Supraleitern, Ionenleitern, Ferroelektrika oder Zeolithen erst ermöglichen. Feste Substanzen sind also das Ziel eines Festkörperchemikers, dennoch wird bei der Synthese solcher Verbindungen nicht auf den Gebrauch flüssiger und gasförmiger Phasen verzichtet. Neben typischen Festkörperreaktionen gehören also auch die Kristallzucht aus der Schmelze, der chemische Transport wie auch die chemische Gasphasenabscheidung (CVD) zum vielfältigen Methodenspektrum der präparativen Festkörperchemie.

Um die Eigenschaften typischer Festkörperverbindungen zu verstehen, wird ein umfangreiches Arsenal von Untersuchungsmethoden eingesetzt. Die Festkörperchemie findet sich deshalb im interdisziplinären Überlappungsbereich zwischen Anorganischer Chemie, Physik, Kristallographie, Materialwissenschaft und Mineralogie. Neben Kristallstrukturanalysen setzt die moderne Festkörperchemie auch zahlreiche spektroskopische und physikalische Untersuchungsverfahren ein.

All die genannten Aspekte von Präparation, Untersuchung und Verständnis moderner Festkörperverbindungen werden in dem vorliegenden einführenden Lehrbuch von Lesley E. Smart und Elaine A. Moore berücksichtigt. Dabei ist es in einzigartiger Weise gelungen, eine mitreißende Einführung in die Arbeitstechniken und Ziele dieser aktuellen Disziplin zu bieten. Vielfach werden Anwendungen moderner Festkörper-Verbindungen hervorgehoben und feste Materialien als eine faszinierende Welt von Stoffen dargestellt, die wirklich „etwas können". Ebenso kurz wie exakt, aber dennoch spannend beschreiben die Autorinnen die wichtigsten Aspekte einer facettenreichen, modernen Wissenschaft. Das Buch ist ideal geeignet als begleitendes Lehrbuch für eine Vorlesung über Festkörperchemie, und ich empfehle meinen Studenten seit Jahren den Gebrauch der englischen Originalausgabe. Um so mehr habe ich mich gefreut, daß nun eine deutsche Übersetzung der überarbeiteten 2. und wesentlich vervollständigten Auflage vorliegt. Gerade in Deutschland, wo die Festkörperchemie wesentliche Wurzeln, eine große Tradition und aktive Gegenwart aufweist, wünsche ich diesem Lehrbuch eine große Verbreitung und vielfältige Anwendung.

Wolfgang Schnick
Universität Bayreuth

Vorwort zur zweiten Auflage

Erfreulicherweise sind wir gebeten worden, eine zweite Auflage diese Buches vorzubereiten. Als wir überprüft haben, welche Änderungen – außer einer notwendigen Aktualisierung – vorzunehmen wären, gab uns der Herausgeber den Rat: „If it ain't broke, don't fix it." Leser hatten uns vorgeschlagen, etwa fünf weitere Themen zu behandeln, jedoch mit der Bedingung, daß das Buch nicht umfangreicher und vor allem nicht teurer wird. Was nun vorliegt, ist der Versuch, das Unmögliche möglich zu machen. Wir hoffen, daß wir dabei einige von diesen Wünschen, wenn auch nicht alle, erfüllt haben.

Die wichtigsten Änderungen gegenüber der ersten Ausgabe sind zwei neue Kapitel: Kapitel 2 über Röntgendiffraktometrie und Kapitel 3 zu präparativen Methoden. Eine kurze Diskussion der Symmetrieelemente ist in Kapitel 1 aufgenommen worden. Andere Erweiterungen sind Einführung in die ALPOs und die Ton-Mineralien in Kapitel 7 und in die Ferroelektrika in Kapitel 9. Für ein ausreichendes Behandeln der Phasenregel war einfach nicht genügend Platz, und wir empfehlen den Lesern hierfür die ausgezeichneten Standardlehrbücher der Physikalischen Chemie, wie das von Atkins. Wir hoffen, daß das Buch den größten Teil des Lehrmaterials zur Festkörperchemie enthält, das im Grundstudium benötigt wird.

Wir fühlen uns Prof. Tony Cheetham verpflichtet, der durch seine Vorlesungen an der Oxford University und durch seine ausgezeichnet illustrierten Arbeiten, die er und seine Mitarbeiter veröffentlicht haben, unser Interesse an diesem Gegenstand geweckt hat. Wir danken auch Dr. Paul Raithby für die Anmerkungen, die er zu Teilen des Manuskripts beigesteuert hat.

Natürlich danken wir auch unseren Kollegen von der „Open University" für ihre Unterstützung und vor allem den Mitgliedern des Lunch-Klubs, die mitgeholfen haben, daß uns weder der Verstand noch die gute Laune verlassen haben. Schließlich danken wir auch unseren Familien, die sich mit uns abgefunden haben, und besonders unseren Kindern, die in bewundernswerter Weise mit ihren zunehmend zerstreuter werdenden, akademisch arbeitenden Müttern fertig geworden sind. Ihnen ist unser Buch gewidmet.

Lesley E. Smart und Elaine A. Moore
Open University, Walton Hall, Milton Keynes

Vorwort zur ersten Auflage

Die Idee zu diesem Buch kam uns bei der Beteiligung an dem Kursus „Anorganische Chemie" (S 343) der „Open University". Als der Lehrkörper über den Inhalt dieses Kursus beraten hat, meinten wir, daß sich die Festkörperchemie zu einem derartig interessanten und wichtigen Gebiet entwickelt hat, daß sie in diesem Zusammenhang mit behandelt werden muß. Es war auch bekannt, daß dieser Stoff an vielen Universitäten im Lehrplan des Grundstudiums eine größere Rolle spielt, bedingt durch die geradezu aufregenden neuen Entwicklungen der Festkörperchemie.

Trotz der wachsenden Bedeutung der Festkörperchemie fanden wir nur wenige Lehrbücher, die die Festkörpertheorie mehr von einem chemischen als von einem physikalischen Standpunkt aus behandeln. Die meisten davon waren eher auf fortgeschrittene Studenten und Postgraduierte zugeschnitten als auf Anfänger. Wir fühlten, daß ein Buch benötigt wird, das aus dem Blickwinkel des Chemikers für Anfänger geschrieben ist. Der vorliegende Text ist ein Versuch, ein derartiges Buch herauszugeben.

Da ein Buch dieses Umfangs nicht alle Schwerpunkte der Festkörperchemie enthalten kann, haben wir beschlossen, uns auf Strukturen und Bindungsverhältnisse in Festkörpern zu konzentrieren und auf die Zusammenhänge zwischen der Kristall- und der elektronischen Struktur, wodurch ihre Eigenschaften bestimmt werden. An Beispielen wird gezeigt, wie die Auswahl eines bestimmten Feststoffes für die Anwendung zu einem speziellen Zweck von den Eigenschaften dieses Festkörpers beeinflußt wird.

Kapitel 1 ist eine Einführung in die Kristallstrukturen und das Modell der Ionenbindung. Es werden viele Strukturen vorgestellt, die in späteren Kapiteln benötigt werden, und es werden die Konzepte der Ionenradien und Gitterenergien diskutiert. Auch die Vorstellungen von dichtest gepackten Kugelschichten mit oktaedrischen und tetraedrischen Hohlräumen sind hier enthalten. Sie werden später benutzt, um einige Festkörpereigenschaften zu erklären.

Kapitel 2 führt die Bändertheorie von Festkörpern ein, ausgehend von der dem Chemiker geläufigen Molekülorbital-Theorie. Physiker leiten das Bändermodell von der Theorie der freien Elektronen her. Diese Vorgehensweise ist der Vollständigkeit halber ebenfalls enthalten. In diesem Kapitel werden auch die elektronische Leitfähigkeit von Festkörpern und einzelne Eigenschaften und Anwendungen von Halbleitern diskutiert.

Kapitel 3 beschäftigt sich mit nicht-idealen Festkörpern. Den wesentlichen Inhalt bilden die Defekt-Typen und die Art und Weise, in der sie im realen Festkörper organisiert sind. Defekte führen zu interessanten und für eine Anwendung nützlichen Eigenschaften, die an Hand verschiedener Beispiele, wie Photographie und Feststoffbatterien, hier besprochen werden.

Die restliche Kapitel beschäftigen sich mit einer Eigenschaft oder einer besonderen Klasse von Festkörpern. Kapitel 4 beschreibt ein- und zweidimensionale Festkörper mit ihren anisotropen Eigenschaften. In Kapitel 5 werden die Zeolithe abgehandelt, eine interessante Verbindungsklasse, deren Struktur durch ihre Eigenschaften gut widergespiegelt wird und die in der Industrie in großem Ausmaß benutzt wird, zum Beispiel als Katalysatoren. In Kapitel 6 werden die optischen Eigenschaften und im Kapitel 7 die magnetischen Eigenschaften von Festkörpern besprochen. Schließlich wird in Kapitel 8 das spannende Gebiet der Supraleiter behandelt, darunter auch die relativ neuen Hochtemperatur-Supraleiter.

Die zugrundeliegende Betrachtungsweise ist bewußt eine nicht-mathematische, und es wird nur mit Gedankengut gearbeitet, das Anfängern im 1. Studienjahr geläufig ist. Zum Beispiel wird die Differentialrechnung nur auf ein oder zwei Seiten benutzt. Leser, die damit nicht vertraut sind, haben keine Schwierigkeiten, das übrige Buch zu verstehen. Themen von der Art der Ligandenfeldtheorie werden nicht behandelt.

Da dieses Buch aus einem Text der „Open University" hervorgegangen ist, betrachten wir es als Pflicht, uns für die Hilfe und die Unterstützung unserer Kollegen aus dem Lehrkörper des Kursus zu bedanken, vor allem bei Dr. David Johnson und Dr. Kiki Warr. Wir sind auch Dr. Joan Mason dankbar, die große Teile des Manuskripts gelesen und beurteilt hat, sowie dem anonymen Gutachter, dem der Verlag Chapman & Hall das Originalmanuskript vorgelegt hat, und der gründliche und nützliche Anmerkungen dazu gemacht hat.

Die Begeisterung für den faszinierenden Gegenstand des Buches hat den Autorinnen geholfen, die mit dem Niederschreiben verbundene unvermeidliche Belastung zu ertragen. Wir hoffen, daß sich von dieser Begeisterung etwas auf die Leser überträgt.

Die sieben SI-Basisgrößen[1]

Größe (Symbol)	Name der SI-Einheit	Symbol
Länge (l)	Meter	m
Masse (m)	Kilogramm	kg
Zeit (t)	Sekunde	s
Elektrische Stromstärke (I)	Ampere	A
Thermodynamische Temperatur (T)	Kelvin	K
Stoffmenge (n)	Mol	mol
Lichtstärke (I_v)	Candela	cd

---

[1] SI = Système International d'Unités

Abgeleitete SI-Einheiten mit speziellen Namen und Symbolen

Größe (Symbol)	Name der SI-Einheit	Symbol	Einheit ausgedrückt durch SI-Basiseinheiten (sowie in äquivalenten Einheiten)
Frequenz (ν)	Hertz	Hz	s^{-1}
Energie (E), Enthalpie (H)	Joule	J	$kg\ m^2\ s^{-2} = N\ m$
Kraft (F)	Newton	N	$kg\ m\ s^{-2} = J\ m^{-1}$
Leistung (P)	Watt	W	$kg\ m^2\ s^{-3} = J\ s^{-1}$
Druck (p)	Pascal	Pa	$kg\ m^{-1}\ s^{-2} = N\ m^{-2} = J\ m^{-3}$
elektrischeLadung (Q)	Coulomb	C	$A\ s$
elektrische Spannung (U)	Volt	V	$kg\ m^2\ s^{-3}\ A^{-1} = J\ C^{-1}$
elektrische Kapazität (C)	Farad	F	$A^2\ s^4\ kg^{-1}\ m^{-2} = A\ s\ V^{-1} = C\ V^{-1}$
elektrischer Widerstand (R)	Ohm	Ω	$kg\ m^2\ s^{-3}\ A^{-2} = V\ A^{-1}$
elektrischer Leitwert (G)	Siemens	S	$kg^{-1}\ m^{-2}\ s^3\ A^2 = A\ V^{-1} = \Omega^{-1}$
magnetische Flußdichte (B)	Tesla	T	$kg\ s^{-2}\ A^{-1} = V\ s\ m^{-2} = J\ s\ C^{-1}\ m^{-2}$

SI-Präfixe

Folgende Präfixe können benutzt werden, um dezimale Vielfache und Teile der SI-Einheiten zu bezeichnen:

Teil	Vorsatz	Symbol	Vielfaches	Vorsatz	Symbol
10^{-1}	Dezi	d	10	Deka	da
10^{-2}	Zenti	c	10^2	Hekto	h
10^{-3}	Milli	m	10^3	Kilo	k
10^{-6}	Mikro	μ	10^6	Mega	M
10^{-9}	Nano	n	10^9	Giga	G
10^{-12}	Pico	p	10^{12}	Tera	T
10^{-15}	Femto	f	10^{15}	Peta	P
10^{-18}	Atto	a	10^{18}	Exa	E

Fundamentalkonstanten[2]

Konstante	Symbol	Zahlenwert	Einheit
Lichtgeschwindigkeit im Vakuum	c_0	299 792 458 (definiert)	$\mathrm{m\ s^{-1}}$
Permeabilität des Vakuums	μ_0	$4\pi \cdot 10^{-7}$ (definiert)	$\mathrm{V\ s\ A^{-1}\ m^{-1}}$
Permittivität des Vakuums	$\varepsilon_0 = 1/\mu_0 c_0^2$	$8{,}854187817\ldots \cdot 10^{-12}$ (definiert)	$\mathrm{F\ m^{-1}}$
Elementarladung	e	$1{,}60217733 \cdot 10^{-19}$	C
Avogadro-Konstante	N_A	$6{,}0221367 \cdot 10^{23}$	$\mathrm{mol^{-1}}$
Boltzmann-Konstante	k	$1{,}380658 \cdot 10^{-23}$	$\mathrm{J\ K^{-1}}$
Gaskonstante	$R = kN_A$	$8{,}314510$	$\mathrm{J\ K^{-1}\ mol^{-1}}$
Faraday-Konstante	$F = eN_A$	$96\ 485{,}309$	$\mathrm{C\ mol^{-1}}$
Planck-Konstante	h	$6{,}6260755 \cdot 10^{-34}$	J s
Bohrsches Magneton	μ_B	$9{,}2740154 \cdot 10^{-24}$	$\mathrm{J\ T^{-1}}$
Landé-g-Faktor des freien Elektrons	g_e	$2{,}00231930438$	1
Nullpunkt der Celsiusskala		$273{,}15$ (definiert)	K

---

[2] Zahlenwerte entnommen: Cohen, E. R. und Taylor, B. N.: The 1986 Adjustment of the Fundamental Physical Constants, CODATA Bulletin **63** (1986), 1 – 47

Verwendete Symbole

Name der physikalischen Größe	Symbol	SI-Einheit
molare Enthalpie	H	J mol^{-1}
molare Entropie	S	$\text{J K}^{-1}\text{mol}^{-1}$
molare freie Enthalpie	G	J mol^{-1}
molare Standardbildungsenthalpie	$\Delta H^{\ominus}_{f}$	J mol^{-1}
molare Standardreaktionsenthalpie	$\Delta H^{\ominus}_{r}$	J mol^{-1}
molare Standardatomisierungsenthalpie	$\Delta H^{\ominus}_{atm}$	J mol^{-1}
Gitterenergie	L_0	J mol^{-1}
Schmelztemperatur	T_{fus}	K
Wellenzahl	$\nu = 1/\lambda$	cm^{-1}
spezifische elektrische Leitfähigkeit	σ	S m^{-1}
Dichte	ρ	kg m^{-3}
molare Masse	$M = m/n$	kg mol^{-1}

Periodisches System der Elemente

Gruppe	1	2	3														
	1																
1. Periode	H																
	3	4															
2. Periode	Li	Be															
	11	12															
3. Periode	Na	Mg															
	19	20	21														
4. Periode	K	Ca	Sc														
	37	38	39														
5. Periode	Rb	Sr	Y	Lanthanoiden													
	55	56	57	58	59	60	61	62	63	64	65	66	67	68	69	70
6. Periode	Cs	Ba	La	Ce	Pr	Nd	Pm	Sm	Eu	Gd	Tb	Dy	Ho	Er	Tm	Yb
	87	88	89	90	91	92	93	94	95	96	97	98	99	100	101	102
7. Periode	Fr	Ra	Ac	Th	Pa	U	Np	Pu	Am	Cm	Bk	Cf	Es	Fm	Md	No
				Actinoiden												

	4	5	6	7	8	9	10	11	12	13	14	15	16	17	18
															2 He
										5 B	6 C	7 N	8 O	9 F	10 Ne
										13 Al	14 Si	15 P	16 S	17 Cl	18 Ar
	22 Ti	23 V	24 Cr	25 Mn	26 Fe	27 Co	28 Ni	29 Cu	30 Zn	31 Ga	32 Ge	33 As	34 Se	35 Br	36 Kr
	40 Zr	41 Nb	42 Mo	43 Tc	44 Ru	45 Rh	46 Pd	47 Ag	48 Cd	49 In	50 Sn	51 Sb	52 Te	53 I	54 Xe
71 Lu	72 Hf	73 Ta	74 W	75 Re	76 Os	77 Ir	78 Pt	79 Au	80 Hg	81 Tl	82 Pb	83 Bi	84 Po	85 At	86 Rn
103 Lr	104	105	106												

alpha	A	α	ny	N	ν
beta	B	β	xi	Ξ	ξ
gamma	Γ	γ	omikron	O	o
delta	Δ	δ	pi	Π	π
epsilon	E	ε	rho	P	ρ
zeta	Z	ζ	sigma	Σ	σ
eta	H	η	tau	T	τ
theta	Θ	θ	ypsilon	Y	υ
iota	I	ι	phi	Φ	φ
kappa	K	κ	chi	X	χ
lambda	Λ	λ	psi	Ψ	ψ
my	M	μ	omega	Ω	ω

Inhaltsverzeichnis

1 Einfache Kristallstrukturen

1.1 Einführung

Mit Ausnahme von Helium gehen alle Stoffe in den festen Zustand über, wenn man sie ausreichend abkühlt. Die weitaus meisten Substanzen bilden eine oder mehrere *kristalline* Phasen, in denen die Atome, Moleküle oder Ionen in einem regelmäßigen Muster angeordnet sind. Dieses Buch beschäftigt sich vor allem mit Metallen und Festkörpern, die nicht aus einzelnen Molekülen bestehen, sondern aus einer großen Zahl von Atomen oder Ionen. Wir werden zu zeigen versuchen, wie die Eigenschaften fester Stoffe von ihrer Struktur abhängen.

Kristallstrukturen werden meistens mit Hilfe der *Röntgenstrahl-Kristallographie* bestimmt. Diese Methode beruht auf der Tatsache, daß die Atomabstände in Kristallen in der gleichen Größenordnung liegen wie die Wellenlängen der Röntgenstrahlen (1 Å bzw. 100 pm). Deshalb wirkt ein Kristall auf Röntgenstrahlen wie ein dreidimensionales Beugungsgitter. Aus den Beugungsmustern, die man dabei erhält, können die Positionen der Atome in einem Kristall sehr genau ermittelt werden. In Kapitel 2 wird diese Methode ausführlicher behandelt. Es sei bereits hier auf die Literaturverzeichnisse am Ende jedes Kapitels hingewiesen, die nützliche weiterführende Literatur enthalten.

Die Struktur vieler anorganischer Festkörper kann durch eine einfache Packung von Kugeln beschrieben werden. Sie wird hier behandelt, ehe die formale Kristallklassifikation besprochen wird.

1.2 Dichteste Kugelpackungen

Wenn man sich vorstellt, daß Atome kleine harte Kugeln wären, dann zeigt Bild 1.1 zwei mögliche Anordnungen für eine Schicht solcher identischer Atome. Drückt man von der Seite auf die Kugeln in dem „quadratischen" Muster des Bildes 1.1a, dann werden sich diese Kugeln in die Positionen bewegen, die in Bild 1.1b gezeichnet sind, so daß die Schicht weniger Raum beansprucht. Eine wie in Bild 1.1b angeordnete Schicht (Schicht *A*) wird *dichtest gepackt* genannt.

Um eine dreidimensionale dichteste Kugelpackung aufzubauen, muß man eine zweite Schicht *B* über der ersten Schicht *A* anordnen. Die Kugeln dieser zweiten Schicht liegen in den Vertiefungen zwischen den Kugeln der ersten Schicht, von denen in Bild 1.1b die eine Hälfte durch Punkte, die andere durch Kreuze markiert ist. Obwohl es zwischen diesen Löchern keinen Unterschied gibt, liegt die farbige Schicht *B* in Bild 1.2 ausschließlich über den angekreuzten Hohlräumen. Wenn noch eine dritte Schicht hinzugefügt wird, gibt es dafür zwei Möglichkeiten. Erstens: Direkt über der Schicht *A*. Wenn man diese Abfolge wiederholt, baut man eine Stapelfolge *ABABABA*... usw. auf. Diese Schichtung wird *hexagonal dichteste Kugelpackung* (hexagonal closed packing = *hcp*) genannt. Zweitens: Die dritte Schicht wird so angeordnet, daß die Kugeln senkrecht über den durch Punkte markierten Hohlräumen liegen. Diese dritte Schicht *C* liegt weder direkt über der Schicht *A* noch über der Schicht B. Die

Stapelung ergibt deshalb die Reihenfolge *ABCABCA*... usw. Sie wird *kubisch dichteste Kugelpackung* (cubic closed packing = *ccp*) genannt. (Die Bezeichnungen *hexagonal* und *kubisch* sind von der später ausführlicher behandelten Symmetrie dieser Strukturen abgeleitet.)

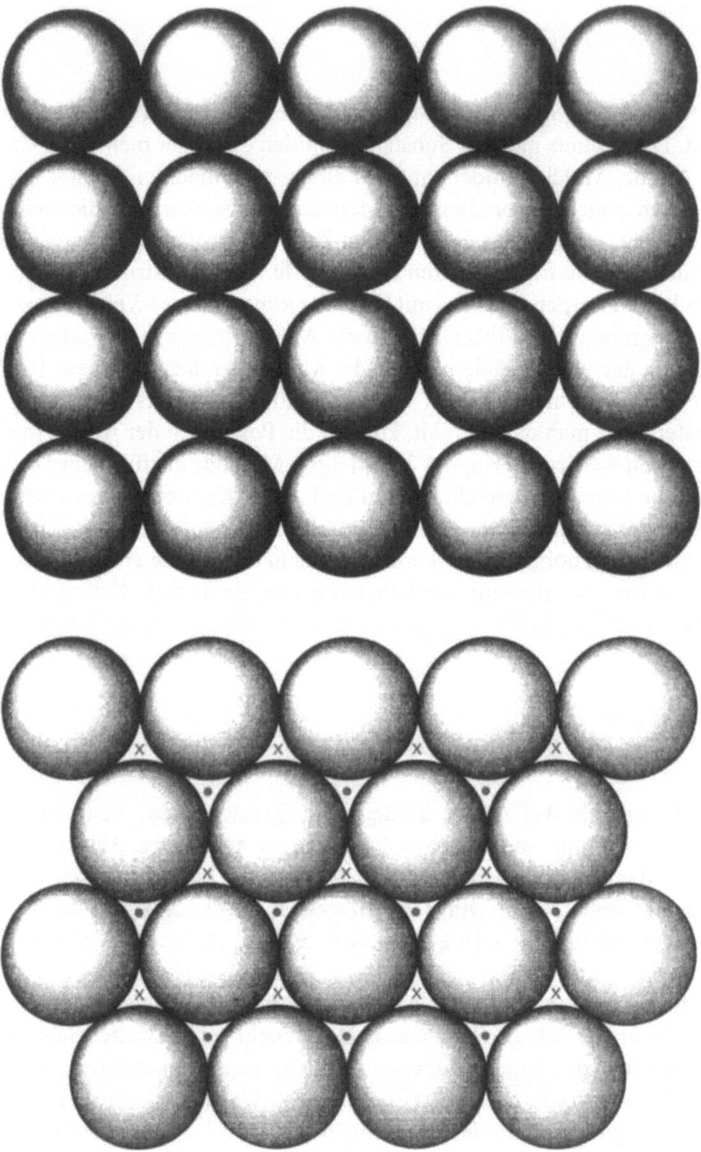

Bild 1.1   (a) Schicht von Kugeln gleicher Größe, die in einem quadratischen Muster angeordnet sind, (b) Kugelschicht in dichtester Packung

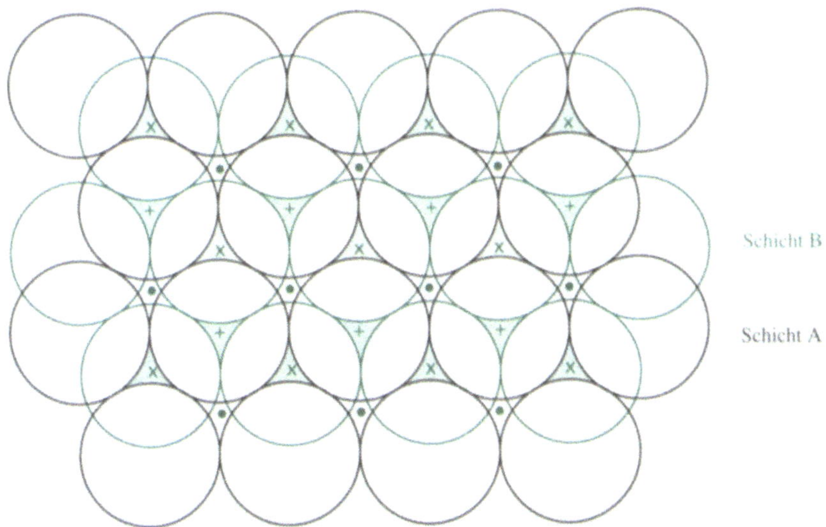

Bild 1.2   Zwei übereinanderliegende dichtest gepackte Kugelschichten

Die dichtesten Kugelpackungen stellen die höchstmögliche Raumausnutzung dar, die man
mit gleich großen Kugeln erreichen kann. Dabei ist der Raum zu einem Anteil von $\pi \sqrt{2}\ / 6 =$
0,74 durch Kugeln ausgefüllt. Man sagt deshalb, die Packungsdichte beträgt 74%. Jede Kugel
ist von 12 Nachbarn im gleichen Abstand umgeben. Die *Koordinationszahl* eines Atoms in
einer dichtesten Kugelpackung ist deshalb gleich zwölf. Sechs von diesen Nachbarn liegen in
der gleichen Schicht, drei in der Schicht darunter und drei in der Schicht darüber.

Eine andere wichtige Eigenschaft der dichtesten Kugelpackungen, die bei späteren Erörte-
rungen häufig benutzt wird, sind die Gestalt und die Zahl der von den Kugeln eingeschlossenen Hohlräume. Es gibt in dichtesten Kugelpackungen zwei verschiedene Arten von Lücken:
oktaedrische und *tetraedrische Hohlräume*. Bild 1.3 zeigt zwei dichtest gepackte Schichten,
in denen die Oktaederlücken farblich hervorgehoben sind. Jeder dieser Hohlräume ist von
sechs Kugeln umgeben, von denen drei zur oberen und drei zur unteren Schicht gehören. Die
Mittelpunkte dieser sechs Kugeln bilden die Ecken eines Oktaeders. Eine aus n Kugeln bestehende Packung enthält n derartige Oktaederlücken. Bild 1.4 zeigt die beiden gleichen dichtest
gepackten Kugelschichten, in dem aber der zweite Typ von Hohlräumen farblich markiert ist,
die *Tetraederlücken*. Die Ecken des Tetraeders werden durch die Mittelpunkte von vier Kugeln
gebildet. Eine n Kugeln enthaltende dichteste Packung besitzt $2n$ Tetraederlücken. Diese sind
wesentlich kleiner als die Oktaederlücken. Aus einfachen geometrischen Überlegungen folgt,
daß bei einer dichtesten Packung von Kugeln mit dem Radius r in die Oktaederlücken gerade
noch Kugeln mit dem Radius $(\sqrt{2} - 1)\,r = 0{,}414\,r$ passen. Der Radius einer Tetraederlücke ist
gleich $(\sqrt{3/2} - 1)\,r = 0{,}225\,r$. Die Oktaederlücken zwischen zwei dichtest gepackten Schichten A und B bilden eine Schicht C, die genau in der Mitte zwischen A und B liegt. Die entsprechenden Tetraederlücken bilden dagegen zwei Schichten, von denen eine zwischen A und C,
die andere zwischen B und C liegt. Durch beliebiges Übereinanderlagern von dichtest gepackten Schichten erhält man natürlich eine unendliche Anzahl verschiedener Stapelfolgen, doch
sind die hexagonale und die kubische dichteste Kugelpackungen die einfachsten.

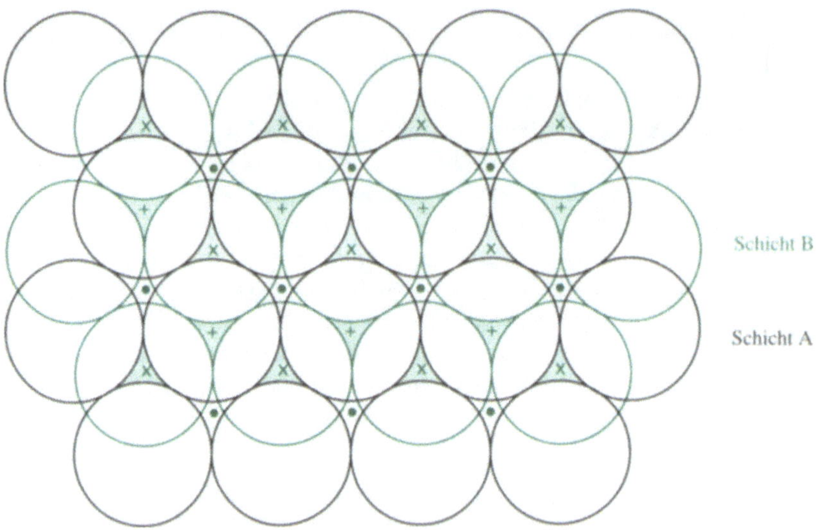

Bild 1.3   Zwei dichtest gepackte Kugelschichten, in denen die eingeschlossenen Oktaederlücken
farbig markiert sind

Bild 1.4   Zwei dichtest gepackte Kugelschichten, in denen die eingeschlossenen Tetraederlücken
farbig markiert. sind Die in unterschiedlicher Höhe zwischen den beiden Kugelschichten
liegenden Ebenen der Tetraederlücken sind durch + bzw. × gekennzeichnet

Das sind auch diejenigen, die man in den Kristallstrukturen der Edelgase und der metallischen Elemente gewöhnlich antrifft. Nur zwei andere Stapelfolgen wurden außerdem in perfekten Kristallen von Elementen gefunden: Eine *ABAC*-Folge bei La, Pr, Nd und Am und eine
neunfache Wiederholungseinheit *ABACACBCB* bei Sm.

1.3 Raumzentrierte und primitive Strukturen

Einige Kristalle bilden keine dichteste, sondern eine etwas weniger dichte Kugelpackung aus: die *raumzentrierte kubische Struktur* (body-centred cubic structure = *bcc*), wie sie in Bild 1.5 zu sehen ist. (Um die Struktur übersichtlicher zu machen sind im Gegensatz zu den vorherigen

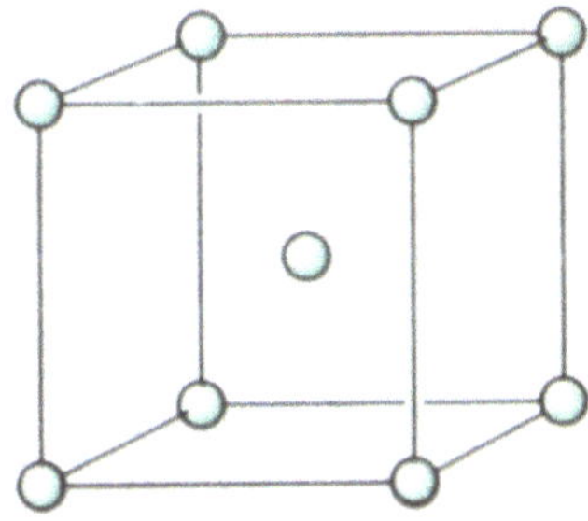

Bild 1.5   Kubisch-raumzentriertes Gitter

Bildern in dem obigen und in den folgenden Bildern die Atome nur durch kleine Kugeln, die sich nicht berühren, dargestellt. (Die Frage nach der Größe von Atomen und Ionen wird in Abschnitt 1.6.4 behandelt.)) Bei dieser Struktur ist ein Atom im Zentrum eines Würfels von acht Atomen in gleichem Abstand umgeben, deren Mittelpunkte die Ecken des Würfels bilden: Die Koordinationszahl verringert sich auf acht und die Packungsdichte auf 68% (verglichen mit 74% für eine dichteste Packung).

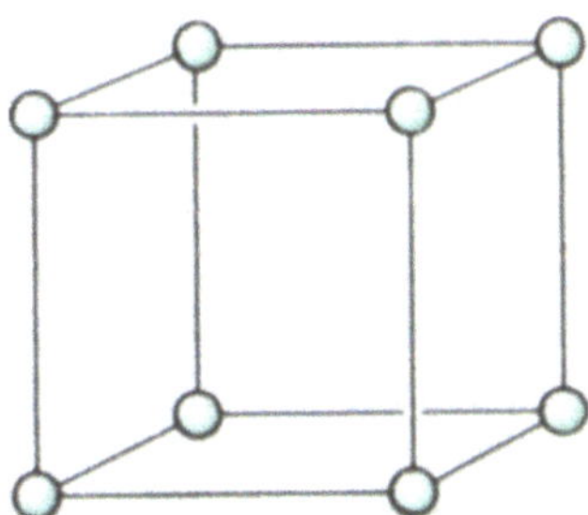

Bild 1.6   Kubisch-primitives Gitter

Die einfachste kubische Packung ist die *kubisch-primitive Struktur*. Sie wird aufgebaut durch Aufeinanderstapeln von solchen Schichten, wie sie in Bild 1.1a dargestellt sind. Das ist in Bild 1.6 gezeigt. Man erkennt, daß jedes Atom an der Ecke eines Würfels sitzt. Die Koordinationszahl ist bei dieser Struktur gleich sechs.

Die meisten Metalle kristallisieren in einer der Grundstrukturen: *hcp, ccp* oder *bcc*. Allein das Polonium nimmt die kubisch primitive Struktur an. (Die Metallbindung wird in Kapitel 4 besprochen.) In Bild 1.7 ist dargestellt, zu welchen Strukturtypen die bei 298 K stabilen Modifikationen der Metalle gehören. Wie bereits früher erwähnt wurde, haben einige Metalle eine komplexe Struktur, in der *hcp*- und *ccp*-Strukturelemente gemischt sind. Die Strukturen der Actiniden sind noch komplizierter und deshalb in der Übersicht nicht mit aufgeführt.

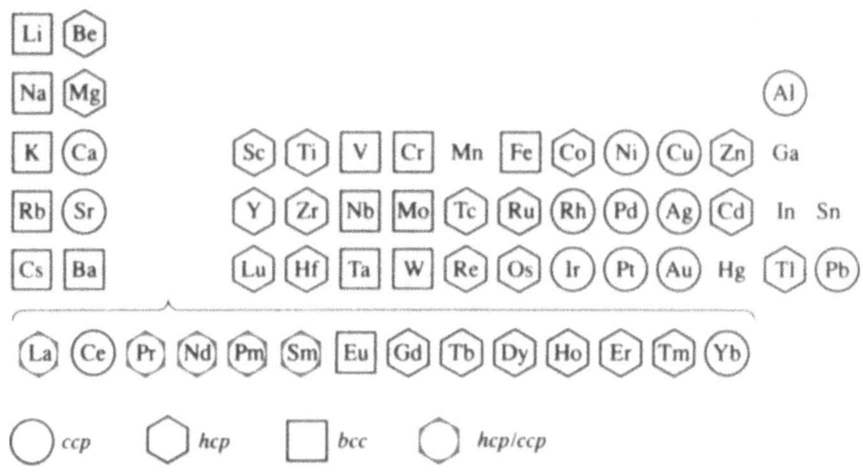

Bild 1.7   Gittertypen der metallischen Elemente

1.4 Symmetrie

Ehe die Diskussion von Kristallstrukturen fortgesetzt wird, soll die diesen Strukturen inne-wohnende Symmetrie behandelt werden. Das Symmetriekonzept ist außerordentlich nützlich zum Beschreiben der Gestalt sowohl von Einzelmolekülen als auch von räumlichen Struktu-ren mit einer Fernordnung. Die Symmetrie ermöglicht es, die gemeinsamen Merkmale ver-schiedener Strukturen bei ihrer Beschreibung deutlich zu machen. Die Symmetrie von Gegen-ständen des täglichen Lebens ist etwas so Selbstverständliches, daß man darüber kaum nach-denkt. Beispiele zeigt Bild 1.8. Wenn man sich einen Spiegel vorstellt, der den Löffel entlang der eingezeichneten Ebene halbiert, dann erkennt man, daß die eine Hälfte des Löffels das Spiegelbild der anderen Hälfte ist. Ähnlich verhält es sich mit dem Pinsel, der aber zwei einge-zeichnete Spiegelebenen besitzt, die sich im rechten Winkel schneiden.

Gegenstände können auch eine Rotationssymmetrie besitzen. Dreht man die Schneeflocke in Bild 1.8c um die Achse, die senkrecht zur Bildebene durch ihren Mittelpunkt geht, um einen Winkel von 60°, so erhält man ein Bild, das man vom Original nicht unterscheiden kann. In gleicher Weise ergibt sich ein mit dem Ursprung deckungsgleiches Bild, wenn man die 50-Penny-Münze um 1/7 ihres Umfangs dreht – vorausgesetzt, man vernachlässigt die Prägung auf der Oberfläche.

Bewegungen, die ein Molekül mit sich selbst zur Deckung bringen, wie z. B. die Rotation, werden *Symmetrieoperationen* genannt. Die geometrischen Elemente, an denen sich diese Ope-rationen vollziehen, heißen *Symmetrieelemente*. Beispiele dafür sind Rotationsachsen und Spiegelebenen. Symmetrieoperationen, bei denen wenigstens ein Punkt unverändert bleibt, sind *Punktsymmetrieoperationen*.

Für die Beschreibung der Symmetrieelemente gibt es zwei verschiedene Bezeichnungsweisen. In der chemischen Literatur werden beide verwendet. Die *Schoenflies*-Notation ist günstig zum Beschreiben der Punktsymmetrie von Einzelmolekülen. Sie wird in der Spektroskopie benutzt. Die Notation nach *Hermann-Mauguin* kann ebenfalls zum Beschreiben der Punktsymmetrie von Molekülen angewandt werden, aber außerdem auch zum Beschreiben der räumlichen Beziehung verschiedener Moleküle zueinander im Festkörper – für ihre *Raumsymmetrie*.

Diese Form wird gewöhnlich in der Kristallographie und der Festkörperforschung verwendet. In diesem Buch wird die *Schoenflies*-Notierung in Klammern hinter der *Herman-Mauguin*-Notierung angegeben.

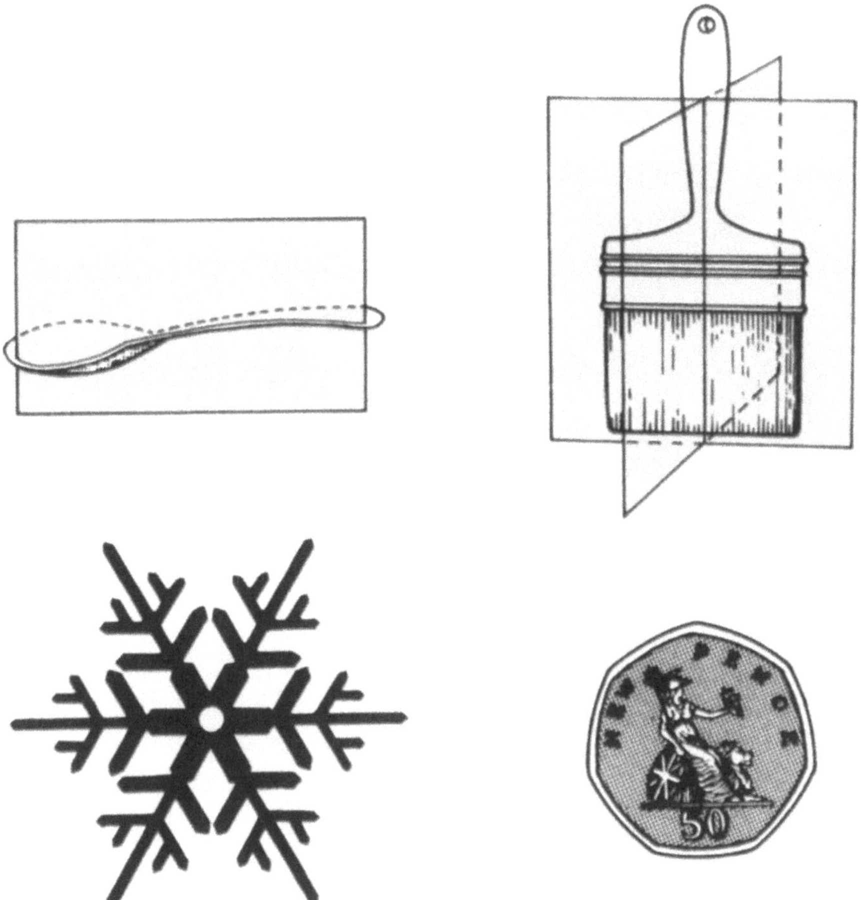

Bild 1.4　　Symmetrie alltäglicher Dinge: (a) Löffel, (b) Pinsel, (c) Schneeflocke, (d) Münze

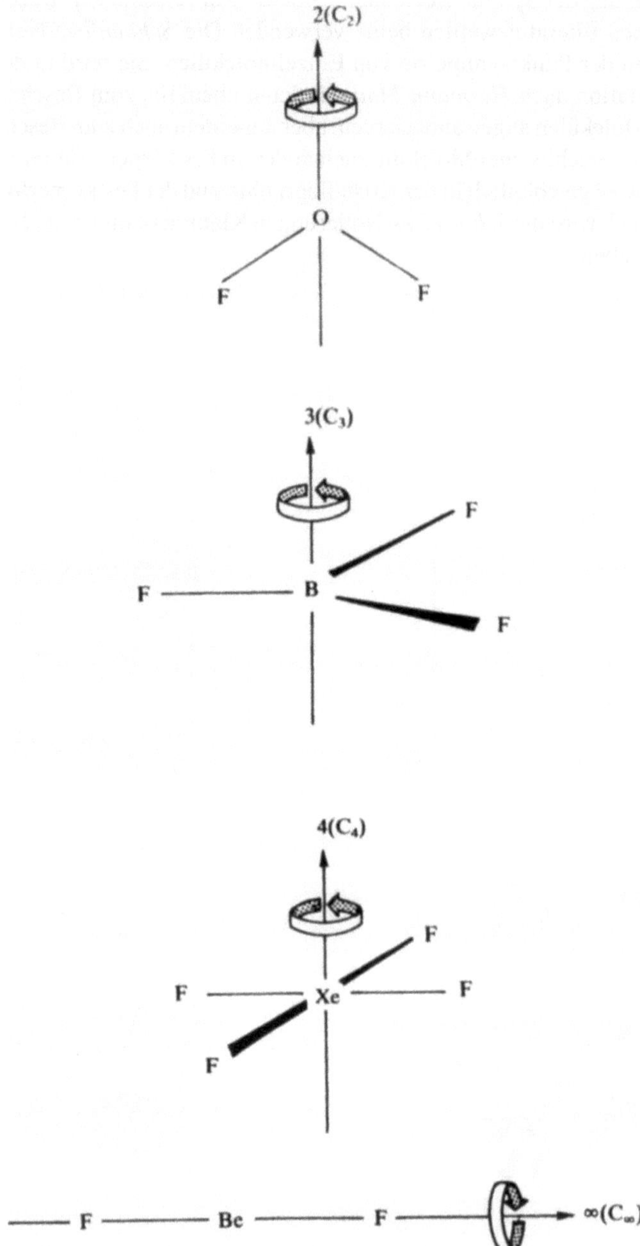

Bild 1.9   Rotationsachsen von Molekülen: (a) zweizählige Achse des OF_2, (b) dreizählige Achse des BF_3, (c) vierzählige Achse des XeF_4, (d) ∞-zählige Achse des BeF_2

1.4.1 Rotationsachsen

So wie die Schneeflocke und die 50-Penny-Münze in obigem Beispiel können auch Moleküle und Kristalle eine Rotationssymmetrie besitzen. In Bild 1.9 ist das für einige Moleküle dargestellt. Bild 1.9a zeigt die durch das O-Atom im OF_2 hindurchgehende Rotationsachse als senkrechte Gerade. Eine halbe Drehung um diese Achse (180°) erzeugt ein identisches Bild des Moleküls. Die Gerade, um die sich das Molekül dabei dreht, heißt *Rotationsachse*. In diesem Fall handelt es sich um eine zweizählige Achse, da das Molekül bei einer vollen Umdrehung zweimal mit sich selbst zur Deckung kommt.

Symmetrieachsen werden durch das Symbol n (C_n) bezeichnet, wobei n die Zähligkeit der Achse ist. So wird die Symmetrieachse des OF_2 als 2 (C_2) notiert. Das BF_3-Molekül in Bild 1.9b besitzt eine dreizählige Symmetrieachse, 3 (C_3), da bei einer Drehung um 120° das Molekül vom Ausgangszustand nicht zu unterscheiden ist und das Molekül bei einer vollen Umdrehung dreimal mit sich selbst zur Deckung kommt. In gleicher Weise hat das XeF_4-Molekül in Bild 1.9c eine vierzählige Achse 4(C_4). Alle linearen Moleküle habe eine Achse ∞ (C_∞) wie es am Molekül BeF_2 in Bild 1.9d dargestellt ist. Da das Molekül bei einer vollen Drehung unendlich oft mit sich selbst zur Deckung kommt, ist diese Achse eine mit der Ordnung „unendlich".

1.4.2 Symmetrieebenen

Spiegelebenen gibt es bei Molekülen und Kristallen. Dabei ist auf der einen Seite der Ebene immer ein Spiegelbild der anderen Seite zu finden. Eine solche Spiegelebene heißt auch *Symmetrieebene* und wird durch das Symbol m (σ) dargestellt. Ein Molekül kann eine oder mehrere Symmetrieebenen enthalten. Bild 1.10 zeigt solche Beispiele. Das gewinkelte OF_2-Molekül (Bild 1.10a) besitzt zwei Symmetrieebenen: eine ist identisch mit der Molekülebene, und die andere steht senkrecht auf dieser. Bei allen planaren Molekülen ist die Molekülebene eine Symmetrieebene. In die Bilder der planaren Moleküle BF_3 und XeF_4 sind nur die drei bzw. vier Symmetrieebenen eingezeichnet, die senkrecht auf der Molekülebene stehen.

1.4.3 Inversion

Eine weitere Symmetrieoperation ist die *Inversion* an einem Inversions- oder Symmetriezentrum. Das zugehörige Symmetrieelement besitzt das Symbol $\bar{1}$ (i). Ein Symmetriezentrum liegt dann vor, wenn man in einem Molekül auf der durch ein Atom und das Zentrum gebildeten Geraden im gleichen Abstand hinter dem Zentrum wieder auf ein identisches Atom trifft, d. h. eine beliebige Richtung ist äquivalent der Gegenrichtung. Man erkennt das an den Beispielen in Bild 1.9. Die Moleküle BeF_2 und XeF_4 haben ein Inversionszentrum, die Moleküle BF_3 und OF_2 dagegen nicht.

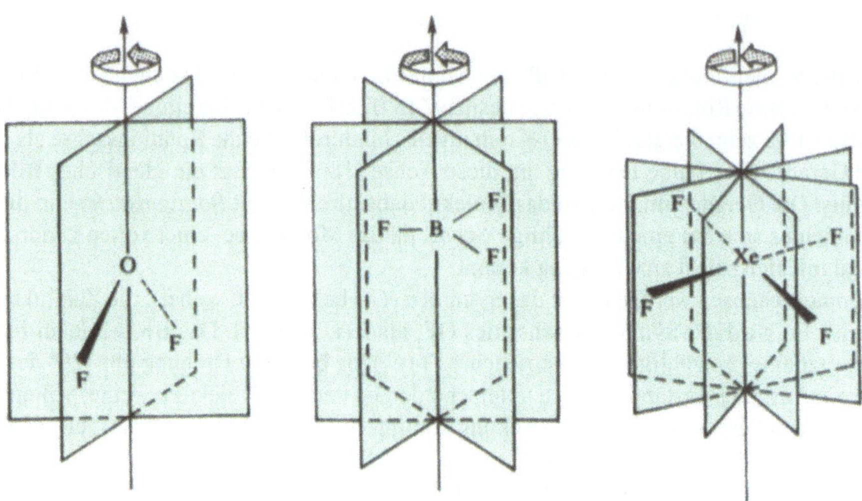

Bild 1.10   Symmetrieebenen von Molekülen: (a) OF_2 (b) BF_3, (c) XeF_4

1.4.4 Inversionsdrehung und Drehspiegelung

Diese Symmetrieoperationen bestehen aus der Kopplung von zwei vorher beschriebenen Bewegungen: Drehung und Inversion bzw. Drehung und Spiegelung, die unmittelbar nacheinander ausgeführt werden. Sie führen zu identischen Ergebnissen.

Die *Inversionsachse* nach *Hermann-Mauguin* ist eine Kombination von Rotation und Inversion und besitzt das Symbol $\bar{n}$. Die Symmetrieoperation besteht aus einer Rotation um $1/n$ einer vollen Umdrehung, gefolgt von einer Inversion an einem Symmetriezentrum. Ein Beispiel für eine Inversionsachse sieht man in Bild 1.11 an dem tetraedrischen Molekül CF_4. Dieses Molekül ist hier in einen Würfel eingezeichnet. Dadurch ist es leichter, die Symmetrieelemente zu erkennen. Nach einer Vierteldrehung um die eingezeichnete Achse nimmt das Atom F_1 die punktiert beschriftete Position F ein. Durch Inversion am Zentrum C geht es dann in die Position F_3 über.

Das äquivalente Symmetrieelement in Schoenflies-Symbolik ist die *Drehspiegelung S_n*, eine Kombination von Rotation und Spiegelung. Die Symmetrieoperation besteht aus einer $1/n$-Drehung um eine Achse und einer anschließenden Spiegelung an einer Ebene, die die Rotationsachse rechtwinklig schneidet. In Bild 1.11 ist eine Achse S_4 eingezeichnet. Dreht man das Molekül um diese Achse um 90°, geht das Atom in die punktiert dargestellt Position F über und durch Spiegelung in die Position F_2. Die einander äquivalenten Inversionsachsen und Drehspiegelachsen der beiden Systeme sind in Tabelle 1.1 zusammengestellt.

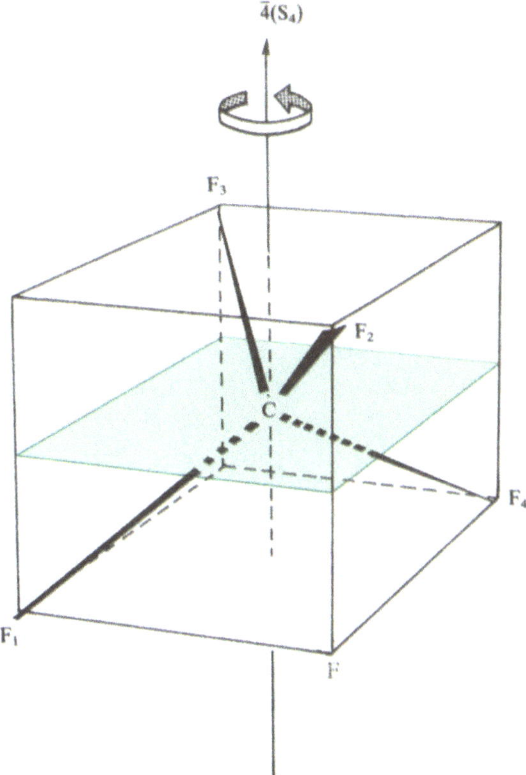

Bild 1.11   Die Inversionsdrehachse $\bar{4}$ (S$_4$) des tetraedrischen Moleküls CF$_4$

Äquivalente Symmetrieelemente nach der Schoenflies- und der Hermann-Mauguin-Symbolik

Schoenflies	Hermann-Mauguin
S$_1$	$\bar{2} \equiv$ m
S$_2 \equiv$ i	$\bar{1}$
S$_3$	$\bar{6}$
S$_4$	$\bar{4}$
S$_6$	$\bar{3}$

1.4.5 Die Symmetrie von Kristallen

Bisher haben sich die Ausführungen nur mit der Symmetrie in Bau einzelner Moleküle beschäftigt. In Festkörpern interessiert darüber hinaus die Regelmäßigkeit, mit der Atome, Ionen und Moleküle im Kristall angeordnet sind. Es gibt hier die gleichen Symmetrieelemente wie bei den Molekülen. Bild 1.12 zeigt schematische Beispiele dafür, wie Moleküle in einem Kri-

stall angeordnet sein können: In Bild 1.12a stehen zwei OF_2-Moleküle durch eine Symmetrieebene miteinander in Beziehung; in Bild 1.12b hat die Anordnung der drei OF_2-Moleküle eine
dreizählige Symmetrieachse; und in Bild 1.12c geht ein OF_2-Molekül durch Inversion in das
andere über. Wesentlich ist dabei, daß sowohl in Bild 1.12b als auch in Bild 1.12c die Moleküle im Raum durch solche Symmetrieelemente zueinander in Beziehung stehen, die sie selbst
nicht besitzen. Das ist die *Raumsymmetrie* der Struktur.

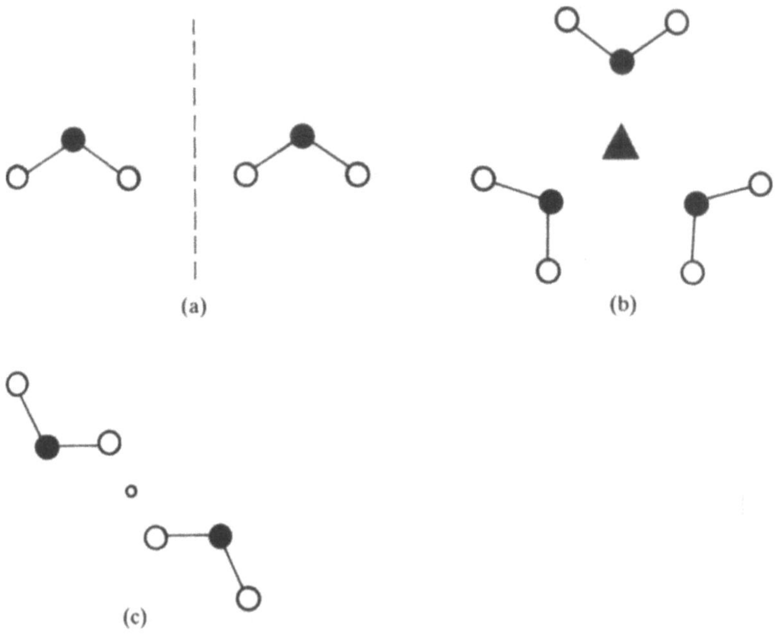

Bild 1.12   Symmetrie in Festkörpern: (a) zwei OF_2-Moleküle gespiegelt an einer Symmetrieebene, (b) drei OF_2-Moleküle verknüpft durch eine dreizählige Symmetrieachse, (c) zwei
OF_2-Moleküle mit einem Inversionszentrum

1.5   Gitter und Elementarzellen

Kristalle sind regelmäßig geformte Festkörper, die von ebenen glänzenden Flächen begrenzt
werden. Es wurde zuerst von *Hooke* 1664 ausgesprochen, daß die Regelmäßigkeit der äußeren
Erscheinung von Kristallen eine Widerspiegelung des hohen Ordnungsgrades ihres Inneren
ist.

Kristalle der gleichen Verbindung können sich in der Gestalt beträchtlich unterscheiden.
Steno beobachtete 1671, daß diese Verschiedenheit nicht auf Unterschieden der inneren Struktur beruht, sondern darauf, daß bestimmte Flächen stärker ausgebildet sind als andere. Die
Winkel zwischen ähnlichen Flächen verschiedener Kristalle der gleichen Substanz sind immer
identisch. Diese Konstanz der Flächenwinkel ist ein Ausdruck ihrer inneren Ordnung. Jeder
Kristall kann von einem Grundbaustein abgeleitet werden, der sich in allen Raumrichtungen
regelmäßig wiederholt. Diesen Grundbaustein nennt man *Elementarzelle*.

Um über die vielen tausend bekannten Kristallstrukturen diskutieren und sie miteinander vergleichen zu können, benötigt man eine Möglichkeit zum Definieren und Klassifizieren dieser Strukturen. Man erhält diese dadurch, daß man Gestalt, Symmetrie und Größe der Elementarzelle sowie die Positionen aller darin enthaltenen Atome bestimmt.

1.5.1 Gitter

Das einfachste regelmäßige Muster ist eine Gerade, auf der sich in gleichmäßigen Abständen Objekte befinden, so wie die Gebilde in Bild 1.13a. Jedes von diesen Objekten hat an der gleichen Stelle einen Punkt: Wenn man den Rahmen dieser Objekte entfernt und nur die Punkte zurückläßt, erhält man eine Gerade, auf der Punkte wie in Bild 1.13b angeordnet sind. Diese Punktreihe wird *Gitter* genannt. Jeder *Gitterpunkt* hat eine identische Umgebung. Man hat damit das einzig mögliche eindimensionales Gitter, das nur durch den Abstand a variiert werden kann.

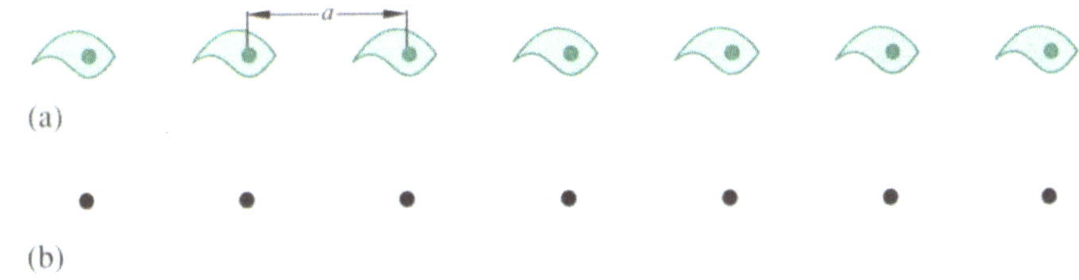

(a)

(b)

Bild 1.13   Eindimensionales Gitter

1.5.2 Zweidimensionale Gitter

Es existieren fünf Typen von zweidimensionalen Gitter, die in Bild 1.14 zusammen mit den Bedingungen für ihre Achsenverhältnisse und Winkel dargestellt sind.

Solche Netze werden beim Auswerten der Streuung von niederenergetischen Elektronen (low energy electron diffraction = LEED) benutzt, mit deren Hilfe die Struktur von Oberflächen und – wie in der Katalyseforschung – die Adsorption von Gasen untersucht wird. In diesen Fällen stellen die Metallatome bzw. die adsorbierten Moleküle wie Ammoniak Gitterbausteine dar.

Beispiele für zweidimensionale Gitter aus der alltäglichen Umgebung sind Tapeten- und Fliesenmuster.

1.5.3 Ein- und zweidimensionale Elementarzellen

Die Elementarzelle des eindimensionale Gitters in Bild 1.15a liegt zwischen den beiden vertikalen Linien. Wenn wir diese Elementarzelle nehmen und ständig wiederholen, werden wir die ursprüngliche Anordnung erhalten. Es ist dabei bedeutungslos, wo wir in der Struktur die Gitterpunkte unterbringen, solange sie alle eine identische Umgebung haben. In Bild 1.15b sind die Gitterpunkte und die Elementarzelle gegenüber Bild 1.15a bewegt worden. Durch Wiederholen dieser neuen Elementarzelle erhält man die gleiche Anordnung von Gitterpunkten;

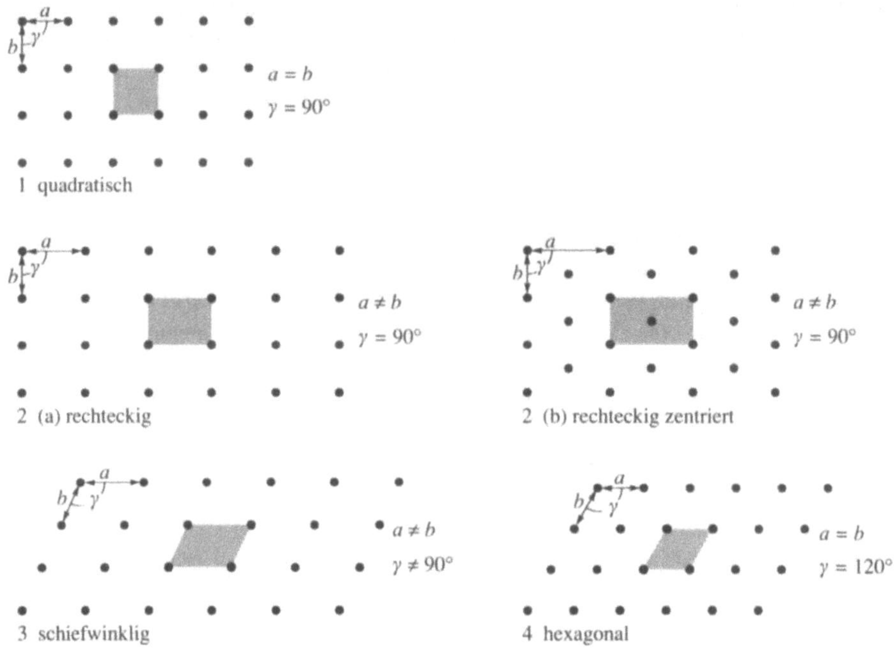

Bild 1.14   Die fünf Typen zweidimensionaler Gitter

es ist nur der Ursprung der Elementarzelle bewegt worden. Es gibt demzufolge nie eine einzige „richtige" Elementarzelle, man kann stets verschiedene definieren. Die Auswahl hängt sowohl von der Bequemlichkeit als auch von der Übereinkunft ab. Das gilt gleichermaßen für zwei- und dreidimensionale Gitter.

Die konventionellen Elementarzellen für die fünf Typen der zweidimensionalen Gitter sind in Bild 1.14 dargestellt: Es sind in jedem Fall Parallelogramme, deren Eckpunkte mit äquivalenten Positionen des Gitter besetzt sind, d.h. die Ecken der Elementarzellen sind Gitterpunkte. Diese fünf unterschiedlichen Elementarzellen gehören zu nur vier Klassen, weil es zwei verschiedene Typen von rechteckigen Elementarzellen gibt. In Bild 1.16 ist ein quadratisches Muster zu sehen, in das verschiedene Elementarzellen eingeschrieben sind. Mit jeder von ihnen kann man durch Wiederholen das ursprüngliche Muster reproduzieren. Vereinbarungsgemäß wählt man diejenige kleinste Zelle als Elementarzelle, durch die die gesamte Symmetrie der Struktur repräsentiert wird. Die Elementarzellen (1a) und (1b) sind gleich groß, aber nur (1a) zeigt deutlich, daß es sich um ein quadratisches Muster handelt. Diese ist deshalb die konventionelle Elementarzelle.

Bild 1.17 zeigt das gleiche Prinzip für ein Muster aus zentrierten Rechtecken, wobei (a) die konventionelle Elementarzelle ist, weil sie die Information enthält, daß das Muster zentriert ist. Die kleinere Elementarzelle (b) besitzt diese Information nicht. Man kann bei allen Gittern nichtzentrierte schiefe Elementarzellen definieren, aber dabei verliert man Aussagen zur Symmetrie.

Die Elementarzellen (1a) und (1b) in Bild 1.16 und (b) in Bild 1.17 haben Gitterpunkte an
jeder Ecke. Da jeder gleichzeitig vier benachbarten Elementarzellen zu je einem Viertel angehört, enthält jede Elementarzelle insgesamt nur einen einzigen Gitterpunkt. Sie werden deshalb *primitive Elementarzellen* genannt und erhalten das Symbol *P*. Die Elementarzelle (a) in
Bild 1.17 enthält dagegen zwei Gitterpunkte – vier zu je einem Viertel an den Ecken des
Rechtecks und einen in seinem Zentrum.

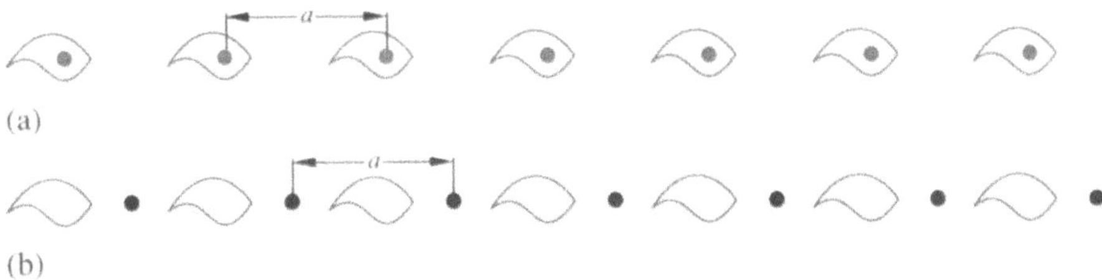

Bild 1.15   Festlegung einer Elementarzelle in einem eindimensionalen Gitter

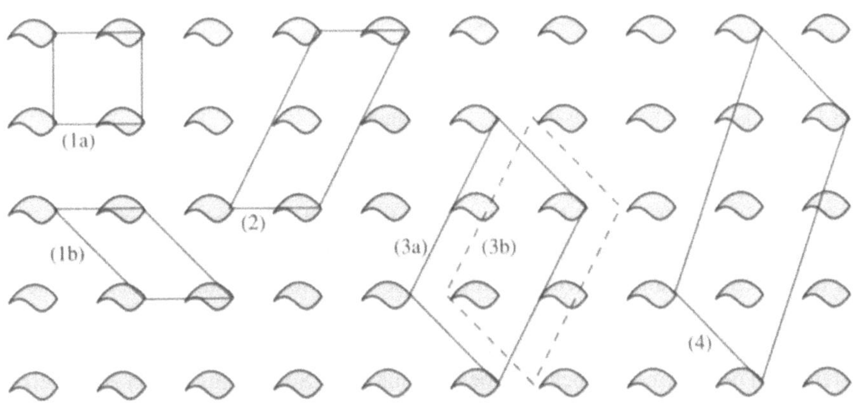

Bild 1.16   Festlegung der Elementarzelle in einem zweidimensionalen quadratischen Gitter

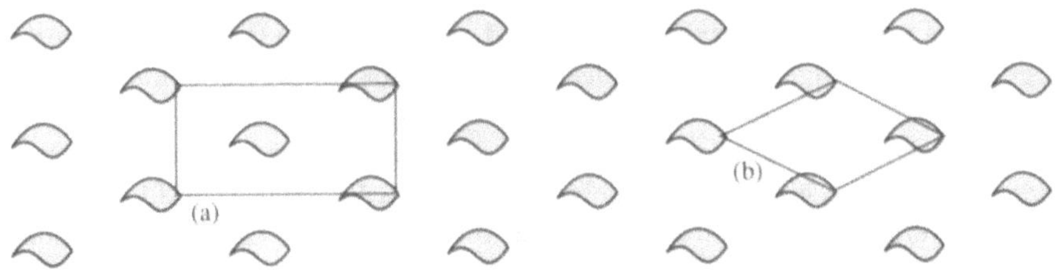

Bild 1.17   Festlegung der Elementarzelle in einem zentrierten rechteckigen Gitter

1.5.4 Symmetrieelemente mit Translation

In Abschnitt 1.4 ist das Symmetrieprinzip eingeführt worden, sowohl für die Struktur einzelner Moleküle als auch für ausgedehnte Anordnungen von Gitterbausteinen, wie man sie in Kristallen findet. Ehe dreidimensionale Gitter und Elementarzellen diskutiert werden, müssen zwei weitere Symmetrieelemente eingeführt werden: nämlich solche, die Translationen enthalten und deshalb nur in Festkörpern vorkommen.

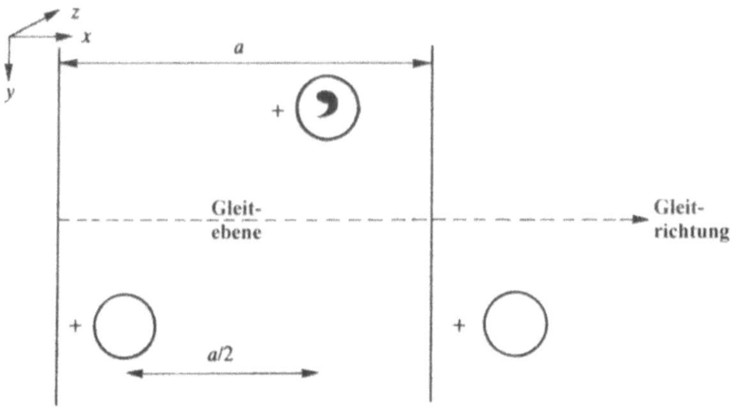

Bild 1.18   Gleitspiegelung in Richtung *a* senkrecht zu *b*

Die *Gleitspiegelung* vereinigt Translation mit Spiegelung. Bild 1.18 stellt ein Beispiel für dieses Symmetrieoperation dar. Das Bild zeigt einen Teil einer dreidimensionalen Struktur, die auf die Bildebene projiziert ist. Die Kreise repräsentieren ein Molekül oder ein Ion des Gitters mit einem Abstand *a* zwischen identischen Positionen. Das Pluszeichen neben den Kreisen bedeutet, daß die betreffenden Moleküle oberhalb der Bildebene liegen.

Die Symmetrieebene ist die *xz*-Ebene, die senkrecht zur Bildebene liegt und punktiert dargestellt ist. Die Symmetrieoperation besteht aus einer Spiegelung an der Symmetrieebene und einer anschließenden Translation. Die Translation kann entweder in *x*- oder *z*-Richtung erfolgen (oder entlang einer Diagonalen). Der Translationsbetrag ist gleich dem halben Gitterabstand in dieser Richtung. Im dargestellten Beispiel wird der Gitterpunkt in *x*-Richtung verschoben. Der Gitterabstand zwischen identischen Molekülen ist gleich *a* und der Translationsbetrag ist gleich *a*/2. Das Symmetrieelement heißt *Gleitspiegelebene*. Bei dem Molekül, das durch diese Symmetrieoperation erzeugt wird, sind dabei zwei Dinge zu beachten: erstens trägt es wie das ursprüngliche Teilchen das Pluszeichen, da bei der Reflexion an der Spiegelebene die *z*-Koordinate unverändert bleibt, und zweitens, es ist nun durch ein Komma zusätzlich gekennzeichnet. Es gibt Moleküle, die nach einer Spiegelung an einer Symmetrieebene enantiomorph sind, das heißt, das Spiegelbild ist mit dem Ausgangsmolekül nicht deckungsgleich. Beide verhalten sich zueinander wie eine rechte zur linken Hand. Das Komma in Bild 1.18 soll anzeigen, daß diese Molekül ein enantiomorphes sein könnte.

Bei einer *Schraubenachse* sind Translation und Rotation vereinigt. Schraubenachsen haben das allgemeine Symbol n_i, wobei *n* die Zähligkeit der Achse ist; z. B. zweizählig, dreizählig usw., und der Translationsbetrag wird angegeben durch i/n. In Bild 1.19 ist eine Schrauben-

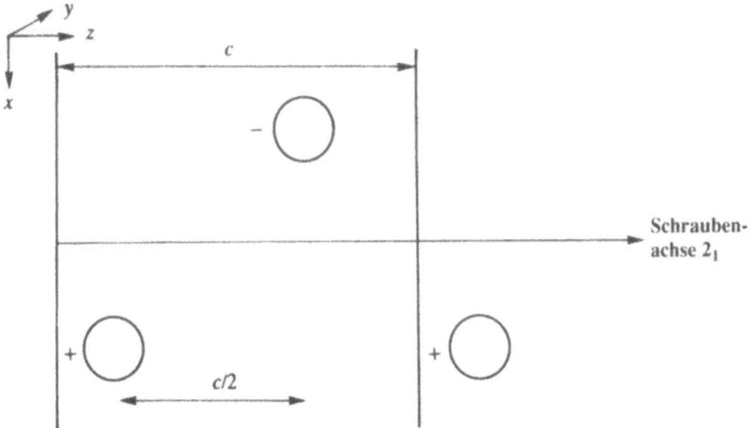

Bild 1.19   Schraubenachse 2_1 in Richtung c

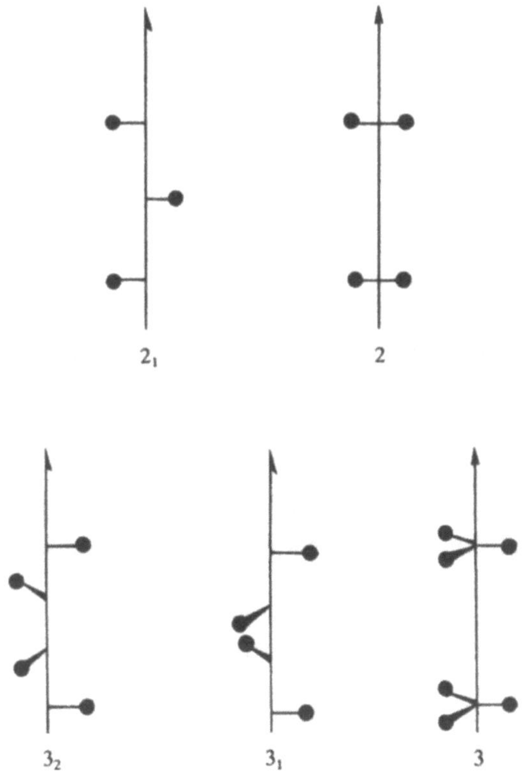

Bild 1.20   Vergleich zwischen den Wirkungen der Symmetrieoperationen Drehung und Schraubung

achse 2_1 dargestellt. Bei diesem Beispiel liegt die Schraubenachse in der z-Richtung und die Verschiebung um den Betrag $c/2$ geht ebenfalls in z-Richtung vonstatten. Hierbei ist c die Wiederholungseinheit in der z-Richtung. Bei dieser Symmetrieoperation befindet sich der Ausgangspunkt oberhalb der Bildebene – durch das Plus-Zeichen kenntlich gemacht. Nach dem Einwirken einer zweifachen Schraubenachse liegt der Punkt unterhalb der Papierebene (Minus-Zeichen). Bild 1.20 zeigt, welche unterschiedliche Ergebnisse Rotations- bzw. Schraubenachsen der gleichen Ordnung auf die Struktur der Wiederholungseinheit haben. Rotations- und Schraubenachsen erzeugen Objekte, die mit dem Original deckungsgleich sind. Alle anderen Symmetrieelemente – Gleitebenen, Symmetrieebenen, Inversionszentren und Inversionsachsen – erzeugen Spiegelbilder der Originale.

1.5.5 Dreidimensionale Elementarzellen

Im dreidimensionalen Raum sind die Verhältnisse komplizierter. Die Elementarzelle eines dreidimensionalen Gitters ist ein Parallelepiped, das durch drei Abstände, a, b und c, und drei Winkel, α, β und γ, vollständig beschrieben werden kann (Bild 1.21).

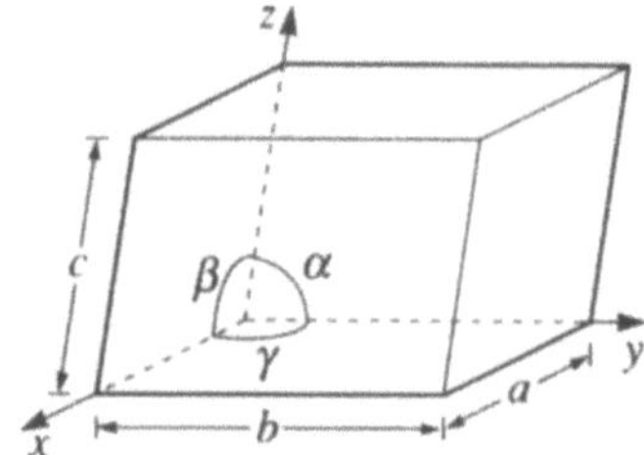

Bild 1.21　　　Die Definition von Achsen, Gitterkonstanten und Winkeln in einer allgemeinen Elementarzelle

Da die Elementarzellen die Grundbausteine der Kristalle sind, müssen sie so beschaffen sein, daß sie aneinandergesetzt den Raum vollständig ausfüllen. Durch ein Minimum an Symmetriebedingungen lassen sich insgesamt *sieben Kristallsysteme* definieren. Die Gestalt der daraus folgenden Elementarzellen ist in Bild 1.22 dargestellt, und in Tabelle 1.2 sind die Symmetriebedingungen aufgelistet.

Es lassen sich vier verschiedene Typen von dreidimensionalen Elementarzellen konstruieren, die sich durch die Besetzung mit Gitterpunkten voneinander unterscheiden. Sie sind in Bild 1.23 dargestellt.

1. Die *primitive* Elementarzelle (Symbol P) enthält einen Gitterpunkt.
2. Die *raumzentrierte* Elementarzelle (Symbol I) besitzt einen Gitterpunkt an jeder Ecke und einen im Zentrum der Zelle.
3. Die *flächenzentrierte* Elementarzelle (Symbol F) hat einen Gitterpunkt an jeder Ecke und einen in der Mitte jeder Fläche.
4. Die *basisflächenzentrierten* Elementarzellen (Symbol A, B oder C) haben einen Gitterpunkt an jeder Ecke und je einen auf zwei gegenüberliegenden Flächen, z. B. eine A-zentrierte auf den bc-Flächen.

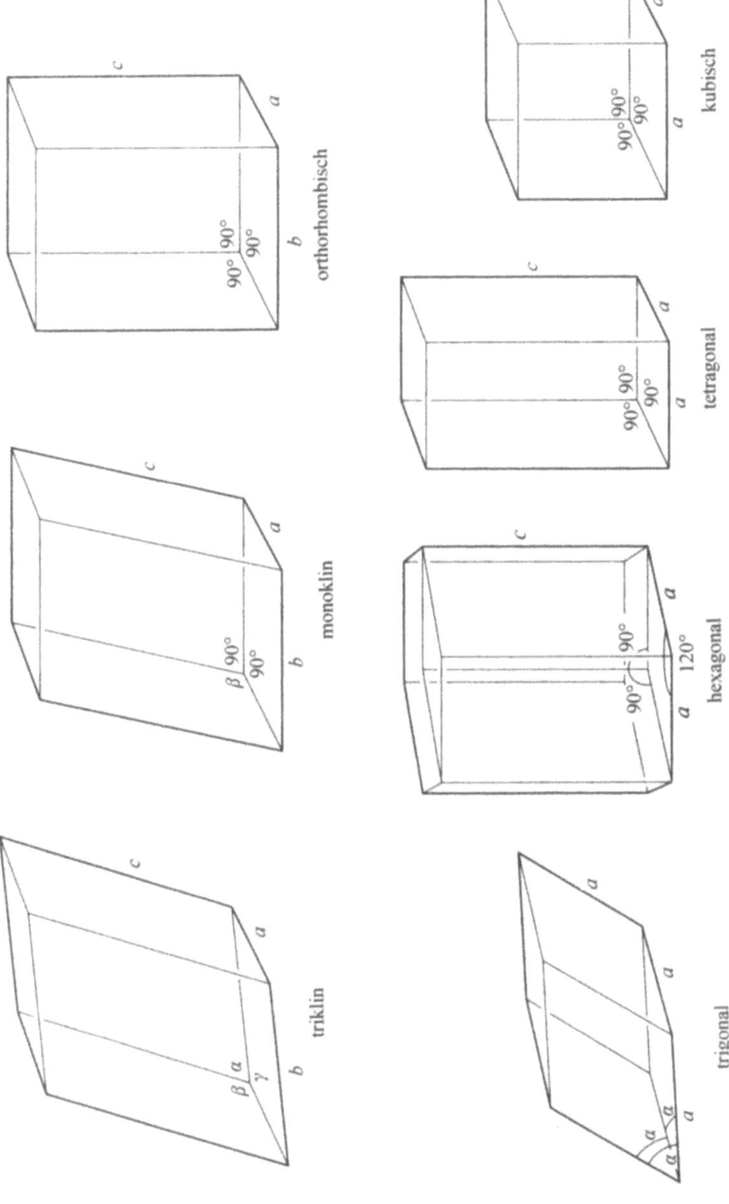

Bild 1.22   Die Elementarzellen der sieben Kristallsysteme

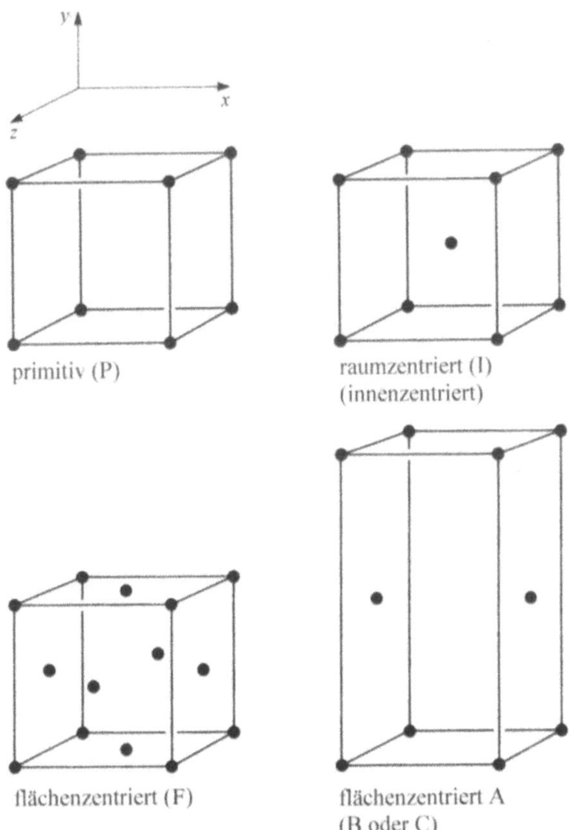

Bild 1.23　　　Typen der Elementarzellen: primitive (P), innenzentrierte (oder raumzentrierte) (I), flächenzentrierte (F) und basisflächenzentrierte (A, B oder C, dargestellt ist A)

Wenn diese vier Gittertypen mit den sieben durch Symmetriebedingungen erzeugten Kristallsystemen kombiniert werden, erhält man die 14 möglichen *Bravais-Gitter* (Bild 1.24). Es ist nicht möglich, beliebige Formen von Elementarzellen mit beliebigen Gittertypen zu kombinieren und dabei in jedem Fall die minimalen Symmetriebedingungen beizubehalten. Z. B. kann es keine *A*-zentrierte kubische Elementarzelle geben, da nur zwei von den sechs Flächen des Würfels mit Punkten besetzt sind, verliert die Elementarzelle ihre kubische Symmetrie und damit die kristallographischen Eigenschaften eines Würfels.

Die Symmetrie eines Kristalls ist eine Punktgruppe, die von einem Punkt im Zentrum eines idealen Kristalls abgeleitet wird. Aus der Bedingung, daß durch Aneinandersetzen von Elementarzellen der Raum lückenlos ausgefüllt werden muß, folgt, daß es nur eine begrenzte Zahl von Punktgruppen geben kann. So sind nur 1-, 2-, 3-, 4- und 6-zählige Achsen möglich, aber keine 5-zähligen. Bei ihrer Kombination mit einem Symmetriezentrum und Spiegelebenen erhält man 32 *Punktgruppen*, durch die die Gestalt aller perfekten Kristalle beschrieben werden kann.

Schließlich erhält man durch die Kombination der 32 Kristall-Punktgruppen mit den 14 Bravais-Gittern die 230 dreidimensionale *Raumgruppen,* die von Kristallen gebildet werden können. Das bedeutet, es gibt insgesamt 230 verschiedene raumfüllende Muster. Sie sind alle in den Internationale Tabellen dokumentiert (siehe Literaturverzeichnis).

Tabelle 1.2 Die sieben Kristallsysteme

System	*Elementarzelle*	*minimale Symmetriebedingungen*
Triklin	$\alpha \neq \beta \neq \gamma \neq 90°$ $a \neq b \neq c$	keine
Monoklin	$\alpha = \gamma = 90°$ $\beta \neq 90°$ $a \neq b \neq c$	Eine zweizählige Achse oder eine Symmetrieebene
Orthorhombisch	$\alpha = \beta = \gamma = 90°$ $a \neq b \neq c$	Eine Kombination aus drei senkrecht aufeinanderstehenden zweizähligen Achsen oder Symmetrieebenen
Trigonal	$\alpha = \beta = \gamma \neq 90°$ $a = b = c$	Eine dreizählige Achse
Hexagonal	$\alpha = \beta = 90°$ $\gamma = 120°$ $a = b \neq c$	Eine sechszählige Achse oder eine sechszählige Inversionsachse
Tetragonal	$\alpha = \beta = \gamma = 90°$ $a = b \neq c$	Eine vierzählige Achse oder eine vierzählige Inversionsachse
Kubisch	$\alpha = \beta = \gamma = 90°$ $a = b = c$	Vier dreizählige Achsen, die sich unter dem Winkel von 109,5° schneiden

Es darf nicht außer Acht gelassen werden, daß die Gitterpunkte lediglich äquivalente Positionen des Gitters darstellen und nicht Atome. In einem realen Kristall kann ein Gitterpunkt durch ein Atom, ein komplexes Ion, ein Molekül oder auch durch eine Gruppe von Molekülen besetzt werden. Die Gitterpunkte werden benutzt, um die Wiederholungseinheiten von Strukturen einfach darzustellen, aber sie enthalten keine Information zur Chemie oder zu den Bindungsverhältnissen im Kristall. Dafür müssen die Atompositionen herangezogen werden. Das wird später beim Besprechen einiger Realstrukturen behandelt werden.

Tabelle 1.3 Zahl der Gitterpunkte in den vier Typen der Elementarzellen

Typ	*Symbol*	*Zahl der Gitterpunkte in der Elementarzelle*
Primitiv	**P**	1
Raumzentriert	**I**	2
Basisflächenzentriert	**A** oder **B** oder **C**	2
Flächenzentriert	**F**	4

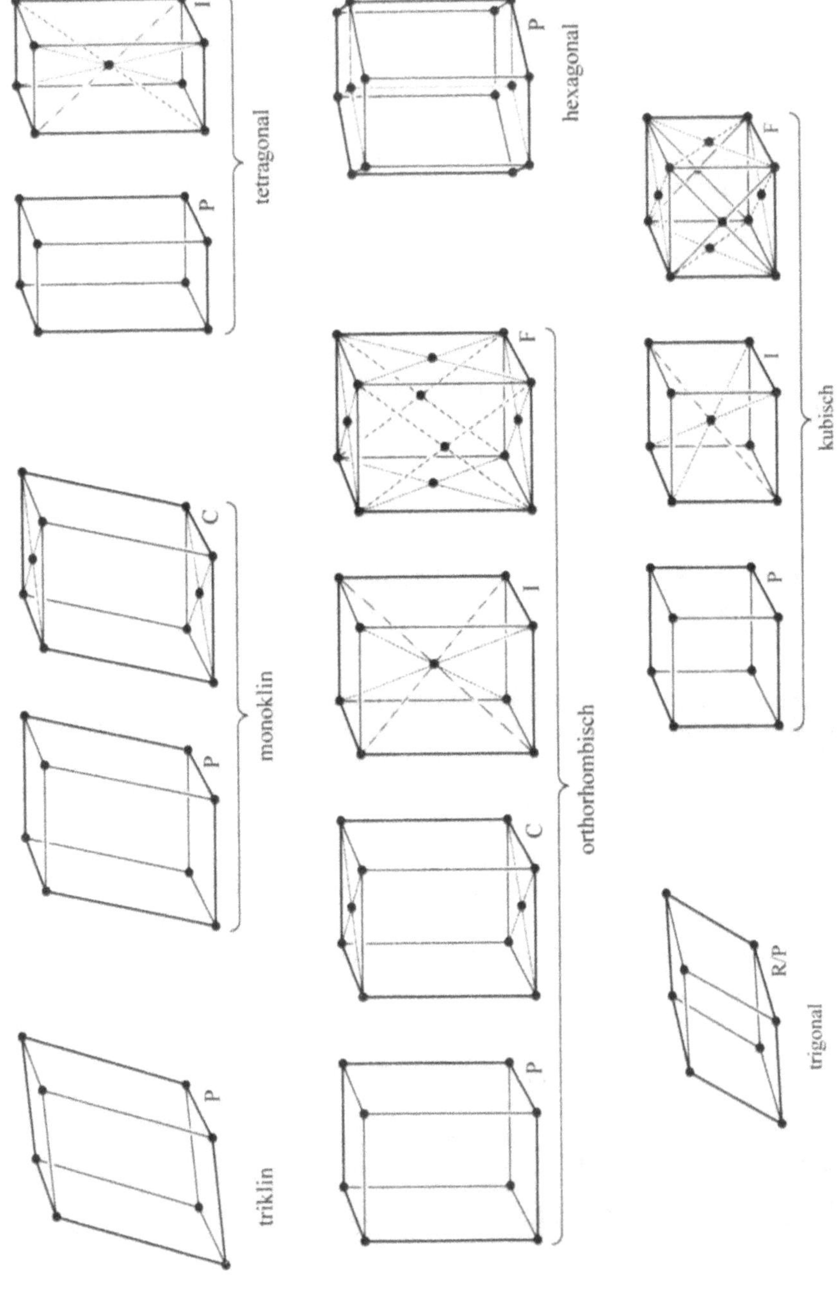

Bild 1.24 **Die 14 Bravais-Gitter**

Diese verschiedenen Zell-Typen repräsentieren einen unterschiedlichen Teil des Gesamtraumes. Wir haben bereits den Unterschied zwischen der zentrierten und der primitiven zweidimensionalen Elementarzelle festgestellt: Die primitive Elementarzelle enthält nur einen Gitterpunkt, die zentrierte dagegen zwei. Im dreidimensionalen Raum sind die Verhältnisse ähnlich. Das wird deutlich, wenn man sich vorstellt, daß in Bild 1.23 jeder Gitterpunkt durch ein identisches Molekül ersetzt wird. Die Zahl der Elementarzellen, denen ein solches Molekül gleichzeitig angehört, hängt von seiner Stellung in der Zelle ab. An einer Ecke stoßen acht Elementarzellen aneinander, an einer Kante vier und an einer Fläche zwei. Ein Molekül im Zentrum einer Elementarzelle gehört keiner weiteren Zelle an. Aus dieser Betrachtung kann man die Zahl der Moleküle ableiten, die in jedem Typ der Elementarzellen des Bildes 1.23 enthalten sind. Das Ergebnis ist in Tabelle 1.3 zusammengestellt.

1.5.6 Miller-Indizes

Die Flächen eines Kristalls liegen entweder parallel zu den Seiten der Elementarzelle oder zu einer Fläche mit einer großen Besetzungsdichte – unabhängig davon, ob diese Flächen beim Wachsen oder beim Spalten eines Kristalls entstehen. Für die weitere Betrachtung ist es nützlich, wenn man die äußeren Kristallflächen und die Ebenen im Inneren exakt beschreiben kann. Das geschieht gewöhnlich durch *Miller-Indizes*.

Bild 1.25 zeigt ein rechtwinkliges Netz mit mehreren Scharen von Geraden, in die jeweils eine Elementarzelle mit den Achsen x und y eingezeichnet ist, deren Ursprung ihre linke untere Ecke ist. Die Richtung einer Geradenschar wird eindeutig durch zwei Indizes h und k beschrieben. Dabei sind h und k die Anzahl der Abschnitte, in die die Seiten a und b der Elementarzelle durch die betreffenden Geraden geteilt werden. Die Indizes hk einer Geraden sind dadurch definiert, daß sie a bei a/h und b bei b/k schneidet. Man sucht die Gerade, die der durch den Ursprung gehenden benachbart ist. Bei der Parallelenschar A zerschneidet diese nächstgelegene Gerade den Achsenabschnit a in einen Teil, den Achsenabschnitt b in zwei Teile. Beide Abschnitte liegen auf der positiven Seite des Koordinatensystems. Deshalb sind die Indizes der Geradenschar A *12* (gesprochen „eins-zwei"). Wenn eine Geradenschar parallel zu einer Achse verläuft, dann wird diese von den Geraden nicht unterteilt. Deshalb ist der betreffende Index gleich Null. Liegen die Achsenabschnitte auf der negativen Seite des Koordinatensystems, wird dem Index ein Minuszeichen über der Zahl hinzugefügt, z. B. $\bar{2}$ (gesprochen „minus zwei".) Wenn man die nächstgelegene Gerade von der anderen Seite des Ursprungs gewählt hätte, wären die zugehörigen Indizes $\bar{1}\,\bar{2}$ gewesen. Es gibt demzufolge keinen Unterschied zwischen den Richtungen der Geraden hk und $\bar{h}\,\bar{k}$. Weitere Beispiele sind in Frage 8 am Ende des Kapitels zu finden. Man beachte in Bild 1.25, daß die Geraden mit den niedrigeren Indizes weiter auseinander liegen.

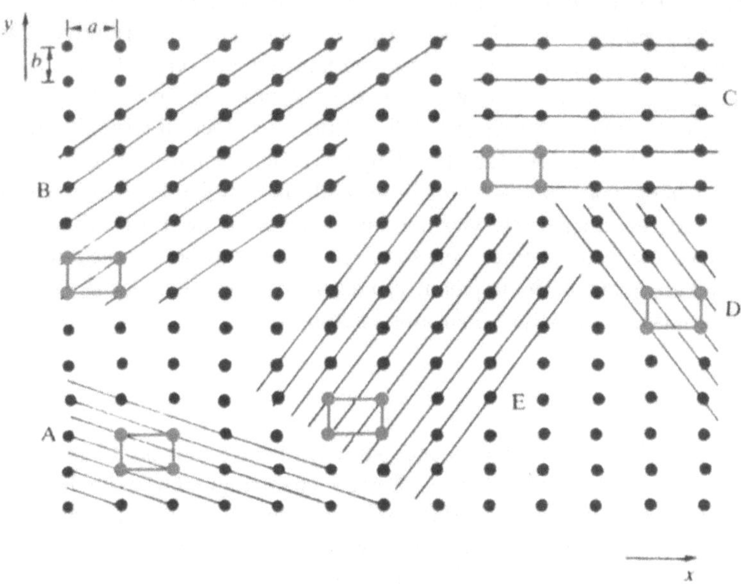

Bild 1.25   Ein Netz von Punkten, die zu Rechtecken angeordnet sind, mit fünf Parallelenscharen A bis E und fünf Elementarzellen

Die *Miller-Indizes* von Ebenen in dreidimensionalen Gittern sind *hkl*. Dabei ist *l* der Index für die *z*-Achse. Die Vorgehensweise beim Bestimmen ist genau die gleiche. Eine Ebene wird durch das Indextripel *hkl* beschrieben, wenn sie die Elementarzelle mit den Seitenlängen *a*, *b* und *c* in die Abschnitte *a/h*, *b/k* und *c/l* zerschneidet. Bild 1.26 zeigt einige kubische Gitter mit verschiedenen Schnittflächen. Die positiven Achsrichtungen sind markiert. Ihre Orientierung stimmt mit der konventionellen „Rechte-Hand-Regel" überein, die in Bild 1.27 dargestellt ist. In Bild 1.26a liegen die Schnittflächen parallel zu *y* und *z* und schneiden die *x*-Achse bei *a*. Die Miller-Indizes dieser Ebene sind *100*. Die Frage 9 enthält weitere Beispiele. Auch im dreidimensionalen Gitter sind die Ebenen *hkl* und $\overline{h}\,\overline{k}\,\overline{l}$ einander gleich.

1.5.7 Abstand zwischen Ebenen in Kristallen

Mit Hilfe der Millerschen Indizes lassen sich aus den Gitterkonstanten die Abstände d_{hkl} zwischen den Ebenen *hkl* eines Kristalls berechnen. Am einfachsten sind diese Beziehungen bei Kristallsystemen mit einem rechtwinkligen (orthogonalen) Achsensytem mit $\alpha = \beta = \gamma = 90°$. Beim kubischen System, das wegen $a = b = c$ durch einen Gitterparameter beschrieben werden kann, ergibt sich:

$$d_{hkl} = \frac{a}{\sqrt{(h^2 + k^2 + l^2)}}$$

Für das orthorhombische System mit $a \neq b \neq c$ erhält man

$$\frac{1}{\left(d_{hkl}\right)^2} = \frac{h^2}{a^2} + \frac{k^2}{b^2} + \frac{l^2}{c^2}$$

1.5.8 Packungsdiagramme

Es ist nicht einfach, dreidimensionale Strukturen zu zeichnen. Deshalb werden Kristallstrukturen häufig durch zweidimensionale „Baupläne" dargestellt, bei denen der Inhalt einer Elementarzelle auf eine Ebene projiziert ist. Solche Projektionen werden Packungsdiagramme genannt, denn damit kann man die Packung von Molekülen in einem Kristall anschaulich machen.

Die Koordinaten eines Punktes im kristallographischen Achsensystem werden durch Bruchteile der Gitterkonstanten a, b, und c angegeben. Dadurch kann man auf einfache Weise die Positionen von Atomen und Ionen in verschiedenen Strukturen miteinander vergleichen, unabhängig von den Abmessungen der Elementarzelle.

In einer kubische Elementarzelle mit der Gitterkonstanten $a = 1000$ pm hat ein Punkt mit einer x-Koordinate $x = 500$ pm eine *gebrochene* oder „*Bruch-Koordinate*" $x/a = 500$ pm / 1000 pm = $0,5$. Entsprechend sind die Bruchkoordinaten in y- und z-Richtung gleich y/a und z/a.

Ein Packungsdiagramm für die raumzentrierte Elementarzelle von Bild 1.5 ist in Bild 1.28 dargestellt. Die Elementarzelle ist dabei aus der z-Richtung auf die xy-Ebene projiziert worden. Die z-Bruchkoordinate eines beliebigen Punktes, der auf der Grund- oder Deckfläche der Elementarzelle liegt, ist – in Abhängigkeit von der Wahl des Ursprungs – gleich 0 oder 1. Diese Koordinate wird im Diagramm üblicherweise nicht notiert. Sind die z-Bruchkoordinaten ungleich 0 oder 1, werden sie im Diagramm an geeigneter Stelle angegeben. Die Fragen am Ende des Kapitels enthalten auch Übungsaufgaben zum Konstruieren derartiger Diagramme.

Viele Veröffentlichungen in der kristallographischen Literatur enthalten Packungsdiagramme. Dabei ist zu beachten, daß die Projektion häufig nicht in einer Achsenrichtung auf eine Fläche der Elementarzelle erfolgt. Im triklinen System ist das prinzipiell nicht möglich, weil die Achsen keinen rechten Winkel bilden. Man verwendet dann eine Aufstellung der Elementarzelle, durch die ihre Bestandteile in der Projektion gut sichtbar gemacht werden.

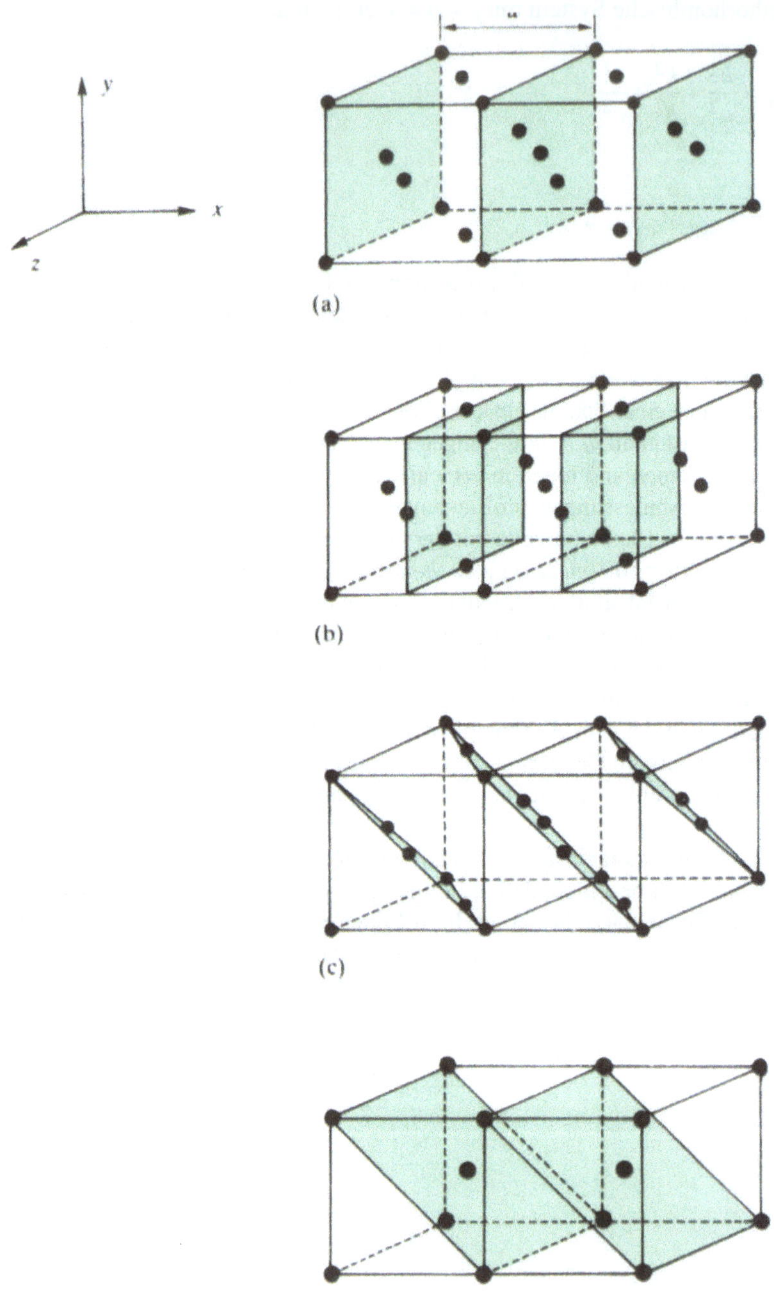

Bild 1.26   Zwei nebeneinanderliegende kubische Elementarzellen mit verschiedenen Netzebenen:
(a) - (c) flächenzentriertes Gitter, (d) raumzentriertes Gitter

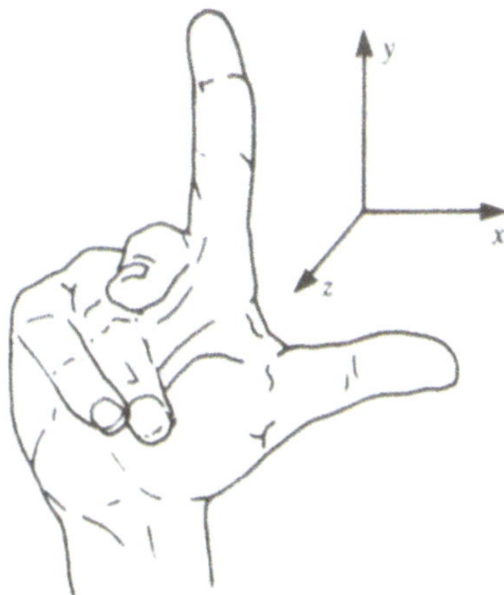

Bild 1.27   Die Rechte-Hand-Regel zum Bezeichnen der kristallographischen Achsen

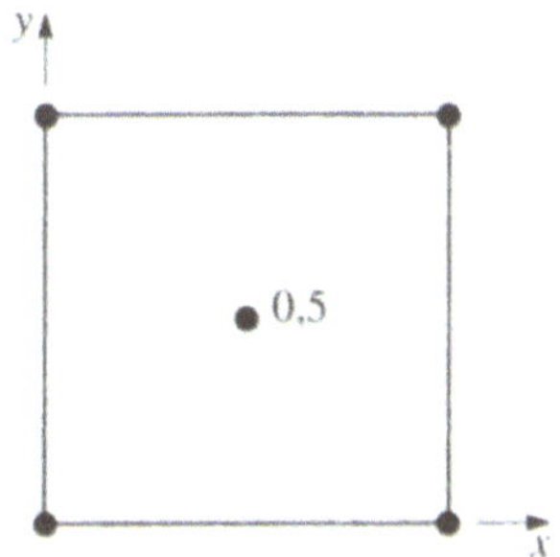

Bild 1.28   Packungsdiagramm für eine raumzentrierte Elementarzelle

1.6 Kristalline Festkörper

Wir beginnen diesen Abschnitt mit der Betrachtung einiger einfacher *ionischer Festkörper*. Elemente aus den Gruppen, die im Periodischen System der Elemente weit rechts bzw. weit links stehen, neigen zur Bildung von Ionen. Es ist zu erwarten, daß die Metalle aus der 1. und 2. Gruppe Kationen bilden und die Nichtmetalle aus der 16. und 17. Gruppe sowie der Stickstoff Anionen, da sie hierdurch eine stabile Edelgasschale erreichen. Kationen können auch gebildet werden von einigen Elementen der 13. Gruppe, wie Aluminium (Al^{3+}), von einigen Übergangsmetallen in niedrigen Oxidationsstufen und von den schweren Elementen der 14. Gruppe, wie Zinn (Sn^{2+}) und Blei (Pb^{2+}). Die Bildung hochgeladener Kationen wird erschwert, da die Elektronen mit zunehmender Ladung der Kationen stärker gebunden werden.

Eine *Ionenbindung* kommt durch elektrostatische Anziehung zwischen entgegengesetzt geladenen Ionen zustande. Ionenbindungen sind starke, aber nicht gerichtete Bindungen. Ionenkristalle sind deshalb aus einer unendlichen Zahl von Ionen zusammengesetzt, die in einer Weise zusammengelagert sind, daß die Coulombschen Anziehungskräfte zwischen entgegengesetzt geladenen Ionen maximal werden und die Abstoßung zwischen gleichartig geladenen Ionen minimal. Da die Halogenide und Oxide von den Metallen der 1. und 2. Gruppe den Vorstellungen von einer Ionenbindung am nächsten kommen, werden sie zuerst besprochen.

Obwohl die Bildung einzelner Ionen möglich ist, bedeutet das nicht, daß sie immer und unter allen Umständen existieren. In vielen Strukturen findet man Bindungen, die nicht rein ionisch sind, sondern auch einen gewissen Grad an *Kovalenz* besitzen: Die Elektronen werden dabei nicht vollständig von einem Atom auf ein anderes übertragen, sondern sie halten sich im Raum zwischen ihnen auf. Das gilt besonders für die Elemente, die im Zentrum des Periodischen Systems stehen. Dieser Sachverhalt wird in Abschnitt 1.6.4 im Zusammenhang mit der Größe von Ionen und den Grenzen des Konzepts „Ionen als harte Kugeln" besprochen.

In zwei weiteren Abschnitten (1.6.5 und 1.6.6) wird die Kristallstruktur von kovalenten Verbindungen behandelt. Zuerst werden unendlich ausgedehnte, kovalent gebundene Kristalle wie *Diamant* diskutiert. In dieser Form des Kohlenstoffs bildet jedes Atom starke kovalente Bindungen zu den benachbarten Atomen aus. Dadurch entsteht ein unendliches dreidimensionales Netzwerk von lokalisierten Bindungen. Zweitens betrachten wir Molekülkristalle, die aus kleinen Einzelmolekülen bestehen. Die Bindungen im Molekül sind kovalent, während die Moleküle untereinander im Kristall nur durch schwache Wechselwirkungen – die *Van-der-Waals-* oder *London*-Kräfte – zusammengehalten werden. Diese Kräfte entstehen durch die Ausbildung von Dipolen in den Molekülen, die umgekehrt in anderen Molekülen Dipole induzieren. Es resultieren daraus schwache Anziehungskräfte, die mit wachsendem Abstand sehr schnell abnehmen.

Schließlich werden wir in diesem Abschnitt auch die Struktur einiger Silikate streifen, jener Verbindungen, die wesentlich am Aufbau der Erdkruste beteiligt sind.

1.6.1 Ionische Festkörper der Zusammensetzung MX

Die Cäsiumchloridstruktur

Die Elementarzelle des Cäsiumchlorids (CsCl) ist in Bild 1.29 dargestellt. Man erkennt ein Cäsiumion Cs^+ im Zentrum der kubischen Zelle, das von acht Chloridionen Cl^- an den Würfelecken umgeben ist. Eine Elementarzelle erhält man auch auf dem umgekehrten Weg, wenn man ein Chloridion in die Würfelmitte und die Cäsiumionen an die Würfelecken setzt, weil diese Struktur aus zwei sich durchdringenden primitiven kubischen Gittern besteht. Diese Elementarzelle hat eine Ähnlichkeit mit der raumzentrierten kubischen Struktur, die von einigen metallische Elementen eingenommen wird, z. B. von den Alkalimetallen. Trotzdem ist die CsCl-Struktur *nicht* raumzentriert, weil die Umgebung des Cäsiumions in der Mitte des Würfels eine andere ist als die Umgebung der Chloridionen an seinen Ecken. Eine raumzentrierte Elementarzelle müßte Chlor an den Eckpunkten, d. h. im Punkt (0, 0, 0), *und* in der Mitte des Würfels (1/2, 1/2, 1/2) enthalten. Jedes Cäsium hat acht Chlornachbarn und jedes Chlor acht Cäsiumnachbarn jeweils an den Ecken eines Würfels, so daß die Koordinationszahl für beide Ionenarten gleich acht ist. Die Elementarzelle enthält eine Formeleinheit CsCl, da die acht Ionen an den Eckpunkten gleichzeitig zu acht verschiedenen Elementarzellen gehören. In ionischen Strukturen dieser Art gibt es keine individuelle Moleküle, da jedes Ion von mehreren entgegengesetzt geladenen Ionen im gleichen Abstand umgeben ist.

Cäsium ist ein großes Ion (Ionenradien werden ausführlicher in Abschnitt 1.6.4 behandelt). Deshalb ist es in der Lage, acht Chloridionen zu koordinieren. Auch andere große Ionen bilden diesen Gittertyp mit der Koordinationszahl acht aus: CsBr, CsI, TlCl, TlBr und NH_4Cl.

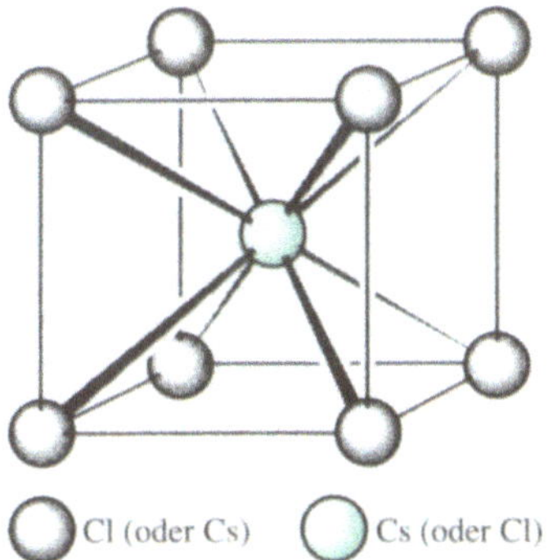

Bild 1.29   Die Kristallstruktur von Cäsiumchlorid (CsCl). Diese Darstellungsart wird axonometrische Projektion genannt. Das Gitter wird aus unendlicher Entfernung betrachtet. Dabei bleiben alle Parallelen des Gitters in der Projektion parallel. Wichtige interatomare Wechselwirkungen (Bindungen) werden gegenüber den Gitterbegrenzungen durch stärkere Linien hervorgehoben, deren Keilform einen räumlichen Eindruck vermitteln soll

Die Natriumchlorid- oder Kochsalz-Struktur

Die Elementarzelle von Natriumchlorid (NaCl) oder Kochsalz zeigt das Bild 1.30. Die Struktur wird gebildet aus zwei flächenzentrierten Gittern (**F**), die sich gegenseitig durchdringen. Eins enthält die Na^+- und das andere die Cl^--Ionen. Jedes Natriumion ist im gleichen Abstand von sechs Chloridionen umgeben, die die Ecken eines Oktaeders bilden. In gleicher Weise ist jedes Chloridion oktaedrisch von sechs Natriumionen umgeben: Die Koordinationszahlen sind 6:6.

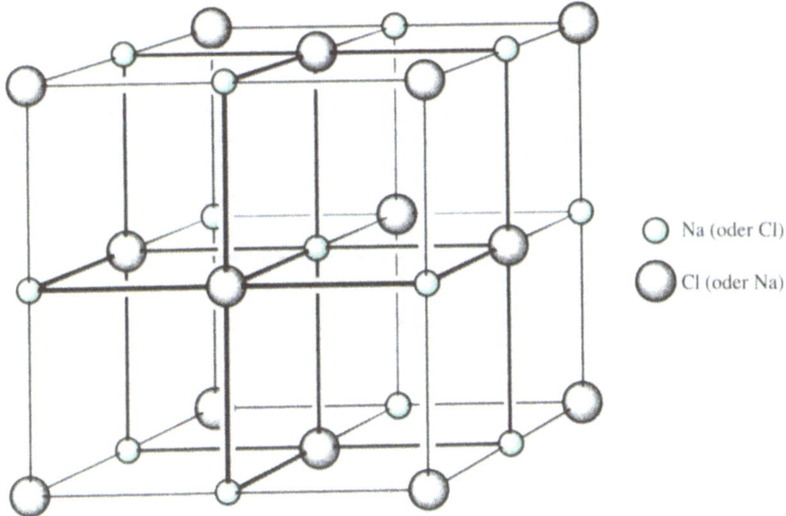

Bild 1.30   Die Kristallstruktur von Natriumchlorid (NaCl)

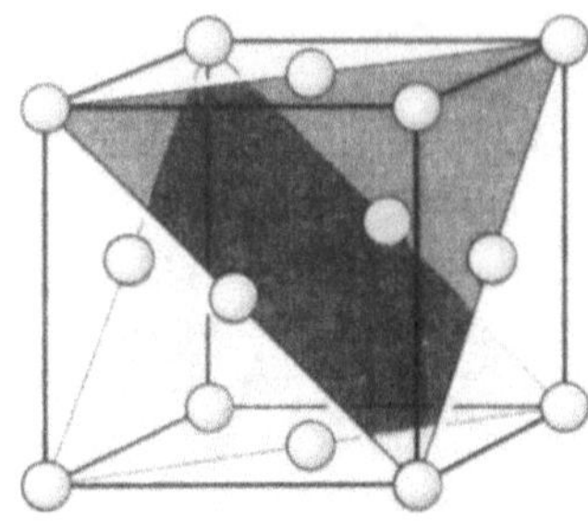

Bild 1.31   Kubisch flächenzentrierte Elementarzelle mit Darstellung der *ccp*-Schichten

Man kann diese Struktur auch als kubisch-dichteste Kugelpackung von Chloridionen beschreiben, bei der alle Oktaederlücken durch Natriumionen ausgefüllt sind. Die konventionelle Elementarzelle einer *ccp*-Anordnung ist ein flächenzentriertes kubisches **F**-Gitter. Die dichtest gepackten Schichten liegen dabei senkrecht zur Raumdiagonalen des Würfels (Bild 1.31). Wenn alle Oktaederlücken besetzt sind, ergibt das ein Na:Cl-Verhältnis von 1:1 und die in Bild 1.30 dargestellte Struktur. Die Erklärung einfacher ionischer Strukturen als dichtester Kugelpackung einer Ionenart und die Besetzung der Tetraeder- und/oder Oktaederlücken durch die entgegengesetzt geladenen Ionen ist außerordentlich nützlich. Dadurch werden sowohl die Koordinationsgeometrie der einzelnen Ionen als auch der in einer Struktur verfügbare Raum besonders gut sichtbar gemacht.

Wie man aus der Stellung in der 1. Gruppe ableiten kann, ist ein Natriumion kleiner als ein Cäsiumion. Deshalb finden im Natriumchloridgitter nur sechs Chloridionen um ein Kation Platz und nicht acht, wie beim CsCl. Die NaCl-Elementarzelle enhält vier Formeleinheiten NaCl. Um sich das klar zu machen, kann man mit Hilfe der Informationen von Tabelle 1.3 die Zahl der Ionen auf den einzelnen Gitterplätzen berechnen. In Tabelle 1.4 sind einige wichtige von den mehr als 200 Verbindungen aufgeführt, die eine NaCl-Struktur besitzen.

Tabelle 1.4   Verbindungen mit NaCl-Struktur

Die meisten Alkalimetallhalogenide	MX	(X = F, Cl, Br, I); AgF, AgCl, AgBr.
Alle Alkalimetallhydride	MH	(M = Li, Na, K, Rb, Cs)
Monoxide	MO	(M = Mg, Ca, Sr, Ba)
Monosulfide	MS	(M = Mg, Ca, Sr. Ba)

Viele Strukturen, die in diesem Buch beschrieben werden, kann man auch als miteinander verbundene Oktaeder ansehen, bei denen im Zentrum jeweils ein Metallatom und an den sechs Ecken des Oktaeders andere Atome angeordnet sind (Bild 1.32a,b). Diese werden oft aus der Sicht von oben und mit markierten Konturen wie in Bild 1.32c gezeichnet.

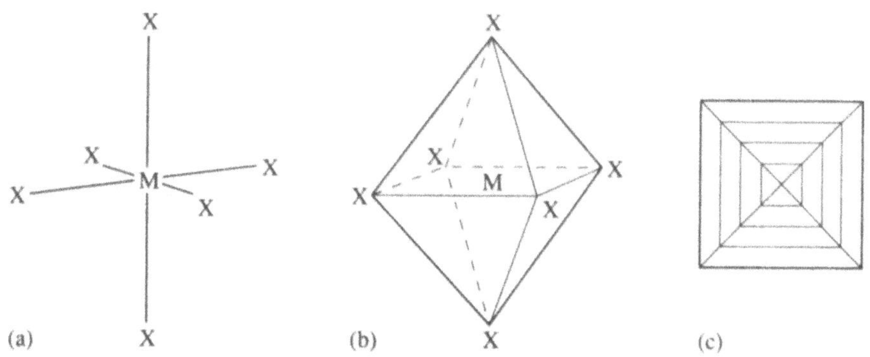

Bild 1.32 (a) oktaedrische Koordination eines MX_6-Moleküls, (b) Gestalt eines Oktaeders, (c) Oktaeder in Draufsicht

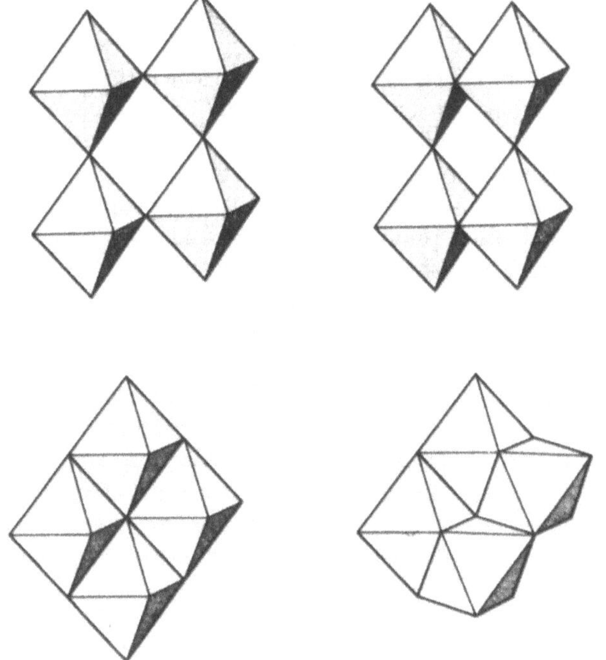

Bild 1.33 Verknüpfung von vier Oktaedern: (a) über vier Ecken, (b) über zwei Kanten und zwei Ecken, (c) über vier Kanten, (d) über zwei Flächen und zwei Kanten

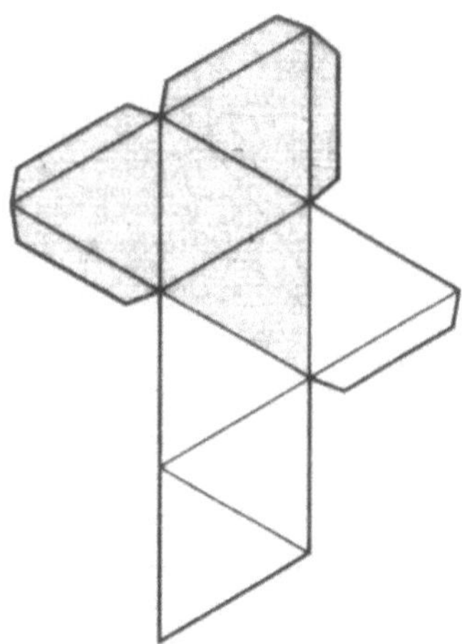

Bild 1.34   Schnittmuster zum Bau eines Oktaeders bzw eines Tetraeders

In Bild 1.33 ist zu erkennen, daß die Oktaeder entweder über gemeinsame Ecken (a) oder Kanten (b, c) oder Flächen (d) miteinander verbunden sein können. Wenn man sich das nicht vorstellen kann, empfiehlt es sich, mit Hilfe einiger aus Papier gebastelter Oktaeder derartige Modelle zusammenzusetzen. Bild 1.34 gibt ein Muster hierfür wider, das man kopieren, ausschneiden und zusammenkleben kann. Die schraffierten Dreiecke stellen ein entsprechendes Muster zum Bauen eines Tetraeders dar. Durch das Verknüpfen der Oktaeder wird das stöchiometrische Verhältnis der Atome verringert, da einige Atome dann gleichzeitig zu mehreren Oktaedern gehören. Zwei Oktaeder [MO_6] werden über eine gemeinsame Spitze zu einer Einheit [M_2O_{11}] verbunden. Wenn zwei Oktaeder [MO_6] über eine gemeinsame Kante verbunden sind erhält man die Zusammensetzung [M_2O_{10}], bei einer Verknüpfung über eine gemeinsame Fläche ergibt sich die Formel [M_2O_9].

Nach dieser Betrachtungsweise kann das NaCl-Gitter als eine Struktur aus kantenverknüpften [$NaCl_6$]-Oktaedern aufgefaßt werden. Ein Oktaeder hat 12 Kanten, und jede Kante gehört im NaCl-Gitter gleichzeitig zu zwei Oktaedern, an jedem Eckpunkt stoßen sechs Oktaeder zusammen. In Bild 1.35 sind in einer NaCl-Elementarzelle drei derartige $NaCl_6$-Oktaeder farblich hervorgehoben worden. Außerdem ist auch eine von vier Chloridionen gebildete Tetraederlücke dargestellt, die in dieser Verbindung nicht besetzt ist.

Die Nickelarsenidstruktur

Die Nickelarsenidstruktur (NiAs) ist die hexagonale Gegenstück zur kubischen NaCl-Struktur. Sie läßt sich aufbauen aus einer *hcp*-Anordnung von Arsenatomen, bei der alle Oktaederlücken mit Nickelatomen gefüllt sind (Bild 1.36). Die Nickelatome werden umgeben von einem As_6-Oktaeder, während sich die Arsenatome im Zentrum eines *trigonalen Prismas* aus sechs Nickelatomen befinden (Bild 1.37).

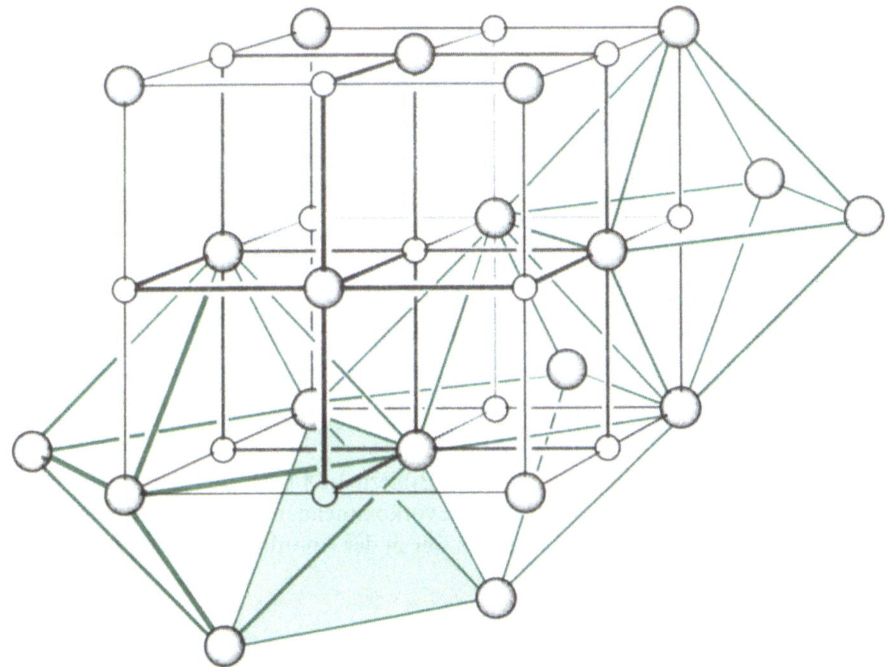

Bild 1.35 NaCl-Struktur mit Darstellung von drei kantenverknüpften Oktaedern und einem Tetraeder

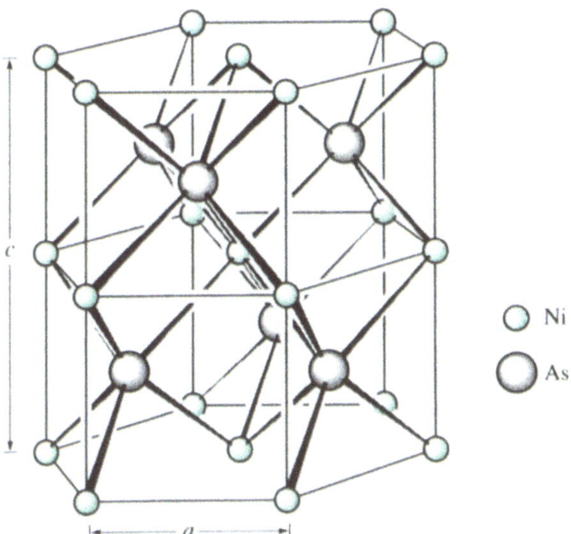

Bild 1.36 Die Kristallstruktur von Nickelarsenid (NiAs). (In einer ungestörten *hcp*-Anordnung ist das Achsenverhältnis $c/a = 1,633$. Reale Strukturen weichen davon ab, z. B. ist in FeS $c/a = 1,68$)

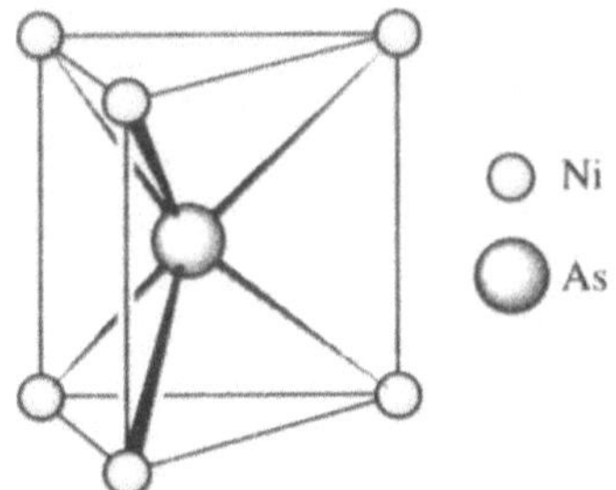

Bild 1.37   Die trigonal-prismatische Koordination des As im NiAs

Die Zinkblende- und die Wurtzit-Struktur

Elementarzellen dieser Strukturen sind in den Bildern 1.38 bzw. 1.39 dargestellt. Sie haben ihren Namen von zwei verschiedenen natürlich vorkommenden Zinksulfid-Mineralien (ZnS). Strukturen der gleichen Verbindung, die sich nur in der Anordnung ihrer Atome unterscheiden, nennt man *polymorph*.

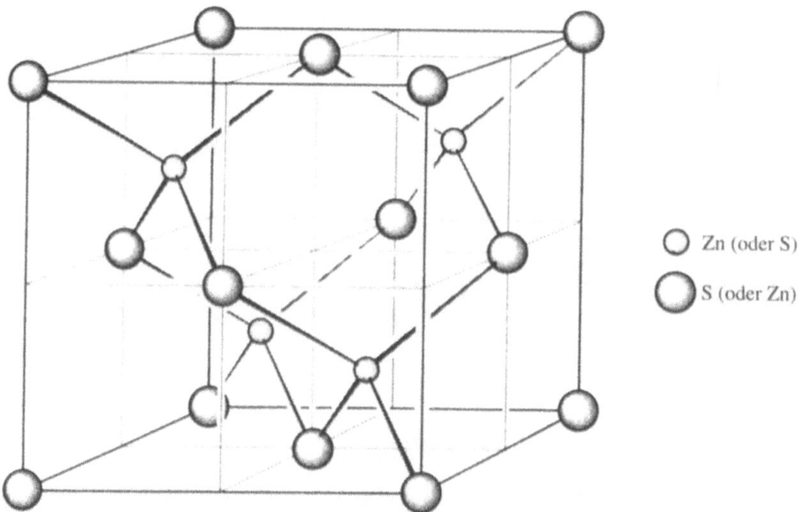

Bild 1.38   Die Zinkblende-Struktur

Die Zinkblendestruktur besteht aus einer *ccp*-Anordnung von Sulfidionen mit Zinkionen in der Hälfte aller Tetraederlücken. Jedes Zinkion ist so tetraedrisch von vier Sulfidionen umgeben, aber auch jedes Sulfidion tetraedrisch von vier Zinkionen. Gleiche Strukturen werden u. a. gebildet von den Sulfiden, Seleniden und Telluriden des Zinks, Cadmiums und Quecksilbers sowie von den Kupfer(I)-halogeniden. Wenn die Gitterpunkte der Zinkblendestruktur durch gleiche Atome besetzt werden, erhält man die Diamantstruktur (siehe Abschnitt 1.6.5).

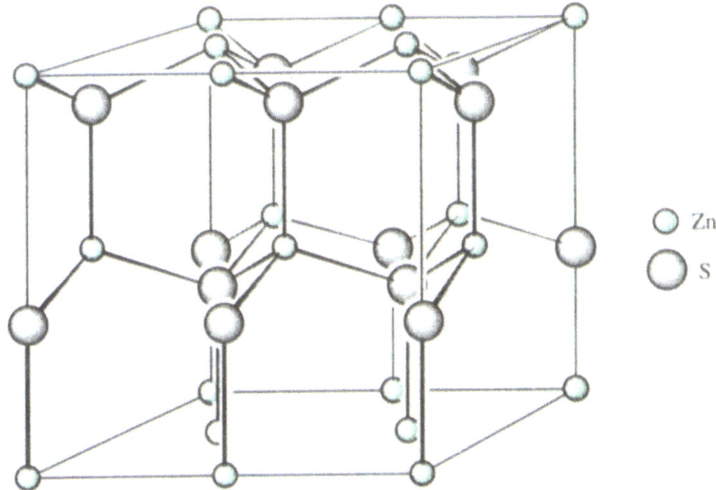

Bild 1.39   Die Wurtzit-Struktur

Bildet man aus den Sulfidionen eine *hcp*-Anordnung und füllt jede zweite Tetraederlücke mit Zinkionen, ergibt sich die Wurtzit-Struktur. Auch hier sind sowohl die Zink- als auch die Sulfidionen tetraedrisch von den entgegengesetzt geladenen Ionen umgeben. Einige weitere Verbindungen, die im Wurtzitgitter kristallisieren können, sind BeO, ZnO, SiC und NH_4F.

Die Koordinationszahl ist bei einer dichtesten Packung von Atomen gleicher Art und Größe gleich zwölf, in der CsCl-Struktur gleich acht, bei der NaCl-Struktur gleich sechs und bei beiden ZnS-Strukturen gleich vier. Als allgemeine Regel kann man sich merken, daß die Zahl der Anionen, die ein Kation koordinieren kann, mit seinem Radius wächst (siehe Abschnitt 1.6.4).

1.6.2 Festkörper der Zusammensetzung MX_2

Die Fluorit- und die Antifluorit-Struktur

Fluorit heißt das Mineral der Zusammensetzung CaF_2. Seine Struktur ist in Bild 1.40 dargestellt. Man kann sie herleiten von einer *ccp*-Anordnung von Calciumionen, indem man alle Tetraederlücken mit Fluoridionen besetzt. Bei dieser Beschreibung gibt es das Problem, daß die Calciumionen kleiner als die Fluoridionen sind. Die Fluoridionen passen deshalb nicht in einen von Calciumionen gebildeten tetraedrischen Hohlraum. Trotzdem handelt es sich um eine exakte Beschreibung der *relativen* Lage der Ionen im Gitter. Bild 1.40a zeigt deutlich die vierfache tetraedrische Koordination der Fluoridionen.Die größeren oktaedrischen Hohlräume sind bei dieser Struktur leer. Einer davon ist im Zentrum der Elementarzelle von Bild 1.40a gut zu erkennen. Diese Tatsache ist bedeutungsvoll für die Bewegung von Ionen in Defektstrukturen, wie sie in Kapitel 5 behandelt wird.

In Bild 1.40b ist ein größerer Teil des Gitters mit Fluoridionen an den Ecken von Würfeln dargestellt. Dadurch wird die achtfache Koordination der Calciumionen deutlich. Diese achtfache Koordination ist auch sehr gut zu sehen, wenn man den Ursprung der Elementarzelle in ein Fluoridion verschiebt, wie es in Bild 1.40c gemacht worden ist. Hier ist die Elementarzelle durch Halbieren der drei Kanten in acht kleinere Würfel unterteilt worden. Jeder zweite von diesen *Oktanden* ist mit einem Kation besetzt.

Besetzt man in einer *ccp*-Anordnung von Anionen alle Tetraederlücken mit Kationen, sind die Koordinationsverhältnisse umgekehrt wie im Fluorit. Diese Struktur heißt deshalb *Antifluorit-Struktur*. Im Beispiel mit dem größten Anion und dem kleinsten Kation, Li_2Te, bilden die Telluratome eine nahezu dichteste Kugelpackung, obwohl bei dieser Elementkombination beträchtliche kovalente Bindungsanteile vorhanden sind. Bei anderen Verbindungen mit dieser Struktur – den Oxiden, Sulfiden, Seleniden und Telluriden der Alkalimetalle M_2X – beschreibt die Antifluorit-Struktur die relative Lage der Ionen zueinander. Die Anionen bilden aber keine dichteste Kugelpackung, weil sie sich nicht berühren. Die Kationen sind für die Tetraederlücken zu groß, und die Anion-Anion-Abstände sind deshalb größer als in einer dichtesten Packung. Die Fluorit- und die Antifluorit-Struktur sind die einzigen Strukturen mit einer 8:4- bzw. 4:8-Koordination.

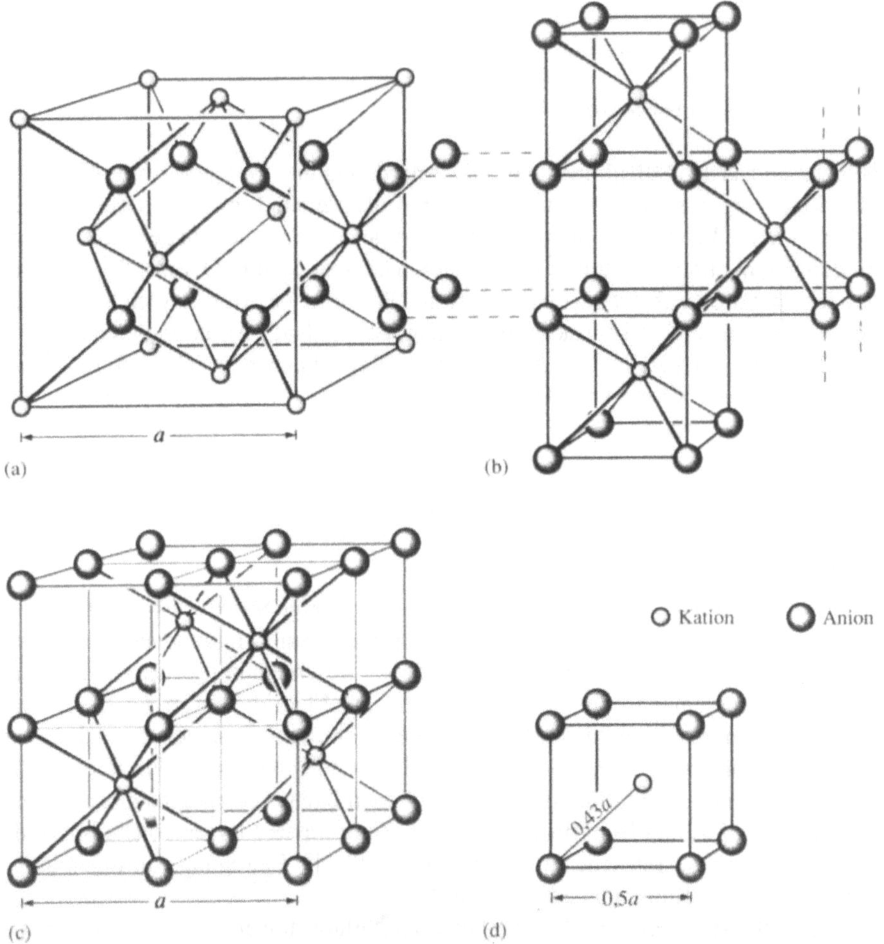

Bild 1.40　　Die Fluorit-Struktur (CaF_2): (a) Elementarzelle als *ccp*-Packung von Kationen (Ursprung im Kation), (b) Ausschnitt aus (a) zum Verdeutlichen der kubisch-primitiven Anordnung der Anionen, (c) Elementarzelle mit Ursprung im Anion, (d) Oktand (Achtelwürfel) aus (c) mit Beziehungen zur Gitterkonstante *a*

Die Cadmiumchlorid- und die Cadmiumiodid-Struktur

Beide Strukturen basieren auf einer dichtesten Kugelpackung von Anionen, in der jede zweite Schicht der Oktaederlücken zwischen den Anionenebenen von Kationen besetzt ist, so daß sich eine Schichtstruktur mit 6:3-Koordination ergibt. Die $CdCl_2$-Struktur leitet sich von einer *ccp*-Anordnung der Chloridionen ab und die CdI_2-Struktur von einer *hcp*-Anordnung der Iodidionen. Diese ist in Bild 1.41 dargestellt. In Bild 1.41a erkennt man deutlich, daß in dieser Struktur jedes Iodidion auf einer Seite zu drei Cadmiumionen benachbart ist, auf der anderen Seite aber zu drei Iodidionen. Das bedeutet, die Anionen sind nicht vollständig von Kationen umgeben wie man es für rein ionische Verbindungen erwartet. Dieser Umstand wird in Abschnitt 1.6.4 näher untersucht.

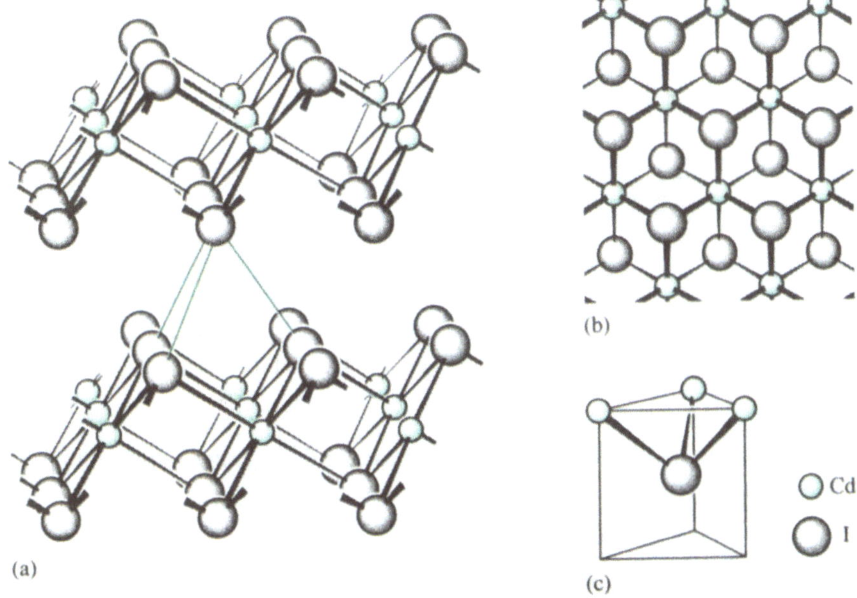

Bild 1.41   (a) Die Cadmiumiodid-Struktur (CdI_2), (b) Die Struktur einer Schicht in CdI_2 bzw in $CdCl_2$; die Halogenatome liegen in zwei Ebenen oberhalb und unterhalb der Cd-Schicht, (c) Koordination eines I-Atoms in CdI_2

Die Rutilstruktur

Die Rutilstruktur ist benannt nach einem aus Titandioxid (TiO_2) bestehenden Mineral. Die tetragonale Elementarzelle mit einer 6:3-Koordination ist in Bild 1.42 dargestellt. Sie beruht nicht auf einer dichtesten Packung. Jedes Titanatom ist von sechs Sauerstoffatomen in Form eines leicht verzerrten Oktaeders umgeben und jedes Sauerstoffatom von drei Titanatomen, die die Ecken eines nahezu gleichseitigen Dreieck bilden. Es ist geometrisch nicht möglich, eine Struktur aufzubauen, die *sowohl* ideale $[TiO_6]$-Oktaeder enthält *als auch* ideale gleichseitige $[OTi_3]$-Dreiecke.

In dieser Struktur sind $[TiO_6]$-Oktaeder paarweise durch gegenüberliegende Kanten zu Ketten verbunden, die ihrerseits über gemeinsame Spitzen ein dreidimensinales Netz aufbauen (Bild 1.42b). In Bild 1.42c ist eine Elementarzelle in Richtung dieser Ketten auf eine Ebene projiziert.

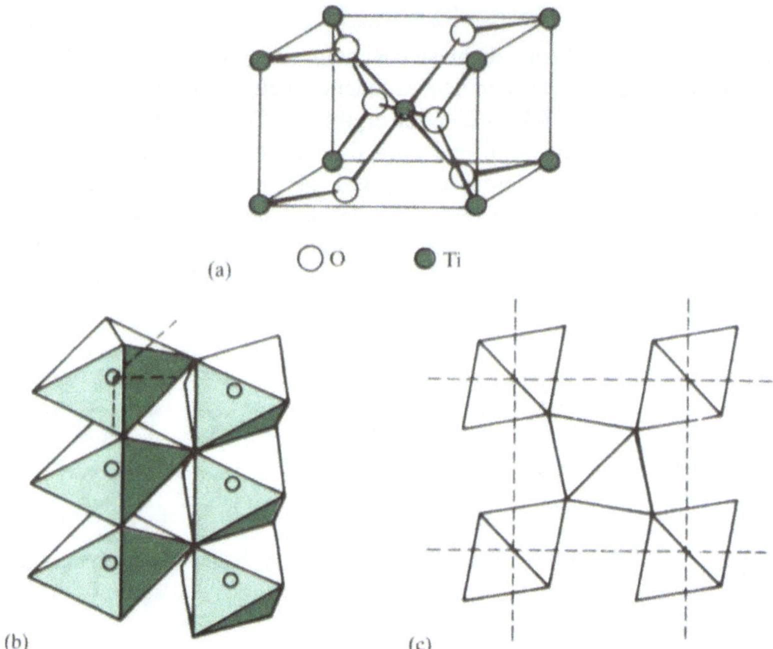

Bild 1.42   Die Rutil-Struktur (TiO_2): (a) Elementarzelle, (b) Ausschnitt aus zwei Ketten verknüpf-
ter [TiO_6]-Oktaeder, (c) Projektion der Struktur auf die Grundfläche einer Elementarzelle

Einige Verbindungen kristallisieren in einer Antirutilstruktur, in der Kationen und Anionen
ihre Plätze vertauscht haben, z. B. Ti_2N.

Die β-Cristobalitstruktur

Diese Struktur wurde nach einer natürlich vorkommenden Modifikation des Siliciumdioxids
(SiO_2) benannt. Die Siliciumatome befinden sich an den gleichen Positionen wie Zink und
Schwefel in der Zinkblende – bzw. die Kohlenstoffatome im Diamant, der später in Abschnitt
1.6.5 besprochen wird. Je zwei Siliciumatome sind über eine Sauerstoffbrücke miteinander
verbunden. Aus dieser Anordnung resultiert eine 4:2-Koordination. Das einzige Metallhalogenid
mit dieser Struktur ist das Berylliumfluorid BeF_2.

1.6.3 Andere wichtige Kristallstrukturen

Mit zunehmender Oxidationszahl der Metalle nimmt auch der Kovalenzgrad in ihren einfachen binären Verbindungen zu. Die hochsymmetrischen Strukturen, wie wir sie bei den einfachen ionischen Verbindungen kennengelernt haben, treten seltener auf als Schicht- bzw.
Molekülgitter. Es gibt mehrere tausend anorganische Kristallstrukturen, von denen hier nur
einige behandelt werden, entweder, weil sie häufig vorkommen oder weil sie in späteren Kapiteln eine Rolle spielen.

Die Bismuttriiodid-Struktur

Die Struktur des BiI_3 beruht auf einer *hcp*-Anordnung von Iodatomen. Die von den Iod-Schichten eingeschlossenen Oktaederlücken sind in jeder zweiten Ebene zu zwei Dritteln mit Bismutatomen gefüllt, so daß entsprechend der Stöchiometrie insgesamt ein Drittel aller Oktaederlücken besetzt ist.

Die Korund-Struktur

Diese nach dem Mineral Korund (α-Al_2O_3) benannte Struktur besitzt ein *hcp*-Gerüst aus Sauerstoffatomen, in der zwei Drittel der Oktaederlücken mit Aluminiumatomen besetzt sind. Jedes Aluminiumatom hat sechs nächste Sauerstoffnachbarn und jedes Sauerstoffatom vier Aluminiumatome als Nachbarn. Da eine lückenlose Verknüpfung von Oktaedern mit Tetraedern aus geometrischen Gründen unmöglich ist, sind im Korundgitter die Koordinationspolyeder verzerrt. Weitere Verbindungen mit dieser Struktur sind Ti_2O_3, V_2O_3, Cr_2O_3, α-Fe_2O_3, α-Ga_2O_3 und Rh_2O_3.

Die Rheniumtrioxid-Struktur

Dieser – auch Aluminiumfluoridstruktur genannte – Typ wird von den Fluoriden des Al, Sc, Fe, Co, Rh und Pd, von ReO_3 sowie von der Hochtemperaturmodifikation des WO_3 gebildet (siehe Abschnitt 5.8.1). Sie ist aus ReO_3-Oktaedern aufgebaut, die über gemeinsame Sauerstoffatome an allen sechs Ecken miteinander zu einem dreidimensionalen Netzwerk mit kubischer Symmetrie verknüpft sind. Ausschnitte aus dem Gitter bzw. die Verknüpfung der Oktaeder zeigen die Bilder 1.43 bzw. 1.45b.

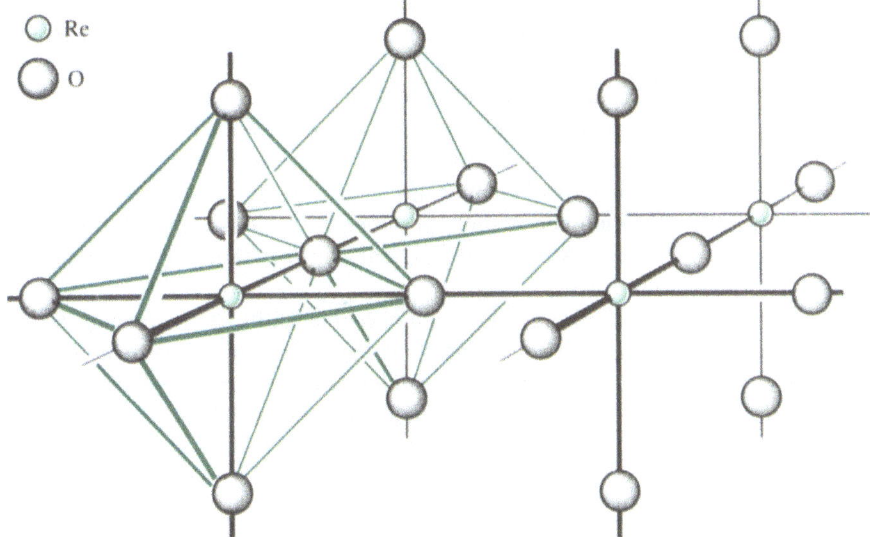

Bild 1.43 Ausschnitt aus der ReO_3-Struktur. Dargestellt ist die Eckenverknüpfung innerhalb einer Schicht, sie setzt sich auch in den beiden anderen Raumrichtungen in gleicher Weise fort. Jedes O-Atom gehört gleichzeitig zu zwei verschiedenen [ReO_6]-Oktaedern, entsprechend der Stöchiometrie $ReO_{6/2} = ReO_3$

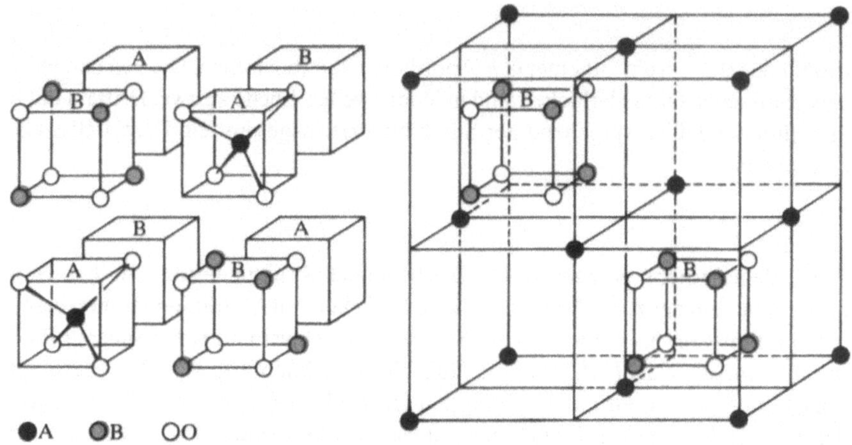

Bild 1.44   Schema der Spinell-Struktur AB_2O_4. Die Elementarzelle enthält acht Formeleinheiten

Die Struktur ternärer Oxid

Es gibt drei sehr wichtige Typen ternärer Oxide: *Spinelle, Perowskite und Ilmenite.*

Die Spinell- und die inverse Spinellstruktur

Spinelle, benannt nach dem Mineral $MgAl_2O_4$, haben die allgemeine Zusammensetzung AB_2O_4. Meistens ist A ein zweiwertiges und B ein dreiwertiges Kation. Es gibt auch andere Spinelle, die aus Ionen passender Größe aufgebaut sind und deren Kationenladung pro Formeleinheit gleich acht ist, z. B. $A^{4+}B_2^{2+}O_4$. Die Elementarzelle des Spinellgitters enthält acht Formeleinheiten. Die 32 Oxidionen bilden eine *ccp*-Anordnung. Die 16 Kationen B besetzen die Hälfte der Oktaederlücken und die 8 A-Kationen jede achte Tetraederlücke. Der Aufbau einer Elementarzelle ist in Bild 1.44 wiedergegeben. Durch Halbieren der Würfelkanten ist das Gitter in acht Achtelwürfel unterteilt. Man erkennt, daß es zwei verschiedene Arten von Oktanden gibt. Die Kationen A liegen im Zentrum der A-Oktanden sowie auf den Flächenmitten und an den Ecken der Elementarzelle. Die Kationen B sind nur in den B-Oktanden enthalten. Die Verbindungen der allgemeinen Zusammensetzung MAl_2O_4 mit M = Mg, Mn, Fe, Co, Ni oder Zn sind Spinelle.

Von einem *inversen Spinell* spricht man, wenn sich eine Hälfte der B-Ionen in Tetraederlücken befindet und die andere Hälfte zusammen mit den A-Kationen in Oktaederlücken. Um diese Struktur in der Formel zum Ausdruck zu bringen, schreibt man sie besser als $B(AB)O_4$. Beispiele für inverse Spinelle sind Fe_3O_4, $Fe(MgFe)O_4$ und $Fe(ZnFe)O_4$.

Die Perowskit-Struktur

Perowskit ist ein Mineral der Zusammensetzung $CaTiO_3$. Bild 1.45a stellt die Elementarzelle dieser Struktur mit der allgemeinen Formel ABX_3 dar. Hierbei sind A und B Kationen unterschiedlicher Größe und X Anionen, die etwa den gleichen Radius haben wie die größeren Kationen. Diese Form der Elementarzelle heißt A-Typ, weil sich im Zentrum ein A-Kation befindet. Das zentrale Atom A ist koordiniert mit zwölf Atomen X, die die Mitten der Würfelkanten besetzen. In etwas größerer Entfernung – an den Würfelecken – befinden sich acht B-

Atome. Die Struktur kann auch anders beschrieben werden. Erstens: Man baut eine *ccp*-Anordnung aus A- und X-Atomen im Verhältnis 1:3 und füllt ein Viertel der Oktaederlücken mit den B-Atomen, vergleichbar mit einer NaCl-Elementarzelle (Bild 1.30), bei der die Würfelflächen, das sind drei Viertel der Oktaederlücken, nicht besetzt sind. Zweitens: Man bildet aus $[BX_6]$-Oktaedern eine ReO_3-Struktur und bringt im Zentrum der Elementarzelle ein A-Kation unter (Bild 1.45b). Zu den Perowskiten gehören u. a. die Verbindungen $SrTiO_3$, $SrZrO_3$, $SrHfO_3$, $SrSnO_3$ und $BaSnO_3$.

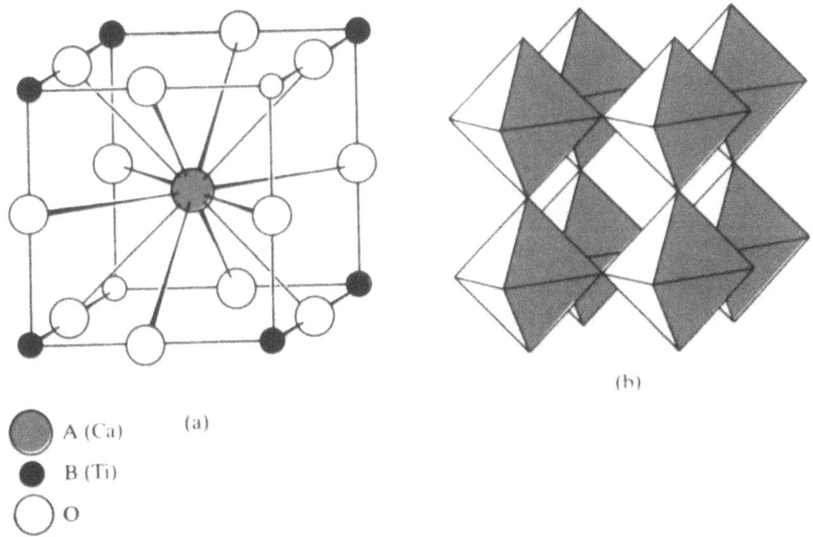

Bild 1.45   (a) Die Perowskitstruktur $CaTiO_3$, (b) Ausschnitt aus zwei Schichten der ReO_3-Struktur

Die Ilmenit-Struktur

Ilmenite sind Verbindungen der allgemeinen Zusammensetzung ABO_3 mit A = Mg, Fe, Co, Ni und B = Ti, Mn und Rh. Diese Struktur wird gebildet, wenn A und B etwa gleich groß sind und die Summe ihrer Oxidationszahlen gleich +6 ist. Die Struktur ist sehr ähnlich der Korundstruktur mit einer *hcp*-Anordnung von Sauerstoffatomen, bei der aber zwei verschiedene Kationen jeweils ein Drittel der Oktaederlücken in der Weise besetzen, daß die A- und B-Kationen in alternierenden Schichten vorkommen. Der Name stammt von einem Mineral mit der Zusammensetung $Fe^{II}Ti^{IV}O_3$.

Die von dichtesten Packungen abgeleiteten Strukturen sind in Tabelle 1.5 zusammengefaßt.

Tabelle 1.5   Von dichtesten Anionenpackungen abgeleitete Strukturen

Formel	Kation: Anion- Koordi- nation	Typ und Zahl der besetzten Lücken	Name des Strukturtyps Beispiele	
			ccp	*hcp*
MX	6:6	alle Oktaederlücken	Natriumchlorid NaCl, FeO, MnS, TiC	Nickelarsenid NiAs, FeS, NiS
	4:4	die Hälfte der Tetraederlücken	Zinkblende ZnS, CuCl, γ-AgI	Wurtzit ZnS, β-AgI
M_2X	4:8	alle Tetraederlücken	Anti-Fluorit Na_2O, K_2S, Li_2Se, Mg_2Si	
	6:3	die Hälfte der Oktaederlücken, jede zweite Schicht vollkommen besetzt	Cadmiumchlorid $CdCl_2$	Cadmiumiodid CdI_2, TiS_2
MX_3	6:2	ein Drittel der Oktaederlücken, in jeder zweiten Schicht sind zwei Drittel besetzt		Bismutiodid BiI_3, $TiCl_3$, VCl_3, $FeCl_3$
M_2X_3	6:4	zwei Drittel der Oktaederlücken		Korund Al_2O_3, Ti_2O_3, V_2O_3, Cr_2O_3, Fe_2O_3
ABO_3		zwei Drittel der Oktaederlücken		Ilmenit $FeTiO_3$
AB_2O_4		ein Achtel der Tetraederlücken und die Hälfte der Oktaederlücken	Spinell $MgAl_2O_4$ inverser Spinell $MgFe_2O_4$	Olivin Mg_2SiO_4

1.6.4 Ionenradien

Aus der Quantenmechanik ist bekannt, daß Atome und Ionen keine genau definierten Radien besitzen. Trotzdem haben wir in den vorangegangenen Abschnitten gesehen, daß Ionen in Kristallen in außerordentlich regelmäßigen Mustern angeordnet sind. Die Positionen der Atome im Gitter und die Abstände zwischen ihnen können sehr genau bestimmt werden. Es ist deshalb ein – besonders für Strukturen, die man von dichtesten Packungen ableiten kann – nützliches Konzept, sich die Ionen als kleine harte Kugeln mit einem bestimmten Radius vorzustellen.

Wenn wir eine Reihe von Alkalimetallhalogeniden mit Kochsalzstruktur nehmen und darin ein Metallion durch ein anderes ersetzen, z. B. Natrium durch Kalium, kann man erwarten, daß der Metallion-Halogenid-Abstand sich jedes Mal um den gleichen Betrag ändert, wenn das Konzept der harten Kugeln richtig ist. Das Ergebnis einer solchen Prozedur ist in Tabelle 1.6 enthalten. Die Zahlenwerte zeigen, daß der interatomare Abstand beim Austausch eines Ions durch ein anderes innerhalb einer Reihe (bei konstantem Metallion) bzw. in einer Spalte (bei konstantem Halogenidion) nur geringfügig variiert. Zusammen mit einigen anderen experimentellen Befunden berechtigt uns das, bei unseren Diskussionen von Festkörperstrukturen Modelle mit konstanten Ionenradien zu verwenden. Wie bei allen Modellen werden die wahren Verhältnisse nur zum Teil richtig wiedergegeben. Mehr kann man auch nicht erwarten, denn Atome und Ionen sind verformbare Gebilde, und ihre Größe wird von ihrer Umgebung beeinflußt. Trotzdem handelt es sich um ein nützliches Konzept, das es gestattet, ionische Kristallstrukturen bildlich einfach zu beschreiben.

Tabelle 1.6   Interatomare Abstände r_{M-X} in Alkalihalogeniden (pm)

X / M	F^-	Δ	Cl^-	Δ	Br^-	Δ	I^-	Δ
Li⁺	201	56	257	18	275	27	302	
Δ		30		24		23		21
Na⁺	231	50	281	17	298	25	323	
Δ		35		33		31		30
K⁺	266	48	314	15	329	24	353	
Δ		16		14		14		13
Rb⁺	282	46	328	15	343	23	366	

Es gibt zahlreiche Sätze von Einzelionenradien, die von verschiedenen Autoren auf der Grundlage unterschiedlicher Modelle oder Annahmen berechnet worden sind. Diese Sätze von Ionenradien sind in der Regel in sich konsistent, so daß man durch Addition zweier Radien aus dem gleichen Satz gute Näherungen für Bindungsabstände erhält. Man darf aber auf keinen Fall Radien aus unterschiedlichen Radienkonzepten gleichzeitig verwenden, da die Werte für das gleiche Ion mehr oder weniger voneinander abweichen.

Die interatomaren Abstände können durch Röntgenstrukturuntersuchungen sehr genau ermittelt werden. Um daraus Radien für einzelne Ionen berechnen zu können, muß der Radius eines Ions zunächst festgelegt werden. Im Lithiumiodid ist das größte Halogenidion mit dem kleinsten Alkalimetallion verbunden, so daß sich die Iodidionen berühren können, weil die kleinen Lithiumionen in den Oktaederlücken ausreichend Platz haben. Deshalb schlug Landé 1920 vor, den Radius des Iodidions unter dieser Annahme aus dem Iod-Iod-Abstand im LiI zu berechnen. Wenn der Iodidradius einmal bekannt ist, lassen sich weitere Radien aus den Abständen in Metalliodiden ermitteln. Bragg und Goldschmidt haben später weitere Radien auf ähnliche Weise berechnet. Es ist nicht ganz einfach, einen konsistenten Satz von Radien aufzustellen, da die Ionen keine harten, sondern gewissermaßen plastische Kugeln sind. Die Radien werden von der Umgebung beeinflußt: von den Eigenschaften der benachbarten entgegengesetzt geladen Ionen und von der Koordinationszahl. Pauling schlug eine theoretische Methode zum Berechnen der Ionenradien aus interatomaren Abständen vor und wandte sie auf eine Reihe von Alkalimetallhalogeniden mit isoelektronischen Kationen und Anionen an. Diese Paulingschen Ionenradien sind in sich konsistent und zeigen auch den erwarteten Gang im Periodischen System. Unter der Annahme, daß sich die Ionen im Gitter berühren und die Radien sich umgekehrt proportional zur effektiven Kernladung verhalten, die auf die äußere Elektronenschale einwirkt, können die Radien der einzelnen Ionen aus den Gitterabständen berechnet werden. Zweiwertige Ionen unterliegen im Kristallgitter einer zusätzlichen Kompression, was beim Berechnen der Radien aus Abständen berücksichtigt werden muß. Mit einigen Verfeinerungen wurde auf diese Weise ein in sich konsistenter Satz von Ionenradien erhalten, der unter der Bezeichnung *effektive Ionenradien* verwendet wird.

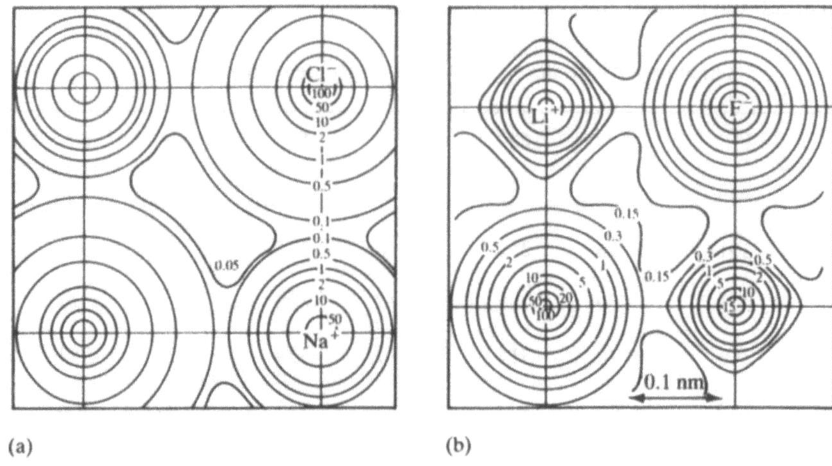

(a)   (b)

Bild 1.46   Linien gleicher Elektronendichte von (a) NaCl und (b) LiF.

Heute ist es möglich, genaue Elektronendichteverteilungen aus röntgenographischen Messungen zu ermitteln. Bild 1.46 zeigt Diagramme der Elektronendichteverteilung für NaCl und LiF. Die Elektronendichte geht entlang der Kernverbindungsachse Anion-Kation durch ein Minimum, fällt jedoch nicht bis auf den Wert Null. Der auf diese Weise experimentell bestimmte Abstand zwischen Kern und Elektronendichteminimum wird *Kristallradius* genannt. Diese Radien sind für die Anionen in der Regel kleiner und für die Kationen größer als bei den früher abgeleiteten Radiensätzen, wie in Bild 1.47 für Li^+ und F^- zu erkennen ist. Der umfassendste Satz von Ionenradien wurde aus ungefähr 1000 Kristallstrukturuntersuchungen von Shannon und Prewitt zusammengetragen. Diese Radien beruhen auf den konventionellen Werten von 126 pm und 119 pm für O^{2-} bzw. F^-. Obwohl diese Werte von früher ermittelten um einen konstanten Betrag von etwa 14 pm abweichen, wird allgemein anerkannt, daß sie die Größe der Ionen in einem Kristall gut wiedergeben. Eine Auswahl dieser Radien enthält Tabelle 1.7, aus der auch einige wichtige Tendenzen für die Zusammenhänge zwischen Ionenradien und anderen Größen abgeleitet werden können.

Tabelle 1.7 Kristallradien einiger ausgewählter Ionen (in pm)[*]

Ion	Radius	Ion	Radius	Ion	Radius	Ion	Radius	Ion	Radius	Ion	Radius	Ion	Radius
Li^+	90	Be^{2+}	59	B^{3+}	41	C^{4+}	30					OH^-	123
Na^+	116	Mg^{2+}	86	Al^{3+}	68	Si^{4+}	54	Ti^{2+}	100	Ti^{3+}	81	F^-	119
K^+	152	Ca^{2+}	114	Ga^{3+}	76	Ge^{4+}	67	V^{2+}	93	V^{3+}	78	Cl^-	167
Rb^+	166	Sr^{2+}	132	In^{3+}	94	Sn^{4+}	83	Cr^{2+}	87/94[†]	Cr^{3+}	76	Br^-	182
Cs^+	181	Ba^{2+}	149	Tl^{3+}	103	Pb^{4+}	92	Mn^{2+}	81/97[†]	Mn^{3+}	72/79[†]	I^-	206
								Fe^{2+}	75/92[†]	Fe^{3+}	69/79[†]	O^{2-}	126
Cu^+	74/91[‡]	Zn^{2+}	74/88[‡]	Sc^{3+}	89	Ti^{4+}	75	Co^{2+}	79/89[†]	Co^{3+}	69/75[†]	S^{2-}	170
Ag^+	129	Cd^{2+}	109	Y^{3+}	104	Zr^{4+}	86	Ni^{2+}	69/63[§]	Ni^{3+}	70/74[†]	Se^{2-}	184
Au^+	151	Hg^{2+}	116	Lu^{3+}	100	Hf^{4+}	85	Cu^{2+}	87	Cu^{3+}	68/–[†]	N^{3-}[||]	132
La^{3+}	117	Ce^{3+}	115	Pr^{3+}	113	Nd^{3+}	112	Pm^{3+}	111	Sm^{3+}	110	Eu^{3+}	109
Gd^{3+}	108	Tb^{3+}	106	Dy^{3+}	105	Ho^{3+}	104	Er^{3+}	103	Tm^{3+}	102	Yb^{3+}	101

[*] Werte nach R. D. Shannon (1976) *Acta Crystallographica*, **A 32**, 751 für oktaedrische Koordination (soweit nicht anderweitig vermerkt)
[†] Low spin/ high spin
[‡] Tetraedrische/oktaedrische Koordination
[§] Tetraedrische/planar-quadratische Koordination
[||] Tetraedrische Koordination

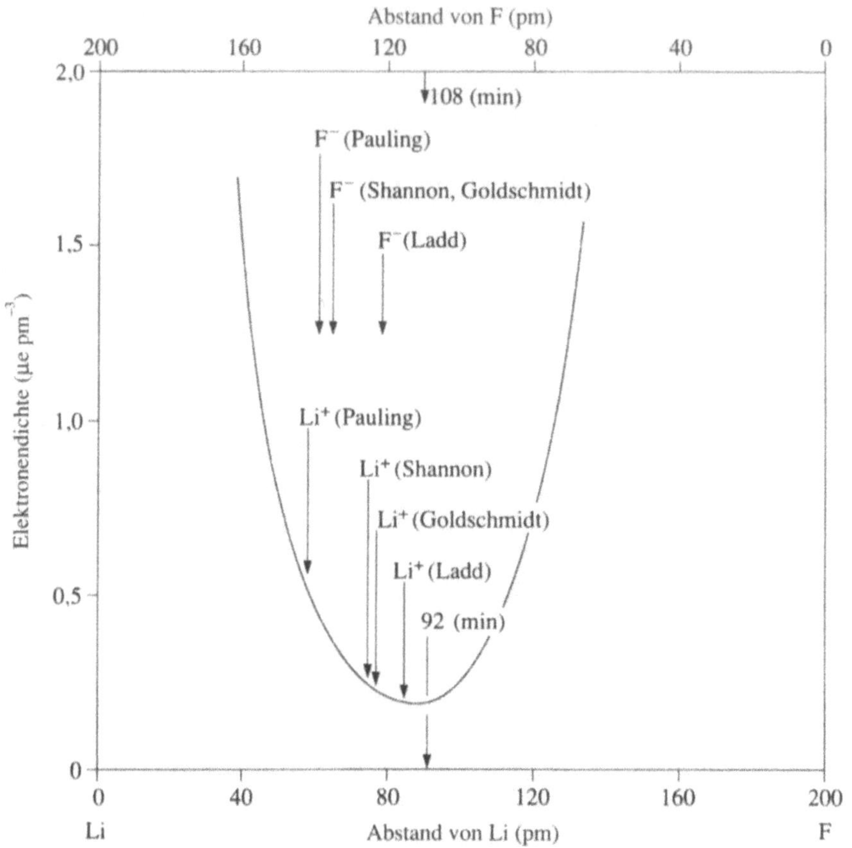

Bild 1.47   Elektronendichte in LiF entlang einer Geraden Li–F im Bereich des Minimums und die von verschiedenen Autoren ermittelten Ionenradien

1. Die Radien von Ionen gleicher Ladung nehmen innerhalb einer Gruppe mit der Ordnungszahl Z zu, da hierbei die Elektronenzahl ebenfalls zunimmt und die äußeren Schalen weiter vom Kern entfernt sind.
2. In einer Reihe isoelektronischer Kationen wie Na^+, Mg^{2+}, Al^{3+} schrumpft der Radius mit zunehmender positiver Ladung stark, weil die Elektronenzahl konstant bleibt, aber die Kernladung zunimmt und deshalb die Elektronen stärker angezogen werden.
3. Bei isoelektronischen Anionen (O^{2-}, F^-) nimmt der Radius mit zunehmender Ionenladung zu, da das höher geladene Anion die kleinere Kernladung besitzt.
4. Bei Elementen, die in mehreren Oxidationsstufen als Kationen auftreten (Fe^{2+}, Fe^{3+}), nimmt der Radius mit zunehmender Ladung ab, da sich bei gleicher Kernladung die Elektronenzahl verringert.
5. Innerhalb einer Periode nimmt der Radius von Ionen gleicher Ladung mit der Ordnungszahl ab. Man erkennt das beim Vergleichen der zweiwertigen Übergangsmetallkationen aus der 3d-Reihe. In dieser Reihe wächst die Kernladung, aber deren Abschirmung durch die Elektronen in der 3d-Schale nicht. Der gleiche Effekt tritt bei den M^{3+}-Ionen der Lanthanoiden auf und wird hier *Lanthanoidenkontraktion* genannt.

6. Der Radius von Übergangsmetallionen wird durch den Spinzustand beeinflußt.
7. Die Radien nehmen mit der Koordinationszahl der Ionen zu (vgl. Cu^+, Zn^{2+} in Tabelle 1.7). Dieser Effekt rührt daher, daß die Anionen beim Verringern der Koordinationszahl die Gegenionen gewissermaßen zusammendrücken.

Die Beschreibung der Ionen als kleine harte Kugeln stimmt am besten für das Fluorid- und das Oxid-Ion. Mit zunehmender Größe läßt sich die Elektronenhülle leichter deformieren. Diese Eigenschaft nennt man *Polarisierbarkeit.*

Beim Beschreiben einzelner Kristallstrukturen haben wir in einem früheren Abschnitt darauf hingewiesen, daß ein großes Kation wie Cs^+ in der Lage ist, acht Cl^--Ionen zu koordinieren, während in der Umgebung des kleineren Na^+-Ions nur sechs Cl^--Ionen Platz finden. Wenn wir die Ionen in einer bestimmten Struktur weiterhin als kleine harte Kugeln auffassen und das Verhältnis der Radien von Kation und Anion verkleinern, wird ein Punkt erreicht, bei dem die Kationen so klein sind, daß sie die Anionen nicht mehr berühren. Das Kristallgitter wird dann nicht mehr stabil sein, weil sich die gleichsinnig geladenen Anionen zu stark nähern. Unter diesen Bedingungen wird das Gitter in eine Struktur mit kleinerer Koordinationszahl übergehen, bei der die Anionen einen größeren Abstand voneinander haben. Mit Hilfe einfacher geometrische Überlegungen ist es möglich, das Radienverhältnis (d. h. $r_{Kation}/r_{Anion} = r_+/r_-$) zu berechnen, bei dem das zu erwarten ist. Der geometrische Ansatz ist für den Oktaederfall in Bild 1.48 zu sehen. Einen stabilen Zustand stellt Bild 1.48a dar, den Grenzfall der Stabilität Bild 1.48b. Der Anionenradius r_- ist gleich $\overline{OC}$, der Kationenradius r_+ gleich $\overline{OA} - \overline{OC}$). Aus dem eingezeichneten rechtwinklingen Dreieck ergibt sich

$$\cos 45° = \overline{OC}/\overline{OA} = 0{,}707.$$

Das Radienverhältnis r_+/r_- erhält man aus der Beziehung

$$\left(\overline{OA} - \overline{OC}\right)/\overline{OC} = \left(\overline{OA}/\overline{OC}\right) - 1 = (1{,}414 - 1) = 0{,}414\,.$$

Die Radienverhältnisse für andere Koordinationspolyeder lassen sich aus gleichartigen Überlegungen berechnen. Sie sind in der Tabelle 1.8 zusammengefaßt.

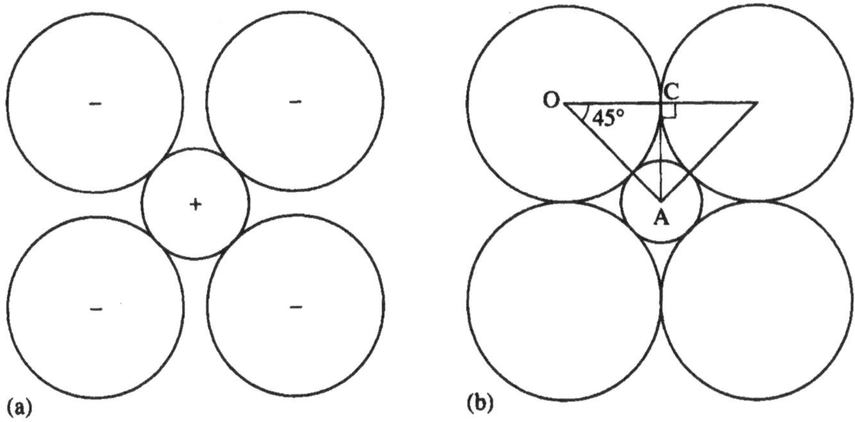

Bild 1.48   (a) Packung von Anionen um ein Kation in einer Ebene, (b) Anionen-Anionen-Kontakt in einer Ebene eines Oktaeders

Tabelle 1.8   Radien-Grenzquotienten für verschiedene Koordinationszahlen

Koordinationszahl	Koordinationspolyeder	Radiengrenzquotient	mögliche Strukturen
		0,225	
4	Tetraeder		Wurtzit, Zinkblende
		0,414	
6	Oktaeder		Kochsalz, Rutil
		0,732	
8	Würfel		Cäsiumchlorid, Antifluorit
		1,00	

Mit Hilfe dieser *Radiengrenzverhältnisse* lassen sich in vielen Fällen die Kristallstrukturen einfacher binärer Verbindungen vorhersagen. Magnesiumoxid z. B. ist aus den Ionen Mg^{2+} und O^{2-} mit den Radien 86 pm bzw. 126 pm aufgebaut. Das ergibt ein Radienverhältnis $r_+/r_- = 0{,}68$. Dieser Wert liegt im Bereich für die sechsfache Koordination und stimmt mit der Kochsalzstruktur des MgO überein. Leider sind die Verhältnisse nicht so einfach, wie sie hier dargestellt wurden. Es gibt zahlreiche Beispiele, bei denen die Struktur aus dem Radienquotient nicht richtig ermittelt werden kann. In Bild 1.49 sind die Anionen- und die Kationenradien von Shannon und Prewitt aller Alkalimetallhalogenide gegeneinander aufgetragen. Bei dieser Darstellung bilden die Radiengrenzquotienten Geraden mit konstantem Anstieg. Man sieht, daß nur etwa 50 % der Strukturen im „richtigen" Radienquotientenbereich zu finden sind. Beim Benutzen der konventionellen Radien erhält man eine geringfügig größere Zahl richtiger Voraussagen.

Die Ursache hierfür ist, daß das benutzte Modell zu einfach ist. Ionen sind keine kleinen harten Kugeln, sondern die Elektronenhüllen der Ionen werden unter dem Einfluß der Gegenionen polarisiert, d. h. deformiert. Deshalb sind die Bindungen zwischen den Gitterbausteinen niemals rein ionisch, sondern haben einen mehr oder weniger großen Kovalenzgrad. Je gößer die Oxidationszahl eines Metalls ist, um so größer wird der kovalente Anteil bei den Bindungen zu seinen Liganden sein, und je höher der Kovalenzgrad in einer Verbindung ist, um so weniger ist das Ionenradienkozept zum Beschreiben der Struktur geeignet. Die Energiedifferenz zwischen sechs- und achtfacher Koordination scheint nur gering zu sein, aber erstere wird gewöhnlich bevorzugt. Die achtfache Koordination findet man seltener, und es gibt zum Beispiel keine Oxide mit einer derartigen Struktur. Die Bevorzugung der sechsfachen Koordination kann man mit einem kovalenten Bindungsanteil erklären. In der Kochsalzstruktur liegen die drei orthogonalen *p*-Orbitale in der gleichen Richtung wie die sechs benachbarten Gegenionen. Diese Orbitale sind deshalb gut geeignet für die Ausbildung von σ-Bindungen. Eine derartige Überlappung der *p*-Orbitale ist im Cäsiumchloridgitter mit achtfacher Koordination weniger günstig.

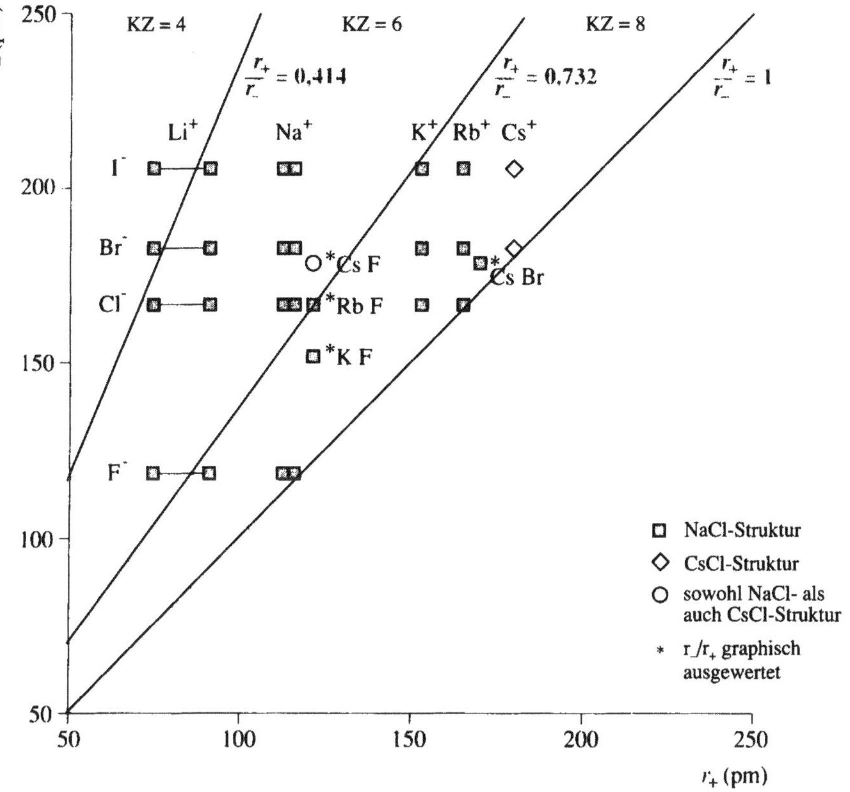

Bild 1.49 Die realen Koordinationszahlen der Alkalihalogenide im Vergleich mit den aus den Radienverhältnissen abgeleiteten. (Da die Radien von Li^+ und Na^+ signifikant von der Koordinationszahl abhängen, sind für diese Ionen Radien für KZ = 4 und KZ = 6 angegeben.)

1.6.5 Kovalente Kristalle

Im letzten Abschnitt wurde gezeigt, daß „ionische" Verbindungen in Wirklichkeit bestimmte kovalente Bindungsanteile besitzen. Der Ionencharakter ist um so stärker ausgeprägt, je größer der Abstand der Bindungspartner im Periodischen System ist. Deshalb sollten Verbindungen zwischen Elementen aus der Mitte des Periodischen Systems weitgehend kovalent sein. Diese Elemente selbst bilden Festkörper mit rein kovalenten Bindungen im Kristall. Es sind dies aus der 13. Gruppe Bor, aus der 14. Gruppe Kohlenstoff, Silicium und Germanium, aus der 15. Gruppe Phosphor, Arsen und Antimon und aus der 16. Gruppe Selen und Tellur.

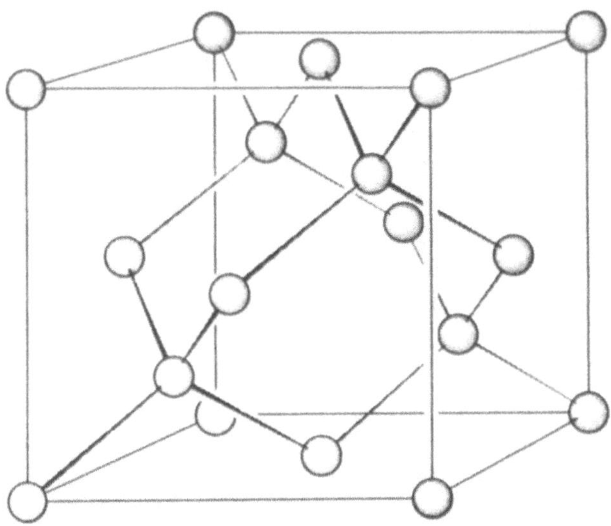

Bild 1.50   Die Elementarzelle der Diamant-Struktur

Eine Modifikation des Kohlenstoffs ist der *Diamant*. Der Diamant bildet ein kubisch-flächenzentriertes Gitter (Bild 1.50). Die Gitterpositionen sind die gleichen wie bei der Zinkblende, es werden hier aber alle von Kohlenstoffatomen besetzt. Jedes Kohlenstoffatom bildet vier gleichwertige kovalente Bindungen zu seinen nächsten Nachbarn aus, so daß der Kristall ein einziges *Riesenmolekül* darstellt. Der Abstand C–C beträgt 154 pm. Wie die Metallgitter mit ihrer dichtesten Kugelpackung wird der Diamant aus identischen Atomen aufgebaut. Die Koordinationszahl verringert sich jedoch von zwölf im Metallgitter (die Metallbindung wird in Kapitel 4 behandelt) auf vier im kovalenten Gitter, weil der Kohlenstoff nur maximal vier Atombindungen ausbilden kann. Die kovalenten Bindungen im Diamant sind sehr stabil, und das starre dreidimensionale Netzwerk macht den Diamanten zum Festkörper mit der größten Härte und der höchsten Schmelztemperatur (3773 K). Siliciumcarbid (SiC), auch als Karborund bekannt, bildet die gleiche Struktur aus. Darin wechseln sich Kohlenstoff und Silicium auf benachbarten Gitterplätzen ab. Es ist ebenfalls sehr hart und wird deshalb zum Schleifen und Polieren verwendet.

Eine weitere Form des Kohlenstoffs ist der *Graphit*, dessen Struktur in Bild 1.51a zu sehen ist. Sie besteht aus ebenen Schichten von Kohlenstoffsechsringen, die in der Reihenfolge *ABAB* übereinander gestapelt sind. Jedes Atom ist durch Überlappung seiner drei sp^2-Hybridorbitale mit drei anderen Kohlenstoffatomen verbunden. Die verbleibenden p-Elektronen gehören einem delokalisierten π-Elektronensytem an, das sich über die gesamte Schicht erstreckt. Der Bindungsgrad beträgt 1,33 gegenüber 1,0 im Diamant und 1,5 im Benzol. Dem entspricht der C–C-Abstand von 142 pm, der deutlich kürzer ist als im Diamant, aber länger als der im Benzol (140 pm). Die leichtbeweglichen Elektronen des π-Systems verleihen dem Graphit die

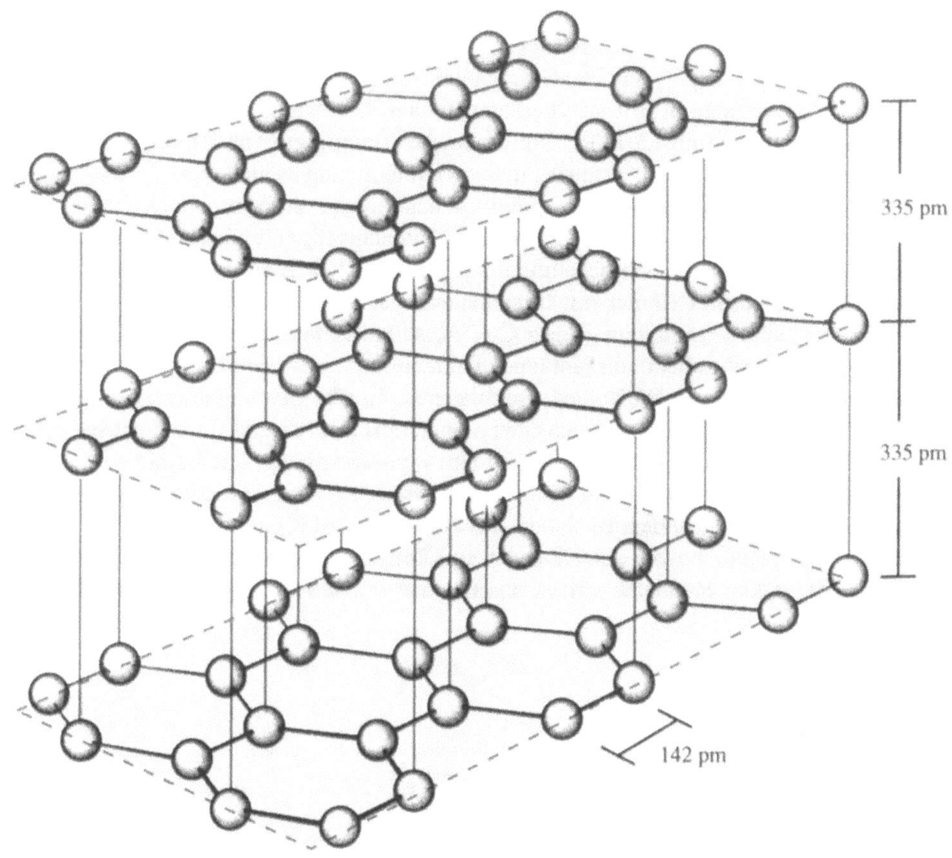

Bild 1.51   (a) Die Graphitstruktur

Eigenschaften eines zweidimensionalen Metalls: gute Leitfähigkeit und starke Lichtabsorption – grauschwarze Farbe. Die elektrische Leitfähigkeit ist senkrecht zu den Schichten um den Faktor 10^4 kleiner und der Abstand zwischen den Schichten ist mit 335 pm mehr als doppelt so groß wie in der C–C-Abstand in den Schichten. Er entspricht damit einer schwachen Van-der-Waals-Bindung. Dieser große Abstand ist die Ursache für die geringe Dichte des Graphits und für die leichte Spaltbarkeit parallel zu den Schichten. Da sich die Graphitschichten leicht gegeneinander verschieben lassen, wird er auch als stark beanspruchbarer Schmierstoff verwendet. In Wirklichkeit hängt die gute Schmierwirkung von adsorbiertem Sauerstoff bzw. Wasserdampf ab. Das wird deutlich, wenn man diese adsorbierten Moleküle bei niedrigem Druck oder hohen Temperaturen entfernt. Um Graphit auch unter Hochvakuumbedingungen benutzen zu können, müssen Oberflächenadditive eingelagert werden.

Eine dritte Kohlenstoffmodifikation ist das erst 1985 entdeckte *Buckminsterfulleren*. Es bildet sich, wenn Graphit durch einen Lichtbogen in einer Heliumatmosphäre verdampft wird, hat die Zusammensetzung C_{60} und die Gestalt eines Fußballs (eines an den Ecken abgestumpften Ikosaeders), wie man in Bild 1.51b erkennen kann. Der Name erinnert an den Ingenieur und Philosophen Buckminster Fuller. Fuller hat das Bauprinzip von kuppelförmigen Stabtragwerken, an die das Molekül erinnert, in der Architektur angewandt (eine derartige Kuppel war zur EXPO 67 in Montreal gebaut worden). Jedes Atom hat in diesem hochsymmetrischen Molekül eine identische Umgebung. Es enthält 12 gleichseitige Fünfecke, die so aneinander gebunden sind, daß sich 20 Sechsecke bilden. An jedes Fünfeck grenzen fünf Sechsecke, jedes Sechseck hat gemeinsame Kanten mit drei anderen Sechsecken, die 139 pm lang sind, und mit drei Fünfecken von 143 pm Länge. Dieser C–C-Abstand ist etwa so lang wie im Graphit. Man kann sich das Fullerenmolekül als Kohlenstoffschicht mit einem delokalisierten Elektronensystem vorstellen, das zu einem Polyeder verbogen ist. Es gibt weitere Fullerene, z. B. C_{70}, C_{76} und C_{78}. Sie enthalten alle 12 Fünfecke, aber eine unterschiedliche Zahl von Sechsecken. Die C_{60}-Moleküle bilden im kristallinen Zustand eine *ccp*-Anordnung. Die Klasse der Fullerene wird zur Zeit intensiv untersucht. Ein interessantes Ergebnis ist die Entdeckung von Alkalimetallsalzen, sogenannten Buckiden. Das Kaliumbuckid K_3C_{60} bildet ebenfalls eine *ccp*-Anordnung der Kugeln, bei der alle Oktaeder- und Tetraederlücken mit Kaliumatomen besetzt sind. Diese Verbindung hat metallischen Charakter und wird unterhalb von 18 K supraleitfähig[1].

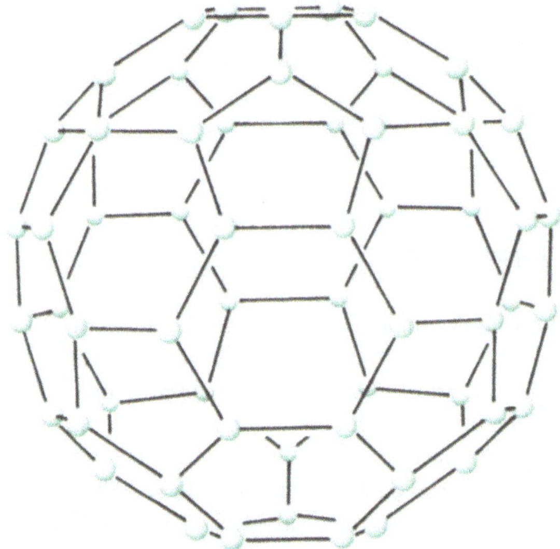

Bild 1.51   (b) Die Struktur des Fullerens C_{60}

---

[1] Zur Supraleitfähigkeit siehe Kapitel 10.

Siliciumdioxid (SiO_2) ist ein weiteres Beispiel für ein Riesenmolekül, eine anorganische hochpolymere Verbindung. Es bildet mehrere kristalline Modifikationen: Quarz, Cristobalit und Tridymit, jede in einer α- und einer β-Form. Der Cristobalit ist in Abschnitt 1.6.2 bereits besprochen worden. Die häufigste in der Natur vorkommende Form ist der Quarz. Die Struktur von β-Quarz ist in Bild 1.52 zu sehen. Sie besteht aus $[SiO_4]$-Tetraedern, die über gemeinsame Ecken zu einem unendlich ausgedehnten räumlichen Netz verbunden sind. Jedes Sauerstoffatom gehört gleichzeitig zu zwei Tetraedern, entsprechend der Zusammensetzung $SiO_{4/2}$. Die Si–O-Bindungen im Siliciumdioxid haben einen beträchtlichen ionischen Anteil, obwohl die Koordinationszahl für den Sauerstoff nur gleich zwei ist und damit niedriger als in rein ionischen Verbindungen. Die $[SiO_4]$-Tetraeder sind im Quarz so miteinander verbunden, daß sie in einer für Festkörper ungewöhnlichen Weise spiralig gewundene Stränge bilden. Diese Schrauben können entweder nach rechts oder links gewunden sein. Diese Asymmetrie der Struktur erkennt man bereits an der Form der Kristalle, die sich zueinander wie Bild und Spiegelbild verhalten und Rechts- bzw. Linksquarz genannt werden. Weiterhin ist das die Ursache für die optische Aktivität und den piezoelektrischen Effekt der Quarzkristalle.

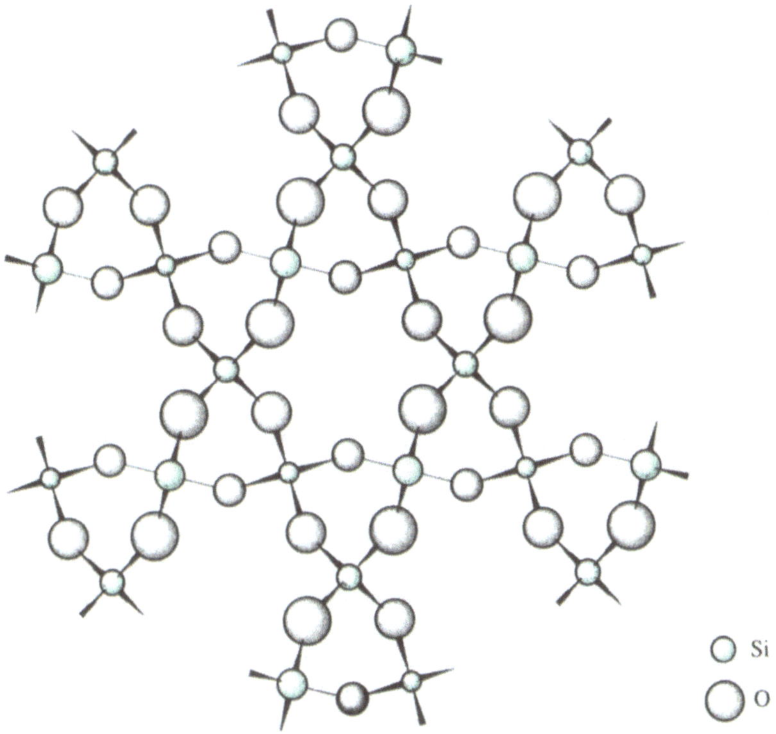

Bild 1.52   Draufsicht auf eine Schraubenachse von β-Quarz

1.6.6 Molekülkristalle

Der Graphit bildet ein Übergangsglied zwischen Kristallen mit unendlich ausgedehnten gleichartigen Bindungen und solchen, in denen Einzelmoleküle nur durch schwächere Wechselwirkungen – *Van-der-Waals-Bindungen* oder *Wasserstoffbrücken-Bindungen* – im Festkörper zusammengehalten werden. Eine Wasserstoffbrücken-Bindung liegt vor, wenn ein Wasserstoffatom gleichzeitig an zwei oder mehrere andere Atome gebunden ist. Das ist der Fall, wenn ein Wasserstoffatom mit zwei stark elektronegativen Atomen, z. B. Sauerstoff oder Fluor, in Wechselwirkung tritt. Es bildet dabei eine kurze, stark kovalente Bindung und durch Dipol-Dipol-Anziehung eine längere schwächere Bindung aus. Beispiele für Molekülkristalle gibt es in organischen, der metallorganischen und der anorganischen Chemie. Diese Kristalle zeichnen sich durch eine gegenüber Ionenkristallen und kovalenten Kristallen vergleichsweise niedrige Schmelz- und Siedetemperaturen aus.

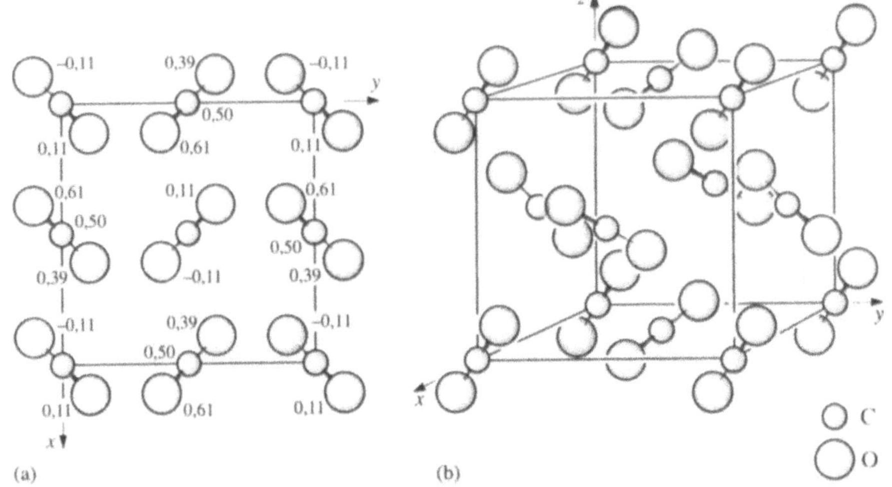

Bild 1.53   (a) Packungsdiagramm der kubischen Elementarzelle von Kohlendioxid (CO_2), projiziert auf die xy-Ebene. (b) Elementarzelle des CO_2

Wenn gasförmiges Kohlendioxid (CO_2) hinreichend abgekühlt wird, bildet es Kristalle mit der in Bild 1.53 abgebildeten Struktur. Man sieht, daß die Elementarzelle deutlich voneinander unterscheidbare CO_2-Moleküle enthält, die nur durch schwache Van-der Waals-Bindungen im Gitter zusammengehalten werden. Der Abstand zwischen sich berührenden Atomen von zwei verschiedenen Molekülen ist die Summe Ihrer *Van-der-Waals-Radien*. Auch diese Radien sind in einschlägigen Tabellen publiziert. Wenn die Summe der Van-der-Waals-Radien von zwei Atomen in einem Gitter größer ist als der gemessene Abstand, ist das ein Hinweis auf eine Bindung zwischen diesen Atomen.

Es gibt viele Modifikationen von Eis, dem kristallisierten Wasser. Die Struktur des hexagonalen, bei Normaldruck kristallisiernden Eises (Eis I_h) ist in Bild 1.54 abgebildet. Jedes Wassermolekül ist von vier anderen tetraedrisch umgeben. Durch Wasserstoffbrücken zwischen den beiden Wasserstoffatomen eines Moleküls und den Sauerstoffatomen von zwei anderen wird ein dreidimensionales Raumnetz aufgebaut.

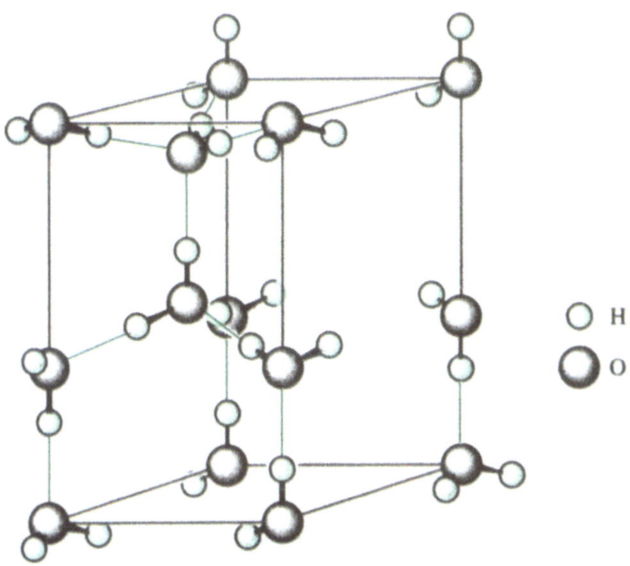

Bild 1.54   Die Kristallstruktur von hexagonalem Eis I_h

In Tabelle 1.9 sind die verschieden in kristallinen Festkörpern vorkommenden Bindungstypen und die sich daraus ergebenden physikalischen Eigenschaften zusammengestellt. Es handelt sich hierbei nur um einen groben Überblick, da sich nicht jeder Festkörper eindeutig einer der Kategorien zuordnen läßt.

Tabelle 1.9   Klassifikation der Kristallstrukturen

Typ	Struktureinheiten	Bindungstyp	Eigenschaften	Beispiele
Ionenkristalle	Kationen und Anionen	elektrostatisch, nicht gerichtet	harte, spröde Kristalle, hohe T_{fus}, sehr schlechte elektrische Leiter	Alkalimetallhalogenide
Riesenmoleküle	Atome	vorwiegend kovalent, gerichtet	harte Kristalle, sehr hohe T_{fus}, Isolatoren	Diamant, Siliciumdioxid
Molekular	Moleküle	kovalent innerhalb der Moleküle, van-der-Waals- bzw. Wasserstoffbrückenbindungen zwischen den Molekülen	weiche Kristalle mit niedrigem T_{fus}, Isolatoren, große therm. Ausdehnungskoeffizienten	Eis, organische Verbindungen
Metalle	Atome	Metallbindung (Bändermodell)	duktil, Härte hängt oft von Verunreinigungen ab, gute Leiter, T_{fus} sehr unterschiedlich	Eisen, Aluminium, Natrium, Wolfram

1.6.7 Silicate

Ein großer Teil der Erdkruste besteht aus *Silicaten*, einer Verbindungsklasse mit interessanter und sehr komplexer Struktur.

Das Element Silicium kristallisiert im Diamantgitter. Das Siliciumdioxid (SiO_2) ist polymorph. Es sind bereits zwei von diesen Modifikationen besprochen worden: Der β-Cristobalit und der β-Quarz in den Abschnitten 1.6.2 bzw. 1.6.5. Der Quarz ist eines der häufigsten Minerale. Er kommt als Sand an Meeresküsten vor, als Bestandteil des Granits, als Feuerstein und in weniger reiner Form als Achat und Opal. Die Siliciumatome sind in allen diesen Formen tetraedrisch von Sauerstoffatomen umgeben.

Der Grundbaustein aller Silicate ist ein $[SiO_4]$-Tetraeder, in dem die Si–O-Bindungen einen beträchtlichen kovalenten Anteil besitzen.

Es gibt Minerale, die diskrete $[SiO_4]^{4-}$-Anionen enthalten (Bild 1.55a). Sie werden *Orthosilicate* genannt, weil man sie von der sehr schwachen Orthokieselsäure, $Si(OH)_4$ bzw. H_4SiO_4, ableiten kann. Das Mineral *Olivin* $(Mg,Fe)SiO_4$ kann einerseits als Gitter aufgefaßt werden, das aus $[SiO_4]^{4-}$-Anionen und M^{2+}-Kationen besteht, anderseits auch als *hcp*-Anordnung von Oxidionen, bei der ein Achtel der Tetraederlücken durch Siliciumatome und die Hälfte der Oktaederlücken durch M-Atome besetzt ist. Wegen letzterer Betrachtungsweise ist der Olivin bereits in Tabelle 1.5 aufgeführt worden.

Bei den meisten Silicaten sind die $[SiO_4]$-Tetraeder über Sauerstoffbrücken miteinander verbunden. Bei der Kondensation von zwei $[SiO_4]^{4-}$-Anionen entsteht ein Disilicatanion $[Si_2O_7]^{6-}$ (Bild 1.55b). Man erkennt, daß die Ionenladung ebenso groß ist wie die Zahl der endständige Sauerstoffatome. Durch weitergehende Verknüpfung werden Anionen gebildet, die Ketten, Ringe, Doppelketten (Bänder), unendlich ausgedehnte Schichten bzw. dreidimensionale Netzwerke bilden (Bild 1.55). Die negativen Ladungen der Anionen werden in den Silicaten durch Metallkationen ausgeglichen. Hier können nur einige Beispiele besprochen werden.

Diskrete $[SiO_4]^{4-}$-Einheiten (Inselsilicate)

Beispiele sind der bereits oben besprochene *Olivin*, der ein wichtiger Bestandteil des Basalts ist; *Granate* der Zusammensetzung $M^{II}_3M^{III}_2(SiO_4)_3$, mit M^{II} = Mg, Ca oder Fe und M^{III} = Al, Cr oder Fe, bei denen $[M^{III}O_6]$-Oktaeder an allen Ecken über $[SiO_4]$-Tetraeder mit sechs anderen $[M^{III}O_6]$-Oktaedern verbunden sind und die M^{II}-Atome dazwischen in dodekaedrischen Hohlräumen liegen; *Calciumsilicat* (Ca_2SiO_4), das im Zement enthalten ist und der *Zirkon* $(ZrSiO_4)$.

Disilicate $[Si_2O_7]^{6-}$ (Gruppensilicate)

Disilicate sind in der Natur relativ selten. Man kennt unter anderem den *Thortveitit* $Sc_2Si_2O_7$, der eine wichtige Quelle für Scandium ist, und den *Hemimorphit* $Zn_4(OH)_2Si_2O_7$.

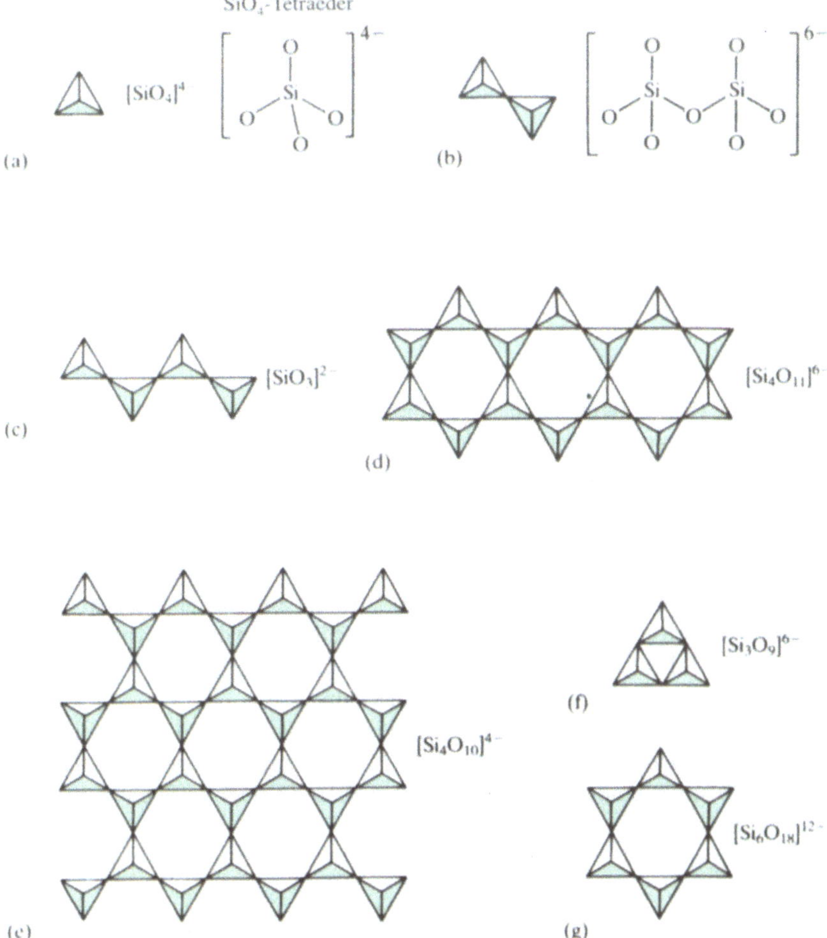

Bild 1.55   Strukturtypen von Silikatmineralien

Kettensilicate $[SiO_3]_n^{2n-}$

Wenn man $[SiO_4]$-Tetraeder ausschließlich über zwei Ecken miteinander verknüpft, erhält man unendlich lange Ketten der Zusammensetzung $[SiO_3]_n^{2n-}$ (Bild 1.55c). Diese Kettensilicate heißen auch *Pyroxene*. Einzelne Minerale sind der *Diopsid* $CaMg(SiO_3)_2$ und der *Enstatit* $MgSiO_3$. Die Silicatketten liegen parallel zueinander und sind so angeordnet, daß die Sauerstoffatome geeignete Koordinationspolyeder für die Kationen bilden, die ihrerseits die Anionen im Gitter zusammenhalten.

Doppelketten- oder Band-Silicate $[Si_4O_{11}]^6$

Bei diesen Silicaten, die auch Amphibole genannt werden, wechseln sich Tetraeder, die mit drei anderen verbunden sind, mit solchen ab, die nur an zwei weitere gebunden sind (Bild 1.55d). Ein Beispiel ist der *Tremolit* $Ca_2Mg_5(OH)_2(Si_4O_{11})_2$. Zu diesem Silicattyp gehören auch die Asbestminerale.

Schicht- oder Phyllosilicate $[Si_2O_5]_n^{2n-}$

Durch Verknüpfen von drei Ecken aller $[SiO_4]$-Tetraeder ergeben sich unendlich ausgedehnte Schichten (Bild 1.55e). Wichtige Beispiele sind der *Talk* $Mg_3(OH)_2(Si_2O_5)_2$, das Tonmineral *Kaolinit* $Al_2(OH)_4(Si_2O_5)$ und der *Serpentin* $Mg_3(OH)_4(Si_2O_5)$.

Ringsilicate $[SiO_3]_n^{2n-}$

$[SiO_4]$-Tetraeder können auch zu 3-, 4- oder 6-gliedrigen Ringen verbunden sein, wie in den Bildern 1.55f und 1.55g dargestellt ist. Man findet sie z. B. im *Beryll* (Smaragd) $Be_3Al_2(Si_6O_{18})$, im *Dioptas* $Cu_6(Si_6O_{18}) > 6H_2O$ und im *Benitoit* $BaTi(Si_3O_9)$.

Gerüstsilicate

Verknüpft man die $[SiO_4]$-Tetraeder an allen vier Ecken miteinander, gehört jedes Sauerstoffatom zwei Tetraedern an, und man erhält mit der Stöchiometrie $SiO_{4/2}$ die Struktur des Siliciumdioxids. In diesem Raumnetz können anstelle von Si^{4+}-Ionen wegen ihrer vergleichbaren Größe auch Al^{3+}-Ionen eingebaut werden. Zur Wahrung der Elektroneutralität müssen dann weitere Kationen in das Gitter eingefügt werden. Zu diesen *Alumosilicaten* gehören mit den *Feldspäten* der allgemeinen Zusammensetzung $M(Al,Si)_4O_8$ die wichtigsten gebirgsbildende Minerale. Weiterhin die *Zeolithe*, die in großem Umfang als Ionenaustauscher, Molekularsiebe und Katalysatoren eingesetzt werden (nähere Ausführungen dazu in Kapitel 7), der *Ultramarin*, ein farbiges Silicat, das zur Verwendung als Pigment hergestellt wird, und der *Lapis lazuli*, ein Mineral von vergleichbarer Zusammensetzung.

Bei vielen Silicaten ist ein Zusammenhang zwischen Struktur und physikalischen Eigenschaften zu erkennen. Der faserige Asbest enthält langgestreckte Doppelketten, Glimmer sind schichtförmig gebaute Alumosilicate, die parallel zu diesen Schichten leicht gespalten werden können.

1.7 Gitterenergie

Die *Gitterenergie* (L_0) eines Ionenkristalls ist definiert als die Energie, die frei wird, wenn ein Mol des Festkörpers bei 0 K aus unendlich voneinander entfernten gasförmigen Ionen gebildet wird. Für das Kochsalz wäre das die Enthalpieänderung für die Reaktion nach Gleichung (1.1) unter den genannten Bedingungen.

$$Na^+ (g) + Cl^- (g) \rightarrow NaCl (s) \tag{1.1}$$

Gitterenergien können nicht direkt gemessen werde. Sie werden entweder aus theoretischen Ansätzen berechnet oder durch den *Born-Haber-Kreisprozeß* ermittelt.

1.7.1 Der Born-Haber-Kreisprozeß

Der Born-Haber-Kreisprozeß besteht aus der Anwendung des *Heßschen Satzes* auf die Bildungsenthalpie ionischer Festkörper bei 298 K. Der Heßsche Satz besagt, daß die Enthalpieänderung bei einem Prozeß unabhängig von dem Weg ist, auf dem er verläuft. Der Born-Haber-Kreisprozeß ist für die Bildung eines Metallchloride MCl in Bild 1.56 darge-

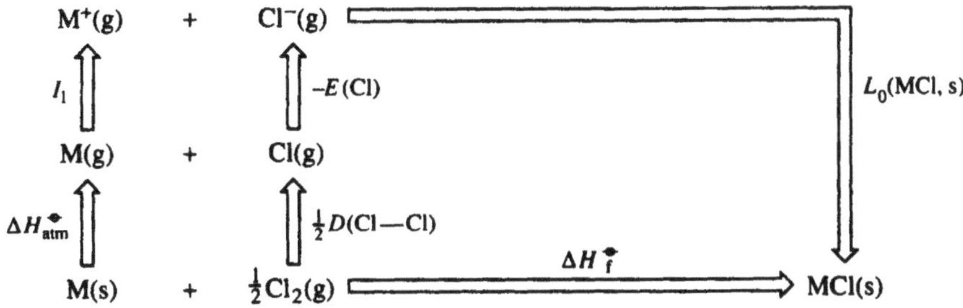

Bild 1.56   Born-Haber-Kreisprozeß für die Bildung eines Metallchlorides MCl

stellt. Dabei wird das Chlorid einmal durch direkte Umsetzung der Elemente im Standardzustand gebildet, auf einem zweiten Weg werden die gasförmigen Ionen durch Einzelreaktionen erzeugt und zum Festkörper umgesetzt. Aus dem Heßschen Satz folgt, daß die Summe der Enthalpieänderungen aller Einzelschritte gleich der Standardbildungsenthalpie ist.

$$\Delta H_f^{\ominus}(\text{MCl,s}) = \Delta H_{atm}^{\ominus}(\text{M,s}) + I_1(\text{M}) + 1/2\, D(\text{Cl–Cl}) - E(\text{Cl}) + L_0(\text{MCl,s}) \qquad (1.2)$$

In Tabelle 1.10 sind die in Gleichung (1.2) enthaltenen Terme definiert und die entsprechende Zahlenwerte für zwei Verbindungen angegeben. Wenn alle anderen Größen bekannt sind, kann die Gitterenergie berechnet werden. Die angegebenen Enthalpieänderungen sind Standardenthalpien und gelten für die Standardtemperatur 298 K. Der Fehler, der dadurch bei der für 0 K definierten Gitterenergie entsteht, ist nur in der Größenordnung von 10 kJ mol^{-1}. Bei dem hier beschriebenen Weg hat die Gitterenergie L_0 ein *negatives* Vorzeichen. Man kann die Gitterenergie – wie in manchen anderen Lehrbüchern – auch für die umgekehrte Reaktionsrichtung festlegen und erhält dann eine positive Gitterenergie.

Tabelle 1.10   Thermodynamische Größen aus dem Born-Haber Kreisprozeß

Größe	*Definition der Reaktion*	*NaCl* kJ/mol	*AgCl* kJ/mol
$\Delta H_{atm}^{\ominus}$(M)	M(s) → M(g) Standardenthalpie für die Atomisierung des Metalls M	107,8	284,6
I_1(M)*	M(g) → M$^+$(g) + e$^-$(g) erste Ionisierungsenergie des Metalls M	494	732
½D(Cl-Cl)*	½Cl$_2$(g) → Cl(g) halbe Dissoziationsenergie von Chlor	122	122
$-E$(Cl)*	Cl(g) + e$^-$(g) → Cl$^-$(g) Die Energieänderung bei dieser Reaktion ist definiert als negativer Wert der Elektronenaffinität	−349	−349
L_0(MCl,s)*	M$^+$(g) + Cl$^-$(g) → MCl(s) Gitterenergie des Metallchlorids MCl		
$\Delta H_f^{\ominus}$(MCl,s)	M(s) + 1/2Cl$_2$(g) → MCl(s) Standardbildungsenthalpie des Metallchlorids MCl(s)	−411,1	−127,1

* Diese Größen sind definiert als Änderung der inneren Energie bei 0 K. Näherungsweise verwendet man die Werte der Enthalpieänderung für die angegebenen Reaktionen.

Derartige Kreisprozesse kann man auch für andere Verbindungen wie Oxide MO, Sulfide MS oder Halogenide höher geladener Kationen MX$_n$ usw. konstruieren. Die Schwierigkeit besteht darin, die Elektronenaffinität E zu bestimmen. E ist die beim Anlagern eines Elektrons an ein Atom frei werdende Energie. Wird dabei Energie verbraucht, hat diese Größe ein positives Vorzeichen. Im Falle eines Oxides benötigt man die Enthalpieänderung für das Anlagern von zwei Elektronen:

$$O\,(g) + 2e^-\,(g) \rightarrow O^{2-} \tag{1.3}$$

Man kann diese Reaktion in zwei Schritte zerlegen:

$$O\,(g) + e^-(g) \rightarrow O^-\,(g) \tag{1.4}$$

und

$$O^-\,(g) + e^-\,(g) \rightarrow O^{2-}\,(g) \tag{1.5}$$

Die Enthalpieänderung für die Reaktion (1.5) kann experimentell nicht ermittelt werden. Sie ist nur aus bekannten Gitterenergien zugänglich. Um derartige Probleme zu lösen, sind Methoden zum Berechnen der Gitterenergie entwickelt worden.

1.7.2 Berechnung der Gitterenergie

Wenn man einen einfachen elektrostatischen Ansatz benutzt, ist es leicht, die Energie zu berechnen, die frei wird, wenn man Ionen aus unendlicher Entfernung zu einem Kristall bekannter Struktur zusammentreten läßt.

Nach dem Coulombschen Gesetz ist die Energie zweier Punktladungen e$^+$ und e$^-$, die sich aus dem Unendlichen bis auf den Abstand r nähern, gleich

$$E = -\frac{e^2}{4\pi\varepsilon_0 r} \tag{1.6}$$

Mit den Ladungen von Kation Z_+ und Anion Z_- erhält man entsprechend:

$$E = -\frac{Z_+ Z_- e^2}{4\pi\varepsilon_0 r} \tag{1.7}$$

(Elementarladung: $e = 1{,}6 \cdot 10^{-19}$ C, Permittivität des Vakuums $\varepsilon_0 = 8{,}9 \cdot 10^{-12}$ Fm^{-1})

Die elektrostatische Energie eines Kristall kann durch die Summierung aller elektrostatischen Wechselwirkungen berechnet werden. Indem man die Anziehung zwischen Anionen und Kationen ebenso berücksichtigt wie die Abstoßung der gleichsinnig geladenen Ionen durch den gesamten Kristall, erhält man eine unendliche Reihe. Diese Wechselwirkungen sind für die nähere Umgebung eines Na$^+$-Ions in Bild 1.57 veranschaulicht. Das Na$^+$-Ion hat sechs entgegengesetzt geladene Cl$^-$-Ionen im Abstand r_0 als nächste Nachbarn. In einer nächste Sphäre befinden sich 12 Na$^+$-Ionen im Abstand $\sqrt{2} \cdot r_0$, in einer dritten Sphäre 8 Anionen im Abstand $\sqrt{3} \cdot r_0$, 6 Kationen in einer Entfernung von $2r_0$. Die Coulombenergie E_C erhält man durch folgende Summierung:

$$E_C = -\frac{e^2}{4\pi\varepsilon_0 r}\left(6 - \frac{12}{\sqrt{2}} + \frac{8}{\sqrt{3}} - \frac{6}{2} + \frac{24}{\sqrt{5}} \cdots\right) \qquad (1.8)$$

Der Ausdruck in den Klammern ist die *Madelung-Konstante* (α) der Kochsalzstruktur. Obwohl derartige Reihen nur langsam konvergieren, sind die Madelung-Konstanten für viele einfache ionische Strukturen berechnet worden. Betrachtet man ein Mol Kochsalz, dann ergibt sich

$$E_C = -\frac{N_A \alpha e^2}{4\pi\varepsilon_0 r} \qquad (1.9)$$

(Avogadrokonstante $N_A = 6{,}02 \cdot 10^{23}\ \text{mol}^{-1}$)

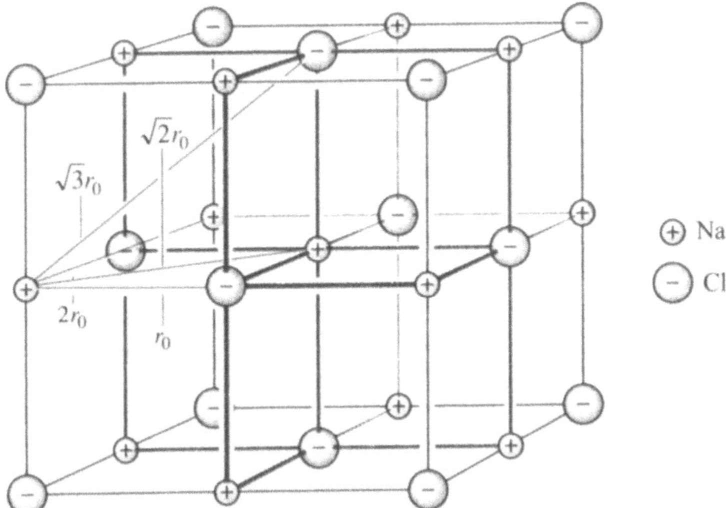

Bild 1.57   NaCl-Struktur mit interatomaren Abständen

Damit beim Summieren nicht jede Wechselwirkung zweimal berücksichtigt wird, darf der Ausdruck (1.8) nur mit N_A und nicht mit $2\,N_A$ multipliziert werden, obwohl ein Mol Kochsalz N_A Kationen und N_A Anionen enthält. Die Madelung-Konstante hängt nur von den Koordinationsverhältnissen des Gitters und nicht von seinen Abmessungen ab. Tabelle 1.11 enthält Madelung-Konstanten von einigen wichtigen Strukturtypen.

Tabelle 1.11   Madelungkonstanten einiger wichtiger Strukturtypen

Strukturtyp	Madelung-konstante α	α/v	Koordinations-verhältnis
Cäsiumchlorid	1,763	0,88	8:8
Natriumchlorid	1,748	0,87	6:6
Fluorit	2,519	0,84	8:4
Zinkblende	1,638	0,82	4:4
Wurtzit	1,641	0,82	4:4
Korund	4,172	0,83	6:4
Rutil	2,408	0,80	6:3

Die Annahme, Ionen seien Punktladungen, ist natürlich nur eine Näherung. Alle Ionen enthalten einen positiven Kern, der von einer Elektronenwolke umgeben ist. Bei größerer Entfernung kann die gegenseitige Abstoßung der Elektronenwolken vernachlässigt werden, bei Annäherung nimmt sie jedoch sehr stark zu und muß deshalb beim Berechnen der Gitterenergie berücksichtigt werden. Nach Born kann die Abstoßung E_R durch den Ausdruck (1.10) berücksichtigt werden:

$$E_R = \frac{B}{r^n} \tag{1.10}$$

(n (Born-Exponent) und
B sind Konstanten)

Die Gitterenergie erhält man aus der Summe der zu berücksichtigenden Wechselwirkungen:

$$L_0 = E_C + E_R = - \frac{N_A \alpha Z_+ Z_- e^2}{4\pi\varepsilon_0 r} + \frac{B}{r^n} \tag{1.11}$$

Das Minimum der Gitterenergie erreicht ein Kristall im Gleichgewichtszustand, wenn die Gitterbausteine den Gleichgewichtsabstand r voneinander einnehmen. Dieser Abstand r_0 kann nach den bekannten Regeln der Differentialrechnung aus der Gleichung (1.11) hergeleitet werden:

$$\frac{\mathrm{d}L_0}{\mathrm{d}r} = \frac{N_A \alpha Z_+ Z_- e^2}{4\pi\varepsilon_0 r^2} - \frac{nB}{r^{n+1}}$$

aber

$$\frac{\mathrm{d}L_0}{\mathrm{d}r} = 0, \quad \text{wenn} \quad r = r_0$$

$$\frac{nB}{r_0^{n+1}} = \frac{N_A \alpha Z_+ Z_- e^2}{4\pi\varepsilon_0 r_0^2}$$

$$B = \frac{N_A \alpha Z_+ Z_- e^2 r_0^{n+1}}{n4\pi\varepsilon_0 r_0^2} = \frac{N_A \alpha Z_+ Z_- e^2 r_0^{n-1}}{n4\pi\varepsilon_0}$$

$$L_0 = -\frac{N_A \alpha Z_+ Z_- e^2}{4\pi\varepsilon_0 r_0} + \frac{N_A \alpha Z_+ Z_- e^2 r_0^{n-1}}{n4\pi\varepsilon_0 r_0^n}$$

$$L_0 = -\frac{N_A \alpha Z_+ Z_- e^2}{4\pi\varepsilon_0 r_0}\left(1 - \frac{1}{n}\right) \tag{1.12}$$

Gleichung (1.12) ist als *Born-Landé-Gleichung* bekannt. Die Werte von r_0 und n können aus Röntgenstrukturuntersuchungen bzw. aus Kompressibilitätsmessungen ermittelt werden. Die anderen Terme dieser Gleichung sind gut bekannte Größen. Wenn man diese Zahlenwerte in Gleichung (1.12) einsetzt erhält man:

$$L_0 = -\frac{1{,}389\times10^5 \alpha Z_+ Z_-}{r_0}\left(1 - \frac{1}{n}\right) \tag{1.13}$$

dabei ist r_0 in pm anzugeben, und E_G ergibt sich dann in kJ mol^{-1}.

Pauling zeigte, daß man den Born-Exponenten für Verbindungen, die aus Ionen mit Edelgaskonfiguration aufgebaut sind, durch Mittelwertbildung aus empirischen Konstanten mit hinreichender Genauigkeit erhalten kann. Diese Konstanten sind in Tabelle 1.12 zusammengefaßt. Z. B. ist n für Rubidiumchlorid (RbCl) $n = (10 + 9) : 2 = 9{,}5$; für Strontiumchlorid (SrCl$_2$) gilt $n = (10 + 9 + 9) : 3 = 9{,}33$.

Tabelle 1.12 Die für die Berechnungen nach Gleichung (1.13) verwendeten Konstanten n

Ionentyp [Elektronenkonfiguration]	*Konstante n*
[He]	5
[Ne]	7
[Ar]	9
[Kr]	10
[Xe]	12

Der Abstoßungsterm in der Beziehung für die Gitterenergie kann besser durch

$$E_R = be^{-(r/\rho)} \tag{1.14}$$

wiedergegeben werden, wobei b und ρ ebenfalls Konstanten sind, die aus Kompressibilitätsmessungen bestimmt werden können. Durch Einführung dieser Konstanten ergibt sich die *Born-Mayer-Gleichung* genannte Beziehung (1.15) für die Gitterenergie:

$$L_0 = -\frac{N_A \alpha Z_+ Z_- e^2}{4\pi\varepsilon_0 r_0}\left(1 - \frac{\rho}{r_0}\right) \tag{1.15}$$

Man erkennt an diesen Gleichungen, daß die Ionenladungen einen sehr starken Einfluß auf die Gitterenergie haben. Wenn in einem Festkörper ein einfach geladenes Ion durch ein zweifach geladenes ersetzt wird, wächst das Produkt $Z_+ \cdot Z_-$ um den Faktor 2, bei einer aus zwei zweifach geladenen Ionen aufgebauten Verbindung um den Faktor 4. Verbindungen, die hoch geladene Ionen enthalten, haben deshalb eine vergleichsweise größere Gitterenegie als solche, die niedrig geladene Ionen enthalten.

In Tabelle 1.13 sind nach verschiedenen Methoden berechnete Gitterenergien und über den Born-Haber-Prozeß aus experimentellen Ergebnissen ermittelte Werte zusammengefaßt. In Anbetracht der zugrundeliegenden Vereinfachungen ist die Übereinstimmung zwischen den einzelnen Werten zufriedenstellend. Da das Ionenmodell bei großen polarisierbaren Molekülen am wenigsten zutrifft, sind bei derartigen Verbindungen die Differenzen natürlich am größten. Die Berechnungen können weiter verbessert werden, indem die Nullpunktsenergie (das

Tabelle 1.13   Gitterenergien einiger Alkali- und Erdalkalimetall-Halogenide für 0 K

Verbindung	*Strukturtyp*	*Gitterenergie* $-L_0$ *(kJ·mol⁻¹)*			
		Born-Haber-Kreisprozeß[*]	Born-Landé-Gleichung (1.12)[†]	Extended calculation[‡]	Kapustinskij-Gleichung (1.17)
LiF	NaCl	1025		1033	970
LiI	NaCl	756		738	725
NaF	NaCl	910	904	906	882
NaCl	NaCl	772	757	770	753
NaBr	NaCl	736	720	735	720
NaI	NaCl	701	674	687	673
KCl	NaCl	704	690	702	679
KI	NaCl	646	623	636	613
CsF	NaCl	741	724	734	716
CsCl	CsCl	652	623	636	629
CsI	CsCl	611	569	592	572
MgF$_2$	Rutil	2922	2883	2914	
CaF$_2$	Fluorit	2597	2594	2610	
CaCl$_2$	Rutil (verzerrt)	2226		2223	

[*] D. A. Johnson (1982) *Some Thermodynamic Aspects of Inorganic Chemistry*, Cambridge.
[†] D. F. C. Morris (1957) *J. Inorg. Nucl. Chem.*, **4**, 8.
[‡] D. Cubiociotti (1961) *J Chem. Phys.*, **34**, 2189; T. E. Brackett u. E. B. Brackett (1965) *J. Phys. Chem.*, **69**, 3611; H. D. B. Jenkins u. K. F. Pratt (1977) *Proc. R. Soc. Series A*, **356**, 115.

ist die Schwingungsenergie der Ionen bei 0 K), die Wärmekapazität des Festkörpers und Van-der-Waals-Kräfte mit berücksichtigt werden. Der Gesamteffekt dieser Korrekturen liegt in der Größenordnung von 10 kJ mol^{-1}. Die auf diese Weise verbesserten Werte werden *extended-calculations-Werte* genannt.

Es muß darauf hingewiesen werden, daß die gute Übereinstimmung zwischen den berechneten Werten der Gitterenergie E_G und den aus dem Born-Haber-Kreisprozeß erhaltenen kein Beweis für die Richtigkeit des Ionenmodells darstellt, da die benutzten Gleichungen einen Selbstkompensationseffekt haben. Es werden einerseits *Formalladungen* der Ionen verwendet, anderseits *experimentelle Abstände* r_0. Die Gleichgewichtsabstände r_0 sind aber das Ergebnis aller im Gitter wirkenden Wechselwirkungen und nicht nur die der ionischen Beziehungen. Die Abstände sind deshalb kürzer, als für reine Ionenbindungen zu erwarten wäre.

Kapustinskij stellte fest, daß man einen nahezu konstanten Wert erhält, wenn die Madelung-Konstante α eines Gittertyps durch die Zahl ν der Ionen geteilt wird, die in einer Formeleinheit enthalten sind (vergleiche Tabelle 1.11). Daraus wurde auf die Möglichkeit geschlossen, eine allgemeine, von der Struktur unabhängige Gleichung zum Berechnen der Gitterenergie beliebiger Strukturen abzuleiten. Für die sechsfach koordinierte Natriumchloridstruktur gilt $\alpha/\nu = 0{,}874$. Dieser Wert kann entweder in die Born-Landé- oder in die Born-Mayer-Gleichung eingesetzt werden, um die Gitterenergie einer unbekannten Struktur zu berechnen. Der Gleichgewichtsabstand r_0 kann durch die Summe der Radien von Kation r_+ und Anion r_- bei sechsfacher Koordination ersetzt werden und als Born-Exponent n kann der mittlere Wert von $n = 9$ verwendet werden. Mit diesen Substitutionen geht die Gleichung (1.12) über in

$$L_0 = -\frac{1{,}079 \times 10^5 \, \nu Z_+ Z_-}{r_+ + r_-} \qquad (1.16)$$

und aus Gleichung (1.15) erhält man mit $\rho = 34{,}5$ pm für die Alkalihalogenide

$$L_0 = -\frac{1{,}214 \times 10^5 \, \nu Z_+ Z_-}{r_+ + r_-}\left(1 - \frac{34{,}5}{r_+ + r_-}\right) \qquad (1.17)$$

Diese Gleichungen werden *Kapustinskij-Gleichungen* genannt. In Tabelle 1.13 sind zum Vergleich auch die nach Gleichung (1.17) berechneten Gitterenergien enthalten.

Zum Abschluß dieses Abschnitts wollen wir noch einmal auf die Ionenradien zu sprechen kommen. Viele Verbindungen enthalten komplexe vielatomige Ionen. Da es schwierig ist, die Radien derartigen Ionen, wie z. B. der Ammonium- (NH_4^+) oder Carbonationen (CO_3^{2-}) zu bestimmen, hat Yatsimirskij aus thermochemisch ermittelten Gitterenergien unter Verwendung der Kapustinskij-Gleichung Radien für derartige Ionen berechnet. Diese Größen werden *thermochemische Radien* genannt. Eine Auswahl enthält Tabelle 1.14.

Tabelle 1.14 Thermochemische Radien einiger Molekülionen[*] (pm)

Ion	r	Ion	r	Ion	r
NH_4^+	151	ClO_4^-	226	MnO_4^{2-}	215
Me_4N^+	215	CN^-	177	O_2^{2-}	144
PH_4^+	171	CNS^-	199	OH^-	119
$AlCl_4^-$	281	CO_3^{2-}	164	PtF_6^{2-}	282
BF_4^-	218	IO_3^-	108	$PtCl_6^{2-}$	299
BH_4^-	179	N_3^-	181	$PtBr_6^{2-}$	328
BrO_3^-	140	NCO^-	189	PtI_6^{2-}	328
ClO_3^-	157	NO_2^-	178	SO_4^{2-}	244
CH_3COO^-	148	NO_3^-	165	SeO_4^{2-}	235

[*] J. E. Huheey (1983) *Inorganic Chemistry* 3rd edn., Harper and Row, London, nach H. D. B. Jenkins und K. P. Thakur (1979) *J. Chem. Education*, **56,** 576.

1.7.3 Berechnungen mit Hilfe von thermochemischen Kreisprozessen und von Gitterenergien

Es ist unmöglich, Gitterenergien direkt zu messen. Die besten Werte sind für Alkalimetall-halogenide aus thermochemischen Kreisprozessen abgeleitet worden (siehe Tabelle 1.13). Bei anderen Verbindungen ist es nicht leicht, die für die Berechnungen benötigten Daten zu erhalten. Die Affinität für die Aufnahme eines Elektrons ist für die meisten Elemente gemessen worden, aber für die Berechnungn der Gitterenergie von Sulfiden benötigt man die Enthalpie-änderung für die Aufnahme von zwei Elektronen gemäß Gleichung (1.18):

$$S\ (g) + 2\ e^-\ (g) \rightarrow S^{2-} \tag{1.18}$$

Man kann deshalb umgekehrt die Gitterenergie eines geeigneten Sulfids nach einer der bisher geschilderten Methode berechnen und mit diesem Wert aus dem thermochemischen Kreis-prozeß die gesuchte Enthalpieänderung der Reaktion (1.18) ermitteln.

Protonenaffinitäten können auf analoge Weise bestimmt werden. Die Protonenaffinität P ist die Enthalpieänderung einer Reaktion nach Gleichung (1.19), bei der ein Teilchen AH^+ ein Proton verliert.

$$AH^+\ (g) \rightarrow A\ (g) + H^+\ (g) \tag{1.19}$$

Diese Größe kann aus einem geeigneten thermochemischen Prozeß abgeleitet werden, wenn die darin vorkommende Gitterenegie bekannt ist, z. B. die Bildung des Ammoniumions NH_4^+ (g) nach:

$$NH_3\ (g) + H^+\ (g) \rightarrow NH_4^+(g) \tag{1.20}$$

Reaktion (1.20) ist die Rückreaktion von (1.19). Die Enthalpieänderung ist deshalb der negative Wert für die Protonenaffinität $-P(NH_3(g))$ des Ammoniaks. Sie kann aus dem in Bild 1.58 dargestellten Kreisprozeß ermittelt werden.

Thermochemische Zyklen können auch benutzt werden, um Informationen über Verbindungen von Metallen in ungewöhnlichen Oxidationsstufen zu erhalten, die bisher noch nicht hergestellt worden sind. So kann man entscheiden, ob die Bildung eines Natrium(II)-chlorids

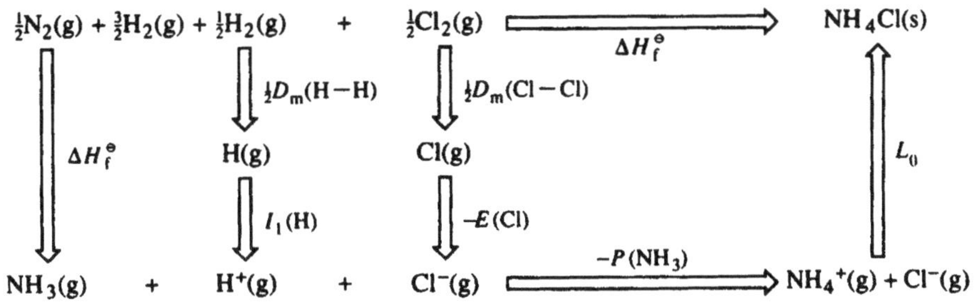

$\frac{1}{2}N_2(g) + \frac{3}{2}H_2(g) + \frac{1}{2}H_2(g)$ + $\frac{1}{2}Cl_2(g)$ $\xrightarrow{\Delta H_f^{\ominus}}$ $NH_4Cl(s)$

$\frac{1}{2}D_m(H-H)$ $\quad$ $\frac{1}{2}D_m(Cl-Cl)$ $\qquad L_0$

$\Delta H_f^{\ominus}$ $\qquad$ $H(g)$ $\qquad$ $Cl(g)$

$I_1(H)$ $\qquad$ $-E(Cl)$

$\xrightarrow{-P(NH_3)}$

$NH_3(g)$ + $H^+(g)$ + $Cl^-(g)$ $\longrightarrow$ $NH_4^+(g) + Cl^-(g)$

Bild 1.58 Born-Haber-Kreisprozeß für die Berechnung der Protonenaffinität von Ammoniak (NH_3)

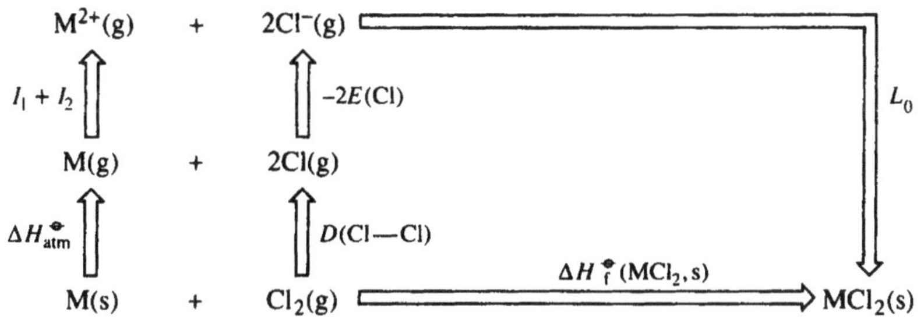

$M^{2+}(g)$ + $2Cl^-(g)$

$I_1 + I_2$ $\qquad$ $-2E(Cl)$ $\qquad\qquad L_0$

$M(g)$ + $2Cl(g)$

$\Delta H_{atm}^{\ominus}$ $\qquad$ $D(Cl-Cl)$

$\xrightarrow{\Delta H_f^{\ominus}(MCl_2,s)}$

$M(s)$ + $Cl_2(g)$ $\longrightarrow$ $MCl_2(s)$

Bild 1.59 Born-Haber-Kreisprozeß für die Bildung eines Metalldichlorids MCl_2

$NaCl_2$ möglich sein sollte. Um die Bildungsenthalpie und daraus die freie Bildungsenthalpie $\Delta G^{\ominus}_f(NaCl_2(s))$ zu berechnen, benötigt man die im Born-Haber-Kreisprozeß des Bildes 1.59 enthaltenen Werte. Die einzige Unbekannte darin ist die Gitterenergie des $NaCl_2$. Setzt man dafür näherungsweise den Wert von $MgCl_2$ ein und summiert, erhält man

$$\Delta H^{\ominus}_f(NaCl_2(s)) \rightarrow \Delta H^{\ominus}_{atm}(Na(s)) + I_1(Na) + I_2(Na) + D(Cl-Cl)$$

$$- 2E(Cl) + L_0(NaCl_2(s)) \tag{1.21}$$

Tabelle 1.15 Zahlenwerte aus dem Born-Haber Kreisprozeß für $NaCl_2$ und $MgCl_2$

Größe	Na $kJ \cdot mol^{-1}$	Mg $kJ \cdot mol^{-1}$
$\Delta H^{\ominus}_{atm}$	108	148
I_1	494	736
I_2^{*}	4565	1452
$D(Cl-Cl)$	244	244
$-2E(Cl)$	-698	-698
$L_0(MCl_2(s))$	-2523	-2523
$\Delta H^{\ominus}_f(MCl_2(s))$	2190	-641

* Die zweite Ionisierungsenergie I_2 entspricht der Enthalpieänderung der Reaktion $M^+ = M^{2+} + e^-$

Die betreffenden Einzelwerte sind in Tabelle 1.15 aufgelistet. Es zeigt sich, daß die Bildungsenthalpie für $MgCl_2(s)$ negativ ist, für $NaCl_2(s)$ aber positiv. Warum? Ein Blick in Tabelle 1.15 gibt die Antwort: die zweite Ionisierungsenergie von Natrium ist so riesig – da das zweite Elektron des Na^+-Ions aus einer abgeschlossenen Edelgassschale abgespalten werden muß – daß davon auch die stark negative Gitterenergie überkompensiert wird. $NaCl_2$ kann deshalb nicht existieren.

Für die Rückreaktion

$$NaCl_2\,(s) \rightarrow Na(s) + Cl_2(g)$$

gilt dann $\Delta H^{\ominus}_r = -2190$ kJ mol^{-1}.

Für die Stabilität einer Verbindung ist die maßgebende Größe die freie Bildungsenthalpie $\Delta G^{\ominus}_f$. Benutzt man auch hier für die Entropieänderung die der entsprechende Umsetzung von $MgCl_2(s)$, $\Delta S_{ro} = 166,1$ J K^{-1} mol^{-1}, ergibt sich die freie Reaktionsenthalpie

$$\Delta G^{\ominus}_r = \Delta H^{\ominus}_r - T \cdot \Delta S^{\ominus}_r = [-2190 - (298 \cdot 0,166)]\text{kJ mol}^{-1} = -2239 \text{ kJ mol}^{-1}.$$

Das bedeutet: $NaCl_2$ ist gegenüber dem Zerfall in die Elemente nicht stabil.

Überlegungen, wie wir sie hier beschrieben haben, führten zur Entdeckung der ersten Edelgasverbindung. Neil Bartlett hatte einen neuen Komplex O_2PtF_6 hergestellt, der bei der röntgenografischen Untersuchung ein Beugungsmuster zeigte wie die Verbindung $KPtF_6$. Er zog daraus den Schluß, daß die neue Verbindung ein Dioxygenyl-Kation enthalten müsse und als $(O_2)^+[PtF_6]^-$ zu formulieren sei. Er erinnerte sich, daß die Ionisierungsenergien von Sauerstoff und Xenon ungefähr gleich groß sind. Obwohl man annehmen muß, daß sich die Radien eines O_2^+ und eines Xe^+ etwas unterscheiden, kann man wegen des sehr großen Ionenradius des PtF_6^- erwarten, daß die Gitterenergie eines $XePtF_6$ etwa gleich groß wie die von O_2PtF_6 sein sollte und diese Edelgasverbindung demzufolge existieren müßte. Folgerichtig mischte er Xenon und PtF_6 und erhielt einen orange-roten Festkörper, die erste chemische Verbindung eines Edelgases. Es handelte sich um ein uneinheitliches Produkt, das u. a. $[XeF]^+[PtF_6]^-$ (Xenon mit der formalen Oxidationszahl +2) enthielt.

Am Ende des Kapitels beschäftigen sich einige Fragen mit thermodynamischen Berechnungen von Kreisprozessen.

1.8　Zusammenfassung

In diesem einleitenden Kapitel haben wir einige Vorstellungen und Prinzipien eingeführt, durch die sich die Eigenschaften von Festkörpern beschreiben und erklären lassen. Die Kristallstrukturen einer Reihe wichtiger Verbindungen sind eingehend diskutiert worden. Wir haben gesehen, daß man sie entweder als dichteste Packung kleiner harter Kugeln beschreiben kann oder auch durch die Verknüpfung von Oktaedern und Tetraedern zu einem Netzwerk. Ausgehend von diesen Vorstellungen haben wir die Radien der Ionen und die Energie diskutiert, die bei der Bildung eines Ionengitters freigesetzt wird. Wir haben gezeigt, daß in vielen Strukturen auch kovalente Bindungsanteile vorkommen und daß bei rein kovalenten Bindungen ein anderer Kristallstrukturtyp beobachtet wird.

Weiterführende Literatur

Wells, A. F.: *Structural Inorganic Chemistry*, 5. Aufl., Oxford University Press, Oxford, 1984.
Evans, R. C.: *An Introduction to Crystal Chemistry*, Cambridge University Press, Cambridge, 1966.
Adams, D. M.: *Inorganic Solids*, Wiley, New York, 1974.
Johnson, D. A.: *Some Thermodynamic Aspects of Inorganic Chemistry*, 2. Aufl., Cambridge University Press, Cambridge, 1982.
Huheey, J. E.; Keiter, E. A. und Keiter, R. L.: *Anorganische Chemie – Prinzipien von Struktur und Reaktivität*, 2. Aufl., De Gruyter, Berlin, 1995.
Hahn, T. (ed.): *International Tables for Crystallography*, Volume A, 2. Aufl., International Union of Crystallography, 1987.
Cotton, F. A.: *Chemical Applications of Group Theory*. 3. Aufl., Wiley, New York, 1990.

Fragen

1. Wie viele Tetraeder- und Oktaederlücken gibt es in einer *ccp*-Anordnung von n Kugeln?

2. Wie groß ist die Koordinationszahl eines Atoms in einer *ccp*-Anordnung?

3. Wie groß ist die Koordinationszahl eines Atoms in einem primitiven Gitter?

4. In Bild 1.60 sind mehrere Moleküle dargestellt. Suchen Sie alle darin enthaltenen Symmetrieelemente und zeichnen Sie diese in das Bild ein.

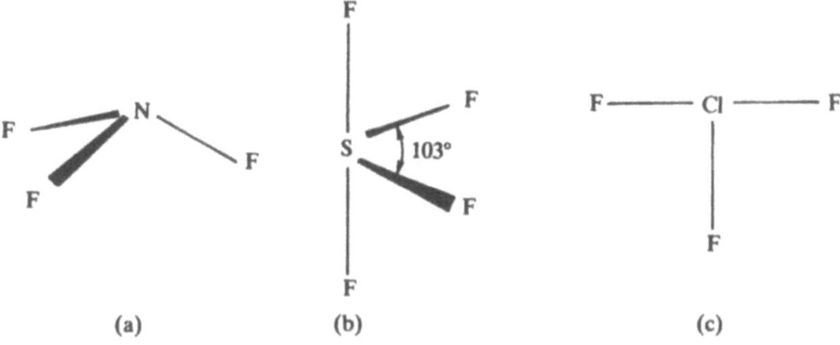

Bild 1.60   (a) NF_3, (b) SF_4, (c) ClF_3

5. Besitzt ein CF_4-Molekül (Bild 1.11) ein Inversionszentrum? Welche anderen Rotationsachsen fallen mit 4 (S_4) zusammen?

6. Wie viele Moleküle gehören zu einer Elementarzelle der folgenden Gitter: **P**, **I**, **F** und **A**, wenn jeder Gitterpunkt mit einem unsymmetrischen Molekül besetzt ist? Vergleichen Sie die Ergebnisse mit Tabelle 1.3.

7. Wie viele zentrierte Zellen sind in Bild 1.16 gezeichnet?

8. Indizieren Sie die Geradenscharen, die in Bild 1.25 mit B, C, D bzw. E bezeichnet sind.

9. Indizieren Sie die farbig markierten Ebenen in den Bildern 1.26a, b, c und d.

10. Bild 1.23 zeigt die Elementarzelle einer flächenzentrierten kubischen Struktur (**F**). Wenn jeder Gitterpunkt mit einem Atom besetzt wird, erhält man eine *ccp*-Anordnung. Suchen Sie die 100-, 110- und die 111-Ebene und berechne die Besetzungsdichte (Atome je Fläche) für jede Ebene. (Hinweis: Berechnen Sie die Fläche aus der Kantenlänge *a* der Elementarzelle und leiten Sie den Anteil ab, den jedes Atom an der Besetzung der Fläche hat.)

11. Wie groß sind die Koordinationszahlen für Cs^+ und Cl^- in CsCl-Gitter?

12. Welches ist das Bravais-Gitter der CsCl-Struktur, und wie viele Formeleinheiten gehören zu einer Elementarzelle?

13. Wie groß sind die Koordinationszahlen für Na^+ und Cl^- in NaCl-Gitter?

14. Berechnen Sie die Anzahl *n* der Formeleinheiten NaCl in der Elementarzelle in Bild 1.30.

15. Beschreiben und zeichnen Sie die Geometrie der Umgebung von Ni bzw. As in der NiAs-Struktur. Wie groß sind die Koordinationszahlen für jede Atomart?

16. Wie groß sind die Koordinationszahlen von Zn und S in der Zinkblendestruktur?

17. Verwenden Sie die Bilder 1.29, 1.30 und 1.38 – bzw., falls nötig, entsprechende Modelle – um Zellprojektionen von (a) CsCl, (b) NaCl und (c) Zinkblende zu zeichnen.

18. Wie viele Formeleinheiten ZnS sind in einer Elementarzelle der Zinkblende enthalten?

19. Zeichnen Sie die Projektion einer Elementzelle für eine *hcp*- und eine *ccp*-Anordnung senkrecht zu den dichtest gepackten Schichten. Nehmen Sie dabei an, daß die dichtest gepackte Schicht die *ab*-Ebene ist, zeichnen Sie die Atome in ihren korrekten *x-y*-Koordinaten und geben Sie die dritte Koordinate *z* als Bruchteil der Wiederholungseinheit *c* an.

20. Der Abstand zwischen dem Li- und dem I-Kern beträgt in LiI 300 pm. Schätzen Sie daraus den I-Radius ab.

21. Berechnen Sie den Radius des F^--Ions aus den Angaben für NaI und NaF in Tabelle 1.6. Wiederholen Sie die Berechnung unter Verwendung der Werte für RbI und RbF.

22. Bild 1.50 zeigt die Diamantstruktur. Suchen Sie die 100-, 110- und die 111-Ebenen und berechnen Sie die relative Atomdichte pro Flächeneinheit (siehe auch Frage 10).

23. Berechnen Sie mit Hilfe des Born-Haber-Kreisprozesses die Gitterenergie von Calciumchlorid ($CaCl_2$) aus den Daten von Tabelle 1.16.

Tabelle 1.16 Zahlenwerte aus dem Born-Haber Kreisprozeß für $CaCl_2$

Größe	$kJ \cdot mol^{-1}$
$\Delta H^{\ominus}_{atm}(Ca(s))$	178
$I_1 (Ca)$	590
$I_2 (Ca)$	1146
$D (Cl\!-\!Cl)$	244
$-2\, E (Cl)$	-698
$\Delta H^{\ominus}_f(CaCl2(s))$	-795,8

24. Berechnen Sie die Madelung-Konstante für die Struktureinheit, die in Bild 1.61 dargestellt ist. Alle Bindungslängen sind gleich und alle Bindungswinkel 90°. Nehmen Sie an,
es gibt keine anderen als die angegebenen Ionen und die Ladungen der Kationen und des
Anions sind +1 bzw. -1.

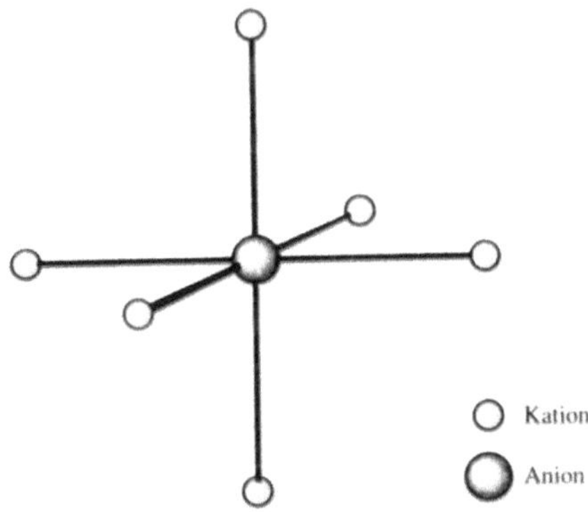

Bild 1.61   Struktur des Moleküls von Frage 24

25. Berechnen Sie die Gitterenergie von Kaliumchlorid (KCl) aus Gleichung (1.17). und vergleichen Sie das Ergebnis mit dem Wert in Tabelle 1.13.

Tabelle 1.17   Zahlenwerte aus dem Born-Haber Kreisprozeß für KCl

Größe	$kJ \cdot mol^{-1}$
$\Delta H^{\ominus}_{atm}(K(s))$	89,1
$I_1(K)$	418
$\tfrac{1}{2} D\,(Cl\!-\!Cl)$	122
$-E\,(Cl)$	−349
$\Delta H^{\ominus}_{f}(KCl(s))$	−436,7

26. Berechne Sie die Elektronenaffinität des Schwefels für zwei Elektronen. Verwenden Sie
Eisen(II)-sulfid (FeS) als Modell. Leiten Sie einen sinnvollen Kreisprozeß her und benutzen Sie die Daten aus Tabelle 1.18.

Tabelle 1.18   Zahlenwerte aus dem Born-Haber Kreisprozeß für FeS

Größe	$kJ \cdot mol^{-1}$
$\Delta H^{\ominus}_{atm}(Fe(s))$	416,3
$I_1(Fe)$	761
$I_2(Fe)$	1561
$\Delta H^{\ominus}_{atm}(S(s))$	278,8
$\Delta H^{\ominus}_{f}(FeS(s))$	−100,0
$E\,(S)$	200

27. Berechnen Sie die Elektronenaffinität des Sauerstoffatoms für die Aufnahme von zwei Elektronen. Verwenden Sie Magnesiumoxid (MgO) als Modellsubstanz, leiten Sie einen sinnvollen Kreisprozeß her und benutzen Sie die Daten von Tabelle 1.19.

Tabelle 1.19   Zahlenwerte aus dem Born-Haber Kreisprozeß für MgO

Größe	$kJ \cdot mol^{-1}$
$\Delta H^{\ominus}_{atm}(\mathrm{Mg(s)})$	147,7
$I_1 \,(\mathrm{Mg})$	736
$I_2 \,(\mathrm{Mg})$	1452
$\frac{1}{2} D_m \,(\mathrm{O{-}O})$	249
$\Delta H^{\ominus}_{f}(\mathrm{MgO(s)})$	−601,7
$E\,(\mathrm{O})$	141

28. Berechnen Sie unter Verwendung des Kreisprozesses von Bild 1.58 und der Daten aus Tabelle 1.20 die Protonenaffinität des Ammoniumions.

Tabelle 1.20   Zahlenwerte aus dem Born-Haber Kreisprozeß für NH_4Cl

Größe	$kJ \cdot mol^{-1}$
$\Delta H^{\ominus}_{f}(\mathrm{NH_3})$	−46,0
$\Delta H^{\ominus}_{f}(\mathrm{NH_4Cl(s)})$	−314,4
$\frac{1}{2} D_m \,(\mathrm{H{-}H})$	218
$\frac{1}{2} D_m \,(\mathrm{Cl{-}Cl})$	122
$I\,(\mathrm{H})$	1314
$E\,(\mathrm{Cl})$	349
$r_+ \,(\mathrm{NH_4^+})$	151 pm

29. Verbindungen niederer Oxidationsstufen von Aluminium und Magnesium existieren bei normalen Bedingungen nicht. Unter der Annahme, daß der Radius von Al^+ und Mg^+ der gleiche wie der von Na^+ ist (da diese Elemente in der gleichen Periode des Periodischen Systems stehen), kann auch die Gitterenergie der Chloride MCl näherungsweise gleichgesetzt werden. Verwenden Sie diese Abschätzungen, um mit Hilfe eines Born-Haber-Kreisprozesses aus den Angaben in Tabelle 1.21 die Bildungsenthalpie $\Delta H^{\ominus}_{f}$ für AlCl(s) und MgCl(s) zu berechnen.

Tabelle 1.21 Zahlenwerte aus dem Born-Haber Kreisprozeß für NaCl, MgCl und AlCl

Größe	Na $kJ \cdot mol^{-1}$	Mg $kJ \cdot mol^{-1}$	Al $kJ \cdot mol^{-1}$
$\Delta H^{\ominus}_{atm}$	108	148	326
I_1	494	736	577
$\tfrac{1}{2} D \, (Cl\!-\!Cl)$	122	122	122
$- E \, (Cl)$	−349	−349	−349
$\Delta H^{\ominus}_{f} (NaCl(s))$	−411		
$L_0 \, (MCl(s))$			

2 Röntgen-Streuung

2.1 Einleitung

Es gibt eine große Zahl von physikalischen Methoden, um die Strukturen von Festkörpern zu untersuchen. Jede Technik hat ihre Stärken und Schwächen, die in einem einführenden Buch nicht eingehend besprochen werden können. Mit einigen Verfahren kann die unmittelbare Umgebung eines Atoms, die Nahordnung, ermittelt werden, mit anderen die Fernordnung einer Struktur. Wir werden hier eine Methode zum Bestimmen der Struktur kristalliner Festkörper näher beschreiben. Dieses Verfahren ist die Röntgen-Diffraktometrie, mit deren Hilfe mehr Strukturen aufgeklärt worden sind, als mit allen anderen Methoden zusammengenommen. Durch die Röntgen-Diffraktometrie können Atompositionen im Inneren eines Festkörpers sehr genau bestimmt werden und dadurch auch Bindungslängen – mit einer Unsicherheit von einigen Zehntel Picometern[1] – und Bindungswinkel. Natürlich hat auch diese Methode Grenzen. Sie liefert nur ein allgemeines mittleres Bild der Struktur. Lokale Abweichungen von diese Struktur wie Defekte oder die Positionen von Dotandatomen lassen sich nicht feststellen. Dazu benötigt man andere Verfahren. Trotzdem ist diese Methode außerordentlich wertvoll, wenn sie angewandt werden kann.

2.2 Erzeugung von Röntgenstrahlung

Die Röntgen-Strahlen wurden 1895 von dem deutschen Physiker C. W. Röntgen entdeckt. Aus einer elektrisch beheizte Glühkathode – gewöhnlich Wolfram – treten Elektronen aus, die durch eine Hochspannung (20 – 50 kV) stark beschleunigt werden und mit hoher Geschwindigkeit auf eine wassergekühlte Anode treffen (Bild 2.1a). Die Anode emittiert ein kontinuierliches Spektrum „weißer" Röntgenstrahlen, dem einige sehr scharfe und intensive Piks (K_α, K_β) überlagert sind (Bild 2.1b). Die Wellenlängen der K_α- bzw. der K_β-Linie sind charakteristisch für das Anodenmaterial. In der Röntgendiffraktometrie werden bevorzugt Kupfer und Molybdän als Anoden verwendet. Die Wellenlänge der K_α-Linie beträgt bei diesen Materialien 154,18 pm bzw. 71,07 pm. Diese Linien treten auf, weil die kinetische Energie der auf die Anode auftreffenden Elektronen ausreicht, um aus der innersten Schale (K-Schale, $n = 1$) Elektronen herauszuschlagen. Diese „Löcher" in der K-Schale werden von Elektronen aus höher liegenden Schalen aufgefüllt. Die dabei frei werdende Energie wird als charakteristische Röntgenstrahlung emittiert. Elektronen aus der L-Schale erzeugen bei diesem Übergang die K_α-Linie, Elektronen aus der M-Schale die K_β-Linie. (Bei genauerer Untersuchung dieser Linien zeigt sich, daß sie aus einem Dublett $K_{\alpha 1}$ und $K_{\alpha 2}$ bzw. $K_{\beta 1}$ und $K_{\beta 2}$ bestehen, die sich in ihrer Wellenlänge nur außerordentlich wenig voneinander unterscheiden und gewöhnlich optisch nicht aufgelöst werden.) Mit zunehmender Ordnungszahl Z_A des Anodenmaterials verschieben sich die Linien zu kürzeren Wellenlängen.

---

[1] Viele Kristallographen benutzen noch als Längeneinheit das Ångström, 1 Å = 100 pm

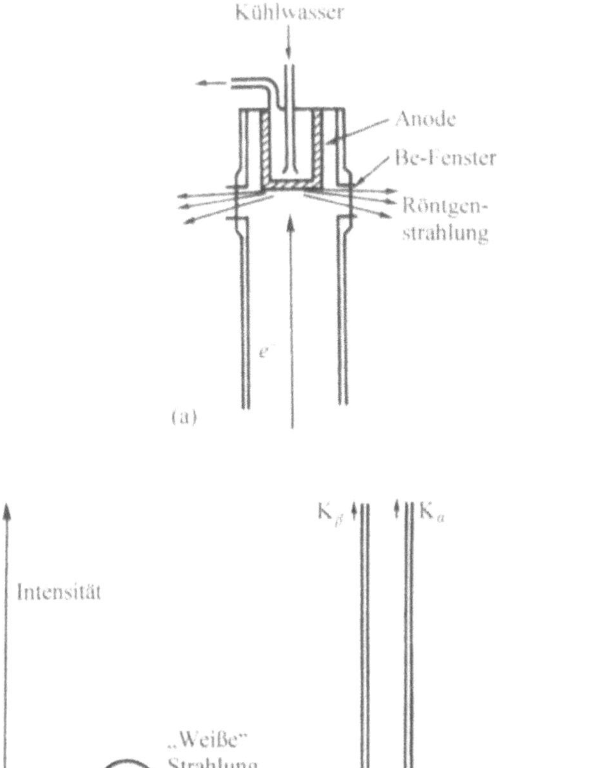

Bild 2.1   (a) Schematische Darstellung einer Röntgenröhre, (b) Röntgen-Emissionsspektrum

In der Röntgendiffraktometrie benötigt man – wie wir noch zeigen werden – monochromatische Röntgenstrahlung, d. h. Strahlung einer Wellenlänge oder eines sehr schmalen Wellenlängenbereiches. Meistens arbeitet man mit der K_α-Linie, indem man die K_β-Linie durch ein geeignetes Filter absorbiert. Das besteht aus einer dünnen Folie des Metalls dessen Ordnungszahl Z_F um eins kleiner ist als die des Anodenmaterials Z_A ($Z_F = Z_A - 1$). Nickel absorbiert effektiv die K_β-Linie der Kupferstrahlung, Niob die K_β-Linie des Wolframs. Monochromatische Röntgenstrahlung kann auch durch Reflexion an einer Ebene eines Einkristalls, gewöhnlich aus Graphit, erzeugt werden. Die entsprechenden Zusammenhänge werden in nächsten Abschnitt erläutert.

2.3   Die Beugung von Röntgen-Strahlen

Bis 1912 war noch nicht geklärt, ob die Röntgenstrahlen Wellen oder Teilchen sind. Erst durch ein Experiment, bei dem es M. von Laue gelang, an einem Kupfersulfatkristall Röntgenstrahlen wie an einem Gitter zu beugen, hat sich die Wellennatur nachweisen lassen. Kristalline Festkörper bestehen aus einer regelmäßigen Anordnung von Atomen, Ionen oder Molekülen, deren Kerne in der Größenordnung 100 pm voneinander entfernt sind. Um Strahlung zu beugen, benötigt man ein Gitter mit Abständen, die in der gleichen Größenordnung liegen wie die Wellenlänge des Lichts. Wegen der Periodizität ihrer inneren Struktur können Kristalle als dreidimensionales Beugungsgitter für Strahlung geeigneter Wellenlänge dienen. Ein Beugungsbild nach von Laue ist in Bild 2.2 zu sehen.

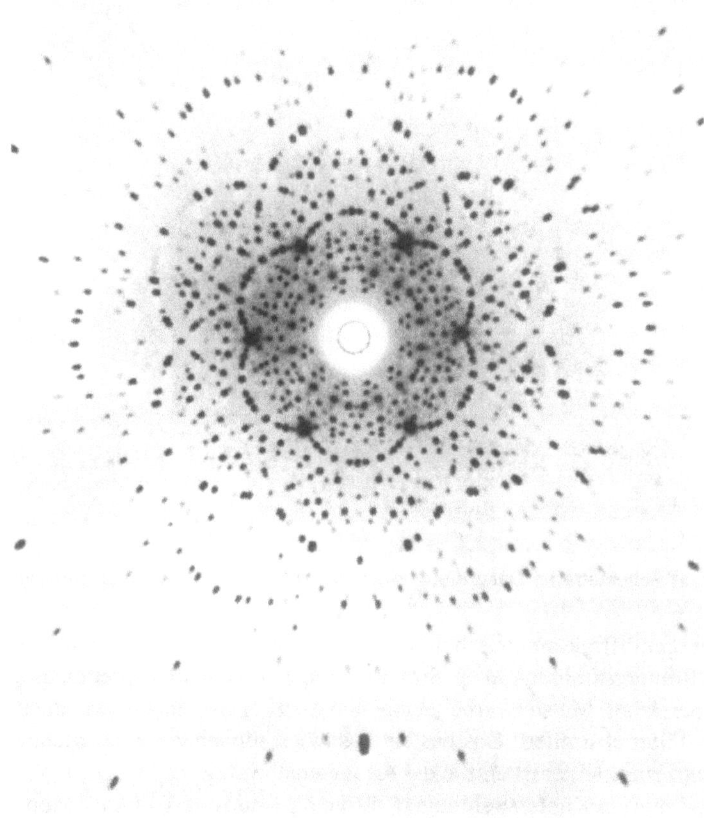

Bild 2.2   Röntgenaufnahme eines Beryllkristalls nach dem Laue-Verfahren. (Aus W. J. Moore (1972) *Physical Chemistry*, 5. Aufl., Longman. Nachdruck mit Erlaubnis der Eastman Kodak Company)

Angeregt von dieser Entdeckung begannen W. H. und W. L. Bragg (Vater und Sohn), Röntgenstrahlen als Mittel zur Strukturaufklärung einzusetzen. 1913 bestimmten sie als erstes die Kristallstruktur des NaCl. Später haben sie noch viele andere Strukturen ermittelt, z. B. von KCl, ZnS, CaF_2, $CaCO_3$ und Diamant. W. L. Bragg hatte festgestellt, daß sich Röntgenstrahlen bei der Beugung so verhalten, als würden sie von den mit Atomen besetzten Ebenen im Kristall „reflektiert". Diese Reflexion läßt sich aber nur beobachten, wenn der Kristall eine spezifische Orientierung gegenüber der Strahlenquelle und dem Detektor besitzt. Diese Reflexion ist anders als an einem Spiegel, wo eine Reflexion unter jedem Einfallswinkel möglich ist. Bei der Röntgenstrahlung ist eine Reflexion nur möglich, wenn die Bedingungen für eine konstruktive Interferenz erfüllt sind.

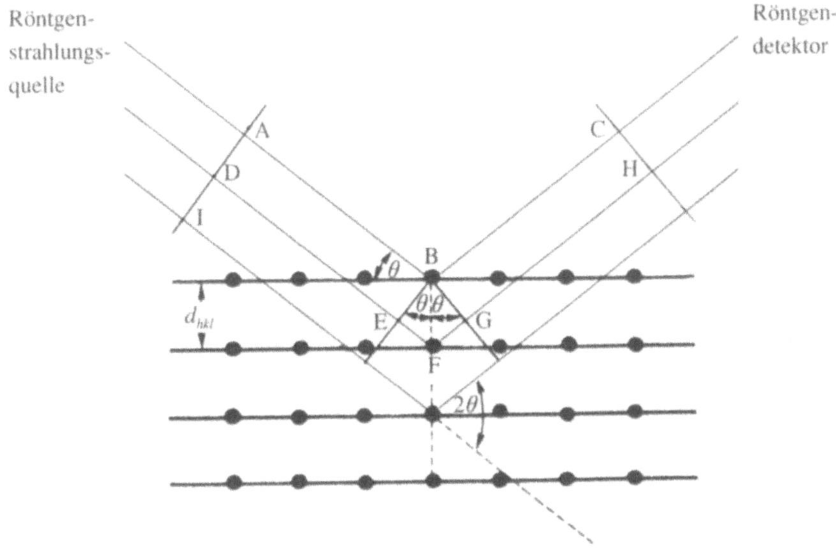

     Bragg-Reflexion an einer Netzebenenschar mit dem Abstand d_{hkl}

Bild 2.3 zeigt die Bragg-Bedingung für die Reflexion von Röntgenstrahlen an einem Kristall. Die schwarzen Punkte repräsentieren ein Kristallgitter, und die Geraden stellen eine Netzebenenschar mit den Miller-Indizes hkl und einem Abstand d_{hkl} dar. Ein paralleles Bündel monochromatischer Röntgenstrahlen ADI (grün) fällt unter dem Winkel θ_{hkl} auf die Netzebenenschar. Der Strahl A wird am Atom B gebeugt, der Strahl D am Atom F. Damit diese reflektierten Strahlen mit hinreichender Intensität detektiert werden können, müssen sie sich gegenseitig verstärken. Das geschieht, wenn sie in gleicher Phase schwingen. Damit diese konstruktive Interferenz eintritt, muß die Wegdifferenz der beiden interferierenden Strahlen ein ganzzahliges Vielfaches der Wellenlänge sein. Um die Differenz der Weglänge zwischen den Strahlen ABC und DFH zu berechnen, sind zwei Geraden BE und BG senkrecht zum Strahlenbündel eingezeichnet worden. Die gesuchte Wegdifferenz Δ ergibt sich aus

$$\Delta = (\overline{DF} + \overline{FH}) - (\overline{AB} + \overline{BC})$$

Wegen $\overline{AB} = \overline{DE}$ und $\overline{BC} = \overline{GH}$ gilt

$$\Delta = \overline{EF} + \overline{FG}$$

Aus Bild 2.3 folgt weiter

$$\overline{EF} = \overline{FG} = d_{hkl} \sin\theta_{hkl}$$

und

$$\Delta = 2 d_{hkl} \sin\theta_{hkl} \tag{2.1}$$

Die Wegdifferenz Δ muß gleich einem ganzzahligen Vielfachen n der Wellenlänge λ der verwendeten Röntgenstrahlung sein:

$$n\lambda = 2 d_{hkl} \sin\theta_{hkl} \tag{2.2}$$

Beziehung (2.2) ist die *Braggsche Gleichung*. Sie stellt den Zusammenhang zwischen dem Netzebenenabstand d_{hkl} und dem Bragg-Winkel θ_{hkl} her, unter dem eine Reflexion von dieser Netzebenenschar hkl beobachtet werden kann. (Der Index hkl am Bragg-Winkel kann in der Regel weggelassen werden, da dieser Winkel für jeden Satz von Netzebenen nur einen Wert besitzt.)

Wenn $n = 1$ ist, ist die Reflexion von erster Ordnung, mit $n = 2$ von zweiter Ordnung, usw. Für eine Reflexion zweiter Ordnung lautet die Bragg-Gleichung

$$2\lambda = 2 d_{hkl} \sin\theta \text{ , bzw. nach } \lambda \text{ aufgelöst}$$

$$\lambda = 2 \frac{d_{hkl}}{2} \sin\theta \tag{2.3}$$

Gleichung (2.3) gibt aber auch die Bedingung für eine Reflexion erster Ordnung an Netzebenen mit dem Abstand $d_{hkl}/2$ an. Zu Netzebenen mit dem Abstand $d_{hkl}/2$ gehören die Miller-Indizes $2h2k2l$. Demzufolge kann man die Reflexion 2. Ordnung an den Netzebenen hkl nicht von der Reflexion 1. Ordnung an den Netzebenen $2h2k2l$ unterscheiden. Die Bragg-Gleichung vereinfacht sich dadurch zu:

$$\lambda = 2 d_{hkl} \sin\theta \tag{2.4}$$

2.4 Röntgen-Streuung an Pulvern

2.4.1 Die Aufzeichnung von Pulverdiffraktogrammen

Ein fein gemahlenes kristallines Pulver enthält eine sehr große Zahl kleiner Kristallite, die völlig willkürlich zueinander angeordnet sind. Bestrahlt man eine solche Probe mit monochromatischem Röntgenlicht, wird der Röntgenstrahl an denjenigen Kristallflächen gebeugt, die so orientiert sind, daß sie die Braggsche Bedingung exakt erfüllen. Die abgelenkten Strahlen bilden einen Winkel 2θ mit dem einfallenden Strahl. Wenn die Kristallite die Braggsche Bedingung erfüllen, können sie trotzdem in allen Richtungen des Raumes orientiert sein. Deshalb bilden die gebeugten Strahlen einen Kegelmantel mit einem halben Öffnungswinkel 2θ (Bild 2.4a). Ein Planfilm, der hinter der Probe angebracht wird, registriert konzentrische Ringe (Bild 2.4b). Diese Methode würde den beobachtbaren Maximalwinkel 2θ beschränken. Deshalb wird beim *Debye-Scherrer-Verfahren* auf der Innenseite der Kamera ein Filmstreifen als Ring um die Probe herum gelegt. Der Film hat zwei Aussparungen für den einfallenden Strahl bzw. für den nicht abgelenkten ausfallenden Strahl (Bild 2.5a). Die zu einem dünnen Stäbchen geformte Probe rotiert um eine Achse senkrecht zum Strahl, damit für möglichst viele Netzebenen die Reflektionsbedingungen erfüllt werden. Die gebeugten Strahlen werden vom Film als Ringe registriert (Bild 2.5b). Je zwei in gleichen Abständen y vom Strahl liegende Linien stammen vom gleichen Beugungskegel. In Bild 2.4b erkennt man, daß die Beugungskegel von der Probe aus einen Winkel von 4θ bilden. Ist der Kameraradius R und die Länge des Films $2\pi R$, gilt folgende Proportion:

$$\frac{y}{2\pi R} = \frac{4\theta}{360°} \tag{2.5}$$

Wenn R bekannt ist und y von allen Linien gemessen worden ist, können die Bragg-Winkel und daraus die zugehörigen d_{hkl}-Werte berechnet werden.

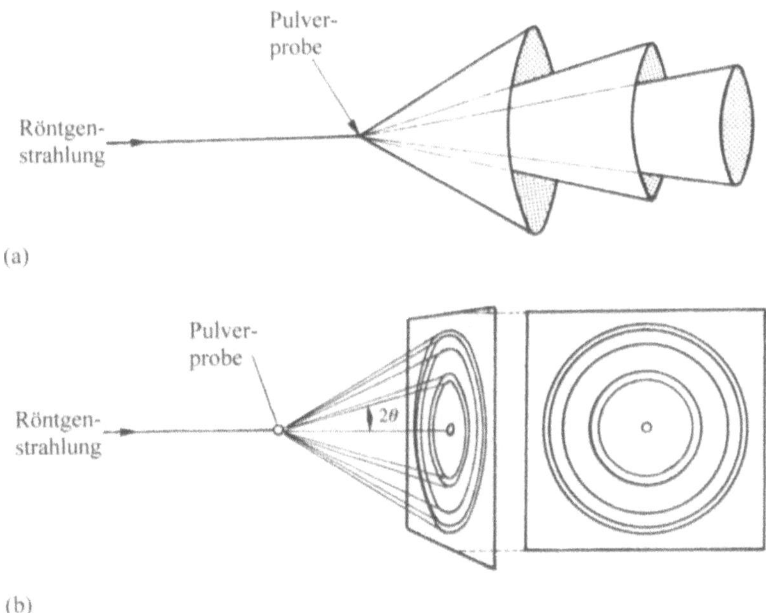

Bild 2.4 (a) Beugungskegel einer Röntgen-Pulveraufnahme, (b) Entstehung der fotografischen Abbildung der Beugungskegel von (a).

Pulverdiffraktogramme werden in zunehmendem Maße mit Hilfe automatischer Diffraktometer gewonnen (Bild 2.6), bei denen ein Detektor Winkel und Intensität der gebeugten Strahlen mißt und aufzeichnet (Bild 2.6b).

Die Schwierigkeit der Pulvermethode besteht in der „Indizierung" der beobachteten Reflexe, d. h. der korrekten Zuordnung der Miller-Indizes *hkl*, durch die der Zusammenhang zwischen den Reflexen und den reflektierenden Netzebenen hergestellt wird. Für viele einfache Verbindungen mit hoher Symmetrie ist das oft leicht möglich (wie in Abschnitt 2.4.3 erläutert wird), aber bei vielen komplizierteren und/oder weniger symmetrischen Systemen außerordentlich schwierig.

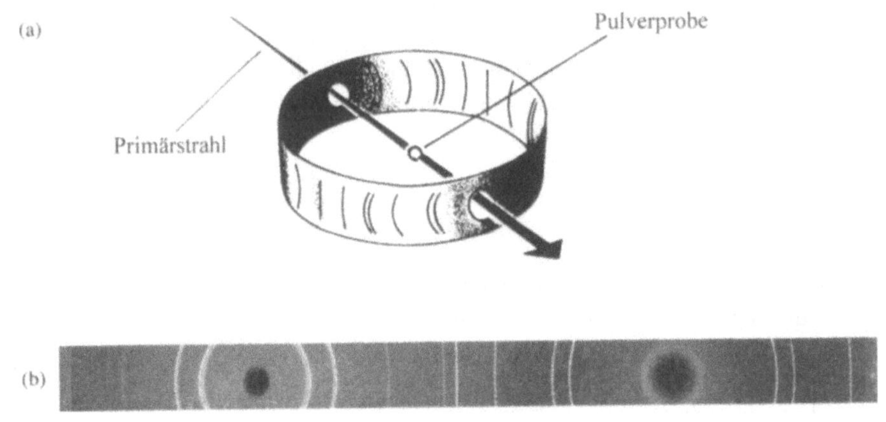

Bild 2.5 (a) Experimentelle Anordnung von Probe und Film beim Debye-Scherrer-Verfahren, (b) abgewickelter Film einer Debye-Scherrer-Aufnahme von Ni-Pulver (Aufnahme von Dr. Marten Barker)

2.4.2 Systematische Auslöschung durch Gitterzentrierung

Wir betrachten zunächst ein kubisch-primitives Gitter. Da im kubischen System $a = b = c$ ist, läßt sich die Elementarzelle durch eine einzige Gitterkonstante a beschreiben. Die dem Zentrum einer Pulveraufnahme nächstgelegenen Reflexe haben den kleinsten Bragg-Winkel. Aus Gleichung (2.4) folgt, daß die kleinsten Beugungswinkel zu den Netzebenen mit dem größten Abstand d_{hkl} gehören. In einem kubisch primitiven Gitter ist der größte Netzebenenabstand der zwischen den 100-Ebenen, und wegen der kubischen Symmetrie sind die Abstände zwischen den Netzebenenscharen 010 und 001 ebenso groß. Deshalb reflektieren alle drei unter dem gleichen Winkel. Für ihren Abstand d_{hkl} ergibt sich deshalb die Gleichung (2.6):

$$d_{hkl} = \frac{a}{\sqrt{h^2 + k^2 + l^2}}$$

$$(2.6)$$

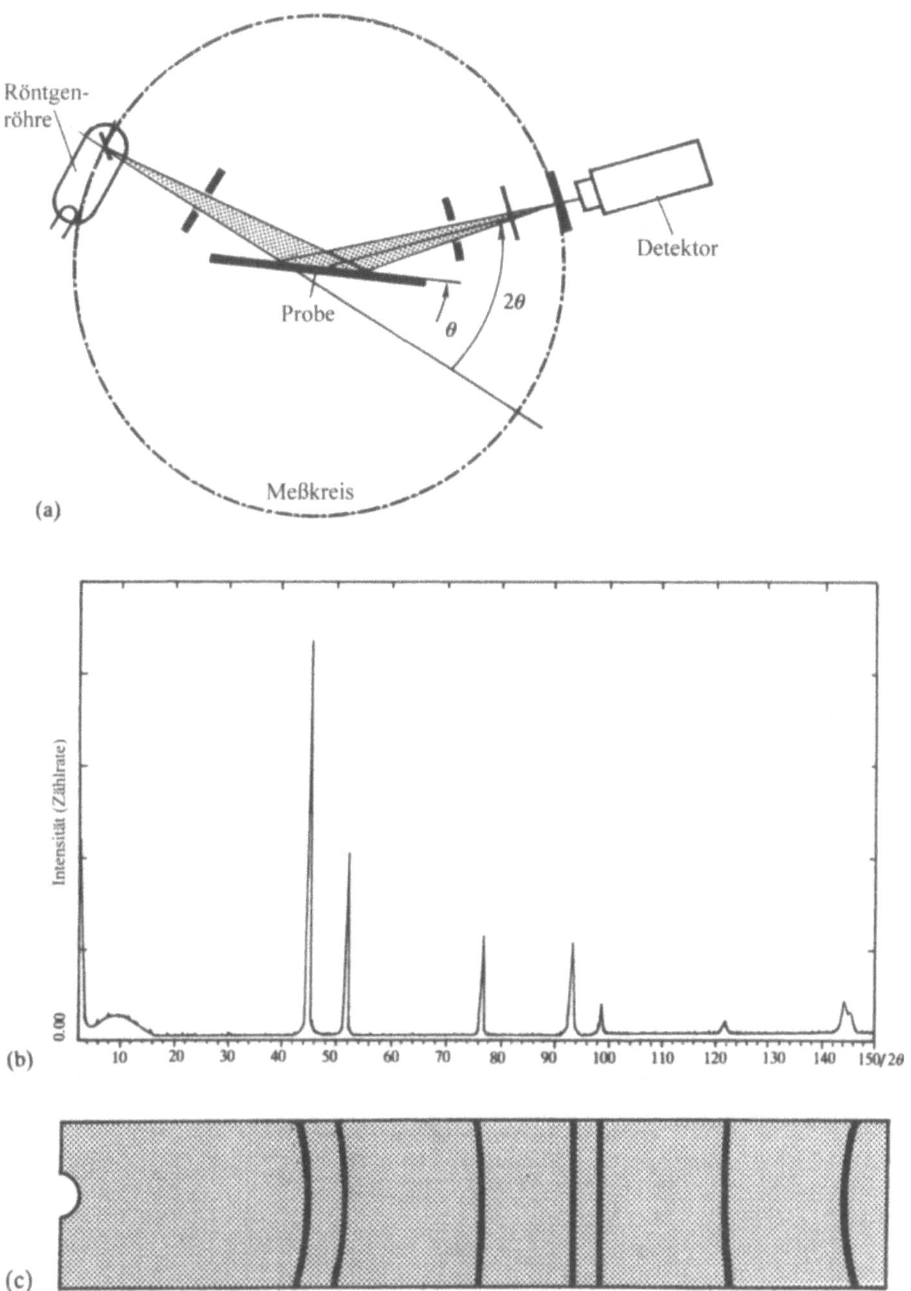

Bild 2.6   (a) Schematischer Aufbau eines Pulverdiffraktometers, (b) Zählrohrdiffraktogramm im Vergleich zu einer (c) Filmaufnahme von Ni-Pulver

Durch Kombination mit der Bragg-Gleichung erhält man

$$\lambda = \frac{2a \sin \theta_{hkl}}{\sqrt{h^2 + k^2 + l^2}} \tag{2.7}$$

und durch Umstellen

$$\sin^2 \theta_{hkl} = \frac{\lambda^2}{4a^2}\left(h^2 + k^2 + l^2\right) \tag{2.8}$$

Bei einem kubisch-primitive Gitter sind alle ganzzahligen Indizes h, k und l möglich. In der Tabelle 2.1 sind die Indizes hkl und die zugehörigen Werte $(h^2 + k^2 + l^2)$ zusammengestellt. Den steigenden Werten $(h^2 + k^2 + l^2)$ entsprechen steigende Werte für $\sin\theta$. Es gibt keine ganzzahlige Kombination hkl, für die $(h^2 + k^2 + l^2) = 7$ gilt. Deshalb fehlt diese Zahl in der Tabelle. Auch die Zahlen 15, 23, 28 usw. lassen sich nicht als Summe aus den Quadraten ganzzahliger hkl darstellen. Das ist ein arithmetische Problem und hat nichts mit der Struktur zu tun.

Tabelle 2.1   Summe $(h^2 + k^2 + l^2)$ verschiedener Netzebenen

hkl	100	110	111	200	210	211	220	300	221
$h^2 + k^2 + l^2$	1	2	3	4	5	6	8	9	9

Aus der Gleichung (2.8) geht hervor, daß die Werte für $\sin^2\theta_{hkl}$ als Produkt einer konstanten Größe, die die bekannte Wellenlänge λ und die gesuchte Gitterkonstante a enthält, und der Summe $(h^2 + k^2 + l^2)$ darstellbar ist. Nimmt man an, daß der Reflex mit dem kleinsten Winkel θ von der Netzebenenschar 100 stammt, läßt sich diese Konstante berechnen. Teilt man alle anderen $\sin^2\theta_{hkl}$-Werte durch diese Konstante, dann muß sich die in der Tabelle 2.1 enthaltene Reihe der $(h^2 + k^2 + l^2)$ ergeben. Auf diese Weise kann die Gitterkonstante a für ein kubisch-primitives Gitter relativ einfach ermittelt werden.

Kubisch-raumzentrierte und kubisch-flächenzentrierte Kristalle ergeben andere Pulverdiffraktogramme, weil die Zentrierung der Gitter bei einigen Reflexen zu einer destruktiven Interferenz und damit zu einer *systematischen Auslöschung* führt.

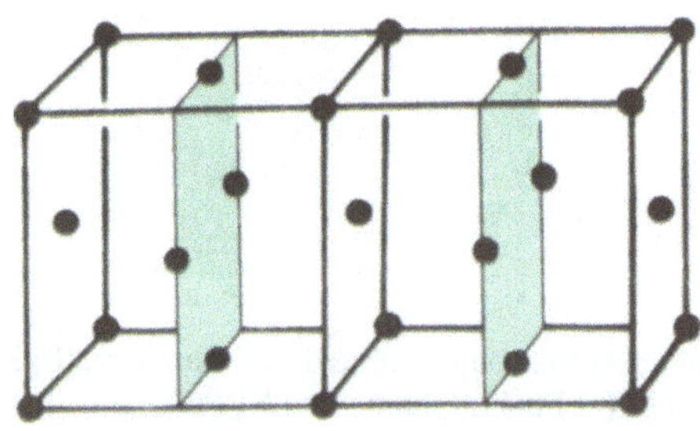

Bild 2.7   Zwei kubisch-flächenzentrierte Elementarzellen mit farbig dargestellten 200-Flächen

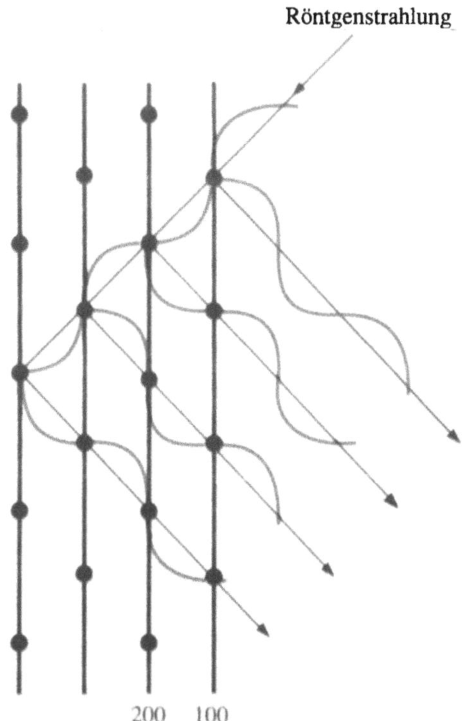

Bild 2.8   Reflexion an den 100- und den 200-Flächen eines kubisch-flächenzentrierten Gitters

In Bild 2.7 sind die 100- und 200-Ebenen eines flächenzentrierten kubischen **F**-Gitters mit dem Abstand $a/2$ farbig dargestellt. Bild 2.8 zeigt die Reflexion an vier aufeinanderfolgenden Ebenen dieser Struktur. Es wird deutlich, daß die an den *100*-Ebenen und die an den *200*-Ebenen reflektierten Wellen gerade in entgegengesetzter Phase schwingen und sich deshalb vollständig auslöschen. Untersucht man alle in einem kubischen F-Gitter möglichen Reflexionen auf konstruktive und destruktive Interferenz, kommt man zu dem Ergebnis, daß nur solche Reflexe beobachtet werden können, deren Indizes entweder *alle gerade* oder *alle ungerade* sind.

Eine entsprechende Untersuchung des kubisch-raumzentrierten Systems ergibt, daß nur Reflexe von Netzebenen erhalten werden können, bei denen die *Summe der Indizes gerade* ist.

An Hand der systematischen Auslöschung von Reflexen läßt sich der Typ des Bravais-Gitters eines Kristalls feststellen. Wir diskutieren hier vor allem kubische Strukturen, aber Auslöschungsbedingungen gibt es in allen Kristallsystemen. Sie sind in Tabelle 2.3 zusammengefaßt.

Tabelle 2.2   Werte der Summe $h^2 + k^2 + l^2$ von reflektierenden Netzebenen kubischer Kristalle

unmögliche Werte	kubisch-primitiv P	kubisch-flächen-zentriert F	kubisch-innen-zentriert I	hkl
	1			100
	2		2	110
	3	3		111
	4	4	4	200
	5			210
	6		6	211
7				–
	8	8	8	220
	9			221, 300
	10		10	310
	11	11		311
	12	12	12	222
	13			320
	14		14	321
15				–
	16	16	16	400

Für das kubische System haben wir bereits früher die Gleichung (2.8) abgeleitet

$$\sin^2 \theta_{hkl} = \frac{\lambda^2}{4a^2}\left(h^2 + k^2 + l^2\right) \tag{2.8}$$

Tabelle 2.2 enthält für drei kubische Kristallsysteme die Werte für $h^2 + k^2 + l^2$ von den Netzebenen, die beobachtbare Reflexe erzeugen. Daraus geht hervor, daß sich bei einem kubisch-primitiven Gitter **P** die Werte für $\sin^2\theta_{hkl}$ zueinander wie 1:2:3:4:5:6:8:9...verhalten und der gemeinsame Faktor gleich $\lambda^2 / 4a^2$ ist.

Verhalten sich die $\sin^2\theta_{hkl}$-Werte zueinander wie 3:4:8:11:12:16..., handelt es sich um ein flächenzentriertes Gitter mit dem gleichen konstanten Faktor $\lambda^2 / 4a^2$ und bei einem kubisch-raumzentrierten Gitter stehen die $\sin^2\theta_{hkl}$-Werte zueinander im Verhältnis 2:4:6:8:10:12:14:16.

2.4.3 S2.4.4 Die Zahl der Formeleinheiten Z in der Elementarzelletebenen

In Kapitel 1 haben wir zwei Translationen enthaltende Symmetrieelemente beschrieben – die Schraubenachse und die Gleitebene. Da auch diese Symmetrieelemente zu einer systematischen Auslöschung bestimmter Reflexe führen, kann ihre Anwesenheit in einer Kristallstruktur festgestellt werden. Bild 2.9 zeigt einen Teil einer Elementarzelle mit einer zweifachen Schraubenachse (2_1) in z-Richtung. Die Schraubenachse hat zur Folge, daß genau in der Mitte zwischen den 001-Ebenen eine weitere Schicht zu liegen kommt. Die Reflexion an dieser Schicht interferiert destruktiv mit der an der 001-Ebene, so daß dieser Reflex ausgelöscht wird. Alle Reflexe mit *ungeradem l* werden nicht beobachtet. Ähnliche Argumente führen bei Achsen höherer Ordnungen zu weiteren Auslöschungen. Die Bedingungen für das Auftreten von Reflexen sind in Tabelle 2.3 zusammengefaßt.

Tabelle 2.3   Systematische Auslöschung durch Translations-Symmetrieelemenete

Gittertyp – Symmetrieelemente		beeinflußter Reflex	Bedingungen für das Auftreten des Reflexes (Nichtauslöschung)
Primitive Gitter	P	hkl	keine
Raumzentrierte Gitter	I	hkl	$h + k + l$ = gerade
Flächenzentrierte Gitter	A	hkl	$k + l$ = gerade
	B		$h + l$ = gerade
	C		$h + k$ = gerade
	F		$h\,k\,l$ alle gerade oder alle ungerade
zweizählige Schraubenachse 2_1 parallel a			
vierzählige Schraubenachse 4_2 parallel a		$h00$	h = gerade
sechszählige Schraubenachse 6_3 parallel a			
dreizählige Schraubenachse $3_1, 3_2$ parallel c		$00l$	l teilbar durch 3
sechszählige Schraubenachse 6_3, 6_4 parallel c			
vierzählige Schraubenachse 4_1, 4_3 parallel a		$h00$	h teilbar durch 4
sechszählige Schraubenachse 6_1, 6_5 parallel c		$00l$	l teilbar durch 6
Gleitebene senkrecht zu b			
Translationsbetrag $a/2$ in Richtung a			h = gerade
Translationsbetrag $c/2$ in Richtung c		$h0l$	l = gerade
Translationsbetrag $(a/2) + (c/2)$			$h + l$ = gerade
Translationsbetrag $(a/4) + (c/4)$			$h + l$ teilbar durch vier

Durch eine Gleitebene wird der Netzebenenabstand in der Gleitrichtung effektiv halbiert. Bild 2.10 veranschaulicht die Translation senkrecht zu b in Richtung a. Eine genauere Untersuchung der Verhältnisse ergibt, daß Reflexe $h0l$ nur auftreten können, wenn h eine *gerade* Zahl ist.

Es gibt heute leistungsfähige Computerprogramme zum Indizieren, so daß sich Pulverdiffraktogramme – vor allem von den hochsymmetrischen kubischen, tetragonalen und hexagonalen Kristallklassen – leicht indizieren lassen. Bei anderen Kristallsystemen enthalten die Pulveraufnahmen oft eine große Zahl sich überlappender Linien, so daß die Indizierung viel schwieriger oder unmöglich wird.

Neuerdings wurden verbesserte Methoden zur Strukturaufklärung von Kristallen mit Hilfe von Pulverdiffraktogrammen entwickelt, vor allem die *Rietveld-Analyse*. Beim Rietveld-Verfahren wird nicht nur die Lage der Linien, sondern auch ihre Intensität ausgewertet. Da sich bei den Pulveraufnahmen viele Linien überlappen können, werden die gesamten Linienprofile analysiert. Diese Methode war ursprünglich für Neutronenbeugung entwickelt worden. Wir werden sie in Abschnitt 2.9.1 weiter diskutieren.

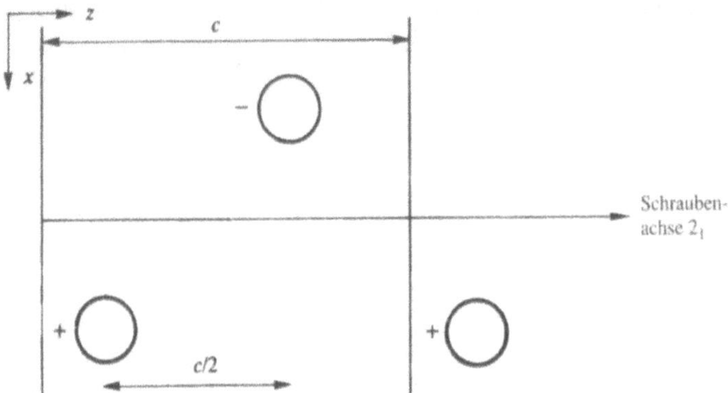

Bild 2.9   Schraubenachse 2_1 in c

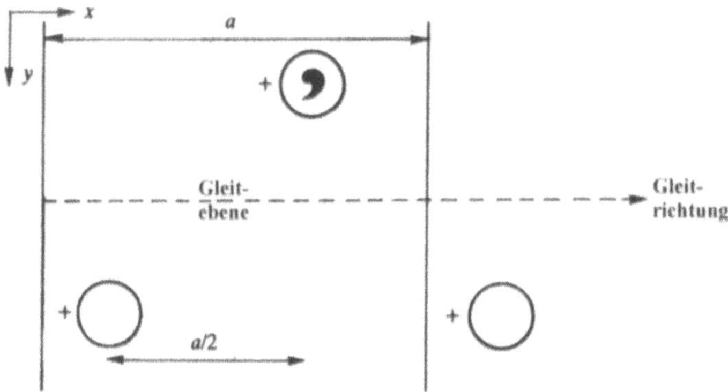

Bild 2.10   Gleitspiegelung in Richtung a senkrecht zu b

Wenn die Reflexe einer Röntgen-Pulveraufnahme indiziert sind, kann die Größe der Elementarzelle berechnet werden. Bei kubischen Kristallen benutzt man Gleichung (2.8):

$$\sin^2 \theta_{hkl} = \frac{\lambda^2}{4a^2}\left(h^2 + k^2 + l^2\right) \qquad (2.8)$$

und aus a erhält man das Volumen der Elementarzelle V. Wenn die Dichte des Kristalls ρ bekannt ist, läßt sich die Masse m der Elementarzelle ebenfalls berechnen,

$$\rho = \frac{M}{V} \qquad (2.9)$$

und bei bekannter Molmasse auch die Zahl der Formeleinheit Z in der Elementarzelle. Beispiele für derartige Berechnungen sind in den Fragen 2.7 - 2.10 zu finden.

Die Dichte von Kristallen kann z. B. nach der Verdrängungs- oder der Auftriebsmethode ermittelt werden.

2.4.5 Die Identifizierung von Verbindungen durch Pulverdiffraktogramme

Pulverdiffraktogramme sind für die Strukturbestimmung einfacher hochsymmetrischer Kristalle gut geeignet. Bei zunehmender Komplexität und abnehmender Symmetrie der Struktur nehmen die Zahl der auftretenden Reflexe und deren Überlappung zu, so daß die Messung ihrer Intensität und die Indizierung schwierig werden. Deshalb wird dieses Verfahren meistens als „Fingerabdruck" benutzt, um die Anwesenheit einer bekannten Verbindung oder Phase in einem Reaktionsprodukt festzustellen. Erleichtert wird diese analytische Methode dadurch, daß das „Joint Committee for Powder Diffraction Standards" Pulverdiffraktogramme sammelt und auf den aktuellen Stand gebracht als JCPDS-Liste veröffentlicht. Wenn aus dem Pulverdiffraktogramm einer Probe die Linienintensitäten und die d_{hkl}-Werte bestimmt worden sind, können sie mit den Mustern bekannter Verbindungen der JCPDS-Liste verglichen werden. Bei modernen Diffraktometern sind die Daten dieser Liste auf Disketten bzw. CD-ROM an dem Computer verfügbar, der die gemessenen Diffraktogramme speichert, so daß diese direkt einander gegenübergestellt werden können.

Die Identifizierung einer Verbindung mittels Pulverdiffraktometrie kann für die qualitative Analyse eines Produkts und als grobe Reinheitsprüfung nützlich sein, wenn man dabei beachtet, daß amorphe Bestandteile und Verunreinigungen von weniger als 5% nicht nachweisbar sind.

Pulverdiffraktogramme eignen sich für die Untersuchung von Mischungen kleiner Kristalle, z. B. in geologischen Proben, und zur Bestimmung von Phasendiagrammen. Hierbei wird durch sorgfältigen Vergleich der Intensitäten bestimmter Standardlinien nicht nur die Zusammensetzung, sondern auch der Anteil einzelner Phasen zugänglich, wenn sie in hinreichender Konzentration vorliegen.

Pulverdiffraktogramme ermöglichen es auch festzustellen, ob zwei ähnliche Verbindungen, bei denen ein Metall durch ein anderes ersetzt ist, eine isomorphe Struktur besitzen.

In günstigen Fällen kann mit Hilfe der Rietveld-Methode aus Pulverdiffraktogrammen eine Struktur aufgeklärt werden. Die Methode arbeitet am besten, wenn eine gut vergleichbare Struktur bereits bekannt ist, wenn z. B. die unbekannte Struktur eine geringfügig veränderte Modifikation einer bekannten Struktur ist.

2.4.6 Die Bedeutung der Linienintensitäten

Bisher haben wir nur die Effekte diskutiert, die man beobachtet, wenn Kristalle als dreidimensionales Beugungsgitter für Röntgenstrahlen verwendet werden. Wofür dieser Aufwand? Warum nimmt man nicht ein Mikroskop oder eine Kamera, wenn man ein Objekt vergrößern will, um seine Struktur besser zu erkennen? Ein Linsensystem bündelt das vom untersuchten Objekt gestreute Licht, das auch allein ein Beugungsmuster liefern würde, und erzeugt ein Bild. Warum benutzt man bei Röntgenstrahlen keine Linsen, um die geschilderten Schwierigkeiten zu umgehen? Das Problem besteht darin, daß es keine Methode gibt, um Röntgenstrahlen in geeigneter Weise zu fokussieren. Deshalb muß der Effekt einer Linse durch eine mathematische Behandlung der in den gebeugten Strahlen enthaltenen Informationen simuliert werden. Der Haken an der Sache ist, daß zwar viele Informationen in der Intensität jedes Strahls enthalten sind, aber die heute zur Verfügung stehenden Aufzeichnungsverfahren nicht in der Lage sind, *alle* Informationen zu messen und zu speichern, da sie nur die Intensitäten und nicht die *Phasenbeziehungen* der gebeugten Strahlen wahrnehmen. Die Intensität ist proportional dem

Amplitudenquadrat der Wellen, ihre Phasenbeziehungen gehen jedoch beim Registrieren verloren. Unglücklicherweise sind gerade das die Informationen, die direkt von den Atompositionen geliefert werden. Bei der Bilderzeugung durch eine Linse bleiben diese Informationen erhalten.

Wie wir bereits gesehen haben, erhalten wir Informationen über die Größe der Elementarzelle und beim Vorhandensein von Translations-Symmetrieelementen auch zur Symmetrie, wenn wir die Bragg-Winkel der Reflexe messen und sie richtig indizieren. Weiterhin haben wir gesehen, daß sich die Intensitäten einzelner Reflexe unterscheiden und daß diese gemessen werden können. Bei fotografischer Registrierung der Reflex wurden die relativen Intensitäten der Linien auf dem Film visuell durch Vergleichen mit Standards ermittelt. Später wurden die Filmaufnahmen mit optischen Geräten (Mikrodensitometern) ausgewertet. Bei modernen Diffraktometern werden die gebeugten Strahlen von einem Photodetektor abgetastet, meistens durch einen Szintillationszähler, und dadurch ist es möglich, die Intensität jedes Reflexes elektronisch zu registrieren.

Die Wechselwirkung zwischen der Röntgenstrahlung und dem Kristall geschieht an der Elektronenhülle der Atome. Je größer die Ordnungszahl eines Atoms ist, um so stärker streut es. Das Streuvermögen eines Atoms wird durch den *Atomstreufaktor*, symbolisiert als f_0, zum Ausdruck gebracht. Er hängt nicht nur von der Ordnungszahl ab, sondern auch vom Bragg-Winkel und der Wellenlänge. Bild 2.11 zeigt diesen Zusammenhang für einige Elemente. Das mit größer werdendem Winkel abnehmende Streuvermögen ist durch die endlichen Ausdehnung der Elektronenhülle bedingt. Die Elektronen sind um den Kern verteilt, und mit zunehmendem Winkel θ überlagern sich die an einem Elektron gestreuten Wellen zunehmend destruktiv mit solchen Wellen, die in einem anderen Bereich der Elektronenwolke gestreut worden sind.

Es ist sicher instruktiv, hier an einem Beispiel zu erläutern, warum Intensitätsmessungen so wichtig sind. Wir wissen, je schwerer ein Atom ist, um so besser streut es Röntgenstrahlen. Man könnte deshalb annehmen, daß die Ebenen eines Kristalls, die die schwersten Atome enthalten, die intensivsten Reflexe erzeugen. Obwohl das im Prinzip richtig ist, sind die Verhältnisse komplizierter, weil es auch destruktive Interferenzen mit Wellen gibt, die an anderen Netzebenen reflektiert wurden. Wir wollen diese Zusammenhänge an Hand der Diffraktionsmuster von NaCl und KCl zeigen. Beide Verbindungen haben die gleiche, in Kapitel 1 ausführlich diskutierte Struktur; die Elementarzelle ist in Bild 2.12 zu sehen. Sie besteht aus zwei ineinandergestellten *ccp*-Anordnungen von Na$^+$-Ionen und Cl$^-$-Ionen. In Bild 2.12 sind die 111-Schichten, die nur Cl$^-$-Ionen enthalten, grün gekennzeichnet. Sie liegen senkrecht zur Raumdiagonalen. Genau in der Mitte zwischen ihnen und parallel dazu liegen die ausschließlich mit Na$^+$-Ionen besetzten 222-Ebenen. Die an diesen Schichten reflektierten Wellen schwingen deshalb exakt entgegengesetzt zu den an den Cl$^-$-Schichten reflektierten. Da die Cl$^-$-Ionen 18 Elektronen und die Na$^+$-Ionen nur 10 Elektronen besitzen, löschen sich die reflektierten Wellen nur zum Teil aus. Der 111-Reflex wird hierdurch aber insgesamt stark geschwächt. Wir können den Ursprung der Elementarzelle auch in ein Na$^+$-Ion legen. Dann wären die 111-Ebenen mit Na$^+$-Ionen besetzt. An der destruktiven Interferenz der an den Na$^+$- und Cl$^-$-Schichten reflektierten Wellen würde das natürlich nichts ändern. Dagegen enthält z. B. eine 200-Fläche sowohl Na$^+$- als auch Cl$^-$-Ionen. Da sich die refkektierten Wellen gegenseitig verstärken, liefern diese Schichten einen intensiven Reflex. Betrachten wir nun die äquivalente Situation bei einem KCl-Kristall. Die von den 111-Ebenen reflektierten Wellen sind wiederum exakt um eine halbe Wellenlänge phasenverschoben gegenüber den an den mit K$^+$-Ionen besetzten 222-

Schichten. Da K^+ und Cl^- isoelektronische Ionen sind, sind auch ihre Streufaktoren nahezu identisch, so daß in diesem Fall der 111-Reflex fast vollständig ausgelöscht wird. Bei einer Pulveraufnahme von KCl ist deshalb die unter dem kleinsten Winkel θ beobachtbare Linie der 200-Reflex. Es ist leicht möglich, diesen mit einem 100-Reflex einer kubisch-primitiven Elementarzelle mit halber Gitterkonstanten zu verwechseln.

Die Resultierende aller in die Richtung eines hkl-Reflexes gebeugten Wellen ist die *Struktur-amplitude* F_{hkl}. Sie hängt sowohl von der Position als auch vom Streufaktor jedes Atoms der Elementarzelle ab. Als allgemeinen Ausdruck für j Atome einer Elementarzelle erhält man:

$$F_{hkl} = \sum_j f_j e^{-2\pi i \left(hx_j + ky_j + lz_j\right)} \tag{2.10}$$

Hierin ist f_j der Streufaktor des j-ten Atoms und x_j, y_j und z_j seine Koordinaten in Bruchteilen der Gitterkonstanten a, b und c. Derartige Beziehungen können auch als Summen von Sinus- und Cosinus-Funktionen, sogenannte *Fourier-Reihen*, dargestellt werden. In derartigen Gleichungen kommt die Periodizität der Röntgenstrahlung besser zu Ausdruck. Für einen Kristall mit einem Symmetriezentrum und n Atomarten in der Elementarzelle (der Satz von Atomarten, der ausreicht, die Elementarzelle zu beschreiben, wird *Assymmetrieeinheit* genannt) vereinfacht sich Gleichung (2.10) zu

$$F_{hkl} = 2 \sum_n f_n \cos 2\pi \left(hx_n + ky_n + lz_n\right) \tag{2.11}$$

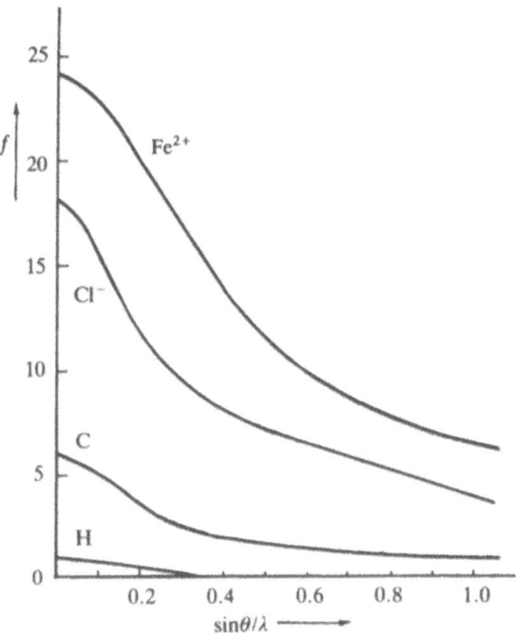

Bild 2.11   Streufaktoren von H-, C-, Cl- und Fe-Atomen

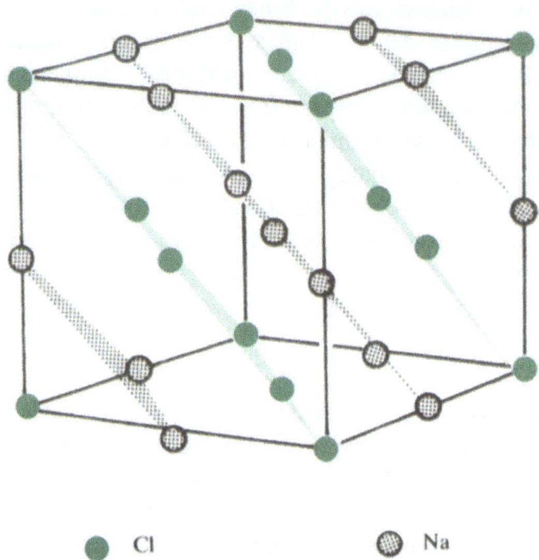

Bild 2.12   NaCl-Gitter mit farbig hervorgehobenen *ccp*-Schichten in den 111-Ebenen

In diesen Gleichungen werden die Atome als Punkte mit den Streufaktoren f_n angenommen. Entscheidend für die Streuung ist aber die Elektronendichte der Atome. Da die Elektronen im Raum verteilt sind, benötigt man eine Angabe über die Elektronendichteverteilung in der Elementarzelle. Sie kann in ähnlicher Weise als dreidimensionale Fourier-Reihe ausgedrückt werden:

$$\rho(x,y,z) = \frac{1}{V} \sum_h \sum_k \sum_l F_{hkl} e^{-2\pi i (hx + ky + lz)} \tag{2.12}$$

Dabei ist ρ die Elektronendichte am Ort (x,y,z) der Elementarzelle und V ihr Volumen. Die Ähnlichkeit der Gleichungen (2.10) und (2.12) bedeutet mathematisch, daß die Elektronendichteverteilung $\rho(x,y,z)$ die Fourier-Transformierte der Strukturamplitude F_{hkl} ist und umgekehrt. Deshalb kann man aus bekannten Strukturamplituden Elektronendichteverteilungen in einer Elementarzelle berechnen und daraus die Atomkoordinaten.

Die Intensitäten der *hkl*-Reflexe I_{hkl} werden so wie oben beschrieben gemessen und bilden einen Datensatz für einen bestimmten Kristall. Die Intensität eines Reflexes ist proportional dem Quadrat der Strukturamplitude:

$$I_{hkl} \propto F_{hkl}^{2} \tag{2.13}$$

Die Wurzel aus der Intensität ist gleich dem Absolutwert der Strukturamplitude, kenntlich gemacht durch die senkrechten Striche:

$$|F_{hkl}| \propto \sqrt{I_{hkl}} \tag{2.14}$$

Ehe diese Meßwerte weiter bearbeitet werden können, unterzieht man sie zunächst einigen Routinekorrekturen – der *Datenreduktion*. Der *Lorentz-Faktor L* berücksichtigt die Geometrie der Meßanordnung und der *Polaristionsfaktor p* ist notwendig, da die einfallende nicht-polarisierte Röntgenstrahlung durch Reflexion teilweise polarisiert wird.

$$|F_{hkl}| = \sqrt{\frac{KI_{hkl}}{Lp}} \qquad (2.15)$$

K ist ein Skalierungsfaktor.

Oft wird auch eine *Absorptionskorrektur* vorgenommen, besonders bei anorganischen Verbindungen, da vor allem die schweren Atome Röntgenstrahlung stärker absorbieren als streuen. Weil die Weglänge der Strahlen im Kristall für jeden Reflex verschieden ist (außer bei kugelförmigen Kristallen), werden manche Reflexe stärker beeinflußt als andere. Wenn Form, Größe und Orientierung zum einfallenden Strahl bekannt sind, können die Weglänge berechnet und jeder Reflex entsprechen korrigiert werden. Für diese Routinearbeiten gibt es auch empirische Techniken.

Wenn die Wellenlänge der Röntgenstrahlung in der Nähe der Absorptionskante eines Atoms liegt, beeinflußt das sein Streuvermögen. Man hat es dann mit *anomaler Dispersion* zu tun und korrigiert den zugehörigen Streufaktor f_0.

Die Strukturamplitude – und damit die Reflexintensität – hängt von der Position jedes Atoms in der Elementarzelle und von seinem Streufaktor ab. Die Strukturamplitude kann deshalb aus Gleichungen vom Typ (2.10) und (2.11) *berechnet* werden, wenn man die Art der Atome und ihre Koordinaten kennt. Das Problem der Röntgenstrukturaufklärung besteht darin, daß man gezwungen ist, den umgekehrten Weg zu gehen – man mißt die Werte der Strukturamplituden und will daraus die Positionen der Atome berechnen. Wenn wir die zweite Wurzel aus den Intensitäten ziehen, erhalten wir nur den Absolutwert der Strukturamplituden, nicht das Vorzeichen. Die Informationen über die Phasenbeziehungen sind verlorengegangen. Gerade diese werden benötigt, um die Elektronendichteverteilung und die Atompositionen zu berechnen. Das ist die bereits erwähnte Schwierigkeit dieses Verfahren, das *Phasenproblem* der Röntgenkristallographie.

Es scheint ein unlösbares Problem zu sein – um die Strukturamplituden zu berechnen, benötigen wir die Atompositionen, um die Atompositionen zu erhalten, brauchen wir die Strukturamplituden und die Phasenbeziehungen der resultierenden Wellen, wir haben aber nur die Amplituden. Glücklicherweise haben sich viele Wissenschaftler bemüht, einen Ausweg zu finden. Dabei waren sie so erfolgreich, daß für viele Systeme die Strukturaufklärung zu einer schnellen Routinemethode geworden ist. Wir werden einige Methoden in Abschnitt 2.6 besprechen. Zuvor müssen wir noch mehr über die Röntgenbeugung an Einkristallen wissen.

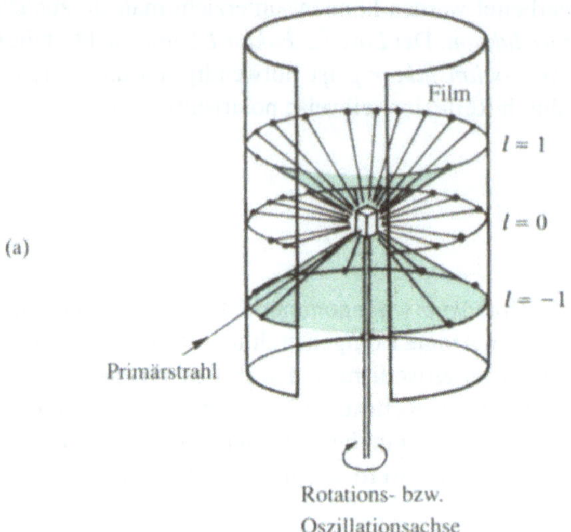

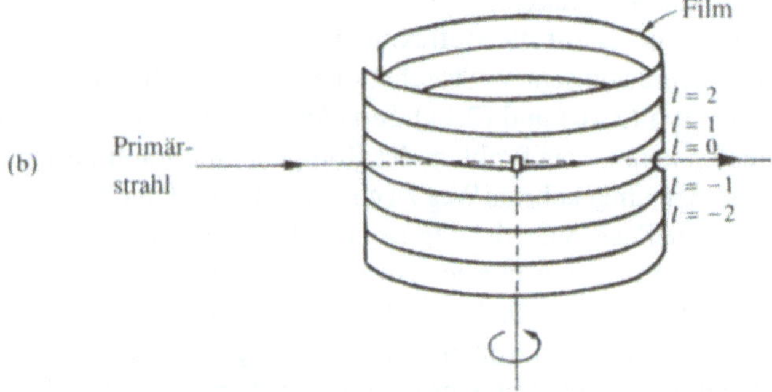

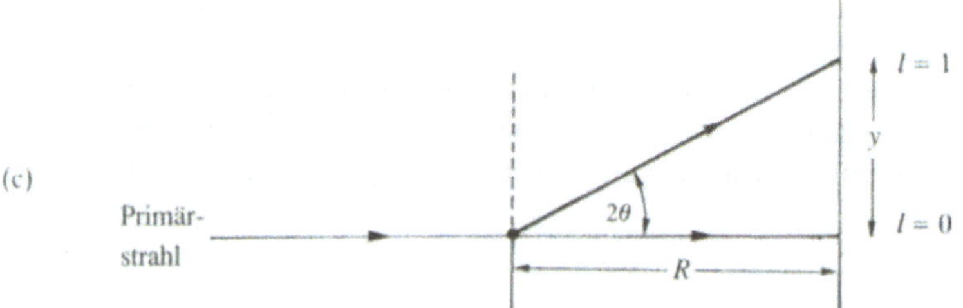

Bild 2.13 (a) Streukegel, die durch Beugung an einem Einkristall erzeugt werden, (b) Schicht-linien, die an der Schnittstelle von Streukegel und Film entstehen, (c) Berechnung der Elementarzelldimension in Richtung der Montageachse

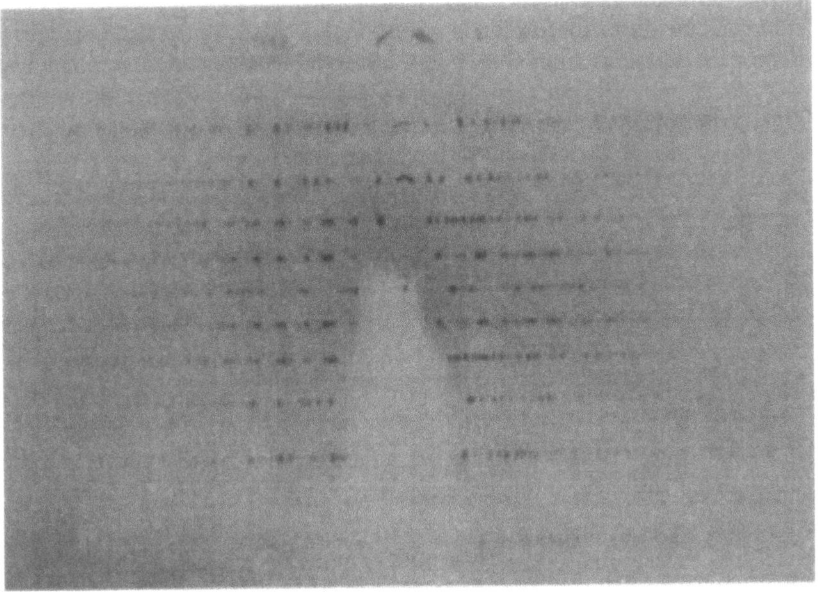

Bild 2.13 (Forts.)   (d) Rotationsaufnahme eines Einkristalls

2.5 Röntgenstreuung an Einkristallen

Statt mit Tausenden von willkürlich angeordneten Kristalliten eines Pulvers kann man ein Diffraktionsmuster auch mit einem Einkristall erzeugen. An einem derartigen Diffraktogramm kann man die Intensitäten und die Positionen der *hkl*-Reflexe sehr genau bestimmen. Aus diesen Daten läßt sich nicht nur die Raumgruppe des Kristalls ermitteln, sondern in vielen Fällen auch die genaue Position der Atome. Die Röntgendiffraktion an Einkristallen ist die leistungsfähigste Methode zur Strukturaufklärung, die dem Chemiker zur Verfügung steht.

Einkristalluntersuchungen werden heute an computergestützten Diffraktometern ausgeführt, die die Bragg-Winkel θ und die zugehörigen Intensitäten für jeden *hkl*-Reflex messen und speichern. Bis vor wenigen Jahren wurden diese Daten durch fotografische Aufnahmen gesammelt. Obwohl dieses Verfahren heute nur noch selten benutzt wird, ist es lehrreich, einige Filmaufnahmen zu betrachten, da sie die gleichen Reflexe gut sichtbar enthalten, die heute von einem automatischen Diffraktometer ermittelt werden.

Der Einkristall wird so montiert, daß er senkrecht zum einfallenden Strahl um eine seiner kristallographischen Achsen gedreht werden kann. Dabei bilden die von den Netzebenen gebeugten Strahlen eine Schar konzentrischer Kegelmäntel, wie wir sie schon beschrieben haben (vgl. Bild 2.13a). Die Rotation des Kristalls bewirkt, daß die Reflektionsbedingungen für jede Ebene erfüllt wird. Die Reflexe werden von einem Film, der als Zylindermantel konzentrisch um die Rotationsachse gelegt wird, registriert (Bild 2.13b und d). Diese Photographien werden *Rotations*- oder (falls die Rotation eingeschränkt ist) *Oszillations*-Aufnahmen genannt.

Wenn der Kristall um die z-Achse gedreht wird, hängt der Netzebenenabstand in dieser Richtung nur von der Gitterkonstanten c ab. Alle Reflexe in der Ebene des einfallenden Strahles haben $l = 0$, die der ersten Schicht $l = 1$, usw. Wenn der Abstand zwischen der nullten und der ersten Schicht gleich y ist und der Kameraradius gleich R, gilt

$$\tan 2\theta = \frac{y}{R} \qquad\qquad (2.16)$$

Damit kann θ berechnet und in die Bragg-Gleichung (2.4) eingesetzt werden.

In Bild 2.13d erkennt man, daß sich die Reflexe noch etwas überlappen. Es gibt zwei Verfahren, um sie zu trennen. Nach *Weissenberg* wird die Kamera parallel zur Rotationsachse hin- und herbewegt. Beim *Präzessions-Verfahren* führen der Kristall und der für die Registrierung verwendete Planfilm eine Präzessionsbewegung um eine in der Richtung des Primärstrahls liegende Achse aus. Beispiele für solche Filmaufnahmen sind in den Bildern 2.14a und 2.14b dargestellt. Diesen beiden Aufnahmen kann man die Zellkonstanten und die Gitterwinkel entnehmen. Es ist dann einfach, die Reflexe zu indizieren und aus den systematischen

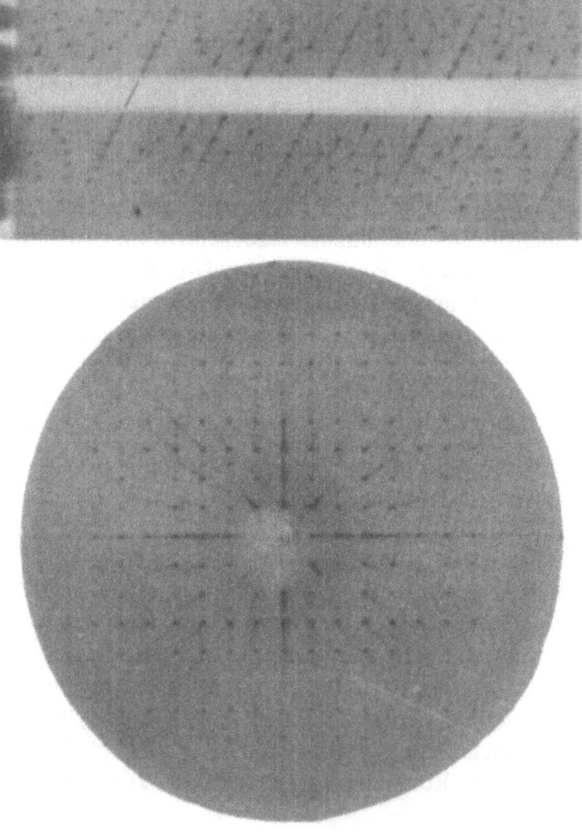

Bild 2.14   (a) Weißenberg-Aufnahme, (b) Präzessions-Aufnahme

Auslöschungen sowohl das Bravais-Gitter als auch vorhandene Translationssymmetrieelemente zu bestimmen. Diese Informationen reichen aus, um die Raumgruppe unzweideutig festzulegen oder auf zwei bis drei Möglichkeiten einzuschränken.

Wenn schließlich noch die Intensitäten aller Reflexe gemessen worden sind, stehen alle Daten zur Verfügung, um die Struktur eines Kristalls aufzuklären. Schwärzungsmessungen an einem Film zur Ermittlung der Reflexintensität sind nicht einfach. Obwohl hierfür Methoden entwickelt worden sind, die lange Zeit gute Ergebnisse geliefert haben, sind sie zeitraubend und weniger genau als moderne Verfahren und werden deshalb nur noch selten benutzt. Die benötigten Datensätze werden heute mit automatischen Diffraktometern gesammelt.

Bei einem modernen Vierkreisgoniometer wird der Detektor, der die Intensitäten der Reflexe ermittelt, direkt in die korrekte Bragg-Lage bewegt. Bei diesen Geräten erlaubt die Kombination von vier kreisförmigen Drehbewegungen, Kristall und Detektor in beliebige Lagen zueinander zu bringen. Der Primärstrahl fällt immer aus der gleichen Richtung ein, da die Röntgenröhre wegen der Elektro- und der Kühlwasseranschlüsse nicht bewegt wird. Der Kristall läßt sich um die φ-, χ- und ω-Achse, der Detektor um die 2θ-Achse drehen. Der Einkristall kann in beliebiger Anordnung montiert werden. Man ermittelt entweder mit dem gleichen Gerät oder mit einem der vorher beschriebenen fotografischen Verfahren die Größe und die Gestalt der Elementarzelle. Aus diesen Daten berechnet das Diffraktometer die Lage der *hkl*-Reflexe im Raum und die dazugehörigen Winkel. Das Diffraktometer bewegt dann den Kristall und den Detektor durch Drehungen so, daß jede Netzebene in eine exakte Reflexionslage gelangt und mißt die Intensität des Reflexes. Die Daten werden in einem Computer gespeichert. Ein typischer Datensatz enthält einige Tausend Werte und kann innerhalb von ein bis zwei Tagen gesammelt werden. Die meisten kristallographischen Labors sind heute mit Vierkreisdiffraktometern ausgestattet.

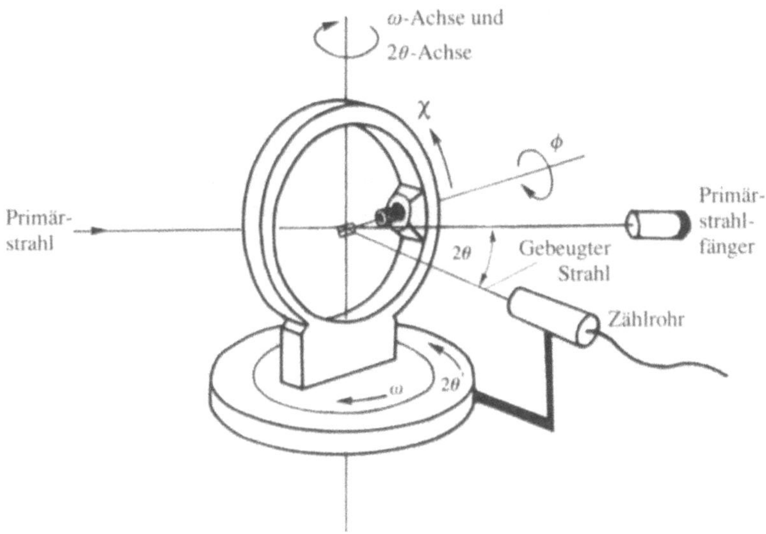

Bild 2.15   Schema eines Vierkreisdiffraktometers

Etwa seit 1995 ist eine neue Generation von Röntgen-Diffraktometern verfügbar, bei denen „Flächen-Detektoren" in der Lage sind, mehrere Reflexe gleichzeitig zu messen. Dadurch reduziert sich die Zeit zum Sammeln eines Datensatzes auf einige Stunden. Diese Systeme sind in der Protein-Kristallographie entwickelt worden. Das „Imaging-plate"-Diffraktometer ist eines von den verschiedenen Typen, die kommerziell angeboten werden. Die Bildplatte benutzt eine Art wiederverwendbaren Film aus europiumdotiertem Bariumhalogenid $Ba(Eu^{2+})FBr$ um die Intensitäten zu messen. Wenn Röntgenstrahlung die Platte treffen, wird aus den Eu^{2+}-Ionen ein Elektron herausgeschlagen und diese dadurch zu Eu^{3+} oxidiert, das freigesetzte Elektron bildet ein Farbzentrum (siehe Abschnitt 5.6). Die Platte wird dann mit einem He-Ne-Laser abgetastet. Die Laserstrahlung aktiviert die in den Farbzentren gebundenen Elektronen so, daß die Eu^{3+}-Ionen wieder reduziert werden. Bei diesem Elektronenübergang gibt das Europiumion eine Luminiszenzstrahlung ab, die mit einem Photoelektronenvervielfacher gemessen wird. Dieser Vorgang dauert nur wenige Minuten, und der gesamte Datensatz für eine Strukturaufklärung kann innerhalb einiger Stunden ermittelt werden. Ein anderer moderner Diffraktometertyp verwendet Bildwandler zum Messen der Intensitäten. Bei diesem Flächendetektor handelt sich um eine Art Videokamera, deren Fluoreszenzschicht für Röntgenstrahlung sensibilisiert ist.

2.6 Strukturaufklärung mit Einkristallen

Zunächst wollen wir das bisher Gesagte zusammenfassen
- Die Größe und die Gestalt der Elementarzelle wird bestimmt, entweder mit Hilfe eines der beschriebenen fotografischen Verfahren, oder heute häufiger und schneller durch Abtastverfahren direkt mit einem Diffraktometer.
- Die Reflexe werden indiziert, und aus den systematischen Auslöschungen können das Bravais-Gitter und die Translationssymmetrieelemente ermittelt werden. Diese Informationen reichen häufig aus, um die Raumgruppe unzweideutig festzustellen oder die Zahl der in Frage kommenden auf zwei oder drei einzuschränken.
- Die Intensitäten der indizierten Reflexe werden gemessen und als Datensatz registriert.
- Die Intensitätsdaten werden wegen möglicher Geometrie- und Polaristionseffekte korrigiert.
- Schließlich ergeben die Quadratwurzeln der korrigierten Intensitäten die Absolutwerte der Strukturamplituden F_{obs} (oder F_o)
- Um die Elektronendichteverteilung in der Elementarzelle berechnen zu können, benötigt man nicht nur die Strukturamplituden, sondern auch ihre Phase.

Für die Strukturaufklärung bildet man versuchsweise einen Satz von Phasen für die Strukturamplituden. Dafür gibt es hauptsächlich zwei Verfahren. Beim *Patterson-Verfahren* muß die Elementarzelle wenigstens ein, darf aber nicht viele schwere Atome enthalten. Es eignet sich vor allem für organometallische Verbindungen. Die sogenannten *direkten Methoden* werden angewandt bei Verbindungen, die keine schweren Atome enthalten, z. B. bei organischen, biologischen oder Cluster-Verbindungen.

2.6.1 Die Patterson-Funktion und ihre Auswertung

Eine Fourier-Synthese, die die F_{hkl}-Werte als Koeffizienten benutzt (Gleichung 2.12), liefert direkt die dreidimensionale Elektronendichteverteilung. Patterson zeigte, daß man bei Verwendung der $|F_{hkl}|^2$-Werte als Koeffizienten, die proportional den Intensitäten sind (Gleichung 2.14), eine ähnliche Fourier-Synthese berechnen kann.

$$P(u, v, w) = \frac{1}{V} \sum_h \sum_k \sum_l |F_{hkl}|^2 \cos 2\pi(hu + kv + lw) \tag{2.17}$$

In die Summierung werden alle gemessenen Reflexintensitäten einbezogen. Sie wird punktweise, in möglichst kleinen äquidistanten Abständen berechnet. Im Gegensatz zur Elektronendichtefunktion zeigt die Patterson-Funktion Maxima an den Stellen, die Vektoren zwischen Elektronendichtemaxima der Atome entsprechen. Wenn die Elementarzelle n Atome enthält, ergeben sich aus der Patterson-Funktion $n(n - 1)$ interatomare Vektoren. Als einfaches Beispiel für diese Methode zeigt Bild 2.16 die Projektion einer zentrosymmetrischen triklinen Elementarzelle, die zwei Platin-Atome Pt_1 und Pt_2 mit den Koordinaten x,y,z bzw., $-x,-y,-z$ enthält. Weitere Atome sind nicht dargestellt. Der Vektor zwischen diesen beiden Atomen ist $(u,v,w) = [(x,y,z) - (-x, -y, -z)] = 2x,2y,2z$ und erscheint in der Patterson-Funktion. Aus ihr kann man sehr leicht die Positionen der beiden Platin-Atome berechnen – indem man einfach durch zwei dividiert.

Woher wissen wir, welcher Pik in der Patterson-Darstellung gerade diese beiden Atome verbindet, da natürlich die Vektoren für alle möglichen Paare von Atomen enthalten sind? (wegen der Zentrosymmetrie enhält die Patterson-Funktion einer Elementarzelle mit n Atomen $n(n - 1)/2$ Abstandsvektoren. Die Patterson-Methode liefert gute Ergebnisse, wenn wenige schwere Atome in der Elementarzelle enthalten sind, da der Vektorbetrag proportional dem Produkt aus den Ordnungszahlen der zugehörigen Atome ist. Deshalb ist in einer Verbindung, die Platin und Kohlenstoff enthält, der Pt–Pt-Vektor proportional $(78 \cdot 78) = 6084$, ein Pt–C-Vektor proportional $(78 \cdot 6) = 468$ und ein C–C-Vektor proportional $(6 \cdot 6) = 36$. Deshalb wird der Pt–Pt-Vektor alle anderen deutlich überragen. (Die Fragen 13 und 14 am Ende des Kapitels hängen mit der Patterson-Methode zusammen. Man beachte dabei, wie die Schwierigkeiten zunehmen, wenn die Zahl der Atome in der Elementarzelle wächst.)

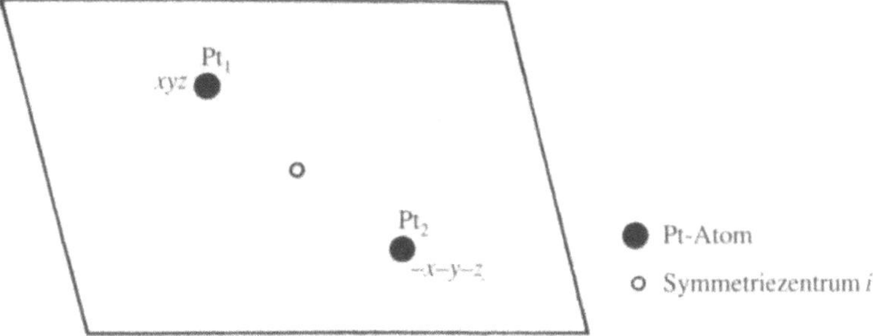

Bild 2.16   Projektion einer Elementarzelle, die zwei Pt-Atome und ein Symmetriezentrum enthält

Die Phasenbeziehungen der gebeugten Röntgenstrahlen werden vorwiegend durch die schweren Atome bestimmt. Wenn sie einmal lokalisiert sind, kann man mit Hilfe dieser Phasen eine vorläufige Elektronendichteverteilung berechnen, aus der dann auch die Lage der leichteren Atome in der Elementarzelle entnommen werden kann.

2.6.2 Direkte Methoden

Direkte Methoden werden verwendet, wenn alle Atome im Kristall vergleichbare Streufaktoren haben. Sie beruhen darauf, daß zwischen den Intensitäten und den Phasen enge statistische Beziehungen bestehen, daß die Elektronendichte nicht beliebige Werte annehmen kann, sondern immer positiv sein muß, und daß jede Struktur diskrete, sphärisch symmetrische Atome enthält. Man berechnet eine mathematische Wahrscheinlichkeit für die Phasenwerte und die Elektronendichteverteilung in der Elementarzelle. Theoretiker haben die hierfür benötigte Mathematik ausgearbeitet und einsatzfähige Computerprogramme entwickelt, die bekanntesten sind MULTAN und SHELX. Der Vorteil der direkten Verfahren besteht darin, daß sie mit diesen Computerprogrammen ohne weiteres Eingreifen durchgeführt werden können und direkt mit einer bestimmten Wahrscheinlichkeit die Phasen der Strukturamplituden liefern.

2.6.3 Differenz-Darstellung

Sobald die Positionen einiger Atome durch eine der beschriebenen Methoden ermittelt worden sind, ist es möglich, Strukturamplituden F_{calc} oder F_c für die betreffenden Atome zu *berechnen*. Man vergleicht die Werte F_o und F_c miteinander, indem man eine Fourier-Reihe mit den Koeffizienten $\Delta F = |F_o| - |F_c|$ berechnet:

$$\Delta\rho(x,y,z) = \frac{1}{V}\sum_h\sum_k\sum_l \Delta F e^{-2\pi i(hx+ky+lz)} \tag{2.18}$$

Man erhält so ein außerordentlich nützliches dreidimensionales Bild, in der die lokalisierten Atome durch die Differenzbildung nicht mehr enthalten sind, die verbleibende Elektronendichte der Elementarzelle aber deutlich dargestellt wird. Es wird dadurch möglich, die Positionen der restlichen Atome zu finden. Je mehr Atome lokalisiert werden konnten, um so geringer wird die Restelektronendichte. Im Endstadium der Strukturaufklärung ist es bei guten Datensätzen sogar möglich, die Positionen von Wasserstoffatomen trotz ihres außerordentlich geringen Streuvermögens zu bestimmen. Wenn die Koordinaten aller Atome ermittelt worden sind, sollte die Darstellung der Differenzelektronendichte keine charakteristischen Änderungen mehr aufweisen. Damit hat man eine Möglichkeit zu überprüfen, ob die Struktur richtig ermittelt worden ist oder nicht.

2.7 Strukturverfeinerung

Nachdem für alle Atome der Elementarzelle die Positionen festgelegt worden sind, kann die Struktur *verfeinert* werden, d. h. so genau gemacht werden, wie es die vorliegenden mit Fehlern behafteten Meßergebnisse gestatten. Man verwendet dazu meist abwechselnd Berechnungen der Elektronendichte und der Differenzelektronendichte nach der Methode der *kleinsten Fehlerquadrate* mit Hilfe von Routine-Computerprogrammen. Dabei werden die Atompositionen systematisch variiert, bis die beste Übereinstimmung zwischen den gemessenen und den berechneten Strukturamplituden F_o und F_c erreicht ist. Oft ist es nicht möglich, die Lage der Wasserstoffatome mit zu verfeinern. Man beläßt sie dann in Positionen, die auf der Grundlage bekannter Bindungswinkel und -längen berechnet worden sind.

In diesem Stadium rechnet man neben anderen Korrekturen auch damit, daß die Elektronenhüllen der Atome nicht kugelförmig sind, weil die Atome um ihre Gleichgewichtslage schwingen.

Schließlich wird der *R-Wert* berechnet, der ein allgemeines Maß für die Genauigkeit einer Strukturbestimmung darstellt.

2.7.1 Temperaturfaktoren

Als wir früher das Streuvermögen eines Atoms behandelt haben, wurde gezeigt, daß der Streufaktor f_0 wegen der endliche Ausdehnung der Atome mit $\sin\theta/\lambda$ abnimmt. Der Graphik in Bild 2.11 lagen ruhende Atome zugrunde. In Wirklichkeit schwingen die Atome um ihre Gleichgewichtslage. Diese Schwingungen werden häufig *Wärmebewegungen* genannt, obwohl sie nicht nur von der Temperatur, sondern auch von der Masse der Atome und ihrer Bindungsstärke abhängen. Mit zunehmender Temperatur nimmt die Amplitude ebenfalls zu, die Elektronenhülle verteilt sich auf einen größeren Raum, und das Streuvermögen nimmt ab. Der Streufaktor muß deshalb dementsprechend korrigiert werden:

$$f = f_0 e^{-B(\sin 2\theta)/\lambda^2} \tag{2.19}$$

Die Exponetialfunktion wird Debye-Waller-Faktor genannt, B ist der *isotrope Temperaturfaktor*. Durch diese Korrektur wird die einen ruhenden Kern kugelförmig umgebende Elektronenhülle den Schwingungen entsprechend verfeinert.

Die Schwingungen der Atome sind jedoch nicht isotrop, sondern in der Bindungsrichtung meist schwächer als senkrecht dazu. Deshalb verteilt sich die Elektronedichte eines Atoms in Form eines Rotationsellipsoides um den Kern. Als letzte Verbesserung wird der *anisotrope Korrekturfaktor* mit sechs wählbaren Parametern bei der Verfeinerung eingeführt.

2.7.2 Der *R*-Wert

Der *R*-Wert ist ein Maß für die Differenz zwischen der am Kristall gemessenen und der aus der ermittelten Elementarzelle berechneten Strukturamplitude. Er ist definiert als

$$R = \frac{\sum \left| \left(|F_o| - |F_c| \right) \right|}{\sum |F_o|} \tag{2.20}$$

Er macht deshalb eine Aussage über die Richtigkeit und die Genauigkeit der Struktur. Allgemein gilt: Je kleiner der R-Wert ist, um so besser ist die Struktur bestimmt. R-Werte allein sind aber mit Vorsicht zu betrachten. Es gibt Fälle – zum Glück nur selten – bei denen eine ungenaue Struktur einen kleinen R-Wert hat. Es gibt keine strengen Regeln dafür, wie groß R-Werte sein dürfen. Ihre Interpretation ist eine Erfahrungsangelegenheit. Wenn man eine Anzahl bekannter Atome willkürlich in einer zentrosymmetrischen Elementarzelle verteilt, ergibt sich ein R-Wert von 0,67. Als Faustregel gilt, daß Strukturen kleiner Moleküle bis zu einem R-Wert kleiner als 0,1 verfeinert sein sollten. Größere R-Werte sind verdächtig. Man kann sagen, daß heute die meisten Strukturen, die an guten Kristallen mit modernen Diffraktometern ermittelt worden sind, gewöhnlich bis zu $R < 0{,}05$ und oft bis zu $R < 0{,}03$ verfeinert worden sind.

Eine gute Strukturbestimmung sollte neben einem kleinen R-Wert auch eine geringe Standardabweichung der Atomkoordinaten und der daraus berechneten Bindungslängen haben. Das ist wahrscheinlich ein besseres Kriterium für die Qualität der Strukturverfeinerung.

2.8 Röntgen-Kristallstrukturen in der Literatur

Wenn es gelingt, von einem Festkörper einen Einkristall zu präparieren, kann man mit Hilfe der Röntgendiffraktion seine Struktur sehr genau ermitteln, die Bindungslängen auf Zehntel eines Picometers. In den letzten Jahren hat sich dieses Verfahren von einer sehr zeitaufwendigen, nur für spezielle Strukturen geeigneten Methode zu einem Routineverfahren entwickelt. Mit modernen Anlagen, einer Auswahl von Computerprogrammen und schnellen Computern kann eine Struktur innerhalb einer Woche aufgeklärt werden.

Viele Arbeiten in der chemischen Literatur enthalten Angaben über Einkristalluntersuchungen. In ihrem experimentellen Teil findet man Angaben zu den Dimensionen der Elementarzelle a, b, c und zu den Winkeln α, β, γ, sowie das Volumen V, die Raumgruppe und die Zahl der Formeleinheiten Z und die berechnete röntgenographische Dichte ρ (oft neben der gemessenen Dichte). Gewöhnlich wird auch angegeben, wie viele Reflexe auf welche Weise gemessen worden sind, welcher Diffraktometertyp verwendet und welche Korrekturen vorgenommen worden sind. Weiterhin werden die Methoden genannt, die zur Berechnung der Struktur und ihrer Verfeinerung verwendet worden sind und schließlich der R-Wert. Im Ergebnisteil findet man eine Tabelle mit den Koordinaten aller Atome, ausgedrückt in Bruchteilen der Gitterkonstanten, und meistens auch die „Displacement parameters". Weiterhin findet man zur besseren Veranschaulichung eine perspektivische Darstellung der Struktur als „Kugel-Stab-Modell", das aus den Atomkoordinaten abgeleitet worden ist. Häufig werden die Atome dabei nicht als Kugeln, sondern in Form ihrer anisotropen Schwingungsellipsoide dargestellt. Ein Packungsdiagramm wird aus Platzgründen nicht immer mit veröffentlicht, sondern meistens nur bei ausgedehnten Strukturen wie Polymeren, bei denen die Wechselwirkungen benachbarter Moleküle oder asymmetrischer Einheiten wichtig sind. Eine zweite Tabelle faßt die aus den Atomkoordinaten berechneten Bindungsabstände und -winkel zusammen. Die geschätzten Fehler bzw. Standardabweichungen stehen in Klammern hinter den zugehörigen Werten. Ein Beispiel für diese Art der Darstellung von Ergebnissen zeigt Bild 2.17.

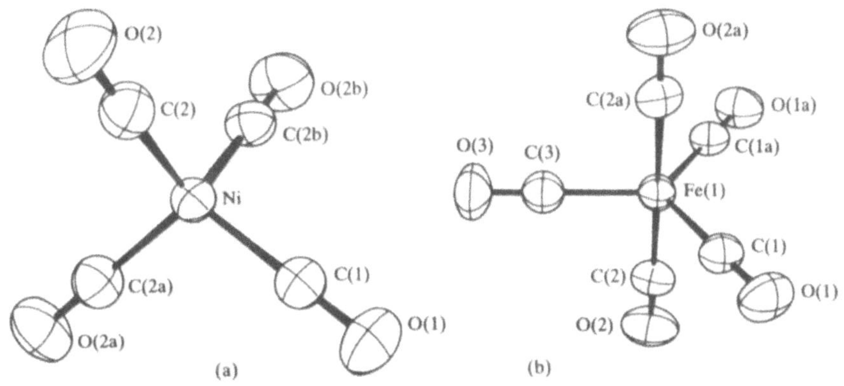

Atomkoordinaten für $Ni(CO)_4$ und $Fe(CO)_5$

Atom	x	y	z
		$Ni(CO)_4$	
Ni	0,12184(2)	0,12184(2)	0,12184(2)
C1	0,21878(15)	0,21878(15)	0,21878(15)
O1	0,27872(12)	0,27872(12)	0,27872(12)
C2	0,0231(2)	0,02757(15)	0,2190(2)
O2	−0,03870(14)	−0,03102(13)	0,27895(15)
		$Fe(CO)_5$	
Fe1	0,0000	0,16650(4)	0,2500
C1	0,08312(13)	0,3035(2)	0,4136(2)
C2	0,12939(15)	0,1640(2)	0,1828(2)
C3	0,0000	−0,0981(4)	0,2500
O1	0,13541(12)	0,3912(3)	0,5158(2)
O2	0,20922(13)	0,1609(2)	0,1413(2)
O3	0,0000	−0,2639(3)	0,2500

Bindungslängen (in Å) und -winkel (in Grad)

		$Ni(CO)_4$		
Ni–C2	1,815(2)	C1–O1	1,125(3)
Ni–C1	1,819(3)	C2–O2	1,128(2)
C2–Ni–C2a	109,65(6)	O1–C1–Ni	180,0
C2–Ni–C1	109,29(6)	O2–C2–Ni	179,66(15)
		$Fe(CO)_5$		
Fe1–C3	1,801(3)	C1–O1	1,136(2)
Fe1–C1	1,804(2)	C2–O2	1,117(2)
Fe1–C2	1,811(2)	C3–O3	1,128(4)
C3–Fe1–C1	121,11(5)	C2–Fe1–C2a	178,94(10)
C1–Fe1–C1a	117,78(10)	O1–C1–Fe1	179,4(2)
C3–Fe1–C2	89,47(5)	O2–C2–Fe1	179,43(15)
C1–Fe1–C2	90,38(7)	O3–C3–Fe1	180,0

Bild 2.17 Kristallstrukturbestimmung von $Ni(CO)_4$ und von $Fe(CO)_5$ nach den Angaben von D. Braga, F. Grepioni und A. G. Orpen in *Organometallics* (1993) **12**, 1481-1483: (a) Schwingungsellipsoide des $Ni(CO)_4$-Moleküls. Eine dreizählige Achse liegt in der Geraden Ni–C(1)–O(1). (b) Schwingungsellipsoide des $Fe(CO)_5$-Moleküls. Die Gerade Fe–C(3)–O(3) ist eine zweizählige Rotationsachse

2.9 Neutronenbeugung

Die weitaus meisten bisher publizierten Kristallstrukturuntersuchungen sind durch Röntgenbeugungsmethoden ermittelt worden. Es ist aber auch möglich, die Beugung von Neutronen für kristallographische Untersuchungen einzusetzen. Obwohl diese Methode für verschiedene Strukturen deutliche Vorteile bietet, wird sie wesentlich seltener eingesetzt, da es nur wenige Neutronenquellen gibt, während Röntgendiffraktometer in jedem Labor aufgestellt werden können.

Die De-Broglie-Beziehung besagt, daß einem Teilchenstrahl, dessen Teilchen der Masse m sich mit der Geschwindigkeit v bewegen, eine Wellenlänge λ zugeschrieben werden kann:

$$\lambda = \frac{h}{p} \tag{2.21}$$

mit Impuls $p = m \cdot v$ und Planckscher Konstante h.

Neutronen hoher Geschwindigkeit und damit sehr kleiner Wellenlänge werden bei Kernreaktionen freigesetzt. Die Neutronen werden durch schweres Wasser so weit abgebremst, daß ihre Wellenlänge in dem für die Strukturaufklärung wichtigen Bereich um 100 pm liegt. Die Neutronen haben unterschiedliche Geschwindigkeiten. Ein Monochromatorkristall in Braggscher Aufstellung gewährleistet, daß nur Neutronen einer Wellenlänge zum Diffraktometer gelangen.

Strukturuntersuchungen benötigen eine große Neutronenflußdichte. Am besten geeignet als Quelle sind Hochfluß-Kernreaktoren, deren Bau und Betrieb sehr teuer sind. Es gibt nur einige geeignete in der Welt, wichtige sind in den USA Brookhaven und Oak Ridge und in Frankreich Grenoble. Es sind auch andere Quellen nutzbar, bei denen Neutronen durch den Beschuß eines Metalltargets mit energiereichen Protonen erzeugt werden.

Der wesentlichste Unterschied zwischen der Röntgen- und der Neutronendiffraktion besteht im Beugungsprozeß: Röntgenstrahlen werden an der Elektronenhülle der Atome gebeugt, die Neutronen aber am Kern. Der Streufaktor für Röntgenstrahlen nimmt linear mit der Elektronenzahl der Atome zu, so daß schwere Atome wesentlich stärker streuen als leichte Atome, aber der Streufaktor nimmt wegen der endlichen Ausdehnung der Atome mit $\sin\theta/\lambda$ ab (vergl. Abschnitt 2.4.6 und Bild 2.11). Streufaktoren für Neutronen können nicht vorhergesagt werden, sondern müssen experimentell bestimmt werden. Sie liegen alle in der gleichen Größenordnung, unterscheiden sich aber mitunter bei zwei Isotopen des gleichen Elements deutlich. Es gibt auch keinen gesetzmäßigen Zusammenhang mit der Ordnungszahl oder einer anderen die Atome charakterisierenden Größe, und da der Kerndurchmesser im Vergleich zur Elektronenhülle sehr klein ist, verringern sie sich auch nicht mit $\sin\theta/\lambda$.

2.9.1 Anwendung der Neutronenbeugung

Da die Neutronen-Streufaktoren für für alle Elemente ähnlich sind, läßt sich die Lage leichter Kerne neben schweren in der Regel gut bestimmen. Das ist besonders wichtig für die Zuordnung der Position von Wasserstoffatomen in einer Struktur, die bei Röntgenstrukturanalysen oft Schwierigkeiten bereitet. Folglich sind viele Neutronenbeugungsuntersuchungen mit dem erklärten Ziel gemacht worden, die Lage von Wasserstoffatomen zu bestimmen oder Wasserstoffbrückenbindungen zu ermitteln.

Da Neutronen durch Materie nicht absorbiert werden, eigenen sie sich auch gut zur Untersuchung von Systemen, die schwere, Röntgenstrahlung absorbierende Atome enthalten.

Atome, die sich in ihrer Ordnungszahl nur wenig unterscheiden, haben ähnliche Streufaktoren für Röntgenstrahlung, und können deshalb bei einer Röntgenstrukturuntersuchung nicht immer voneinander unterschieden werden. Mit Hilfe von Neutronen lassen sich dagegen Atome ähnlicher Ordnungszahl identifizieren.

Neutronen besitzen einen Spin und ein magnetisches Moment, das mit dem magnetischen Momenten der Atome des Kristalls in Wechselwirkung tritt. Das atomare Magnetmoment resultiert aus Elektronenspins. Deshalb fällt diese Wechselwirkung ähnlich wie die Röntgenbeugung wegen der Ausdehnung der Elektronenschale mit zunehmendem Bragg-Winkel. Wie wir später in Kapitel 9 zeigen werden, sind die magnetischen Momente der Atome in paramagnetischen Kristallen willkürlich angeordnet. Nur in ferro-, ferri- und antiferromagnetischen Substanzen sind die magnetischen Momente geordnet. In ferromagnetischen Verbindungen sind sie alle gleichgerichtet und verstärken sich gegenseitig, bei antiferromagnetischen Substanzen sind die Momente antiparallel ausgerichtet, so daß sie sich gegenseitig vollkommen auslöschen, und in ferrimagnetischen Verbindungen sind sie so geordnet, daß sie sich zum Teil aufheben. Die Ablenkung eines polarisierten Neutronenstrahls durch die magnetischen Momente in einem Kristall erzeugt zusätzliche Bragg-Reflexe. Nickeloxid NiO hat eine Kochsalzstruktur. Bei einer Neutronenbeugung treten durch die magnetische Wechselwirkung unterhalb 120 K weitere Reflexe auf, und die dabei ermittelte Gitterkonstante ist genau *zweimal* so groß wie die röntgenographisch bestimmte (Bild 2.18). Die Ursache dafür ist, daß die magnetischen Momente der Nickelatome in den einzelnen Schichten antiferromagnetisch, also abwechselnd entgegengesetzt ausgerichtet sind. (Dieser Effekt wird in Kapitel 9 ausführlicher behandelt.)

Im Zusammenhang mit der Pulverdiffraktometrie haben wir bereits die Riedveld-Methode zur Linienprofilanalyse erwähnt, die ursprünglich für die Neutronenbeugung entwickelt worden war. Da der Streufaktor für Neutronen unabhängig von $\sin\theta/\lambda$ ist, nimmt die Reflexintensität nicht mit zunehmendem Winkel ab. Deshalb fallen bei Neutronen-Pulveraufnahmen mehr Daten an als bei Röntgenuntersuchungen.

Bei hochsymmetrischen Kristallstrukturen gibt es nur wenige Reflexe im Pulverdiffraktogramm. Sie sind meistens scharf ausgebildet und gut voneinander getrennt. Der zugehörige Winkel und die Intensität lassen sich dann genau messen. Nach den oben beschriebenen Methoden kann man die Reflexe indizieren und die Struktur ermitteln. Bei weniger symmetrischen Strukturen oder sehr großen Elementarzellen treten viele, sich überlagernde Reflexe auf. Dann ist es unmöglich, Lage und Intensität eines einzelnen Reflexes zu bestimmen. Das von Rietveld entwickelte Verfahren besteht darin, jeden Reflex durch eine Gauß-Kurve zu beschreiben und durch Überlagerung von Gauß-Kurven das gemessene Linienprofil nachzubilden. Auf der Grundlage einer versuchsweise angenommen Struktur wird auf diese Weise ein Linienprofil für eine Pulveraufnahme berechnet und mit dem gemessenen verglichen. Die dabei erhaltenen Ergebnisse werden nach der Methode der kleinsten Fehlerquadrate verfeinert. Die beiden größten Schwierigkeiten dieses Verfahrens im Vergleich mit Einkristalluntersuchungen bestehen in folgendem: Komplizierte linienreiche Pulverdiffraktogramme können nicht leicht indiziert werden, wenn die Struktur nicht bereits bekannt ist. Deshalb ist eine gute „vorläufige" Struktur zwingend notwendig. Sind aber nur wenige Reflexe gemessen worden, dann wird die Strukturverfeinerung weniger genau. Trotzdem kann diese Methode für die Festkörperchemie sehr nützlich sein, wenn z. B. eine bekannte Struktur durch den Einbau anderer Elemente nur geringfügig verändert worden ist.

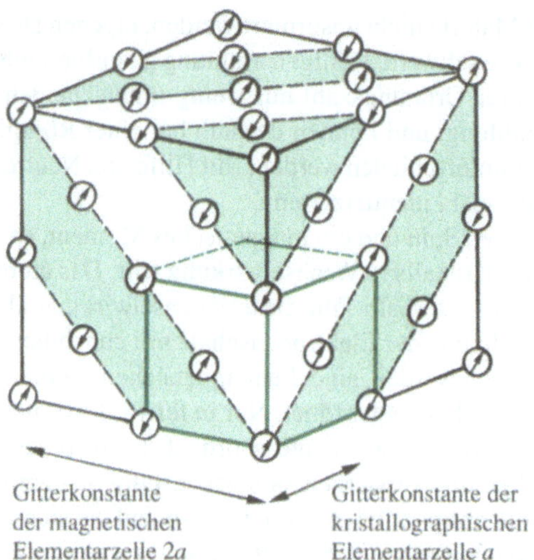

Bild 2.18 Magnetische Ordnung in NiO. Es ist nur die Lage der Ni-Atome dargestellt. Die Schichten besitzen alternierend entgegengesetzt gerichtete magnetische Momente. Die Gitterkonstante der magnetischen Elementarzelle ist doppelt so groß wie die der kristallographischen Elementarzelle

2.9.2 Nachteile der Neutronenbeugung

Wir haben bereits erwähnt, wie schwer und aufwendig es ist, eine Neutronenquelle zu unterhalten. Das ist aber nicht das einzige Problem. Die Flußdichte monochromatischer Neutronen ist nur gering. Deshalb benötigt man für die Untersuchung große Kristalle und lange Bestrahlungsgszeiten, um ausreichende Intensitäten messen zu können. Typische Kristalle müssen in jeder Ausdehnung wenigstens 1 mm groß sein. Es ist oft schwierig, wenn nicht unmöglich, derartig große Kristalle hinreichender Qualität zu züchten. Neue Neutronenquellen mit großer Flußdichte werden bald verfügbar, z. B. in Grenoble, so daß sich die Anforderungen an die Kristallgröße bei Neutronenbeugungen verringern werden.

Es gibt keinen gesetzmäßigen Zusammenhang zwischen der Ordnungszahl und dem Neutronenstreuvermögen. Die Streufaktoren aller Elemente liegen in der gleichen Größenordnung. Deshalb ist es nicht möglich, ein vorläufiges Modell allein mit den schweren Atomen aufzustellen. Hier müssen direkte Methoden für die Strukturanalyse angewandt werden.

Die Bindungslängen aus Neutronen- und Röntgendiffraktionsmessungen sind nicht identisch, da die Neutronenbeugung die Positionen der Kerne ermittelt, die Röntgenbeugung aber die Elektronendichtemaxima. Im Falle von ionischen Verbindungen und schweren Atomen mit zahlreichen Elektronen ist die Übereinstimmung besser als bei Molekülen, in denen leichte Atome kovalent verbunden sind, weil die Elektronenhülle eines Atoms hier in Abhängigkeit von den Bindungspartnern stärker polarisiert sein kann. Durch den Vergleich der Elektronendichtemaxima mit den Kernpositionen lassen sich Rückschlüsse auf die Bindungsverhältnisse ziehen.

Die Neutronenbeugung wird deshalb gewöhnlich nur eingesetzt, um bestimmte Probleme zu lösen: Lokalisierung sehr leichter Atome einschließlich Wasserstoff oder Aufklärung magnetischer Ordnungszustände. Der größerer experimentelle Aufwand und die Schwierigkeiten, hinreichend große Kristalle zu präparieren, schließen die allgemeine Anwendung der Neutronenbeugung noch aus.

Weiterführende Literatur

Allgemeine Literatur

Cheetham, A. K. und Day, P.: *Solid State Chemistry: Techniques*, Oxford University Press, Oxford, 1987.
Ebsworth, E. A. V.; Rankin, D. W. H. und Cradock, S.: *Structural Methods in Inorganic Chemistry*, Blackwell Scientific Publications, 1987.

Röntgenbeugung

Krischner, H. und Koppelhuber-Bitschnau, B.: *Röntgenstrukturanalyse und Rietfeldmethode*, Vieweg, Braunschweig, Wiesbaden, 1994
Luger, P.: *Modern X-Ray-Analysis on Single Crystals*, Walter de Gruyter, Berlin, 1980.
Dent Glasser, L. S.: *Crystallography and its Applications*, Van Nostrand Reinhold, 1977.
Glusker, J. P. und Trueblood, K. N.: *Crystal Structure Analysis*, 2. Aufl., Oxford University Press, Oxford, 1985.
Stout, G. H. und Jensen, L. H.: *X-Ray-Structure Determination*, Wiley, New York, 1989.
Klug, H. P. und Alexander, L. E.: *X-Ray- Diffraction Procedures for Polycristalline and Amorphous Materials*, Wiley, New York, 1974.

Neutronenbeugung

Bacon, G. E.: *Neutron diffraction*, Clarendon Press, Oxford, 1975.
Windsor, C. G.: *Pulsed Neutron Scattering*, Taylor and Francis, London. 1975.

Fragen

1. Wie groß sind die Abstände zwischen den 100-, den 110- und den 111-Netzebenen in einem kubischen Kristall der Gitterkonstanten a? In welcher Reihenfolge wird man die zugehörigen Röntgenreflexe in einer Pulveraufnahme finden?

2. In welcher Reihenfolge werden die Röntgenreflexe folgender Netzebenen eines kubisch-primitiven Kristalls auftreten: 220, 300 und 211?

3. Nickel kristallisiert kubisch. Der erste Reflex einer Pulveraufnahme läßt sich mit 111 indizieren. Welches Bravais-Gitter gehört dazu?

4. Die $\sin^2\theta$-Werte von Cs_2TeBr_6 sind in Tabelle 2.4 zusammengestellt. Zu welcher kubischen Kristallklasse gehört diese Verbindung? Berechnen Sie die Gitterkonstante, wenn die Wellenlänge der verwendeten Cu-K_α-Strahlung $\lambda = 154,2$ pm war.

Tabelle 2.4 $\sin^2\theta$-Werte von Cs_2TeBr_6

$\sin^2\theta$
0,0149
0,0199
0,0399
0,0547
0,0597
0,0799
0,0947

5. Tabelle 2.5 enhält die Glanzwinkel von NaCl. Bestimmen Sie das Bravais-Gitter unter Annahme einer kubischen Struktur.

Tabelle 2.5   Glanzwinkel θ von NaCl

Glanzwinkel θ
13°41'
15°51'
22°44'
26°56'
28°14'
33°70'
36°32'
37°39'
42°00'
45°13'
50°36'
53°54'
55°20'
59°45'

6. Berechnen Sie aus den Angaben von Frage 5 die Gitterkonstante a.

7. Die Gitterkonstante von NaCl ist gleich $a = 563,1$ pm, die Dichte beträgt $\rho = 2,17 \cdot 10^3$ kg m^{-3}. Berechnen Sie die Zahl der Formeleinheiten Z in der Elementarzelle. (Die Molmassen von Na bzw. Cl sind 22,99 g mol^{-1} bzw. 35,45 g mol^{-1}.)

8. Einer Pulveraufnahme kann man entnehmen, daß Silber in einem kubisch-flächenzentrierten Gitter kristallisiert. Der 111-Reflex wird bei Verwendung von Cu-K$_\alpha$-Strahlung bei $\theta = 19.1°$ beobachtet. Bestimmen Sie die Gitterkonstante a. Die Dichte des Silbers ist $\rho = 10,5 \cdot 10^3$ kg m^{-3}, die Zahl der Formeleinheiten pro Elementarzelle $Z = 4$, die Molmasse $M = 107.9$ g mol^{-1}. Berechnen Sie die Avogadrokonstante N_A.

9. Calciumoxid kristallisiert in einem flächenzentrierten kubischen Gitter mit $a = 481$ pm und einer Dichte $\rho = 3,35 \cdot 10^3$ kg m^{-3}. Die Molmassen von Ca bzw. O betragen 40,08 g mol^{-1} bzw. 16,00 g mol^{-1}. Berechnen Sie die Zahl der Formeleinheiten Z in der Elementarzelle.

10. Thoriumdiselenid $ThSe_2$ kristallisiert im orthorhombischen System mit den Gitterkonstanten $a = 442,0$ pm, $b = 761,0$ pm, $c = 906,4$ pm und einer Dichte $\rho = 8,5 \cdot 10^3$ kg m^{-3}. Die Molmassen von Th bzw. Se betragen 232,03 g mol^{-1} bzw. 78,96 g mol^{-1}. Berechnen Sie die Zahl der Formeleinheiten Z in der Elementarzelle.

11. Kupfer kristallisiert in einer *ccp*-Struktur. Mit Cu-K$_\alpha$-Strahlung erhält man bei einer Pulveraufnahme die ersten beiden Reflexe bei Winkeln $\theta = 21,6°$ bzw. $\theta = 25,15°$. Berechnen Sie die Gitterkonstante a und einen Näherungswert für den Radius des Kupferatoms.

12. Ordnen Sie die folgenden Elemente in eine Reihe mit zunehmendem Streufaktor f_0 für Röntgenstrahlung: Na, Co, Cd, H, Tl, Pt, Cl, F, O.

13. Eine trikline Elementarzelle enthält zentrosymmetrisch zueinander zwei Platinatome. Die Patterson-Funktion hat ein stark ausgeprägtes Maximum für die Koordinaten u, v, w: 0,52, 0,03, 0,48. Welche Gitterkoordinaten haben die beiden Platinatome in der Elementarzelle?

14. Eine trikline Elementarzelle enthält zentrosymmetrisch zueinander vier Platinatome Pt_1 und Pt_1' mit den Koordinaten x_1, y_1, z_1 bzw. $-x_1$, $-y_1$, $-z_1$ sowie Pt_2 und Pt_2' mit den Koordinaten x_2, y_2, z_2 bzw. $-x_2$, $-y_2$, $-z_2$. Die Patterson-Funktion hat zwei Peaks mit einer relativen Größe von 200 bei 0,24, 0,50, 0,58 bzw. 0,80, 0,76, 0,44 und zwei Peaks mit einer relativen Größe von 400 bei 0,28, 0,13, $-0,07$ bzw. 0,48, 0,37, 0,59. Berechnen Sie Positionen der Platinatome. Es ist dabei zu beachten, daß die Patterson-Funktion *alle* die Atome verbindenden Vektoren berechnet.

3 Präparative Methoden

3.1 Einleitung

Das Interesse an den Eigenschaften von Festkörpern und an den daraus resultierenden Anwendungsmöglichkeiten haben dazu geführt, daß eine große Zahl von Methoden zu ihrer Herstellung entwickelt worden ist. Die Synthese eines Festkörpers wird nicht nur von der Zusammensetzung der betreffenden Verbindung beeinflußt, sondern auch von der vorgesehen Verwendung dieses Stoffes. Zum Beispiel dürfen in einem Silikatglas, das zu einer Faseroptik verarbeitet werden soll, wesentlich weniger Verunreinigungen enthalten sein als in einem Glas, aus dem man Laborgeräte herstellen will. Einige Methoden sind besonders nützlich für die Synthese von Festkörpermodifikationen, die unter gewöhnlichen Bedingungen nicht stabil sind. So wendet man bei der Synthese von Diamanten sehr hohe Drücke an. Andere Verfahren wählt man, um sehr fein verteilte Pulver bzw. – im Gegensatz dazu – um große Einkristalle herzustellen, oder um ungewöhnliche Oxidationsstufen eines Elements zu erhalten, wie beispielsweise bei der Hydrothermalsynthese zur Produktion von Chromdioxid. Für eine industrielle Anwendung können Verfahren, die keine hohen Temperaturen erfordern, wegen der damit verbunden Energieeinsparung begünstigt sein.

Es ist hier kein Platz, um alle sinnreichen Verfahren der Festkörpersynthese diskutieren zu können, die bisher entwickelt worden sind. Wir werden uns deshalb auf gängige Methoden beschränken und dazu noch einige Beispiele von Techniken besprechen, die bei der Herstellung von Festkörpern mit besonders interessanten Eigenschaften angewandt werden. Die Präparation von Festkörpern aus organischem Material wird dabei ausgespart, da hier allgemeine organische Syntheseverfahren benutzt werden, die ein eigenes großes Gebiet umfassen und in vielen Lehrbüchern der Organischen Chemie behandelt werden. Statt dessen beschränken wir uns auf wenige gutbekannte Methoden der Präparation anorganischer Festkörper. Wir beginnen mit einer der einfachsten, in der Industrie häufig benutzten Methode, und betrachten dann Verfahren, die entwickelt worden sind, um Nachteile dieser Basistechnologie zu umgehen. Schließlich werden wir Synthesewege erörtern, die zu besonders reinen Feststoffen führen, wie sie für die Halbleiterindustrie unbedingt notwendig sind.

3.2 Keramische Methoden

In seiner einfachsten Form besteht das *keramische Verfahren* darin, zwei Festkörper gemeinsam zu erhitzen, die dabei miteinander reagieren und das benötigte Produkt liefern. Diese Methode wird in großem Umfang sowohl in der Industrie als auch in Labors benutzt. Die ersten Hochtemperatursupraleiter wurden z. B. auf diese Weise hergestellt.

3.2.1 Samariumsulfid

Ein Beispiel für dieses Verfahren ist die Herstellung von Samariumsulfid. Die Verbindung SmS ist von Interesse, da sie ein Element der Lanthanoidenreihe, die bevorzugt in der Oxidationsstufe +3 auftreten, in der ungewöhnlichen Oxidationsstufe +2 enthält. Pulverförmiges Samariummetall und Schwefelpulver werden gut vermischt in einer evakuierten Kieselglasampulle auf ungefähr 1000 K erhitzt. Kieselglas (SiO_2), Platin und Sinterkorund (Al_2O_3) sind für derartige Umsetzungen oft verwendete Gefäßmaterialien. Die Gefäßwandungen müssen bei hohen Temperaturen stabil und gegenüber den Ausgangsstoffen und Reaktionsprodukten chemisch inert sein, damit keine unerwünschten Nebenreaktionen eintreten können. Evakuierte verschlossene Ampullen werden verwendet, wenn die Reaktionspartner gegenüber Sauerstoff oder Wasserdampf empfindlich sind oder wenn sie verdampfen können. In diesem Fall hat der Schwefel eine niedrige Siedetemperatur (717 K).

Das Produkt dieser Umsetzung wird nochmals sorgfältig gemahlen und anschließend in einem verschlossenen Tantalrohr auf 2300 K erhitzt, indem das Reaktionsgefäß direkt als Widerstand in einen Stromkreis geschaltet wird. Das ist eine für diesen Temperaturbereich übliche Methode zum Heizen. Für höhere Temperaturen sind weitere Verfahren entwickelt worden, z. B. die Anwendung einer elektrischen Bogenentladung oder der Infrarotstrahlung eines Kohlendioxid-Lasers.

3.2.2 Nachteile

Trotz ihrer weiten Verbreitung hat die einfache keramische Methode verschiedene Nachteile. Erstens werden meistens hohe Temperaturen benötigt, im beschriebenen Beispiel 2300 K. Dabei wird viel Energie verbraucht. Weiterhin kann die gewünschte Phase oder Verbindung bei diesen Temperaturen bereits instabil sein und sich zersetzen. Meistens werden die Ausgangsstoffe nicht bis zum Schmelzen erwärmt, so daß die Reaktion nur zwischen den festen Phasen an ihrer Oberfläche ablaufen kann. Hat sich eine Schicht des Reaktionsproduktes gebildet, kann die Umsetzung nur fortschreiten, wenn die Reaktanden durch diese Schicht hindurchdiffundieren. Die Diffusion ist häufig der die Reaktionsgeschwindigkeit bestimmende Schritt. Das ist der zweite Nachteil dieser Methode. Daraus folgt auch die Notwendigkeit, bei hohen Temperaturen zu arbeiten und die Ausgangsstoffe als fein verteilte Pulver einzusetzen und sehr gut miteinander zu vermischen. Dadurch werden eine große Kontaktoberfläche und kurze Diffusionswege für die reagierenden Stoffe erreicht. Diese Bedingungen können weiter verbessert werden, wenn die Pulvermischung durch Druck zu Formlingen gepreßt wird. Es ist üblich, die Reaktionsprodukte erneut gründlich zu Mahlen, um frische Oberflächen in Kontakt zu bringen und dadurch die Reaktionsgeschwindigkeit, die im Verlauf der Reaktion abnimmt, wieder zu erhöhen. Der dritte Nachteil ist, daß die Produkte bei dieser Verfahrensweise oft nicht homogen oder genau stöchiometrisch zusammengesetzt sind. Es sind viele Methoden ausgearbeitet worden, um diese Unzulänglichkeiten zu beseitigen. Die Verwendung von Mikrowellenöfen anstelle von konventionellen Wärmequellen beschleunigt in günstigen Fällen die Reaktion. Um Inhomogenitäten in den Produkten zu verringern, wurden Verfahren entwickelt, bei denen die Ausgangsstoffe besser durchmischt sind, als es durch Mahlen erreicht werden kann. Dazu gehören die Sol-Gel-Methode, die Precursor-Methode und die Hydrothermalverfahren. Diese Synthesewege haben den zusätzlichen Vorteil, daß sie bei niedrigeren Temperaturen arbeiten als das keramische Verfahren.

3.3 Synthesen mit Hilfe von Mikrowellen

Das Zubereiten von Speisen ist ein Beispiel für die Anwendung von Mikrowellen-Strahlung zum Beschleunigen von Reaktionen. Neuerdings setzt man sie auch bei der Synthese von Festkörpern ein, z. B. für Mischoxide. Anfänglich – und auch heute noch – wurden dazu modifizierte Haushaltgeräte benutzt. Inzwischen sind Spezialtypen für besondere Anforderungen konstruiert worden, die eine bessere Kontrolle der Reaktionsbedingungen ermöglichen. Um verstehen zu können, welche Reaktionen für diese Methode geeignet sind, werden wir zunächst beschreiben, warum Mikrowellen in der Lage sind, Festkörper bzw. Flüssigkeiten (kondensierte Phasen) zu erwärmen.

In einer kondensierten Phase können Moleküle oder Ionen nicht frei rotieren. Deshalb ist die Erwärmung durch Mikrowellen *nicht* das Ergebnis der Absorption unter Anregung von Rotationsübergängen wie in der Gasphase. In kondensierten Phasen kann Mikrowellenstrahlung auf zwei Wegen wirken. Wenn in dem Stoff frei bewegliche Ladungsträger vorhanden sind, wird unter dem Einfluß des eingestrahlten elektromagnetischen Feldes ein oszillierender Strom induziert. Aus dem Widerstand gegen diese Bewegung der Ladungsträger resultiert ohmsche Wärme. Sind keine beweglichen Ladungsträger vorhanden, aber Moleküle mit einem Dipolmoment, dann werden die Dipole durch die Strahlung ausgerichtet. Dieser Effekt, die *dielektrische Erwärmung*, wirkt z. B. bei Wassermolekülen und verursacht die Erwärmung von Speisen. Das elektromagnetische Feld der Mikrowellenstrahlung oszilliert mit einer bestimmten Frequenz, und die Umpolung der Dipole in einer kondensierten Phase erfolgt innerhalb einer für die betreffende Verbindungen charakteristischen Zeit τ. Wenn die Strahlungsfrequenz klein ist, so daß die Zeit für den Richtungswechsel des elektrischen Feldes groß gegenüber τ ist, können die Dipole dieser Änderung folgen. Bei jedem Richtungswechsel wird nur ein sehr kleiner Teil der eingestrahlten Energie in Wärme umgesetzt. Ist die Strahlungsfrequenz groß, können die Dipole auf den ständigen Richtungswechsel des Feldes nicht reagieren. Wenn die Strahlungsfrequenz gerade so groß ist, daß die Richtungsänderung des Feldes in einer Zeit erfolgt, die in der Größenordnung von τ liegt, ordnen sich die Dipole mit einer kleinen Verzögerung gegenüber dem Feld ständig um. Der Stoff absorbiert unter diesen Umständen die einfallende Mikrowellenstrahlung weitgehend und wandelt sie in Wärme um. Die Parameter, von denen dieser Prozeß abhängt, sind die Dielektrizitätskonstante (siehe Kapitel 9) und der dielektrische Verlustfaktor der betreffenden Substanz. Der erste ist ein Maß für die durch ein elektrisches Feld hervorgerufene Ladungsverschiebung, der zweite beschreibt die Effektivität, mit der die Strahlungsenergie im Wärme umgesetzt wird. Um Mikrowellen für die Festkörpersynthese einsetzen zu können, muß wenigstens ein Reaktand diese Strahlung absorbieren.

3.3.1 Der Supraleiter $YBa_2Cu_3O_{7-x}$

Die ersten Hochtemperatursupraleiter wurden nach der herkömmlichen keramischen Methode hergestellt: durch vierundzwanzigstündiges Erhitzen eines Gemenges aus Yttriumoxid, Kupfer(II)-oxid und Bariumcarbonat. Mit Hilfe des Mikrowellenverfahrens konnte die Verbindung in weniger als zwei Stunden hergestellt werden. Eine stöchiometrische Mischung aus Kupfer(II)-oxid CuO, Bariumnitrat $Ba(NO_3)_2$ und Yttriumoxid Y_2O_3 wurde fünf Minuten lang mit Mikrowellen bestrahlt. Hierbei wurde ein Ofen mit einer Leistung von 500 W benutzt, der eine Vorrichtung zum Absaugen der bei der Reaktion entstehenden Stickoxide besaß. Anschließend wurde das Produkt gemahlen, erneut fünfzehn Minuten bestrahlt, nochmals gemahlen und fünfundzwanzig Minuten bestrahlt. Bei dieser Synthese werden die Mikrowellen vom Kupfer(II)-oxid absorbiert. Weitere – meist nichtstöchiometrische – Oxide, die durch Mikrowellen gut erhitzt werden können, sind PbO_2, V_2O_5, WO_3, MnO_2, Fe_3O_4, Co_2O_3 und NiO. Andere Stoffe, die Mikrowellen gut absorbieren, sind Kohlenstoff, $SnCl_2$ und $ZnCl_2$. Eine Probe von 5 g CuO wird durch 500 W Mikrowellenleistung in 30 s auf 1074 K aufgeheizt. Im Gegensatz dazu erwärmt sich eine 5-g-Probe von Calciumoxid CaO innerhalb einer halben Stunde unter den gleichen Bedingungen nur auf 356 K. Andere schwach absorbierende Oxide sind TiO_2, CeO_2, Fe_2O_3, Al_2O_3, La_2O_3, SnO und Pb_3O_4.

Durch den Einsatz von Mikrowellengeräten werden in günstigen Fällen die Reaktionszeiten drastisch reduziert. Ein weiterer Vorteil dieser Methode ist es, daß die Wärme direkt im Inneren der reagierenden Stoffe erzeugt wird und nicht von außen zugeführt werden muß. Dadurch verringert sich die Gefahr für eine Reaktion mit den Gefäßwänden. Die Probleme chemische Inhomogenitäten in den Produkten und Notwendigkeit hoher Temperaturen werden nicht beseitigt.

3.4 Die Sol-Gel-Methode

Obwohl die Untersuchung eines Sol-Gel-Prozesses zur Anwendung als Syntheseverfahren bereits in der Mitte des 19. Jahrhunderts ausgeführt worden ist, ist diese Präparationsmethode im wesentlichen erst in den 50er und 60er Jahren unseres Jahrhunderts ausgearbeitet worden, nachdem man erkannt hatte, daß sich Reaktionspartner in kolloidalen Lösungen mit Teilchengrößen zwischen 1 nm und 1000 nm sehr gut vermischen lassen. Bei den frühen Arbeiten versuchte man, Kieselglas aus einem Sol herzustellen, das durch Hydrolyse eines Kieselsäureesters präpariert worden war. Hierbei waren unglücklicherweise Trockenzeiten von einem Jahr oder länger notwendig, um die Bildung eines Glases anstelle eines feinen Pulvers zu erreichen.

Ein Sol ist eine kolloidale Lösung von Partikeln, die bei den hier interessierenden Materialien Durchmesser zwischen 1 nm und 100 nm haben. Ein Gel ist ein halbfester, d. h. formbeständiger, aber durch äußere Einwirkungen leicht deformierbarer Stoff, der mindestens zwei Komponenten enthält: ein Netzwerk einer polymeren Verbindung mit langen Ketten oder vielen Verzweigungen, das eine Flüssigkeit, meist Wasser, enthält.

Um Feststoffe mit Hilfe der Sol-Gel-Technik zu präparieren, muß man zunächst ein Sol der Ausgangsstoffe in einem geeigneten Lösungsmittel herstellen. Man kann es entweder durch einfaches Dispergieren einer unlöslichen Verbindung in einer Flüssigkeit erzeugen, oder aus einem Precursor, der mit dem Lösungsmittel unter Bildung eines kolloidalen Produktes reagiert. Ein typisches Beispiel für das erste Verfahren ist das Dispergieren von Oxiden oder

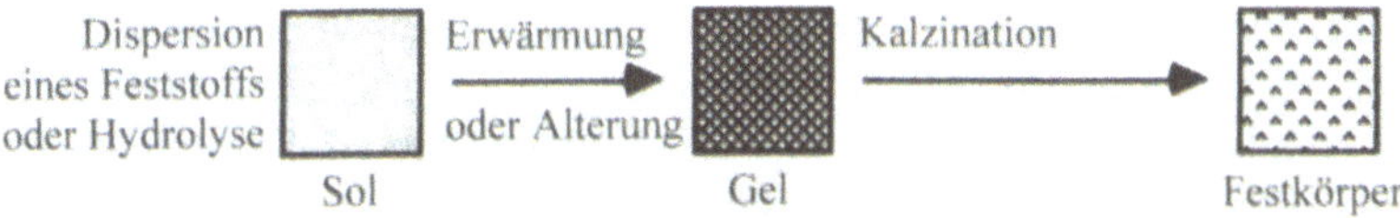

Bild 3.1   Syntheseschritte beim Sol-Gel-Verfahren

Hydroxiden in Wasser bei einem bestimmten pH-Wert, der den kolloidalen Zustand stabilisiert. Die Hydrolyse von Metallalkoxiden in Wasser zu kolloidal verteiltem Oxid oder Hydroxid entspricht der zweiten Methode.

Das Sol wird dann entweder durch eine spezielle Behandlung in ein Gel überführt, oder man überläßt es sich selbst. Um das Endprodukt zu erhalten, wird das Gel erhitzt. Mit dem Erwärmen verfolgt man mehrere Ziele: Das Lösungsmittel wird ausgetrieben, noch vorhandene Anionen, wie Alkoxigruppen oder Carbonate, werden zersetzt und gehen in Oxide über, eine Umordnung der Struktur des Festkörpers und die Ausbildung von Kristallen wird ermöglicht. Die wichtigsten Schritte des Sol-Gel-Verfahrens sind in Bild 3.1 dargestellt. Natürlich sind nicht immer alle Einzelschritte bei jeder Synthese notwendig. Für die Besprechung sind zwei Beispiele mit interessanten Eigenschaften ausgewählt, die wir später noch ausführlicher diskutieren werden. Es handelt sich dabei nicht um das Hauptanwendungsgebiet dieser Methode, denn auch viele andere Materialien werden nach dem Sol-Gel-Verfahren hergestellt, und auch für die besprochenen Verbindungen gibt es weitere Synthesemethoden.

3.4.1 Lithiumniobat Li_3NbO_3

Lithiumniobat ist ein ferroelektrisches Material, das als optischer Schalter benutzt wird (Kapitel 8). Bei der Herstellung nach dem einfachen keramischen Verfahren gibt es Schwierigkeiten, die genaue stöchiometrische Zusammensetzung zu erhalten und das Auftreten von Phasengemischen zu vermeiden. Es sind verschiedene Sol-Gel-Verfahren zu seiner Synthese beschrieben worden, deren wesentlicher Vorteil in der Anwendung niedriger Reaktionstemperaturen liegt. Eine Synthese geht von Lithiumethoxid ($LiOC_2H_5$ bzw. LiOEt) und Niobethoxid ($Nb_2(OEt)_{10}$) aus. Beide Verbindungen werden in stöchiometrischen Verhältnis als Lösung in absolutem Alkohol miteinander vermischt. Die Zugabe von Wasser führt durch partielle Hydrolyse zu Hydroxialkoxiden, z. B. nach folgender Gleichung:

$$Nb_2(OEt)_{10} + 2\ H_2O\ \rightarrow\ 2\ Nb(OEt)_4(OH) + 2\ EtOH \tag{3.1}$$

Die Hydroxialkoxide reagieren unter Wasserabspaltung miteinander und bilden ein polymeres Gel mit Metall–Sauerstoff–Metall-Ketten. Das Endprodukt entsteht, wenn dieses Gel erhitzt wird. Dabei werden noch anhaftendes Ethanol und das bei der Kondensation entstandene Wasser entfernt, und restliche Ethylgruppen werden zu Kohlendioxid und Wasser oxidiert, so daß reines Lithiumniobat zurückbleibt.

3.4.2 Dotiertes Zinndioxid SnO_2

Zinndioxid SnO_2 ist ein n-Typ-Halbleiter mit Sauerstoffdefizit (Kapitel 5), dessen Leitfähigkeit durch Dotierung, z. B. mit Sb(III)-Ionen erhöht werden kann. Es wird als durchsichtiges Elektrodenmaterial verwendet. Für diese Anwendung muß es als fest haftende dünne Schicht mit kontrolliertem Anteil der Dotanten auf Glasoberflächen aufgebracht werden. Da sich ein Gel sehr leicht außerordentlich fein verteilen läßt, ist das Sol-Gel-Verfahren hierzu gut geeignet. Bei einem Verfahren zur Herstellung von titandotiertem Zinndioxid wird das Sol aus einer Lösung von Zinndichlorid-Dihydrat ($SnCl_2 \cdot 2H_2O$) in absolutem Ethanol durch Zusatz von Titanbutoxid ($Ti(OC_4H_9)_4$, $Ti(OBu)_4$) hergestellt. Zinn(II)-salze werden leicht unter Bildung von Hydroxikomplexen hydrolysiert und durch Luftsauerstoff zu Zinn(IV)-Verbindungen oxidiert. Das Sol bildet innerhalb von fünf Tagen ein Gel, das durch zweistündiges Erwärmen auf 333 K unter vermindertem Druck getrocknet wird. Schließlich wird es zehn Minuten lang auf etwa 600 K erhitzt und bildet dabei eine Schicht von leitfähigem Zinndioxid, das mit Titan(IV)-ionen dotiert ist.

3.4.3 Kieselglas für optische Fasern

Da optische Fasern weitestgehend frei von Verunreinigungen, vor allem an Übergangsmetalloxiden, sein müssen (Kapitel 8), sind die konventionellen Verfahren zur Herstellung von Kieselglas nicht geeignet. Der Sol-Gel-Prozeß ist ein Weg, Fasern hinreichender Reinheit zu erzeugen, die chemische Abscheidung aus der Dampfphase (chemical vapour deposition = *cvd*, Abschnitt 3.7) ist ein anderer. Diese Prozesse verwenden flüchtige Siliciumverbindungen, die sich durch Destillation leichter reinigen lassen als Quarz. Man kann Kieselglasfasern nach einem ähnlichen Verfahren herstellen, wie es im 19. Jahrhundert bereits untersucht worden ist, wobei aber die zum Trocknen des Gels benötigte Zeit von einem Jahr auf einige Tage reduziert wird. Flüssige Kieselsäureester $Si(OR)_4$ ($R = CH_3-$, C_2H_5- oder C_3H_7-) werden durch Wasser hydrolysiert:

$$Si(OR)_4 + 4\,H_2O \;\rightarrow\; Si(OH)_4 + 4\,ROH \tag{3.2}$$

Die dabei entstehenden Orthokieselsäuremoleküle $Si(OH)_4$ kondensieren und bilden Si-O-Si-Bindungen. Allmählich werden immer mehr SiO_4-Tetraeder miteinander verbunden und bilden schließlich SiO_2. Anfangsschritte dieses Prozesses geben die Gleichungen (3.3) und (3.4) wider:

$$Si(OH)_4 + Si(OH)_4 \;\rightarrow\; (OH)_3Si{-}O{-}Si(OH)_3 + H_2O \tag{3.3}$$

$$
\begin{array}{ccccccc}
 & \text{OH} & & & \text{OH} & & \\
 & | & & & | & & \\
\text{HO}{-} & \text{Si} & {-}\text{OH} & \text{HO}{-} & \text{Si} & {-}\text{OH} & \\
 & | & & & | & & \\
 \text{OH} & \text{O} & & & \text{O} & \text{OH} & \\
 | & | & & & | & | & \\
\text{HO}{-}\text{Si}{-}\text{O}{-} & \text{Si} & {-}\text{O}{-} & {-} & \text{Si}{-}\text{O}{-} & \text{Si}{-}\text{OH} & \\
 \text{OH} & | & & & | & | & \\
 & \text{O} & & & \text{O} & \text{OH} & \\
 & | & & & | & & \\
 & \text{HO}{-}\text{Si}{-}\text{OH} & & \text{HO}{-} & \text{Si}{-}\text{OH} & & \\
 & | & & & | & & \\
 & \text{OH} & & & \text{OH} & &
\end{array}
\tag{3.4}
$$

Wenn die Teilchen beim Kondensieren eine bestimmte Größe erreicht haben, bilden sie eine kolloidale Lösung. Sie wird in eine Form gegossen, und die weitere Kondensation führt zu einem Gel. Aus dem Gel werden Fasern gezogen, in denen die Kondensation weiter fortschreitet. Der Alkohol und das Wasser, die bei der Hydrolyse bzw. der Kondensation entstehen, verbleiben größtenteils in den Poren des Gels und werden durch einen Trocknungsprozeß entfernt. Dabei können Risse entstehen. Wenn die Fasern zu Durchmesser von weniger als 1 cm ausgezogen worden sind, entstehen beim Trocknen so geringe Spannungen, daß die Rißbildung vernachlässigt werden kann. Bei Fasern mit größerem Querschnitt kann die Rißbildung durch oberflächenaktive Zusätze verringert werden. Schließlich wird das Rohprodukt auf ungefähr 1300 K erhitzt, damit die Dichte eines kompakten Glases erreicht wird.

3.4.4　Herstellung eines Biosensors

Eine interessante Anwendung der Sol-Gel-Methode ist die Herstellung von Biosensoren. Bei einem Biosensor wird eine Substanz biologischer Herkunft – oft ein Enzym – benutzt, um die Anwesenheit bestimmter Moleküle nachzuweisen. Die Sensoren müssen diese biologische Substanz in einer solchen Form enthalten, daß man sie leicht handhaben kann und sie in einer Lösung, einem Gasstrom oder unter der Haut eines Patienten eingesetzt werden können. Biologische Sensoren sind potentiell sehr nützliche Sensoren, da sie spezifisch auf bestimmte Verbindungen ansprechen. Während ein chemischer Nachweis ein beliebiges Oxidationsmittel anzeigt, gibt es z. B. Enzyme, die ausschließlich Sauerstoff indizieren. Anderseits können Enzyme sehr leicht denaturiert werden, wenn sich der pH-Wert ihrer Umgebung ändert, oder wenn sie aus ihrer natürlichen Umgebung entfernt werden. Um diesen Nachteil auszugleichen, kann man das Enzym mit seiner Mikroumgebung in die Poren eines Silikagels einschließen. Man stellt zunächst ein Kieselsol durch saure Hydrolyse von Tetramethyl-Orthokieselsäureester $Si(OCH_3)_4$ her. Bei typischen Sol-Gel-Synthesen arbeitet man gewöhnlich in Methanol. Da Enzyme von diesem Lösungsmittel denaturiert werden, verwendet man hierbei besser Wasser. Durch Pufferlösungen wird in dem Sol der geeignete pH-Wert eingestellt und anschließend das Enzym zugesetzt. Durch Kondensationsreaktionen bildet sich ein Gel, bei dem in Hohlräumen das Enzym zusammen mit einer Lösung eingeschlossen ist, die den richtigen pH-Wert besitzt.

In diesem Beispiel ist das Syntheseprodukt ein Gel. Wenn man aber ein Glas, ein Pulver oder ein kristallines Material herstellen will, muß das Gel bei höheren Temperaturen kalziniert werden. Durch das Sol-Gel-Verfahren läßt sich die Homogenität der Produkte verbessern, aber die benötigten Reaktionszeiten sind lang (5 Tage bei der Zinndioxidsynthese) und hohe Temperaturen werden ebenfalls gebraucht (1300 K beim Kieselglas). Die folgenden beiden Methoden arbeiten bei tieferen Temperaturen.

3.5　Die Precursor-Methode

Die *Precursor-Methode* erreicht eine Vermischung der Ausgangsstoffe im atomaren Bereich, indem ein Festkörper als „Vorläufer" gebildet wird, in dem die benötigten Elemente in korrekten stöchiometrischen Proportionen enthalten sind. Für die Synthese eines gemischten Oxids der Zusammensetzung MM'_2O_4 stellt man ein gemischtes Salz einer Oxysäure – z. B. als Acetat – mit einem Verhältnis $M:M' = 1:2$ her. Der Precursor wird durch Erwärmen zersetzt und in die gewünschte Verbindung überführt. Es werden bereits bei relativ niedrigen Temperaturen homogene Produkte erhalten. Nachteilig ist, daß man nicht immer geeignete Precursoren findet.

3.5.1 Bariumtitanat $BaTiO_3$

Bariumtitanat ist ein ferroelektrisches Material (siehe Kapitel 9), das wegen seiner großen Dielektrizitätskonstante in großen Mengen für die Herstellung von Kondensatoren verwendet wird. Früher wurde es durch Kalzinieren von Bariumcarbonat mit Titandioxid bei hohen Temperaturen fabriziert:

$$BaCO_3(s) + TiO_2(s) \rightarrow BaTiO_3(s) + CO_2(g) \tag{3.5}$$

Durch eine Precursor-Methode oder ein Sol-Gel-Verfahren stellt man heute diese Verbindung mit einer kostanten und definierten Korngrößenverteilung her, wie sie für die Anwendung in der modernen Elektronik benötigt wird. Als Precursor verwendet man das Oxalat. Der erste Schritt ist die Synthese eines Titanyloxalats. Man fügt einen Überschuß einer Oxalsäurelösung zu Titansäurebutylester. Der anfangs durch Hydrolyse ausfallende Niederschlag löst sich im Überschuß der Oxalsäure wieder auf.:

$$Ti(OBu)_4(aq) + 4\,H_2O \rightarrow Ti(OH)_4(s) + 4\,BuOH(aq) \tag{3.6}$$

$$Ti(OH)_4(s) + (COO)_2^{2-}(aq) \rightarrow TiO(COO)_2(aq) + 2\,OH^-(aq) + H_2O(l) \tag{3.7}$$

Nach Zugabe von Bariumchloridlösung fällt Bariumtitanyloxalat aus:

$$Ba^{2+}(aq) + (COO)_2^{2-}(aq) + TiO(COO)_2(aq) \rightarrow Ba[TiO((COO)_2)_2](s) \tag{3.8}$$

Dieser Niederschlag enthält Barium und Titan im korrekten Verhältnis 1:1 und läßt sich leicht bei 920 K unter Zersetzung in das gewünschte Produkt überführen:

$$Ba[TiO((COO)_2)_2](s) \rightarrow BaTiO_3(s) + 2\,CO_2(g) + 2\,CO(g) \tag{3.9}$$

Die Produkte der Precursor-Methode sind gewöhnlich kristalline Festkörper, oft in Form kleiner Partikel mit sehr großer spezifischer Oberfläche. Für manche Anwendungen, wie Bariumtitanatkondensatoren oder als Katalysator, ist das ein Vorteil. Für andere Zwecke braucht man Einkristalle. Diese lassen sich oft durch Hydrothermalverfahren bei relativ niedrigen Temperaturen züchten.

3.6 Hydrothermalverfahren

Beim ursprünglichen *Hydrothermalverfahren* werden die Ausgangsstoffe in einem verschlossenen druckfesten Gefäß (Autoklav) mit Wasser erhitzt. In einem geschlossenen System bleibt das Wasser unter entsprechendem Druck auch oberhalb seiner normalen Siedetemperatur von 373 K flüssig. Diese hydrothermalen Bedingungen des „überhitzten Wassers" werden bei wesentlich tieferen Temperaturen erreicht, als sie bei den vorher beschriebenen Syntheseverfahren angewandt werden müssen. Hydrothermale Bedingungen treten auch im Erdinneren auf. Zahlreiche Minerale, darunter die natürlich vorkommenden Zeolithe (Kapitel 7), sind durch einen derartigen Vorgang gebildet worden. Auch synthetische Smaragde werden durch Hydrothermalsynthese erzeugt. Als „hydrothermal" werden heute alle Synthesen bezeichnet, die in einer

Flüssigkeit bei erhöhtem Druck ablaufen, aber bei Temperaturen, die unter den bei keramischen oder Sol-Gel-Verfahren benutzten liegen. Die niedrigen Temperaturen sind ein Vorteil dieser Methode. Andere Vorteile ergeben sich bei der Synthese von Verbindungen mit ungewöhnlichen Oxidationsstufen oder von Phasen, die durch die benutzten Drücke und Temperaturen stabilisiert werden. Sie ist auch nützlich bei Metalloxidsystemen, deren Bestandteile unter Atmosphärendruck in Wasser unlöslich, aber in überhitztem Wasser löslich sind. Wenn Druck und Temperatur noch nicht genügen, die Ausgangsstoffe in hinreichender Konzentration aufzulösen, kann man das gelegentlich durch Zugabe anderer Salze erreichen, deren Anionen lösliche Komplexe mit den betreffenden Oxiden bilden. Die im folgenden besprochenen Beispiele sind unter dem Gesichtspunkt dieser Vorteile und möglicher Varianten ausgewählt worden.

3.6.1 Quarz

Das erste industriell genutzte Hydrothermalverfahren war die Züchtung von Einkristallen zur Herstellung von Schwingquarzen. Quarz SiO_2 kann wegen seiner piezoelektrischen Eigenschaft (Kapitel 9) zum Erzeugen hochfrequenter Schwingungen benutzt werden. Die Einkristallzüchtung unter Hydrothermalbedingungen nutzt einen *Temperaturgradienten* aus. Der Ausgangsstoff wird bei höherer Temperatur aufgelöst, durch Konvektion im Reaktionsgefäß zu einem Ort tieferer Temperatur transportiert und dort als Kristall abgeschieden. Eine schematische Zeichnung der verwendeten Apparatur ist in Bild 3.2 zu sehen. Der Autoklav wird mit Siliciumdioxid und einer alkalischen Lösung beschickt. Beim Erwärmen des Autoklaven geht ein Teil des Siliciumdioxids in Lösung und wird mit der Lösung in den kälteren Teil der Apparatur transportiert. Dort sind kleine, gut gewachsene Quarze als Kristallkeime angebracht. Da die Löslichkeit des Siliciumdioxids mit der Temperatur abnimmt, ist die Lösung in diesem Teil der Apparatur übersättigt, so daß die Kristallkeime wachsen. Die kältere Lösung gelangt zurück in die wärmere Zone und löst weiteres Siliciumdioxid auf. In diesem Fall kann der Stahlautoklav direkt als Reaktionsgefäß benutzt werden. Da überhitzte Lösungen sehr stark korrodierend wirken und Reaktionsprodukte durch Bestandteile der Autoklavenwandungen verunreinigt werden können, ist es häufig notwendig, die Autoklaven mit einer inerten Substanz wie Teflon auszukleiden oder die Reaktionsmischung in einer verschlossenen Ampulle aus einem anderen Material in das Druckgefäß einzusetzen.

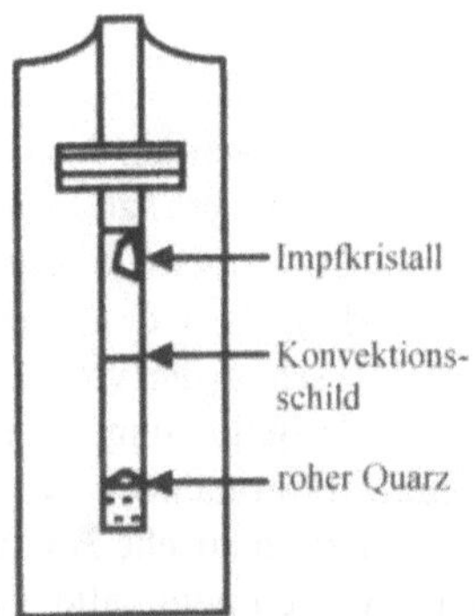

Bild 3.2　　　　Züchtung von Quarz-Einkristallen nach dem Hydrothermalverfahren

3.6.2 Chromdioxid CrO_2

Chromdioxid wird wegen seiner magnetischen Eigenschaften (Kapitel 9) als Speichermedium in Video- und Audiobändern eingesetzt. Es enthält Chrom in der ungewöhnlichen Oxidationsstufe +4. Man stellt es aus dem bei gewöhnlichen Bedingungen stabilen Chrom(III)-oxid Cr_2O_3 her. Chrom(III)-oxid und Chrom(VI)-oxid CrO_3 werden mit Wasser in einem Autoklaven auf 623 K erwärmt. Bei der Umsetzung entsteht Sauerstoff, der in der geschlossenen Apparatur einen hohen Partialdruck aufbaut. Der Gesamtdruck erreicht 44 MPa. Der hohe Sauerstoffpartialdruck begünstigt die Bildung des Chromdioxids durch folgenden Reaktionen:

$$Cr_2O_3 + CrO_3 \rightarrow 3\,CrO_2 \tag{3.10}$$

$$CrO_3 \rightarrow CrO_2 + 1/2\,O_2 \tag{3.11}$$

3.6.3 Zeolithe

In der Natur vorkommende Zeolithminerale sind durch hydrothermale Prozesse gebildet worden. In den 40er und 50er Jahren wurde gezeigt, daß derartige Verbindungen auch im Labor unter hydrothermalen Bedingungen synthetisiert werden können. In der Regel werden Alkalien, Aluminiumhydroxid bzw. eine Aluminatlösung und ein Kieselsol vermischt. Das Kieselsol und die Aluminiumverbindung reagieren miteinander unter Bildung eines Gels wie bei einem Sol-Gel-Prozeß. Das Gel wird dann in einem geschlossenen Reaktor auf etwa 373 K erhitzt. Unter diesen Bedingungen kristallisieren Zeolithe eher als andere Alumosilicatphasen aus. Für die Synthese eines typischen Vertreters dieser Verbindungsklasse, des Zeoliths A $(Na_{12}[(AlO_2)_{12}(SiO_2)_{12}] \cdot 27H_2O$; Kapitel 7), wird Aluminiumhydroxid in konzentrierter Natronlauge aufgelöst. Nach Abkühlen wird eine Lösung von Natriummetasilicat $Na_2SiO_3 \cdot 9H_2O$ zugesetzt. Es bildet sich ein weißes Gel, das in einem verschlossenen Teflongefäß sechs Stunden auf 363 K erwärmt wird. Durch Mikrowellenheizung kann die Reaktionszeit stark verringert werden, z. B. durch 300-Watt-Impulse auf 45 Minuten.

Ändert man den pH-Wert, die Form der eingesetzten Tonerde oder das Verhältnis Alklihydroxid:Tonerde:Kieselsäure, entstehen andere Zeolithtypen. Als Alkalien kann man einfache Metallhydroxide wie in obigem Beispiel verwenden, aber auch organische Basen. Große Kationen, wie Tetramethyl- ($[N(CH_3)_4]^+$) oder Tetrapropyl-ammoniumionen ($[N(C_3H_7)_4]^+$) werden beim Kristallisieren der Zeolithe in Hohlräume von entsprechendem Durchmesser eingebaut. Durch Erhitzen werden die organischen Verbindungen pyrolysiert. Die Hohlräume bleiben dabei erhalten. Struktur und Anwendung von Zeolithen werden in Kapitel 7 diskutiert.

3.6.4 Yttrium-Aluminium-Granat $Y_3Al_5O_{12}$

Die Synthese des Yttrium-Aluminium-Granats $Y_3Al_5O_{12}$ (YAG) ist eine Variante der Hydrothermalsynthese, die eingesetzt wird, wenn sich die Ausgangsverbindungen in ihrer Löslichkeit im Reaktionsmedium stark unterscheiden. Bei diesem Beispiel wird ein Autoklav mit einem Temperaturgradienten verwendet. Das Yttriumoxid Y_2O_3 wird im kälteren Teil eingesetzt, das Aluminiumoxid Al_2O_3 in Form von Saphir in der heißen Zone. Die YAG-Kristalle wachsen auf den im mittleren Bereich angebrachten Impfkristallen auf:

$$3\,Y_2O_3 + 5\,Al_2O_3 \rightarrow 2\,Y_3Al_5O_{12} \tag{3.12}$$

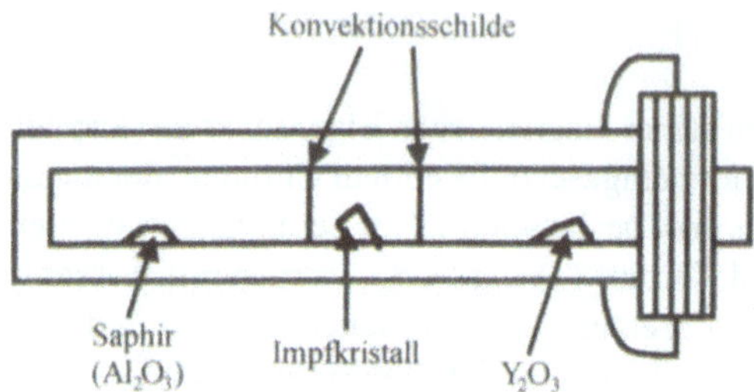

Bild 3.3   Vorrichtung zur Hydrothermalsynthese aus Reaktanden unterschiedlicher Löslichkeit

Nachdem wir Verbesserungen der keramischen Methode diskutiert haben, wollen wir dieses Kapitel mit der Besprechung einiger Verfahren beenden, bei denen kristalline Stoffe aus der Gasphase abgeschieden werden.

3.7   Chemische Gasphasenabscheidung (CVD)

Bei den bisher beschriebenen Syntheseverfahren wurden ausschließlich kondensierte Phasen eingesetzt. In folgenden Abschnitt werden Methoden beschrieben, bei denen Festkörper aus gasförmigen Reaktanden gebildet werden. Das einfachste derartige Verfahren, die chemische Gasphasenabscheidung (chemical vapour deposition = CVD), besteht darin, daß gasförmige Ausgangsstoffe bei einer geeigneten Temperatur zur Reaktion gebracht werden und dabei ein festes Produkt entsteht. Typische Ausgangsverbindungen sind Hydride, Halogenide und organometallische Verbindungen, die sich leicht verdampfen lassen. Die dampfförmigen Reaktanden werden durch einen (inerten) Trägergasstrom in das Reaktionsgefäß gespült und dort bei erhöhter Temperatur umgesetzt. Wird das gesamte Reaktionsrohr erhitzt, scheidet sich das Produkt an den Wänden ab. Deshalb konzentriert man die Erwärmung gewöhnlich auf ein im Inneren des Gefäßes befindliches Substrat, um darauf die gewünschte Verbindung aufwachsen zu lassen. In Bild 3.4 ist eine Apparatur für derartige Umsetzungen schematisch dargestellt.

Lithiumniobat LiNbO₃

Bei der Herstellung von Lithiumniobat nach dem Sol-Gel-Verfahren werden Alkoxide von Lithium und Niob verwendet. Alkoxide werden auch oft bei CVD-Verfahren eingesetzt, so daß man das Lithiumniobat aus den gleichen Ausgangsverbindungen auch aus der Gasphase erzeugen könnte. Der Dampfdruck der Lithiumalkoxide ist wesentlich kleiner als der der Niobalkoxide. Da es für das CVD-Verfahren günstiger ist, wenn die Reaktionspartner vergleichbare Dampfdrücke haben, benutzt man bei dieser Synthese als leicht verdampfbare Lithiumverbindung ein β-Diketonat, und zwar die Lithiumverbindung des 2,2,6,6-Tetramethylheptan-3,5-dions. In einem sauerstoffhaltigen Argonstrom wird die Lithiumverbindung auf 520 K und das Niobpentamethoxid $Nb(OCH_3)_5$ auf 470 K erwärmt. In einem Reaktionsrohr scheidet sich bei 720 K das Lithiumniobat ab. In diesem Beispiel wird die Reaktion durch Wärme ausgelöst. Es können auch andere Energieformen für die Aktivierung der Reaktanden genutzt werden, besonders elektromagnetische Strahlung.

3.7.1 Gasphasenepitaxie (VPE)

Unter *Epitaxie* versteht man das Aufwachsen eines Einkristalls auf einem Substrat gleicher oder ähnlicher Kristallstruktur, wenn dabei die Orientierung des aufwachsenden Kristalls von der Unterlage bestimmt wird. Dieses Verfahren ist für die Halbleiterindustrie außerordentlich wichtig, die Einkristalle kontrollierter Zusammensetzung und Orientierung benötigt. Galliumarsenid GaAs wird durch verschiedene Verfahren der Gasphasenepitaxie (vapour phase epitaxial growth = VPE) hergestellt.

Bei einem Verfahren wird Arsen(III)-chlorid $AsCl_3$ (Siedetemperatur 376 K) benutzt, um Galliumdampf zu dem Substrat zu transportieren, auf dem das Galliumarsenid als epitaktische Schicht abgeschieden werden soll. Dort läuft folgende Reaktion ab:

$$2\,Ga(g) + 2\,AsCl_3(g) \rightarrow 2\,GaAs(s) + 3\,Cl_2(g) \tag{3.13}$$

Eine Alternative zu Galliumdampf ist eine Organogalliumverbindung, wie das Galliumtrimethyl $Ga(CH_3)_3$, das bei einer anderen Synthese mit dem leichtflüchtigen Arsan (Arsenwasserstoff) AsH_3 reagiert:

$$Ga(CH_3)_3(g) + AsH_3(g) \rightarrow GaAs(s) + 3\,CH_4 \tag{3.14}$$

Quecksilbertellurid HgTe

Quecksilbertellurid HgTe ist durch Gasphasenepitaxie erstmals 1984 hergestellt worden. Dabei wurde ein Strom von Diethyltellur-Dampf ($Te(C_2H_5)_2$) und Wasserstoff mit Quecksilberdampf beladen, indem er über das erwärmte Metall geleitet wurde. Aus diesem Gasgemisch bildete sich auf einem Substrat, das auf 470 K erhitzt und mit ultraviolettem Licht bestrahlt

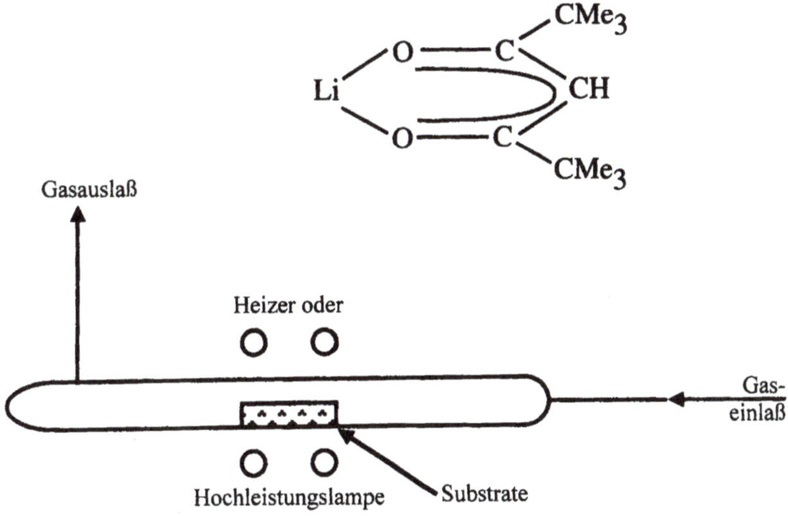

wurde, das Quecksilbertellurid. Die UV-Bestrahlung bewirkt, daß die Reaktion bereits bei einer um 200 K niedrigeren Temperatur abläuft als ohne Bestrahlung. Diese tiefe Temperatur war die Voraussetzung dafür, Kristalle herzustellen, in denen sich Schichten von Quecksilbertellurid und Cadmiumtellurid definiert abwechseln. Bei höheren Temperaturen besteht die Gefahr, daß die Kationen der einen Schicht in die andere diffundieren.

Die Produktion von Einkristallen mit sorgfältig kontrollierter variabler Zusammensetzung ist die Grundlage der gesamten Halbleitertechnik. Am Beispiel der Herstellung von Laserkristallen wollen wir zeigen, wie gut derartige Vorgänge kontrolliert werden können.

3.7.2 Molekularstrahlepitaxie (MBE)

Wenn ein Element oder eine Verbindung in einem Ofen erhitzt wird, der eine im Vergleich mit der mittleren freien Weglänge der verdampften Teilchen kleine Öffnung hat, tritt aus dieser Öffnung ein eng begrenzter Dampfstrahl – ein Molekularstrahl – aus. Mit Hilfe derartiger Molekularstrahlen lassen sich unter Ultrahochvakuum-Bedingungen ($p < 10^{-5}$ Pa) dünne Schichten auf einem Substrat abscheiden. Da man bei sehr niedrigem Druck arbeitet, müssen die Reaktanden nicht so leichtflüchtig sein wie beim CVD-Verfahren. Das MBE-Verfahren wird z. B. bei der Herstellung von speziellen Einkristallen für Kaskadenlaser (siehe Kapitel 8) eingesetzt. Wie in Bild 3.5 zu sehen ist, enthalten diese Kristalle Schichten von $Al_{0,48}In_{0,52}As$ und $Ga_{0,47}In_{0,53}As$, die nur wenige Nanometer stark sind. Dampfstrahlen von Aluminium, Gallium, Indium und Arsen werden auf einen Indiumphosphid-Kristall (InP) gerichtet. Das Substrat wird soweit erwärmt, daß sich die aus dem Dampfstrahl abgeschiedenen Atome noch auf die korrekten Gitterplätze bewegen können. Der Dampfdruck der einzelnen Molekularstrahlen wird entsprechend der gewünschte Zusammensetzung jeder Schicht eingestellt.

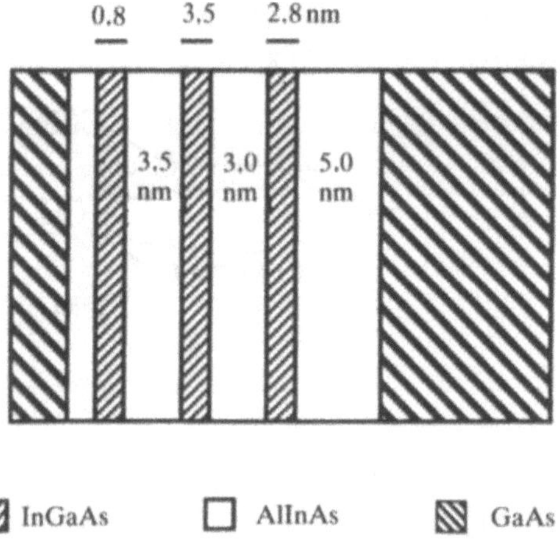

Bild 3.5   Schematischer Aufbau der aktiven Schichten eines Quanten-Kaskaden-Lasers

3.8 Chemische Transportreaktionen

Bei den CVD-Verfahren werden Festkörper aus gasförmigen Komponenten gebildet. Bei einer *chemischen Transportreaktion* reagiert ein fester Stoff mit einer zweiten Komponente unter Bildung leichtflüchtiger Produkte, die an einer anderen Stelle der betreffenden Apparatur wieder in die Ausgangsstoffe zerfallen. Diese Methode wird sowohl zur Synthese bestimmter Verbindungen angewandt als auch zur Züchtung von Einkristallen aus Pulvern oder zum Beseitigen von Verunreinigungen.

3.8.1 Magnetit

Magnetiteinkristalle lassen sich aus Fe_3O_4-Pulver durch Umsetzung mit Chlorwasserstoff darstellen:

$$Fe_3O_4(s) + 8\ HCl(g) \leftrightarrows FeCl_2(g) + 2\ FeCl_3(g) + 4\ H_2O(g) \tag{3.15}$$

Das Reaktionsrohr wird auf einer Seite mit Magnetitpulver beschickt, evakuiert und nach Einfüllen einer kleinen Menge Chlorwasserstoffgas verschlossen in einen Gradientenofen eingeführt (Bild 3.6). Da die Reaktion (3.15), wenn sie von links nach rechts verläuft, endotherm ist ($\Delta H^\ominus_r > 0$), wird das Gleichgewicht mit zunehmender Temperatur nach rechts verschoben. Demzufolge reagiert der Magnetit auf der heißeren Seite des Rohres mit dem Chlorwasserstoff, und der Eisenchloriddampf diffundiert zur kälteren Seite der Apparatur, wo durch die Verschiebung des Gleichgewichts auf die linke Seite Magnetitkristalle aufwachsen.

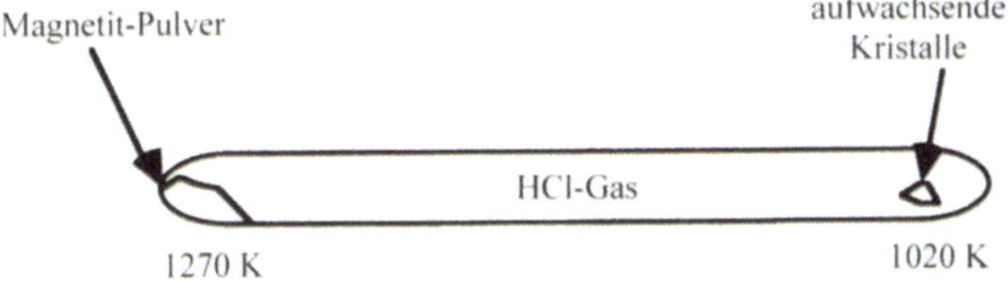

Bild 3.6   Kristallzüchtung durch eine Gasphasen-Transportreaktion

3.9 Methodenauswahl

Wir konnten die Methoden zur Präparation von Festkörpern nicht erschöpfend behandeln. So sind Hochdruckverfahren, wie sie für die Synthese von Diamanten und anderen bei Atmosphärendruck thermodynamisch instabilen Verbindungen benutzt werden, sowie Schockwellen- und Ultraschallverfahren nicht erwähnt worden. Ebenso die Elektrolyse, die bei der Herstellung von Interkalationsverbindungen sehr nützlich ist (Kapitel 6). Bei den bisher beschriebenen Beispielen ist deutlich geworden, daß es meistens mehrere Möglichkeiten gibt, eine Verbindung herzustellen. Es ist hier nicht unsere Absicht, einen Weg für die Synthese einer beliebigen Verbindung aufzuzeigen. Vielmehr wollen wir einige Gesichtspunkte anführen, die zu beachten sind, wenn man eine Methode für die Synthese eines bestimmten Produkts auswählen will.

Es ist sehr wichtig, die Stabilität der Verbindung unter den Reaktionsbedingungen zu betrachten und nicht nur die normalen Druck-und Temperaturverhältnisse. Weiterhin ist zu überlegen, in welcher Form das Reaktionsprodukt anfallen soll. So liefern die Gasphasenepitaxie Einkristalle, die Precursor- und Hydrothermalverfahren weitgehend homogene Produkte.

Es ist auch zu prüfen, welche Ausgangsstoffe verfügbar sind und welche Reinheitsanforderungen zu erfüllen sind. Für die Reinigung sind leichtflüchtige Ausgangsstoffe besser geeignet als schwerflüchtige. Für den Einsatz einer Precursor-Methode benötigt man eine geeignete Verbindung mit den richtigen stöchiometrischen Verhältnissen und für CVD-Verfahren Verbindungen mit etwa gleichem Dampfdruck. Die Synthese mittels Mikrowellen erfordert wenigstens einen Reaktionspartner, der Mikrowellen hinreichend absorbiert.

Weiterführende Literatur

Allgemeine Literatur

Cheetham, A. K. und Day, P.: *Solid-state Chemistry: Techniques*, Chapter 1. University Press, Oxford, 1987.
Wold, A. und Dwight, K.: *Solid State Chemistry: Synthesis, Structure and Properties of Selected Oxides and Sulfides*, Chapter 6. Chapmann and Hall, London, 1993.

Synthese mittels Mikrowellen

Mingos, D. M. P. und Baghurst, D. R.: Application of microwave dielectric heating effects to synthetic problems in chemistry. Chemical Society Reviews **20**, 1 - 47.

Sol-Gel-Methode

Lakeman, C. D. E. und Payne, D.A.: Sol-gel processing of electrical and magnetic ceramics. Materials Chemistry and Physics **38** (1994), 305-324.

Hydrothermalsynthesen

Rabenau, A.: Die Rolle der Hydrothermalsynthese in der präparativen Chemie. Angewandte Chemie **97** (1985), 1017 - 1032.

Dampfphasen-Epitaxie

Cole-Hamilton, D. J.: Precursors for growing new materials. Chemistry in Britain, **1990**, September, 852-6.
Almond, M.J., Rice; D. A. und Yates, C. A.: Photoepitaxy – a new light on inorganic materials. Chemistry in Britain, **1988**, November, 1130-2.

Präparation von BaTiO$_3$

Morell, A. und Niepce, J.-C.: BaTiO$_3$-based materials for M.L.C. capacitors applications. Journal of Materials Education, **13** (1988), 173-232.

Fragen

1. Die Chevrel-Phase $CuMo_6S_8$ wird nach dem keramischen Verfahren hergestellt. Wählen Sie für die Synthese geeignete Ausgangsverbindungen aus und überlegen Sie, welche Vorsichtsmaßnahmen für dies Umsetzung nötig sind.

2. Welche Syntheseverfahren sind für folgende Festkörper geeignet: (a) Dünnfilm eines Materials auf einem Substrat; (b) Einkristall; (c) Einkristall, der Schichten anderer Zusammensetzung, aber gleicher Kristallstruktur enthält; (d) homogenes Pulver?

3. Worin bestehen die Vor- und die Nachteile des Sol-Gel-Verfahrens bei der Herstellung von Bariumtitanat, das in Kondensatoren eingesetzt erden soll?

4. Es gibt die Verbindung $(NH_4)_2Cu(CrO_4)_2 \cdot 2NH_3$. Wie kann man sie zur Synthese von $CuCr_2O_4$ einsetzen? Welche Vorteile gäbe es gegenüber dem keramischen Verfahren? Überlegen Sie, in welchem Lösungsmittel die Ammoniumverbindung hergestellt sein könnte.

5. β-TeI ist eine metastabilePhase, die im Temperaturbereich 465 - 470 K entsteht. Schlagen Sie ein geeignetes Syntheseverfahren vor.

6. Warum werden bei Hydrothermalprozessen, an denen Tonerde Al_2O_3 beteiligt ist (z. B. Zeolithsynthese), der Reaktionsmischung Alkalien zugesetzt?

7. Welche von den folgenden Verbindungen sind gut für Synthesen nach dem Mikrowellenverfahren geeignet: $CaTiO_3$, $BaPbO_3$, $ZnFe_2O_4$, $Zr_{1-x}Ca_xO_{2-x}$, KVO_3?

8. Quarzkristalle können durch chemische Transportreaktion mit Fluorwasserstoff als Transportgas hergestellt werden. Dabei läuft folgende Reaktion reversibel ab:

$$SiO_2(s) + 4HF(g) \rightleftharpoons SiF_4(g) + 2H_2O(g) \tag{3.16}$$

Diese Reaktion ist exotherm. Werden in einem Gradientenofen die Quarzkristalle auf der heißeren oder auf der kälteren Seite wachsen?

9. Bei der Herstellung von Lithiumniobat nach dem CVD-Verfahren wird argonhaltiger Sauerstoff als Trägergas benutzt, bei der Herstellung von Quecksilbertellurid Wasserstoff. Nennen Sie Gründe, die zur Auswahl dieser Trägergase geführt haben.

4 Bindungen in Festkörpern und elektronische Eigenschaften

4.1 Einleitung

Im ersten Kapitel haben wir die physikalische Struktur der Festkörper, die Anordnung der Atome im Raum, besprochen. Wir wollen nun die Bindungsverhältnisse, die elektronische Struktur beschreiben. Manche Festkörper bestehen aus einzelnen Molekülen, die untereinander nur durch schwache Bindungen zusammengehalten werden. Mit diesen Stoffen werden wir uns nicht beschäftigen, da ihre Eigenschaften im wesentlichen von denen der Moleküle bestimmt werden. Wir werden auch nicht nur die „rein ionischen" Festkörper behandeln, deren Bestandteile durch elektrostatische Kräfte miteinander verbunden sind, und die bereits im Kapitel 1 diskutiert worden sind. Wir berücksichtigen hier diejenigen Festkörper, bei denen man annehmen kann, daß alle Atome gleichartig aneinander gebunden sind. Wir werden an verschiedenen Festkörpertypen erklären, wie sich die Bindungsverhältnisse in den elektronischen Eigenschaften widerspiegeln.

Es gibt Festkörper mit sehr unterschiedlichen interessanten und nützlichen elektronischen Eigenschaften. Eine gute elektrische Leitfähigkeit ist eine charakteristische Eigenschaft von Metallen; Halbleiter sind die Grundlage der „Silicium-Revolution". Aber warum ist Zinn ein Metall, Silicium ein Halbleiter und Diamant ein Isolator, obwohl diese Elemente in der gleichen Gruppe des Periodischen Systems stehen und die gleiche Valenzelektronenkonfiguration besitzen? Viele Anwendungen von Festkörpern (Transistoren, Photozellen, lichtemittierende Dioden = LEDs, Laser, Solarzellen) benötigen Halbleiter, die sorgfältig kontrollierte Mengen an bestimmten Fremdstoffen enthalten. Wie beeinflussen derartige „Verunreinigungen" die Leitfähigkeit? Das sind einige Fragen, die hier angesprochen werden. Zunächst werden wir aber die grundlegende Bindungstheorie einführen.

4.2 Bindungen in Festkörpern – das Bändermodell

Traditionell wird die Metallbindung als Wirkung frei beweglicher Elektronen, einer Art „Elektronengas", beschrieben. Wir werden dieses Modell kurz streifen, wenn wir solche einfachen Metalle wie Natrium und Aluminium besprechen. Für viele Zwecke ist es nützlicher, Festkörper als eine Anhäufung von miteinander verbundenen Atomen zu betrachten. Für den Chemiker hat das den Vorteil, daß die Metalle dadurch nicht als etwas gänzlich anderes erscheinen als kleine Moleküle.

Die Theorie, die am häufigsten von Chemikern benutzt wird, um die Bindung zwischen Atomen durch Elektronen zu beschreiben, ist die Molekülorbital-Theorie. Sie geht davon aus, daß die Elektronen Wellencharakter besitzen und durch Wellenfunktionen beschrieben werden, die das Ergebnis ihrer Wechselwirkung mit allen Kernen des Moleküls darstellen. Zum Berechnen dieser Wellenfunktionen verwendet man die *Schrödinger-Gleichung*. Da man bisher noch keine exakte Lösung dieser Gleichung für kleine Moleküle gefunden hat, ist es nicht verwunderlich, daß es auch keine Lösung für Festkörper gibt, bei denen ein kleiner Kristall etwa 10^{20} Atome enthält. Ein Näherungsverfahren, das für kleinere Moleküle oft benutzt wird, ist die Bildung von Molekülwellenfunktionen aus Atomwellenfunktionen. Diese *Linearkombination von Atomorbitalen* (*LCAO*-Methode) kann auch auf Festkörper angewandt werden.

Wir erinnern daran, wie die Atomorbitale für das einfachste Molekül H_2 miteinander kombiniert werden. Beim H_2-Molekül nehmen wir an, daß die Molekülorbitale aus der Kombination der $1s$-Atomorbitale beider Wasserstoffatome hervorgehen. Die Kombination kann entweder in gleicher oder in entgegengesetzter Phase, oder anders ausgedrückt durch Addition oder Subtraktion, erfolgen. Die phasengleiche Kombination liefert ein gegenüber den $1s$-Atomorbitalen energetisch tiefer liegendes bindendes Orbital, die Subtraktion dagegen ein energetisch höher liegendes antibindendes Orbital. Der Energieunterschied zwischen dem $1s$-Atomorbital und dem bindenden Molekülorbital hängt davon ab, wie stark die Orbitale der Wasserstoffatome überlappen. Wenn man die Wasserstoffatome voneinander entfernt, nehmen die Überlappung und damit der Energiegewinn ab. Nähert man die Atome einander, dann nimmt zwar die Überlappung zu, anderseits nimmt aber auch die elektrostatische Abstoßung der Kerne zu, so daß bei einem bestimmten Abstand ein Optimum erreicht wird.

Wir nehmen nun an, daß wir eine Kette aus Wasserstoffatomen bilden. Von N Wasserstoffatomen erhalten wir N Molekülorbitale. Die niedrigste Energie besitzt das Molekülorbital, in dem alle $1s$-Atomorbitale in Phase kombiniert sind, und die höchste Energie hat das Molekülorbital, bei dem die Atomorbitale mit entgegengesetzter Phase kombiniert sind. Zwischen beiden liegen $(N-2)$ Molekülorbitale, bei denen einige Atomorbitale in Phase und andere entgegengesetzt kombiniert sind. Bild 4.1 zeigt die Lage der Energieniveaus der Molekülorbitale in Abhängigkeit von der Länge der Wasserstoffkette. Man sieht, daß mit zunehmender Atomzahl in der Kette die Zahl der Molekülorbitale ebenfalls zunimmt, daß aber die Aufspaltung zwischen dem tiefsten und dem höchsten Orbital nur langsam anwächst und sich bei sehr langen Ketten einem Grenzwert nähert. Überträgt man diesen Sachverhalt auf die Größe eines Kristalls, bedeutet das: Es gibt in einem sehr schmalen Energiebereich eine sehr große Zahl von Energieniveaus. Eine Kette aus Wasserstoffatomen ist ein sehr einfaches und künstliches Modell. Wir wollen deshalb die Energieseperation zwischen den Energieniveaus in einem typischen Metallkristall betrachten. Der Kristall enthält etwa 10^{20} Atome, die Breite des Energiebandes beträgt nur etwa 10^{-19} J. Dann ist der Abstand zwischen zwei benachbarten Energieniveaus 10^{-39} J. Die am tiefsten liegenden Niveaus eines Wasserstoffatoms haben dagegen eine Energiedifferenz von etwa 10^{-18} J. Daran sieht man, daß die Energieseparation in einem Kristall außerordentlich klein im Vergleich zu gasförmigen Molekülen ist. Die Aufspaltung in einem Kristall ist tatsächlich so klein, daß man den Satz von Energiezuständen als einen kontinuierlichen Bereich auffassen kann. Einen solchen Bereich erlaubter Energiezustände nennt man ein Energieband.

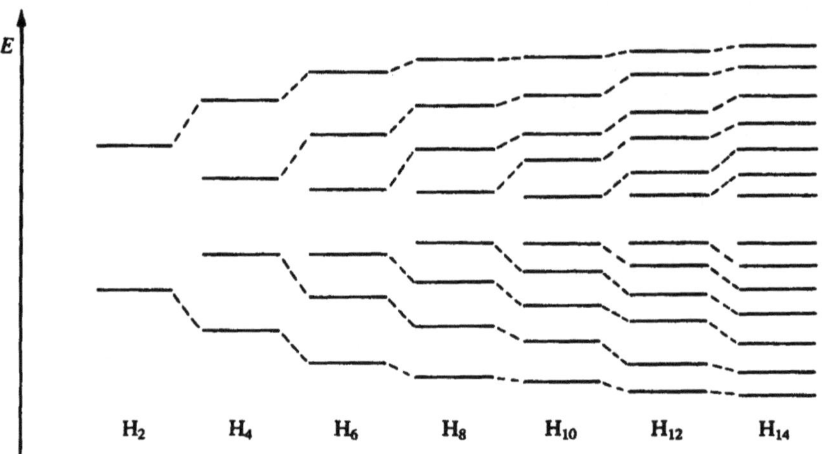

Bild 4.1   Aufspaltung der Energieniveaus in einer Kette aus Wasserstoffatomen in Abhängigkeit
von der Kettenlänge

Anstelle eines Satzes diskreter Energieniveaus haben wir ein *Energieband*. Die Molekülorbitale der Wasserstoffkette wurden ausschließlich aus $1s$-Atomorbitalen gebildet, und es
ergab sich nur ein Energieband. Bei den meisten anderen Atomen des Periodischen Systems
der Elemente müssen neben den $1s$-Orbitalen weitere Orbitale berücksichtigt werden. Das
Aluminiumatom hat z. B. die Elektronenkonfiguration $1s^2 2s^2 2p^6 3s^2 3p^1$. Man erwartet, daß im
Metall jeweils ein $1s$-, $2s$-, $2p$-, $3s$- und $3p$-Band gebildet wird. Die energetisch am tiefsten
liegenden Bänder, die aus den inneren Schalen $1s$, $2s$, und $2p$ gebildet werden, sind sehr schmal
und können bei den meisten Diskussionen als Satz lokalisierter Atomorbitale betrachtet werden. Die Ursache dafür ist, daß diese Orbitale in der Nähe der Kerne lokalisiert sind und
deshalb kaum eine Überlappung mit Orbitalen benachbarter Atome möglich ist. In kleinen
Molekülen nimmt mit zunehmender Überlappung die Aufspaltung zwischen bindenden und
antibindenden Orbitalen zu. In gleicher Weise nimmt in Festkörpern mit zunehmender Überlappung die Aufspaltung der Energieniveaus oder die *Bandbreite* zu. Für das Aluminium sind
deshalb nur die $3s$- und $3p$-Bänder wichtig.

Wie bei Einzelmolekülen werden die vorhandenen Elektronen in die Energiebänder eingebaut – beginnend bei dem energetisch am tiefsten liegenden. Jedes Orbital kann zwei Elektronen mit entgegengesetztem Spin aufnehmen. Wenn N Atomorbitale zu einem Band kombiniert
sind, kann es mit $2\,N$ Elektronen besetzt werden. Das $3s$-Band eines Aluminiumkristalls, der
aus N Atomen besteht, kann mit $2\,N$ Elektronen gefüllt werden, das $3p$-Band dagegen mit $6\,N$
Elektronen, da jedes Atom drei $3p$-Orbitale besitzt. Weil jedes Aluminiumatom nur über ein
$3p$-Elektron verfügt, enthält das $3p$-Band nur N Elektronen, die $N/2$ Niveaus besetzen. Das
Natrium mit der Elektronenkonfiguration $1s^2 2s^2 2p^6 3s^1$ hat N Elektronen im $3s$–Band und füllt
damit $N/2$ Niveaus, beim Vanadium mit der Elektronenkonfiguration $1s^2 2s^2 2p^6 3s^2 3p^6 3d^3 4s^2$
sind nur $3\,N/2$ Niveaus von den $10\,N$ im $3d$-Band verfügbaren gefüllt.

Das höchste bei 0 K besetzte Niveau wird *Fermi-Niveau* genannt. Bei Temperaturen oberhalb 0 K sind einige Elektronen angeregt und besetzen Niveaus, die über dem Fermi-Niveau
liegen. Ihre Zahl ist im Vergleich mit der Gesamtzahl der Elektronen eines Bandes sehr gering,
so daß für die meisten Betrachtungen annehmen kann, daß die Elektronen nur alle Niveaus

vom tiefsten bis zum Fermi-Niveau besetzen. Wir beschreiben nun einige Festkörper und sehen an diesen Beispielen, wie das Konzept der Elektronenbänder uns hilft, ihre Eigenschaften zu verstehen.

4.3 Elektrische Leitfähigkeit – einfache Metalle

Die Elemente, die auf der linken Seite des Periodischen Systems stehen – die Gruppe 1 mit Natrium, Kalium, die Gruppe 2 mit Magnesium und Calcium sowie das Aluminium – werden oft als einfache Metalle beschrieben. In ihren Kristallen haben sie große Koordinationszahlen. Die Alkalimetalle bilden eine raumzentrierte kubische Struktur aus, in der jedes Atom von acht anderen umgeben ist. Diese große Koordinationszahl vergrößert die Möglichkeiten für das Überlappen der Atomorbitale. Die ns- und np-Bänder der einfachen Metalle sind wegen der ausgeprägten Überlappung sehr breit, und da die ns- und np-Atomorbitale sich in ihrem Energieinhalt nur wenig unterscheiden, überschneiden sich die beiden Bänder. Bei den einfachen Metallen existieren deshalb nicht zwei getrennte Bänder (ns- und np-Band), sondern ein kontinuierliches Band, das wir ns/np-Band nennen wollen. Ein aus N Atomen bestehender Kristall enthält im ns/np-Band $4\,N$ Energieniveaus, die mit $8\,N$ Elektronen gefüllt werden können.

Da die einfachen Metalle lediglich über N, $2\,N$ bzw. $3\,N$ Elektronen verfügen, ist das ns/np-Band nur zum Teil gefüllt. Bei diesen teilweise gefüllten Bändern wird deshalb sehr wenig Energie benötigt, um Elektronen aus einem besetzten Niveau auf ein höherliegendes freies Niveau anzuheben. Diese angeregten Elektronen können sich im Kristall frei bewegen und deshalb ihre Energie an einen anderen Ort übertragen. Durch diese leichte Anregbarkeit der Elektronen lassen sich die charakteristischen Metalleigenschaften, z. B. die ausgezeichnete Leitfähigkeit für Elektrizität und Wärme, gut erklären. Die ausgeprägte elektrische Leitfähigkeit der Metalle ist zuerst mit einer einfacheren Vorstellung, dem Elektronengasmodell, erklärt worden.

4.3.1 Theorie des freien Elektrons

Im Modell des freien Elektrons werden die Metalle als Kasten betrachtet, in dem sich jedes Elektron frei bewegen kann, ohne von den Atomkernen oder anderen Elektronen beeinflußt zu werden. Die einfachen Metalle kommen diesem Modell am nächsten, da sich die Elektronen im ns/np-Band vorwiegend zwischen den Kernen und weitgehend voneinander entfernt aufhalten.

Das Modell geht davon aus, daß die Atomkerne mit ihren inneren Elektronenschalen an Gitterpunkten fixiert sind, während die äußeren oder Valenzelektronen sich frei im Festkörper bewegen. Wenn wir die inneren Elektronenschalen vernachlässigen, wird die quantenmechanische Beschreibung der Valenzelektronen sehr einfach. Nehmen wir nur eins von diesen Elektronen, dann geht das Problem in das gutbekannte Modell vom „*Teilchen im Kasten*" über. Wir betrachten zunächst ein Elektron in einem eindimensionalen Festkörper. Das Elektron bewegt sich auf einer Geraden x in einem eindimensionalen Kasten der Länge a. Für dieses Problem hat die Schrödinger-Gleichung folgende Form:

$$\frac{d^2\psi}{dx^2} + \frac{8\pi^2 m_e}{h^2}\left(E - V\right)\psi = 0 \tag{4.1}$$

Dabei bedeutet ψ die Wellenfunktion des Elektrons, h die Planck-Konstante, m_e die Elektronenmasse, V die potentielle Energie und E die Gesamtenergie des Elektrons dieser Wellenfunktion. Da wir die Rumpfelektronen vernachlässigen, gibt es mit ihnen keine Wechselwirkung, und das Elektron hat deshalb im Inneren des Kastens von $x = 0$ bis $x = a$ die potentielle Energie $V = 0$. Außerhalb des Kastens, d. h. auch außerhalb des metallischen Festkörpers, kann es sich nicht aufhalten. Deshalb steigt die potentielle Energie an den beiden Enden des Kastens sprunghaft von $V = 0$ auf $V = \infty$. Mit der Randbedingung $V = 0$ und durch die Substitution

$$\frac{8\pi^2 m_e E}{h^2} = k^2 \quad \text{nimmt Gleichung (4.1) folgende einfache Form an:}$$

$$\frac{d^2\psi}{dx^2} + k^2\psi = 0. \tag{4.2}$$

Die Lösung dieser Differentialgleichung ergibt

$$\psi(x) = e^{ikx} \tag{4.3}$$

bzw. als reelle Lösungen

$$\psi(x) = \sin(kx) \quad \text{und} \quad \psi(x) = \cos(kx) \tag{4.4a und b}$$

Das läßt sich überprüfen, indem man die erste und zweite Ableitung von (4.4a) bildet

$$\frac{d\psi}{dx} = k\cos(kx) \quad \text{und} \quad \frac{d^2\psi}{dx^2} = -k^2\sin(kx)$$

und in (4.1) einsetzt:

$$-k^2\sin(kx) + k^2\sin(kx) = 0.$$

Die Randbedingungen $\psi = 0$ für $x = 0$ wird nur von der Sinusfunktion und $\psi = 0$ für $x = a$ nur erfüllt, wenn gilt

$$ka = n\pi \qquad \text{mit } n = 1, 2, 3,\dots \tag{4.5}$$

Setzen wir für k^2 wieder die ursprüngliche Beziehung

$$\frac{8\pi^2 m_e E}{h^2} = k^2 \quad \text{ein und lösen nach } E \text{ auf, erhalten wir für die Energie des Elektrons}$$

$$E = \frac{k^2 h^2}{8\pi^2 m_e} \quad \text{bzw. mit Gleichung (4.5)} \tag{4.6a}$$

$$E = \frac{n^2 h^2}{a^2 8 m_e}$$

(4.6b)

Aus Gleichung (4.6b) geht hervor, daß die Energie des Elektrons mit dem Quadrat der Quantenzahl n wächst. Da n jeden beliebigen ganzahligen Wert annehmen kann, gibt es eine unendliche Zahl von Energiezuständen, zwischen denen die Abstände immer größer werden.

Die Energie des Elektrons kann auch durch seinen Impuls p ausgedrückt werden: $E = p^2/2m_e$. Es gilt deshalb

$$\frac{k^2 h^2}{8\pi^2 m_e} = \frac{p^2}{2m_e}$$

Durch Umformen erhält man

$$k = \frac{2\pi p}{h},$$

und aus der De-Broglie-Beziehung Gleichung (2.21) $\lambda = h/p$ ergibt sich

$$k = 2\pi \frac{1}{\lambda}$$

(4.7)

Die Größe k ist dem Impuls p und damit der Geschwindigkeit des Elektrons proportional und ebenfalls proportional der Wellenzahl $1/\lambda$ der Elektronenwelle. Nach Gleichung (4.5) ist k von der Ausdehnung des Kastens a bzw. im allgemeinen dreidimensionalen System von den Gitterkonstanten a, b und c, der Gittersymmetrie und damit von der Richtung abhängig, in der sich das Elektron im Gitter bewegt. Da diese Größe nicht nur durch den Betrag k charakterisiert ist, sondern auch durch ihre Richtung, handelt es sich wie beim Impuls um einen Vektor, der *Wellenvektor* (oder Wellenzahlvektor) genannt und durch k symbolisiert wird. Der Wellenvektor k ist eine grundlegende Größe der Festkörperphysik.

Die meisten Festkörper sind natürlich dreidimensional, und wir müssen deshalb die Theorie des freien Elektrons auf drei Dimensionen ausdehnen – obwohl uns später Beispiele begegnen werden, in denen die Leitfähigkeit eines Kristalls auf eine oder zwei Dimensionen beschränkt ist. Wir nehmen in diesem Fall an, daß das Metall ein Quader mit den Abmessungen $a \cdot b \cdot c$ ist. Die angepaßte Wellenfunktion ist das Produkt aus drei Sinus- oder Kosinusfunktionen und die Energie E erhält man in Analogie zu Gleichung (4.6b) aus:

$$E = \frac{h^2}{8m_e}\left(\frac{n_a^2}{a^2} + \frac{n_b^2}{b^2} + \frac{n_c^2}{c^2}\right)$$

(4.8)

Die Abhängigkeit der Elektronenenergie vom Wellenvektor k ergibt sich zu

$$E = \frac{h^2}{8\pi^2 m_e}\left(k_x^2 + k_y^2 + k_z^2\right)$$

(4.9)

Hierin sind die Größen k_x, k_y und k_z die Komponenten des Wellenvektors k in den drei Raumrichtungen. Zu jedem Satz von Quantenzahlen n_a, n_b, n_c gehören Energieniveaus. Im dreidimensionalen Fall gibt es viele Kombinationen von n_a, n_b und n_c, die die gleiche Energie besitzen, während es im eindimensionalen Modell für jedes Energieniveau nur zwei Quantenzahlen ($\pm n$) gibt. So erhält man z. B. den Wert 108 aus folgenden Kombinationen von

$$(n_a^2 / a^2 + n_b^2 / b^2 + n_c^2 / c^2)$$

n_a/a	n_b/b	n_c/c
6	6	6
10	2	2
2	2	10
2	10	2

und demzufolge auch die gleiche Energie. Zustände, die durch verschiedene Quantenzahlen charakterisiert sind, aber die gleiche Energie besitzen, nennt man *entartet*. Für kleine Quantenzahlen kann man die möglichen Kombinationen aufschreiben, die zum gleichen Energieniveau gehören. Mit zunehmender Ausdehnung des betrachten Festkörpers und zunehmendem Energieinhalt – besonders in der Nähe des Fermi-Niveaus – nimmt der Entartungsgrad so stark zu, daß man ihn durch eine kontinuierliche Funktion beschreiben kann. Die Funktion $N(E)dE$ gibt die Zahl der Elektronen in einem Metallkristall des Volumens v an, deren Energie in dem infinitesimalen Intervall $E+dE$ liegt und wird *Zustandsdichte* genannt:

$$N(E)\mathrm{d}E = \frac{4\pi v}{h^3} \times \sqrt{(2m_e)^3} \times \sqrt{E}\,dE \tag{4.10}$$

In Bild 4.2 ist die Zustandsdichte $N(E)dE$ als Funktion der Energie E dargestellt.

Das Konzept der Wellenvektoren und der Zustandsdichte ist nicht auf die Theorie der freien Elektronen beschränkt. In der Orbitaltheorie haben die Energieniveaus innerhalb eines Bandes verschiedene Grade der Entartung, so daß die Zahl der Niveaus in einem bestimmten Energiebereich als Funktion der Energie ebenso dargestellt werden kann wie für das Modell freier

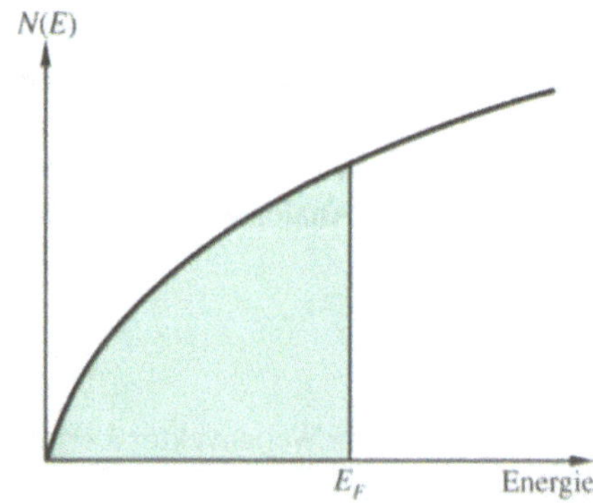

Bild 4.2　Zustandsdichte nach dem Modell freier Elektronen. Die bei $T = 0$ K besetzten Niveaus sind farbig dargestellt. Es ist zu beachten, daß die Energie auf der Abszisse aufgetragen ist, um einen Vergleich mit den experimentellen Ergebnissen in Bild 4.3 zu ermöglichen. Bei den folgenden Darstellungen ist die Energie auf der Ordinate aufgetragen

Elektronen. Das Zustandsdichte-Diagramm, das aus der Orbitaltheorie hervorgeht, liefert keine so einfache Funktion wie sie Bild 4.2 zeigt, sondert variiert von Band zu Band. Im allgemeinen sind die Zahl der Energieniveaus und damit die Zustandsdichte bei diesem Ansatz im oberen und unteren Bereich eines Bandes geringer und im mittleren Bereich größer als im Modell der freien Elektronen.

Die Zustandsdichte kann experimentell durch Untersuchung der langwelligen Röntgenemissions-Spektren von Metallen überprüft werden. Ein Elektronenstrahl oder energiereiche Röntgenstrahlung können aus einem Metall Rumpfelektronen herausschlagen. Die Rumpfelektronen sind im Bereich des Kerns lokalisierte Elektronen und gehören deshalb zu definierten diskreten Energieniveaus. Wenn in einem tief liegenden Energieniveau auf diese Weise Lücken erzeugt werden, können Elektronen aus dem Leitungsband unter Röntgenemission in dieses Niveau springen. Der langwellige Bereich des Röntgenemissions-Spekrums entsteht durch Übergänge aus dem breiten Leitungsband in das nächst tiefer liegende diskrete Elektronenniveau. Wellenlängebereich und Intensitätsverteilung dieses Spektrums spiegeln deshalb sowohl die Breite des Leitungsbandes als auch seine Besetzung mit Elektronen wider. Bild 4.3 zeigt die Röntgenemissions-Spektren von Natrium bzw. Aluminium. Man sieht, daß diese Spektren die gleiche Form aufweisen wie der von Elektronen besetzte Bereich der Zustandsdichte-Funktion in Bild 4.2. Daraus kann man schließen, daß das Modell der freien Elektronen die Bandstruktur hinreichend gut beschreibt.

Die hier dargestellten Bänder sind halb bzw. weniger als halb gefüllt. Im nichtbesetzten Teil des Leitungsbandes oder bei einem Metall, dessen Leitungsband mehr als halb gefüllt ist, nimmt die Zustandsdichte mit zunehmender Enegie nicht wie in Bild 4.2 weiter zu, sondern sie nimmt ab und wird gleich Null an der oberen Grenze des Bandes. In Bild 4.4 ist dieser Sachverhalt für das nahezu gefüllte 3d-Band des Nickels dargestellt.

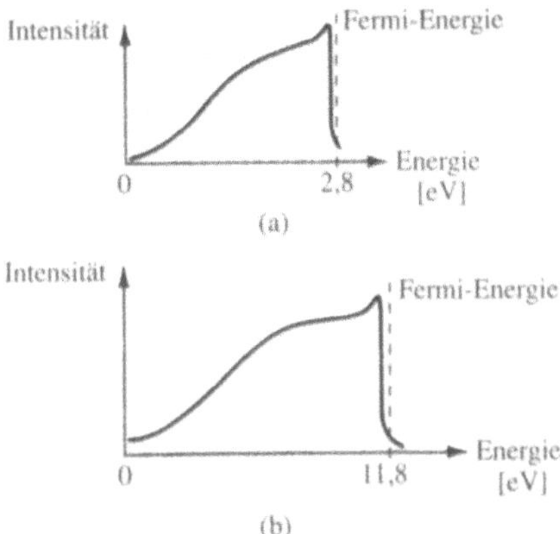

Bild 4.3   Röntgenemissionsspektrum, das durch den Übergang von Elektronen aus dem Leitungsband in das 2p-Niveau hervorgerufen wird. (a) Na-Metall, (b) Al-Metall. Der energiereiche Schwanz ist die Auswirkung thermisch angeregter Elektronen aus dem Bereich des Fermi-Niveaus

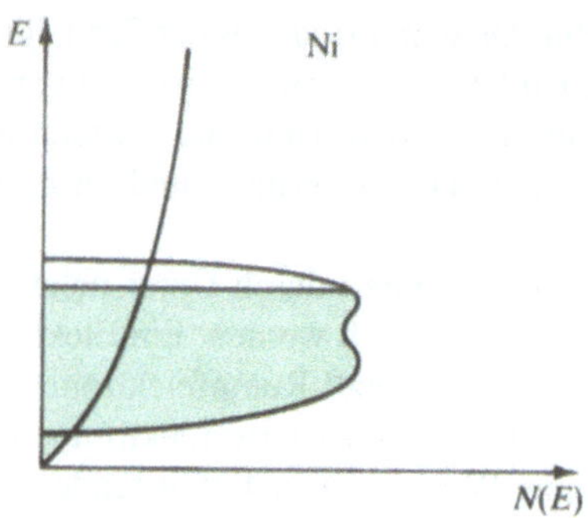

Bild 4.4   Die Bandstruktur von Ni-Metall

4.3.2 Elektronische Leitfähigkeit

Zum Erklären der elektronischen Leitfähigkeit von Metallen benutzen wir wieder den Wellenvektor k. Dieses Konzept haben wir für ein freies Elektron im Kasten abgeleitet, aber man
kann es auch für die Orbital-Theorie einsetzen. Unabhängig vom benutzten Modell repräsentiert k den Impuls eines Elektrons. Der Vektor k ist charakterisiert durch seine Größe k und
seine Richtung. Es gibt in einem Band viele Orbitale mit dem gleichen Wert von k und deshalb
gleicher Energie, aber verschiedenen Richtungskomponenten k_x, k_y und k_z und deshalb unterschiedlicher Richtung von k. In Abwesenheit eines elektrischen Feldes sind alle Richtungen
für die Wellenvektoren der Größe k gleich wahrscheinlich. Deshalb bewegen sich die Elektronen unter diesen Bedingungen gleichmäßig in alle Richtungen (Bild 4.5). Legen wir an unseren Metallquader eine Spannung an und erzeugen so in seinem Inneren ein elektrisches Feld,
werden Elektronen mit Bewegungskomponenten in Feldrichtung beschleunigt, während Elektronen mit entgegengesetzter Bewegungsrichtung gebremst werden. Auf diese Weise entsteht
durch die Wirkung des Feldes eine gerichtete Bewegung der Elektronen, es fließt ein Strom
(Bild 4.6).

Die elektrische Leitfähigkeit σ läßt sich durch folgende Gleichung beschreiben:

$$\sigma = ne\mu \tag{4.10}$$

Dabei ist n die Zahl der freien Ladungsträger in der Volumeneinheit (hier der Leitungselektronen), e ihre Ladung und μ die Beweglichkeit (ein Maß für ihre Geschwindigkeit im
elektrischen Feld). Die Elektronen können durch das elektrische Feld nur beschleunigt werden, wenn freie Niveaus in einem Band vorhanden sind, weil der Energiegewinn nicht aus-

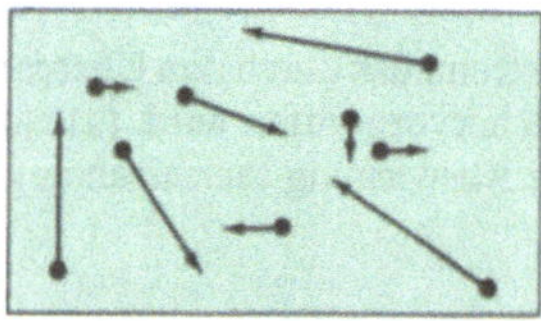

Bild 4.5   Bewegung der Elektronen in einem Metall in Abwesenheit eines elektrischen Feldes.
Es gibt keine Bewegung in eine bevorzugte Richtung

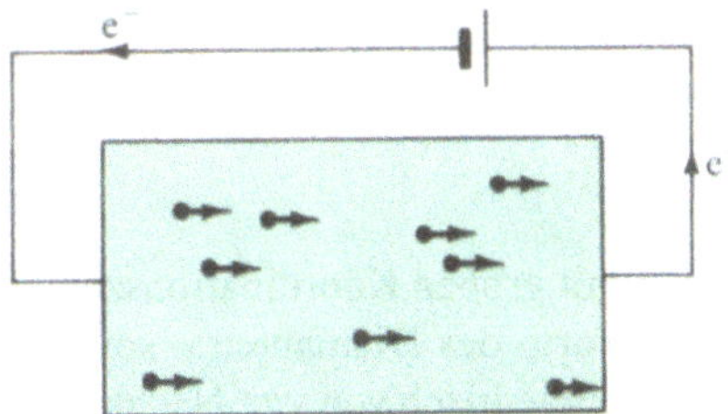

Bild 4.6 Die Metallprobe von Bild 4.5 in einem konstanten elektrischen Feld. Die Elektronen bewegen sich weiterhin in alle Richtungen, aber sie werden durch das Feld in einer bevorzugten Richtung beschleunigt, so daß eine Nettobewegung von links nach rechts resultiert

reicht, eine Bandlücke zu überspringen. Das bedeutet, *nur Festkörper mit teilweise gefüllten Bändern sind gute elektronische Leiter.* Energiegewinn bedeutet Übergang in ein höher liegendes Niveau. Dazu sind nur Elektronen in der Nähe des Fermi-Niveaus in der Lage, da die tiefer liegenden Niveaus vollständig gefüllt sind. Deshalb enthält Gleichung (4.10) den Faktor n, und folglich hängt die Leitfähigkeit mit der Zustandsdichte im Bereich des Ferminiveaus eines teilweise gefüllten Bandes zusammen.

Obwohl man mit dem Vorhandensein eines teilweise gefüllten Bandes die elektronische Leitfähigkeit begründen kann, reicht dieses Modell nicht aus, alle damit zusammenhängenden Erscheinungen zu erklären, z. B. den endlichen Widerstand der Metalle, bei denen für den Zusammenhang zwischen Potentialdifferenz U, Widerstand R und Stromstärke I das *Ohmsche Gesetz $U = I \cdot R$* gilt. Bei Metallen nehmen mit zunehmender Temperatur der Widerstand R zu und die Leitfähigkeit σ ab. In unserem Modell freier Elektronen gibt es keinen Anlaß für eine derartige Behinderung des Elektronenflusses bei steigender Temperatur. Die Ursache für den Widerstand und seine Temperaturabhängigkeit sind die Ionenrümpfe. Wenn diese streng periodisch zu einem idealen Gitter angeordnet sind und sich auf ihren Plätzen nicht bewegen, hemmen sie den Fluß der Leitungselektronen nicht. Reale Kristalle enthalten stets Baufehler, an denen die strenge Gitterperperiodizität gestört ist. An diesen Stellen werden die Leitungselektronen gestreut. Wenn die in Feldrichtung weisende Komponente des Elektronenimpulses dadurch verringert wird, sinkt die Stromstärke. Auch in idealen Kristallen schwingen die Ionenrümpfe um ihre Ruhelage. Durch die Kopplung der Gitterbausteine bilden sich verschiedene Schwingungsformen als stehende und als in alle Richtungen fortlaufende Wellen aus. Diese thermischen Schwingungen sind gequantelt und werden *Phononen* genannt, in Analogie zu den Photonen der Lichtwellen. Die Elektronen des Leitungsbandes, die sich durch den Kristall bewegen, werden an den schwingenden Atomrümpfen abgelenkt und verlieren dabei Energie an die Phononen. Dadurch wird einerseits die Stromstärke verringert, anderseits die Schwingungsenergie des Kristalls vergrößert, d. h., elektrische Energie wird in Wärme umgesetzt. Diese ohmsche Widerstandsheizung wird bekanntlich zu vielen Zwecken verwendet.

4.4 Eigenhalbleiter

4.4.1 Silicium und Germanium

Während die Metalle Strukturen mit großen Koordinationszahlen (12 bzw. 8) ausbilden, kristallisieren Kohlenstoff – in der Form des Diamanten – sowie Silicium und Germanium in einem Gitter, bei dem jedes Atom tetraedrisch von vier Nachbarn umgeben ist. In diesen Strukturen überlappen das ns- und die drei np-Orbitale ($n = 2$, 3 bzw. 4). Das dadurch gebildete s/p-Band spaltet in zwei Bänder mit jeweils 2 N Orbitalen auf, die mit 4 N Elektronen gefüllt werden können. Diese beiden Bänder sind vergleichbar den bindenden und antibindenden Orbitalen eines Moleküls. Nichtbindende Orbitale gibt es bei diesen tetraedrischen Strukturen nicht. Kohlenstoff, Silicium und Germanium haben die Valenzelektronenkonfiguration ns^2np^2 und verfügen über 4 N Valenzelektronen, die gerade ausreichen, um das tiefer liegende Band aufzufüllen. Dieses Band wird *Valenzband* genannt, da die Elektronen dieses Bandes die Bindung der Atome im Festkörper bewirken. Das energetisch höher liegende – hier leere – Band ist das Leitungs- oder Leitfähigkeitsband.

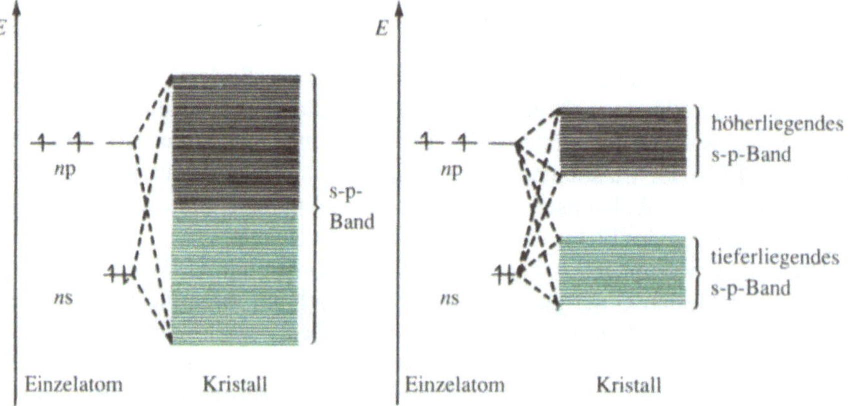

Bild 4.7   Energiebänder, die aus ns- und np-Atomorbitalen gebildet werden: (a) für ein raumzentriertes kubisches Gitter, (b) für ein Diamantgitter. Es sind die mit 4 N Elektronen besetzten Niveaus dargestellt

Warum nehmen diese Elemente eher eine tetraedrische Struktur ein als eine andere mit einer größeren Koordinationszahl? Wenn diese Elemente so wie die einfachen Metalle kristallisieren würden, wäre das sp-Band nicht aufgespalten und gerade zur Hälfte gefüllt. Die Elektronen der höchsten besetzten Niveaus wären dann nichtbindend. Bei der tetraedrischen Struktur finden alle 4 N Elektronen in bindenden Niveaus Platz, wie es in Bild 4.7 gezeigt ist. Man kann deshalb erwarten, daß Elemente, die wenige Valenzelektronen besitzen, Strukturen mit großen Koordinationszahlen bilden und Metalle sind. Elemente mit vier oder mehr Valenzelektronen bilden Strukturen mit kleineren Koordinationszahlen aus, bei denen das sp-Band aufgespalten ist und nur das tiefer liegende Valenzband besetzt ist.

Zinn – in der bei Zimmertemperatur stabilen β-Modifikation – und Blei sind Metalle, obwohl sie ebenfalls zur 4. Gruppe des Periodischen Systems gehören. Bei den Atomen dieser Elemente ist der Abstand zwischen s- und p-Orbitalen wesentlich größer, und deshalb ist deren Überlappung geringer als bei Silicium und Germanium. Bei Zinn hat eine tetraedrische Struktur zwei sp-Bänder, aber die Breite der verbotenen Zone ist nahezu gleich Null. Deshalb geht das metallische weiße β-Zinn unterhalb 286 K in das graue nichtmetallische α-Zinn mit Diamantstruktur über. Bei höheren Temperaturen ist die metallische Form mit der größeren Koordinationszahl von sechs stabiler. Der Vorteil, daß in der Diamantstruktur keine nichtbindenden Orbitale vorhanden sind, wird durch die sehr schmale Bandlücke aufgewogen. Man kann annehmen, daß bei Blei eine Diamantstruktur eher zwei getrennte s- und p-Bänder liefern würde als ein sp-Band, da die Überlappung von s- und p-Orbitalen nur gering wäre. Das Blei erreicht durch die Ausbildung einer ccp-Anordnung die energetisch günstigste Struktur. Da nur $2\,N$ Elektronen zum Besetzen des p-Bandes zur Verfügung stehen, ist dieses Band nur teilweise gefüllt und Blei ein Metall. Das s-Elektronenpaar gehört hier zum Atomrumpf. Diese Erscheinung nennt man den „*Effekt des inerten Elektronenpaars*". Er wirkt sich auch bei Verbindungen aus. So sind Blei(II)-Verbindungen meistens stabiler als Blei(IV)-Verbindungen, während Silicium und Germanium vorwiegend vierwertig auftreten.

Bei Silicium und Germanium ist das Valenzband vollständig gefüllt und das Leitungsband völlig leer. Sie sollten deshalb Isolatoren sein. Auf Grund ihrer Bandstruktur besitzen sie besondere Eigenschaften und bilden eine spezielle Stoffklasse, die *Halbleiter*.

Die Leitfähigkeit von Metallen nimmt mit zunehmender Temperatur ab, da die Phononen beim Erwärmen Energie aufnehmen und die Amplituden der Gitterschwingungen zunehmen, so daß die Beweglichkeit μ der Elektronen und damit die Stromstärke verringert werden.

Die Leitfähigkeit von Silicium und Germanium nimmt jedoch mit zunehmender Temperatur zu. Bei diesen Festkörpern können Elektronen nur dann Ladung transportieren, wenn sie aus dem Valenzband in das höher liegende Leitfähigkeitsband angehoben werden, denn nur dadurch können teilweise gefüllte Bänder entstehen. Die Leitfähigkeit hängt von der Zahl n der frei beweglichen Ladungsträger ab. Sie ist bei den von Zusätzen freien *Eigenhalbleitern* gleich der Summe aus der Zahl von Elektronen, die aus dem Valenzband in das Leitungsband übergegangen sind, und der Zahl der Löcher, die im Valenzband dadurch entstanden sind. Mit zunehmender Temperatur nimmt die Zahl der Elektronen exponentiell zu, deren Energie ausreicht, die verbotene Zone zu überspringen und ins Leitungsband überzugehen. Je kleiner die Bandlücke eines Halbleiters ist, um so mehr Elektronen gelangen bei einer bestimmten Temperatur in das Leitfähigkeitsband. Da im Germanium die Breite der verbotenen Zone nur etwa ein Neuntel von der des Diamanten beträgt (0,6 eV bzw. 5,2 eV), ist die Zahl der Elektronen im Leitungsband beim Germanium in der Größenordnung von 10^{90} mal größer als beim Diamanten. Dementsprechend ist die spezifische Leitfähigkeit bei Zimmertemperatur für Germanium $\sigma = \Omega^{-1}\mathrm{m}^{-1}$ und für Diamant $\sigma = 10^{-14}\,\Omega^{-1}\mathrm{m}^{-1}$.

4.4.2 Photoleiter

Elektronen können auch durch andere Energiearten als durch Wärme angeregt werden, z. B. durch Licht. Wenn ein Halbleiter mit Licht bestrahlt wird, dessen Photonen eine größere Energie besitzen als zum Überwinden der Bandlücke E_g benötigt wird ($h\nu > E_g$), werden Elektronen angeregt, aus dem Valenzband in das Leitfähigkeitsband überzugehen, und seine Leitfähigkeit nimmt zu. Diese Verhältnisse sind in Bild 4.8 dargestellt.

Halbleiter, deren Bandlücke der Photonenenergie des sichtbaren Lichtes entspricht, sind *Photoleiter*. Sie sind im Dunkeln im wesentlichen Isolatoren, aber beim Belichtung elektronische Leiter. Diese Eigenschaft wird bei der *Elektrophotographie* angewandt. Als Photoleiter verwendet man dabei nicht Silicium, sondern einen Halbleiter mit einer besser geeigneten Bandlücke, z. B. Selen oder Arsenselenid (As_2Se_3). Beim Xerographieprozeß wird eine Platte, die mit einem dünnen Film dieses Photoleiters beschichtet ist, durch Anlegen einer hohen Spannung positiv aufgeladen. Das Licht, das von den weißen Partien der zu kopierenden Vorlage reflektiert wird, fällt auf die Photoleiterschicht, die dadurch an diesen Stellen leitend wird. Die belichteten Stellen werden entladen, während die unbelichteten Stellen ihre Ladung beibehalten. Es entsteht ein „latentes Ladungsbild". Sprüht man dann winzige negativ geladene Kugeln eines Farbstoffs auf den Photoleiter, werden diese Tonerpartikel nur an den positiv geladenen Stellen festgehalten. Der Farbstoff wird durch Anpressen von positiv aufgeladenem Papier auf dieses übertragen und durch Erwärmen darauf fixiert.

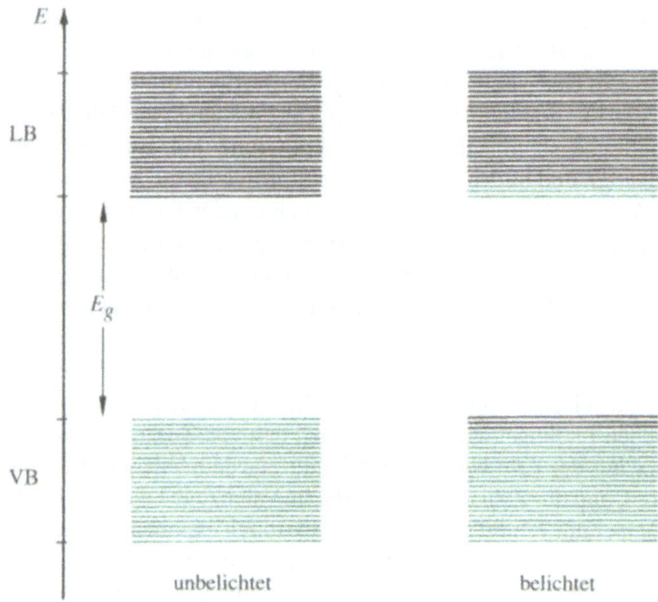

Bild 4.8   Anregung von Elektronen aus dem Valenzband in das Leitungsband durch Licht

4.5 Dotierte Halbleiter

Die Leitfähigkeit eines Halbleiters kann auch durch das Einführen einer kleinen Konzentration eines anderen geeigneten Elements vergrößert werden. Im Gegensatz zu den oben besprochenen Eigenhalbleitern nennt man diese Materialien *Störstellen-* oder *Fremdhalbleiter*. Wir betrachten Kristalle von Silicium oder Germanium, in denen auf regulären Gitterplätzen Atome eines Elements der 13. Gruppe (B, Al, Ga, In) eingebaut sind. Diese Elemente haben ein Valenzelektron weniger als die vierwertigen Atome, die sie ersetzen. Die Folge davon ist das

Auftreten eines zusätzlichen Elektronenniveaus, das sich knapp über dem Valenzband befindet und Akzeptorniveau genannt wird. Die Fremdatome nehmen leicht ein Elektron aus dem Gitter auf, indem sie dem Valenzband ein Elektron entziehen und dort eine Elektronenlücke zurücklassen. Diese positiven Löcher ermöglichen es den Elektronen am oberen Rand des Valezbandes, sich zu bewegen und Ladung zu transportieren. Derartig substituierte Festkörper werden deshalb eine größerer Leitfähigkeit als die undotierten Stoffe besitzen. Sie heißen *p-Halbleiter*, weil ihre Leitfähigkeit mit der Zahl der positiven Löcher im Valenzband zusammenhängt.

Werden Eigenhalbleiter mit Elementen der 15. Gruppe (P, As, Sb) substituiert, ergeben sich analoge Verhältnisse. Vier von den fünf Valenzelektronen finden im Valenzband Platz. Die überschüssigen Valenzelektronen besetzen ein zusätzliches Niveau, das sich unterhalb der unteren Kante des Leitungsbandes befindet. Die geringe Energiedifferenz zwischen diesem Donatorniveau und dem Leitfähigkeitsband bewirkt, daß Elektronen bereits bei Zimmertemperatur leicht in das Leitfähigkeitsband übergehen. Halbleiter, deren Leitfähigkeit durch das Vorhandensein zusätzlicher negativer Ladungsträger bestimmt wird, gehören zum *n-Typ*. In Bild 4.9 sind die Energiebänder und die Lage der Akzeptor- bzw. Donatorniveaus von Eigen-, *p*- und *n*-Halbleitern schematisch dargestellt.

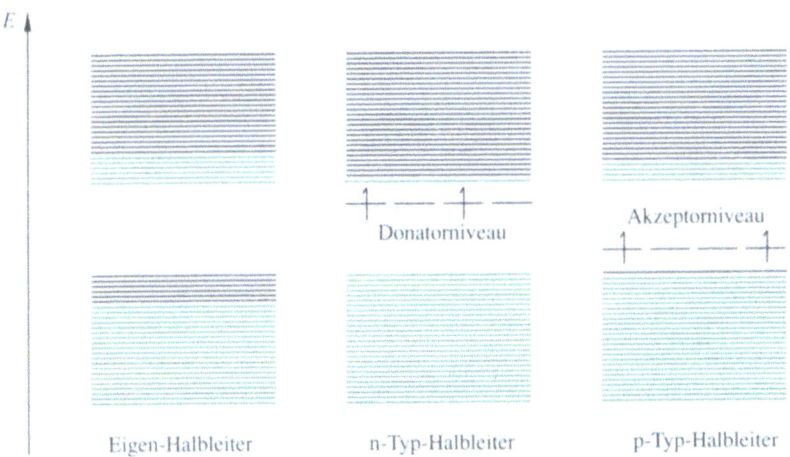

Bild 4.9 Bandbesetzung bei Eigenhalbleitern, *n*-Typ-Halbleitern und *p*-Typ-Halbleitern

Fremdatome, deren Elektronenkonfiguration sich stärker von der der Gitteratome unterscheidet, erzeugen kompliziertere Verhältnisse im Bereich der verbotenen Zone.

Halbleiter vom *p*- und *n*-Typ sind in verschiedenen Kombinationen Bestandteil vieler elektronischer Geräte. Gleichrichter, Feldeffekt-Transistoren, photovoltaische Zellen und lichtemittierende Dioden (LED) werden aus *p*- und *n*-dotierten Materialien hergestellt. Die ersten Transistoren enthielten Anordnungen von *p-n-p*- bzw. *n-p-n*-Schichten. In anderen Bauelementen werden *p*- bzw. *n*-Halbleiter zusammen mit metallischen und isolierenden Schichten verwendet, um die geforderten Eigenschaften zu erreichen.

4.5.1 Der *p-n*-Kontakt – photovoltaische Zellen

An Kontaktzonen von *p*- und *n*-Halbleitern besteht eine Diskontinuität in der Elektronenkonzentration. Obwohl beide Materialien in sich elektrisch neutral sind, hat der *p*-Halbleiter eine kleinere Elektronenkonzentration als der *n*-Halbleiter. Um diese unterschiedliche Elektronenkonzentration auszugleichen, driften Elektronen vom *n*- zum *p*-Material. Dadurch entsteht im *p*-Material eine negative und im *n*-Material eine positive Raumladung. Das elektrische Feld, das dabei aufgebaut wird, wirkt in der entgegengesetzten Richtung anziehend auf die Elektronen. Wenn diese beiden Effekte gleich stark sind, herrscht am *p-n*-Kontakt ein dynamisches Gleichgewicht, wie es in Bild 4.10 dargestellt ist.

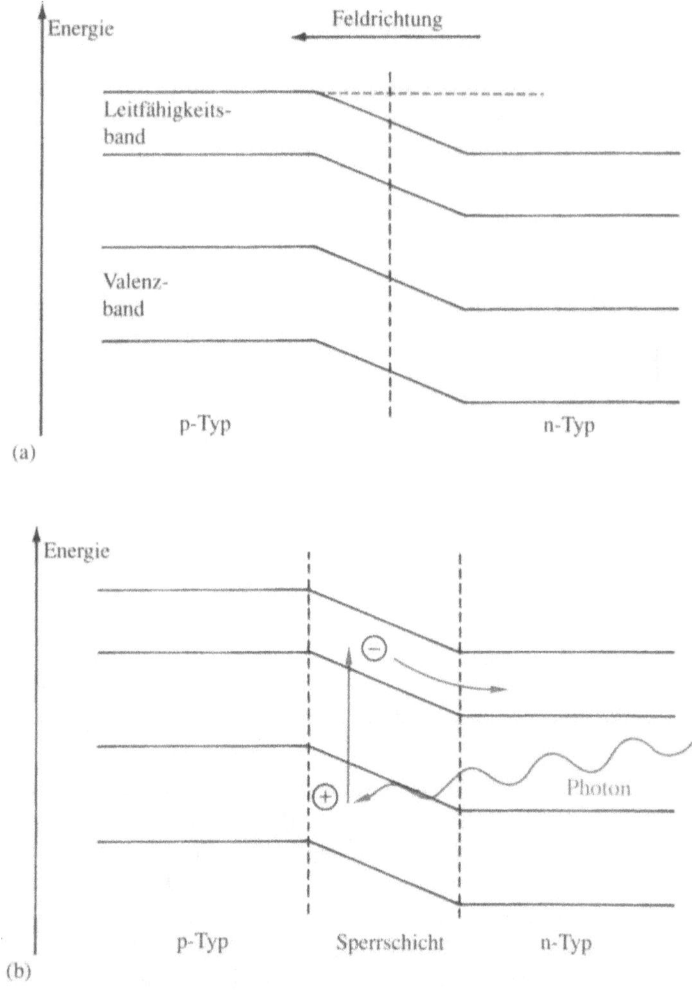

Bild 4.10   (a) Verbiegung der Energieniveaus an einem *p-n*-Übergang, (b) Wirkung von Licht auf einen *p-n*-Übergang

Dieser Zustand besteht im Dunkeln. Beim Einstrahlen von Licht, dessen Photonenenenergie größer als die Energie der Bandlücke ist, werden Elektronen aus dem Valenzband ins Leitfähigkeitsband angeregt, und das geschilderte Gleichgewicht wird gestört. Diese angeregten Elektronen werden vom positiv geladenen n-Bereich angezogen. Die Elektronenlücke im Valenzband bewegt sich dagegen in die p-Zone, so daß Elektron und Lücke räumlich getrennt sind. Das angeregte Leitungselektron kann deshalb nicht einfach durch Lichtemission ins Valenzband zurückkehren. Es ist beweglich und kann über einen äußeren Stromkreis unter Verrichtung von Arbeit in den p-Bereich gelangen. Ein belichteter p-n-Kontakt wirkt deshalb als Spannungsquelle. Derartige Photozellen sind in der Lage, Sonnenlicht direkt in elektrische Energie umzuwandeln. Obwohl der Wirkungsgrad noch nicht groß ist, werden sie vielfältig genutzt, da das Sonnenlicht eine billige, unerschöpfliche und saubere Energiequelle darstellt. Halbleiter für diese Anwendung benötigen eine Bandlücke, die im Bereich des sichtbaren Lichts $(2{,}4 \cdot 10^{-19}\ \mathrm{J} < h\nu < 5 \cdot 10^{-19}\ \mathrm{J})$ oder bei etwas niedrigerer Energie liegt. Die Bandlücke des Siliciums beträgt $E_g = 1{,}9 \cdot 10^{-19}\ \mathrm{J}$, so daß alle Wellenlängen des sichtbaren Lichts photovoltaisch wirksam sind.

4.6 Bänder in Verbindungen – Galliumarsenid

Galliumarsenid (GaAs) ist bei vielen Anwendungen ein Konkurrent für das Silicium, z. B. für Solarzellen, lichtemittierende Dioden und Festkörperlaser (Kapitel 8). Es hat eine Struktur vom Diamanttyp, bei der das Gitter aber wie bei der Zinkblende aus zwei Atomarten aufgebaut ist. Die Valenzorbitale von Gallium und Arsen sind die $4s$- und $4p$-Orbitale. Sie bilden zwei Bänder, von denen jedes wie beim Silicium $4N$ Elektronen aufnehmen kann. Wegen der

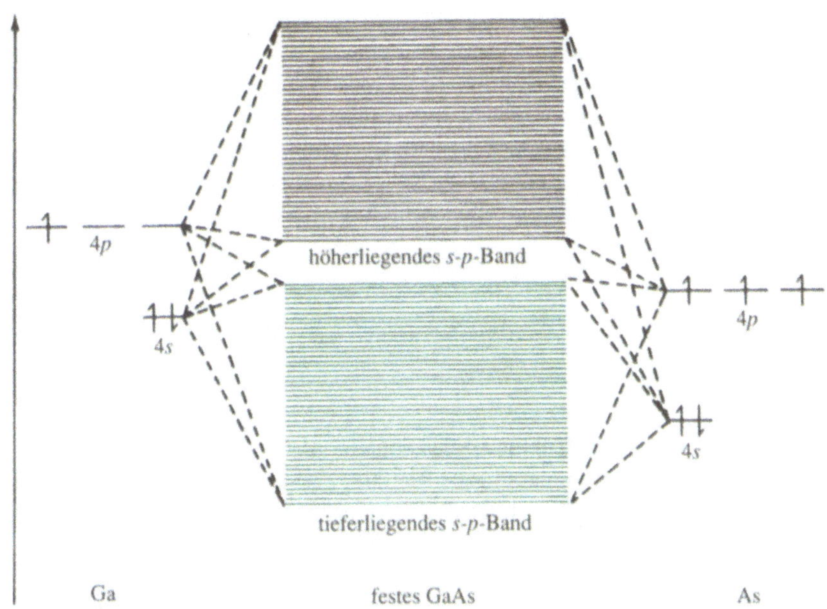

Bild 4.11   Energieniveau-Diagramm von GaAs

Energiedifferenz zwischen den $4s$- bzw. $4p$-Orbitalen von Gallium und Arsen tragen die Orbitale des Arsens stärker zum Valenzband und die Orbitale des Galliums stärker zum Leitungsband bei. Die Bindungen im Galliumarsenid haben deshalb einen ionischen Anteil. Das Valenzband hat einen stärkeren Arsen- als Galliumcharakter, so daß die Wahrscheinlichkeit, ein Valenzelektron zu treffen, in der Nähe eines Arsenrumpfes größer ist als in der Nähe eines Galliumrumpfes. Das Banddiagramm des Galliumarsenids ist im Bild 4.11 dargestellt. Das Galliumarsenid ist ein Beispiel für die Klasse der III-V-Verbindungen, die aus einem Element, das ein Valenzelektron weniger als Silicium besitzt, und aus einem Element, das ein Valenzelektron mehr als Silicium besitzt, im Verhältnis 1:1 zusammengesetzt sind. Viele von diesen Verbindungen sind Halbleiter, z. B. GaSb, InP, InAs und InSb. Auch unter den II-VI-Verbindungen gibt es Halbleiter mit Diamantstruktur, z. B. CdTe und ZnS. Verbindungen von Elementen aus der zweiten Periode und I-VII-Verbindungen wie AlN bzw. AgCl sind stärker ionisch und tendieren zur Bildung anderer Strukturen, so daß sie in der Regel keine Halbleiter sind. Bei den Halbleitern nimmt die Bandlücke innerhalb einer Gruppe ab: GaP > GaAs > GaSb und AlAs > GaAs > InAs.

4.6.1 Halbleiter-Flüssigkeits-Zellen

Galliumarsenid vom n-Typ wird bei einer interessanten Variante der photovoltaischen Zelle, der Halbleiter-Flüssigkeits-Zelle, eingesetzt. Bei diesen Zellen wird das elektrische Feld nicht zwischen n- und p-dotierten Halbleitern aufgebaut, sondern an der Phasengrenze zwischen einem n-Halbleiter und einem flüssigen Elektrolyten. Die Zelle besteht aus einer Elektrolytlösung, in die ein n-Halbleiter und eine Metallelektrode eintauchen. Fällt auf den n-Halbleiter Licht, werden Elektronen aus dem Valenzband in das Leitfähigkeitsband überführt. Dabei bleiben im Valenzband positive Löcher zurück. Die Elektronen driften ins Innere des Halbleiters, die Löcher wandern in den Elektrolyten. Der Elektrolyt enthält Ionen, die sowohl in einer oxidierten als auch in einer reduzierten Form existieren können, z. B. Fe^{2+}/Fe^{3+} oder I^-/I_2^-. Die Lücke im Valenzband wird durch ein Elektron aus der reduzierten Form dieses Ions aufgefüllt, das dabei oxidiert wird. Die Rückreaktion dieses Ions in die reduzierte Form geschieht an der Metallelektrode durch Elektronen, die in einem äußeren Stromkreis von der Halbleiter- zur Metallelektrode fließen und dabei Arbeit zu leisten vermögen. Auf diesem Wege wird Lichtenergie direkt in Elektroenergie umgesetzt. Redox-Systeme, die hierbei eingesetzt wurden, sind z. B. Se^{2-}/Se_n^{2-} und Ferrocen/Ferrocinium in Acetonitril.

4.7   Bänder in Verbindungen von d-Elementen – die Monoxide von Übergangsmetallen

Monoxide (MO) mit Kochsalzstruktur werden von den $3d$-Elementen Ti, V, Mn, Fe, Co und Ni gebildet[1]. TiO und VO besitzen metallische Leitfähigkeit, die restlichen sind Halbleiter. Die $2p$-Orbitale des Sauerstoffs bilden ein besetztes Valenzband, die $4s$-Orbitale der Metalle bilden ein zweites Band. Wie verhalten sich die $3d$-Orbitale?

---

[1] In den Gittern von TiO und VO ist ein Sechstel der Gitterplätze in einer geordneten Weise nicht besetzt (Kapitel 5).

Durch die Symmetrie der Kochsalzstruktur sind drei von den fünf d-Orbitalen befähigt, mit den Orbitalen anderer Metalle zu überlappen. Da diese Atome keine nächsten Nachbarn sind, ist die Überlappung nur geringer als in den Metallen, und die entstehenden Bänder sind schmaler. Die beiden restlichen d-Orbitale überlappen mit den Orbitalen benachbarter Sauerstoffatome. Es gibt deshalb zwei schmale $3d$-Bänder, ein tiefer liegendes t_{2g}-Band, das $6\,N$ Elektronen aufnehmen kann und ein höher liegendes, das e_g-Band genannt wird und $4\,N$ Elektronen aufnehmen kann. Das zweiwertige Titan hat zwei $3d$-Elektronen, die das tiefer liegende t_{2g}-Band zu einem Drittel füllen. Wie bereits bei den Metallen gezeigt wurde, führen teilweise besetzte Bänder zu metallischer Leitfähigkeit. Man sollte deshalb erwarten, daß auch MnO, CoO und NiO metallisch sind. Diese Oxide sind trotzdem Halbleiter.

Innerhalb der Reihe der $3d$-Elemente nimmt die Ausdehnung der Orbitale ab. Deshalb verringert sich die gegenseitige Überlappung der d-Orbitale, und das $3d$-Band wird dadurch schmaler. In einem breiten Band wie dem s/p-Band der Alkalimetalle ist jedes Valenzelektron im Gitter frei beweglich. Es wird weder von den Atomrümpfen noch von den anderen Valenzelektronen wesentlich beeinflußt. Im Gegensatz dazu sind die Elektronen in einem schmalen Band stärker an einen Rumpf gebunden, und auch die interelektronische Abstoßung gewinnt an Bedeutung, vor allem die Abstoßung zwischen den Elektronen des gleichen Atoms. Betrachten wir ein Elektron in einem nur zum Teil gefüllten Band, das sich von einem Atomrumpf zu einem anderen bewegt. In einem Alkalimetall befindet sich das Elektron schon in der Einflußsphäre der umgebenden Kerne und wird kaum von deren Rumpfelektronen abgestoßen. Ein $3d$-Elektron, das sich von einem Kern zu einem anderen bewegt, erhöht die negative Ladung im Bereich dieses Kerns, der bereits eine bestimmte $3d$-Elektronendichte besitzt. Deshalb wird das Elektron abgestoßen. Man muß deshalb für schmale Bänder den Energiegewinn bei der Delokalisierung der Elektronen in einem Band gegen die Elektronenabstoßung abwägen. Bei MnO, FeO, CoO und NiO überwiegt die Elektronenabstoßung, so daß es energetisch günstiger ist, wenn sich die $3d$-Elektronen in lokalisierten Orbitalen aufhalten, als wenn sie in Bändern delokalisiert sind.

Die Bandlücke zwischen dem $2p$-Band des Sauerstoffs und dem $4s$-Band der Metalle ist bei diesen Oxiden so groß, daß sie in reinem Zustand Isolatoren sind. Diese Verbindungen sind jedoch Halbleiter, weil sie immer nichtstöchiometrisch zusammengesetzt sind, d. h., das Verhältnis M:O ist nicht exakt 1:1. Die damit zusammenhängenden Defekte werden in Kapitel 5 behandelt.

4.7.1 Titandioxid und Titandisulfid

Nicht allein die Monoxide bilden in der Reihe der Übergangsmetalle eine Folge von Verbindungen sehr unterschiedlicher Eigenschaften, sondern auch die Dioxide. Das CrO_2 wird wegen seiner besonderen magnetischen Eigenschaften später diskutiert werden. Auch verschiedene Klassen von ternären Oxiden zeigen eine Vielfalt elektronischer Eigenschaften. Unter den Perowskiten sind z. B. die Verbindungen $LaTiO_3$, $SrVO_3$ und $LaNiO_3$ metallische Leiter, $LaRhO_3$ ist ein Halbleiter, und $LaMnO_3$ ist ein Isolator. Auch bei den Sulfiden gibt es innerhalb einer Reihe den Übergang vom Metall zum Isolator. In der Regel haben Verbindungen mit breiten d-Bändern metallische Leitfähigkeit. Diese breiten Bänder trifft man vor allem bei Verbindungen an, die von Elementen am Anfang der Übergangsmetallreihe und von den $4d$- und $5d$-Metallen gebildet werden, z. B. in NbO und WO_2. Metallisches Verhalten findet man häufig bei Verbindungen, in denen Metalle niederer Oxidationsstufen an Elemente geringer Elektronegativität gebunden sind.

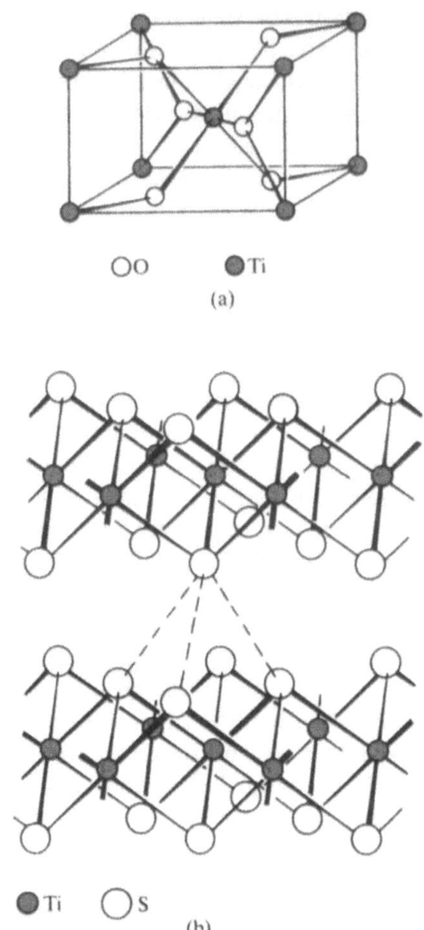

Bild 4.12   Die Kristallstrukturen von (a) TiO_2 und (b) TiS_2

Der Einfluß der Anionen kann durch den Vergleich von TiO_2 mit TiS_2 erklärt werden. TiO_2 hat Rutilstruktur (Bilder 1.42 und 4.12) und ist ein Isolator mit einer Bandlücke, die größer ist als die Photonenenergie des sichtbaren Lichts. Durch n-Dotierung wird es halbleitend und kann in photovoltaischen Zellen vom Typ Halbleiter-Flüssigkeit verwendet werden. TiS_2 hat eine CdI_2-Schichtstruktur (Bilder 1.41 und 4.12) und ist ein Halbleiter.

Die Bandstruktur der beiden Titanverbindungen ist in Bild 4.13 dargestellt. Beim Oxid ist das Sauerstoff-$2p$-Band gefüllt, und das leere $3d(t_{2g})$-Band ist das Leitungsband. Im TiS_2 überlappen die S- und die Ti-Orbitale stärker als die O- und Ti-Orbitale bei TiO_2. Das $3p$-Band des Schwefels ist so breit, daß es mit dem $3d$-Band des Titans überlappt. Deshalb ist die Leitfähigkeit des TiS_2 viel größer als die von Halbleitern mit einer breiten verbotenen Zone. In der Nähe der Bandkante ist jedoch die Elektronendichte nur relativ gering, so daß nur wenige Elektronen für die Anregung zur Verfügung stehen. Deshalb ist die Leitfähigkeit nicht so groß wie bei einem Metall.

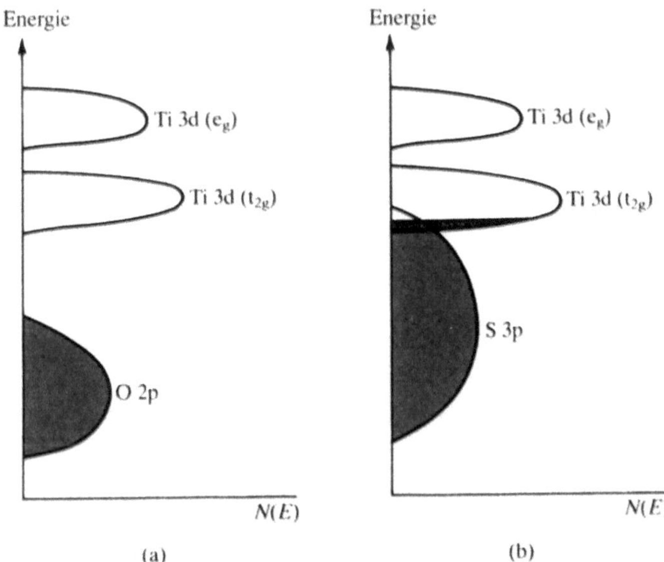

Bild 4.13   Energiebänder von (a) TiO_2 und (b) TiS_2

Weiterführende Literatur

Moore, W. J.: *Der feste Zustand*, Kapitel 2 - 3. Vieweg, Braunschweig, 1977.
McWeeny, R.: *Coulson's Valence*, Oxford University Press, Oxford, 1979.
Cox, P. A.: *Electronic Structure and Chemistry of Solids*, Oxford University Press, Oxford, 1987.
West, A. R.: *Basic Solid State Chemistry*, John Wiley, New York, 1988.
Duffy, J. A.: *Bonding, Energy Levels and Bands in Inorganic Solids*, Chapter 4 und 7,
      Wiley, New York, 1990.
Rosenberg, H. M.: *The Solid State*, Chapter 7 - 10. Oxford University Press, Oxford, 1989.
Kittel, C.: *Einführung in die Festkörperphysik*, R. Oldenbourg GmbH, München, 1973.

Fragen

1. Im Modell freier Elektronen haben die Elektronen nur kinetische Energie. Berechnen Sie
    aus der Gleichung $E = (1/2) \cdot (mv^2)$ die Geschwindigkeit der Elektronen am Fermi-Ni-
    veau für Natrium (Bild 4.3). Die Elektronenmasse beträgt $m_e = 9,11 \cdot 10^{-31}$ kg.

2. Die Dichte von Natriummetall ist $\rho = 970$ kg m^{-3}. Wie viele Atome enthält ein kleiner
    würfelförmiger Kristall mit einer Kantenlänge von 0,1 mm?

3. Man erhält einen Näherungswert für die Zahl der besetzten Zustände durch Integration
    der Zustandsdichte von 0 bis zur Fermi-Energie E_F.

$$N = \int_0^{E_F} N(E)dE = \int_0^{E_F} E^{1/2}(2m_e)^{3/2}V /(2\pi^2\hbar^3)dE$$
$$= (2m_eE_F)^{3/2}V /3\pi^2\hbar^3$$

Berechnen Sie die Gesamtzahl besetzter Zustände für einen Natriumkristall mit dem Volumen (a) 10^{-12} m³, (b) 10^{-6} m³ und (c) 10^{-29} m³ (ungefähr die Größe eines Atoms). Vergleichen Sie die Ergebnisse mit der Zahl der verfügbaren Elektronen und kommentieren Sie die unterschiedlichen Ergebnisse zu (a), (b) und (c). $E_F = 2,8$ eV für Natrium (1 eV = $1,602 \cdot 10^{-19}$ J).

4. Die Photonenenergie des sichtbaren Lichts liegt zwischen $2,4 \cdot 10^{-19}$ J und $5,0 \cdot 10^{-19}$ J. Die Bandlücke des Selens ist gleich $E_g = 2,9 \cdot 10^{-19}$ J. Warum ist Selen ein Photoleiter, der gut für elektrophotographische Anwendungen geeignet ist?

5. Die Breite der Bandlücke verschiedener Halbleiter und Isolatoren ist unten aufgeführt. Welcher Stoff ist ein guter Photoleiter für den ganzen Bereich des sichtbaren Lichtes?

Substanz	Si	Ge	CdS
Bandlücke (10^{-19} J)	1,9	1,3	3,8

6. Welche Stoffe sind p- bzw. n-Halbleiter: (a) Ge, dotiert mit As, (b) Si, dotiert mit Ge, (c) Ge, dotiert mit In, (d) InSb, dotiert mit B?

7. Bildet Carborund (SiC) eine Diamantstruktur aus, oder eine Struktur mit größerer Koordinationszahl? Begründen Sie die Antwort.

5 Defekte und Nichtstöchiometrie

5.1 Einleitung

In einem idealen Kristall sind alle Gitterpunkte durch die der Struktur entsprechenden Teilchen besetzt. Dieser Zustand kann nur am absoluten Nullpunkt existieren. Oberhalb 0 K müssen Baufehler (*Defekte*) vorhanden sein, da nach dem zweiten Hauptsatz der Thermodynamik im thermischen Gleichgewicht immer eine gewisse „Unordnung" herrschen muß. Bei den Defekten kann es sich um *„ausgedehnte Defekte"* wie *Versetzungen* handeln. Die mechanischen Materialeigenschaften hängen ganz wesentlich von der An- bzw. Abwesenheit ausgedehnter Defekte und von *Korngrenzen* ab. Diese Erscheinungen gehören in den Bereich der Materialwissenschaft und werden hier nicht diskutiert. Ist ein Defekt an eine einzelne Gitterposition gebunden, wenn z. B. ein Gitterplatz nicht oder mit einem Fremdatom besetzt ist, spricht man von *Punktdefekten*. Auch Punktdefekte können einen wesentlichen Einfluß auf die chemischen und physikalischen Eigenschaften eines Festkörpers haben. Die wunderbaren Farben mancher Edelsteine werden von „Verunreinigungen" durch Fremdatome in den Kristallen hervorgerufen. Die Leitfähigkeit ionischer Festkörper hängt mit dem Vorhandensein von nichtbesetzten Gitterplätzen zusammen – in Gegensatz zur elektronischen Leitfähigkeit, die in Kapitel 4 besprochen worden ist.

5.2 Defekte und ihre Konzentration

Defekte lassen sich in zwei Hauptkategorien einteilen: Eigenfehler und Fremdfehler. *Eigenfehler* verändern die stöchiometrische Zusammensetzung des Festkörpers nicht und werden deshalb *stöchiometrische Defekte* genannt, während *Fremdfehler* durch den Einbau fremder Atome ins Gitter hervorgerufen werden.

5.2.1 Eigenfehler

Es gibt zwei Arten von Eigenfehlern: Schottky-Defekte und Frenkel-Defekte. *Schottky-Defekte* bestehen aus Kationen- und Anionenleerstellen im Gitter. Ein *Frenkel-Defekt* entsteht dadurch, daß ein Atom (oder Ion) von einem Gitterplatz auf einen – sonst leeren – Zwischengitterplatz wandert und dabei eine Leerstelle im Gitter zurückläßt.

Bei einem 1:1-Kristall MX besteht ein Schottky-Defekt aus einem *Paar* von Gittervakanzen, einer Kationen- und einer Anionenleerstelle, wie es in Bild 5.1 für ein Alkalihalogenid dargestellt ist. Aus Gründen der Elektroneutralität muß die Zahl der fehlenden Kationen gleich der Zahl der Anionenvakanzen sein. Aus dem gleichen Grund gehören bei einer MX_2-Verbindung zu einem Schottky-Defekt eine leere M^{2+}-Position und zwei X^--Vakanzen. Schottky-Defekte treten häufig in Kristallen der Zusammensetzung 1:1 auf, z. B. bei NaCl, CsCl und ZnS.

Frenkel-Defekte kommen gewöhnlich nur in einem *Teilgitter* der Kristalle vor. In Bild 5.1 ist das am Beispiel eines NaCl-Kristalls gezeigt: ein Kation hat seinen Gitterplatz verlassen und befindet sich auf einem Zwischengitterplatz. In Bild 5.2 ist ein *Frenkel-Defekt-Kation* in einem AgCl-Gitter dargestellt, ein im ungestörten Gitter oktaedrisch koordiniertes Ag^+-Ion besetzt eine Tetraederlücke. Die Auftreten derartiger Störstellen ist für den fotografischen Prozeß wichtig. Sie werden im AgBr gebildet, das als lichtempfindlicher Bestandteil in der fotografischen Emulsion enthalten ist.

Anionen-Frenkel-Defekte treten verhältnismäßig selten auf, weil die Anionen gewöhnlich größer als die Kationen sind und deshalb nur schwer auf einem niedrig koordinierten Zwischengitterplatz untergebracht werden können.

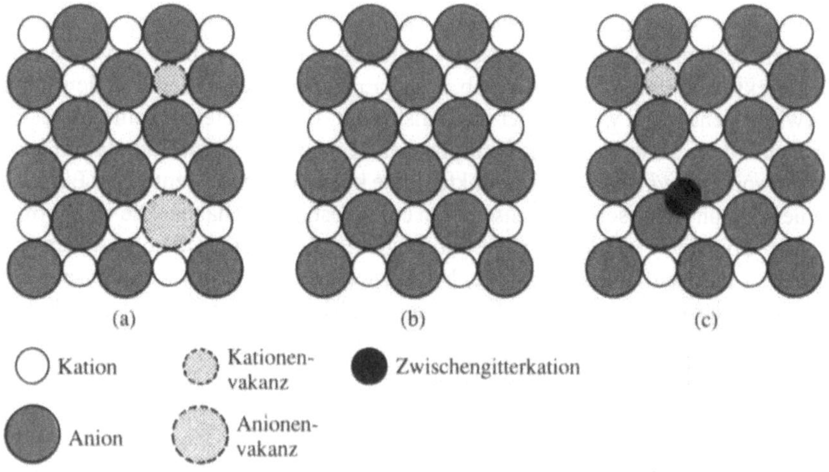

Bild 5.1   Schema der Eigenfehlstellen (Punktdefekte) in einem Kristall der Zusammensetzung MX: (a) Schottky-Paar, (b) idealer (ungestörter) Kristall, (c) Frenkel-Paar

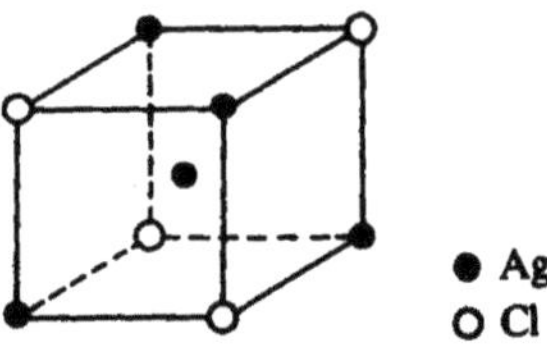

Bild 5.2   Die tetraedrische Koordination eines Ag^+-Ions, das sich in einem AgCl-Kristall auf einem Zwischengitterplatz befindet

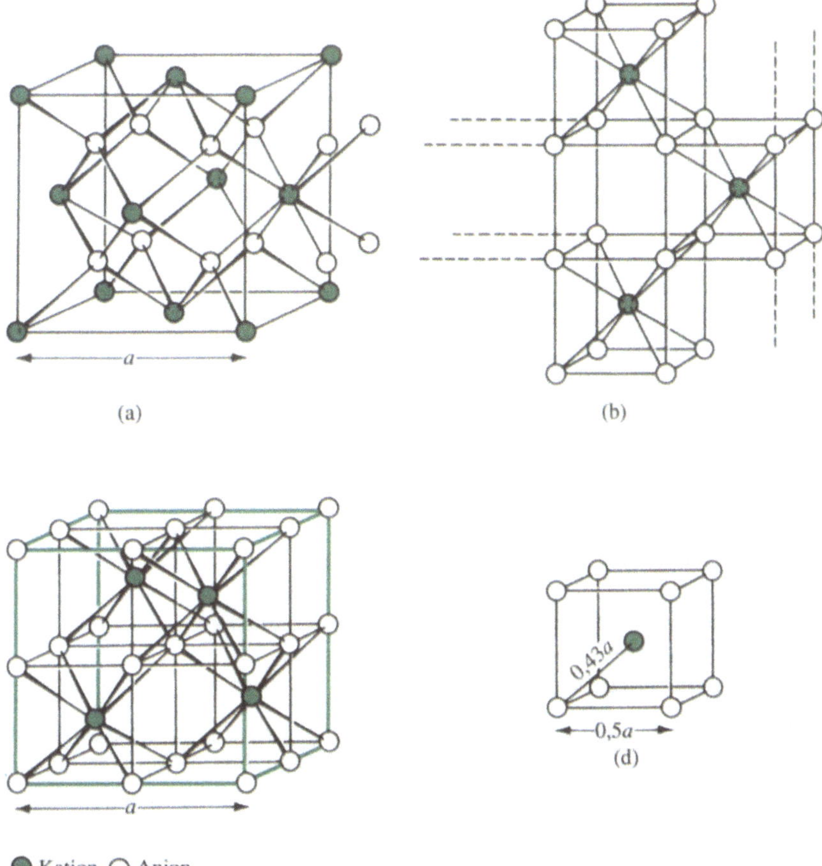

Bild 5.3   Die Fluorit-Struktur (CaF_2): (a) Elementarzelle als *ccp*-Packung von Kationen (Ursprung im Kation), (b) Ausschnitt aus (a) zum Verdeutlichen der kubisch-primitiven Anordnung der Anionen, (c) Elementarzelle mit Ursprung im Anion, (d) Oktant (Achtelwürfel) aus (c) mit Beziehungen zur Gitterkonstante a

Eine wichtige Ausnahme von dieser allgemeinen Regel bilden die Verbindungen mit Fluorit-Struktur CaF_2, SrF_2, PbF_2, ThO_2, UO_2 und ZrO_2. Hier haben die Anionen eine kleinere Ionenladung als die Kationen, so daß eine gegenseitige Annäherung leichter möglich ist. Ein weiterer Grund für dieses Verhalten liegt in der Natur der Fluorit-Struktur (Bild 5.3). Wir haben diese Struktur bereit in Kapitel 1 beschrieben. Man kann sie sich als *ccp*-Anordnung von Ca^{2+}-Ionen vorstellen, in der alle Tetraederlücken von F^--Ionen besetzt sind. Dadurch bleiben die größeren Oktaederlücken – im Zentrum der Elementarzelle von Bild 5.3a – frei. Diese relativ offene Struktur sieht man gut in Bild 5.3c. Von den acht *Oktanten* der Elementarzelle ist nur jeder zweite mit einem Ca^{2+}-Ion besetzt. Beide Darstellungen sind einander äquivalent, aber die Zwischengitterplätze sind in Bild 5.3c besser zu erkennen.

5.2.2 Die Defektkonzentration

Die Bildung eines Defekts ist immer ein *endothermer Prozeß*. Trotzdem existieren Defekte in jedem Kristall bereits bei sehr tiefen Temperaturen, wenn auch nur in geringer Konzentration. Die Bildung eines Defekts ist mit einem Gewinn an Entropie verbunden, der den Aufwand an Bildungsenthalpie auszugleichen vermag, so daß im Gleichgewicht die Änderung der freien Enthalpie für die Defektbildung gleich Null ist:

$$\Delta G = \Delta H - T\Delta S$$

Vom thermodynamischen Standpunkt aus dürfen wir nicht erwarten, daß es einen idealen Festkörper gibt, ganz im Gegensatz zu den herkömmlichen Vorstellungen von Symmetrie und Ordnung in einem Kristall. Bei jeder Temperatur gibt es in einem Kristall eine bestimmte Defektkonzentration.

Die Zahl der Schottky-Defekte in einem Kristall der Zusammensetzung MX erhält man aus

$$n_S = N \exp(-\Delta h_S / 2kT) \tag{5.1}$$

n_S: Zahl der Schottky-Defekte pro Volumeneinheit,
T : Temperatur in K,
N : Zahl der Kationen und der Anionen in der Volumeneinheit,
k : Boltzmannkonstante,
Δh_S: Bildungsenthalpie eines Schottky-Defektes

Es ist einfach, diese Gleichung für die Gleichgewichtskonzentration der Schottky-Defekte abzuleiten, indem man die Entropieänderung eines Kristalls bei der Bildung der Störstelle betrachtet. Die Entropieänderung hängt mit der Änderung der Gitterschwingungen in ihrer Umgebung und mit der großen Zahl von Realisierungsmöglichkeiten für die Defekte zusammen. Die letztgenannte Größe, die *Konfigurationsentropie,* kann mit den Methoden der statistischen Thermodynamik abgeschätzt werden.

Wenn bei T K die Zahl der Schottky-Defekte pro Volumeneinheit gleich n_S ist, dann gibt es n_S Kationen- und n_S Anionenleerstellen in einem Kristall mit N Kationen- und N Anionengitterplätzen pro Volumeneinheit. Die Entropie S des Systems ist durch die *Boltzmann-Gleichung* gegeben

$$S = k \ln W \tag{5.2}$$

Dabei ist W die statistische Wahrscheinlichkeit, n_S Defekte auf N Positionen zu finden. Die Wahrscheinlichkeitstheorie liefert für die Wahrscheinlichkeit

$$W = \frac{N!}{(N-n)!\,n!} \tag{5.3}$$

Demzufolge ist die Zahl der Positionen für die Kationen- und Anionenleerstellen (W_c bzw. W_a) gegeben durch

$$W_c = W_a = \frac{N!}{(N - n_S)!\, n_S!}$$

Die Gesamtzahl W der Realisierungsmöglichkeiten für die Defekte ergibt sich aus dem Produkt

$$W = W_c\, W_a$$

und der Entropiegewinn ΔS bei der Bildung von Defekten in einem idealen Kristall

$$\Delta S = k \ln W = k \ln\left(\frac{N!}{(N - n_S)!\, n_S!}\right)^2 = 2k \ln\frac{N!}{(N - n_S)!\, n_S!}$$

Durch die *Stirlingsche Näherung*

$$\ln N! \approx N \ln N - N$$

läßt sich die Gleichung vereinfachen:

$$\Delta S = 2k \left[N \ln N - (N - n_S) \ln (N - n_S) - n_S \ln n_S\right]$$

Da die Enthalpieänderung bei der Bildung eines einzigen Schottky-Defekts Δh_S ist, ist die Bildungsenthalpie für n_S Defekte gleich $n_S \Delta h_S$ und man erhält für die freie Enthalpie

$$\Delta G = n_S \Delta h_S - 2kT \left[(N \ln N - (N - n_S) \ln (N - n_S) - n_S \ln n_S\right]$$

Bei konstanter Temperatur T muß das System im Gleichgewicht ein Minimum an freier Enthalpie gegenüber einer Änderung der Defektkonzentration haben, d. h.

$$\left(\frac{d\Delta G}{dn_S}\right) = 0$$

Daraus folgt

$$\Delta h_S - 2kT\, \frac{d}{dn_S}\, [N \ln N - (N - n_S) \ln (N - n_S) - n_S \ln n_S] = 0$$

$N \ln N$ ist eine Konstante und wird beim Differenzieren gleich Null, $\ln n$ ergibt differenziert $1/n$ und durch Differenzieren von $(n \ln n)$ erhält man $(1 + \ln n)$. Differenziert geht obige Gleichung über in

$$\Delta h_S - 2kT\, [\ln(N - n_S) + 1 - \ln n_S - 1] = 0$$

und weiter

$$\Delta h_S = 2kT \ln\left(\frac{N - n_S}{n_S}\right)$$

Die gesuchte Zahl der Schottky-Defekte pro Volumeneinheit ist dann

$$n_S = (N - n_S)\exp(-\Delta h_S/2kT).$$

Da aber $N \gg n_S$ ist, gilt näherungsweise $(N - n_S) = N$ und

$$n_S = N\exp(-\Delta h_S/2kT). \tag{5.1}$$

Durch Erweitern mit der Avogadrokonstanten N_A erhält man den Ausdruck für die molaren Größen ($N_A{\cdot}\Delta h_S = \Delta H_S$ und $N_A{\cdot}k = R = 8{,}314\ \mathrm{J\ mol^{-1}\,K^{-1}}$):

$$n_S = N\exp(-\Delta H_S/2RT) \tag{5.4}$$

ΔH_S ist die Enthalpie, die für die Bildung von einem Mol Schottky-Defekten aufgebracht werden muß, und R ist die allgemeine Gaskonstante.

Aus gleichartigen Überlegungen ergibt sich die Zahl der Frenkel-Defekte n_F in der Volumeneinheit eines Kristalls der Zusammensetzung MX:

$$n_F = (NN_i)^{1/2}\exp(-\Delta H_F/2RT) \tag{5.5}$$

Dabei ist N die Zahl der regulären Gitterplätze, N_i die Zahl der möglichen Zwischengitterplätze und ΔH_F die Enthalpie für die Bildung eines Mols von Frenkel-Defekten. Die Bildungsenthalpien ΔH_S bzw. ΔH_F sind für einige Verbindungen in Tabelle 5.1 zusammengestellt.

Tabelle 5.1   Die Bildungsenthalpie von Schottky- und Frenkel-Defekten ausgewählter Verbindungen

| | Verbindung | Δh | | ΔH |
		$10^{-19}\,J$	eV	$kJ\ mol^{-1}$
Schottky-	MgO	10,57	6,60	637
Defekte	CaO	9,77	6,10	588
	LiF	3,75	2,34	226
	LiCl	3,40	2,12	205
	LiBr	2,88	1,80	173
	LiI	2,08	1,30	125
	NaCl	3,69	2,30	222
	KCl	3,62	2,26	218
Frenkel-	UO_2	5,45	3,40	328
Defekte	ZrO_2	6,57	4,10	396
	CaF_2	4,49	2,80	270
	SrF_2	1,12	0,70	67
	AgCl	2,56	1,60	154
	AgBr	1,92	1,20	116
	β-AgI	1,12	0,70	67

Mit Gleichung (5.1) kann man aus den Werten von Tabelle 5.1 die Defektkonzentration in Kristallen abschätzen. Mit einem Mittelwert $\Delta h_S = 5 \cdot 10^{-19}$ J findet man ein Verhältnis n_S/N bei 300 K von $6 \cdot 10^{-27}$ und bei 1000 K von $1 \cdot 10^{-8}$. Die Konzentration der Schottky-Defekte ist bei Zimmertemperatur außerordentlich klein, und selbst bei 1000 K entfällt nur etwa eine Vakanz auf 100 Millionen Gitterplätze.

Ob es in einem Kristall Frenkel- oder Schottky-Defekte gibt, hängt wesentlich von deren Bildungsenthalpien ab. Die Defektart mit dem kleineren ΔH-Wert wird dominieren. In einigen Festkörpern können auch beide Defekte vorliegen.

Wir werden später zeigen, daß es zum Erzielen bestimmter Eigenschaften notwendig ist, die Zahl der Defekte in einem Kristall gezielt zu verändern. Welche Möglichkeiten gibt es dafür?

Wir haben bei den oben ausgeführten Berechnungen gesehen, wie die Defektkonzentration mit der Temperatur zunimmt. Das entspricht dem *Le Chatelierschen Prinzip*. Die Defektbildung ist immer ein endothermer Vorgang, der durch steigende Temperatur begünstigt wird. Wenn es möglich wäre, die Bildungsenthalpien ΔH_S bzw. ΔH_F zu verringern, nähme die Defektkonzentration bei einer gegebenen Temperatur stark zu. Eine einfache Abschätzung nach Gleichung (5.1) mit dem kleineren Wert $\Delta h_S = 1 \cdot 10^{-19}$ J liefert die in Tabelle 5.2 angegebenen Ergebnisse. Bei 1000 K gibt es dann bereits etwa drei Defekte pro hundert Gitterplätze. Es ist natürlich schwierig, die Δh_S-Werte in einem Kristall zu beeinflussen, aber es gibt Strukturen, bei denen von Natur aus die Defektbildung weniger Energie verbraucht als gewöhnlich. Das kann z. B. beim α-AgI ausgenutzt werden. Auch durch Fremdatome kann die Defektkonzentration vergrößert werden.

Tabelle 5.2 Zusammenhang zwischen Bildungsenthalpie ΔH_S und Konzentration n_S/N von Schottky-Defekten bei verschiedenen Temperaturen

Temperatur K	$\Delta h_S = 5 \cdot 10^{-19}$ J $\Delta H_S = 301$ kJ mol^{-1}	$\Delta h_S = 1 \cdot 10^{-19}$ J $\Delta H_S = 60,2$ kJ mol^{-1}
300	$6,12 \cdot 10^{-27}$	$5,72 \cdot 10^{-6}$
1000	$1,37 \cdot 10^{-8}$	$2,67 \cdot 10^{-2}$

5.2.3 Fremdfehler

Man kann in einen Kristall Leerstellen einbauen, indem ihn mit ausgewählten anderen Stoffen *dotiert*: wenn man z. B. eine kleine Menge $CaCl_2$ gemeinsam mit NaCl auskristallisieren läßt, ersetzt jedes Ca^{2+}-Ion wegen der Elektroneutralität im Kochsalzgitter zwei Na^+-Ionen, und es entsteht eine Leerstelle im Kationenteilgitter. Solche durch Fremdatome hervorgerufenen Störstellen werden auch *extrinsische Defekte* genannt. Ein wichtiges Beispiel dafür ist das kubische *Zirkondioxid* ZrO_2. Seine Struktur kann durch CaO-Dotierung stabilisiert werden. Ca(II)-Ionen besetzen Zr(IV)-Plätze, und die Ladung wird durch Fehlstellen im Sauerstoffteilgitter ausgeglichen (vgl. Abschnitt 5.4.1.3).

5.3 Ionenleitung in Festkörpern

Eine der wichtigsten Wirkungen von Punktdefekten ist es, daß sich Atome oder Ionen in einem Kristall bewegen können. Man kann sich nur schwer vorstellen, wie sich ein Atom oder ein Ion durch einen idealen Kristall hindurch bewegt, unabhängig davon, ob es sich dabei um *Diffusion* oder um *Ionenleitung* unter dem Einfluß eines elektrischen Feldes handeln soll. Die diesen beiden Prozesse zugrunde liegenden Vorgänge sind einander sehr ähnlich. Wir werden uns deshalb hier auf die Beschreibung der Ionenleitung in Festelektrolyten beschränken, weil es dafür wichtige Anwendungsgebiete gibt.

Zwei mögliche Mechanismen für die Bewegung eines Ions durch ein Gitter sind in Bild 5.4 zu sehen. In Bild 5.4a springt ein Ion von seiner normalen Gitterposition auf einen äquivalenten Gitterplatz, der aber nicht besetzt ist. Dieser Mechanismus wird *Loch-Leitung* genannt. Man kann diesen Vorgang auch als Bewegung einer Vakanz im Gitter beschreiben. Bild 5.4b zeigt den *Zwischengitter-Mechanismus*, bei dem ein Zwischengitterion auf einen anderen äquivalenten Zwischengitterplatz springt. Diese einfache Art der Wanderung von Ionen in einem Festkörper nennt man den *Hopping-Mechanismus*. Dabei werden kompliziertere kooperative Bewegungen vernachlässigt.

Die spezifische Ionenleitfähigkeit σ ist in der gleichen Weise definiert wie die elektronische Leitfähigkeit:

$$\sigma = nze\mu \tag{5.6}$$

wobei n die Zahl der Ionen pro Volumeneinheit, ze ihre Ladung, ausgedrückt durch Vielfache der Elektronenladung $e = 1{,}602 \cdot 10^{-19}$ C, und μ ihre *Beweglichkeit* ist. Die Beweglichkeit ist gleich der Driftgeschwindigkeit der Ladungsträger bei einer Feldstärke von 1 V cm^{-1}. In Tabelle 5.3 sind die Größenordnungen für die spezifische Leitfähigkeit σ verschiedener Stoffklassen angegeben. Wie man erwarten muß, sind Ionenkristalle im Vergleich zu Metallen schlechte Leiter. Das ist ein direkter Hinweis auf die Schwierigkeiten für die ionischen Ladungsträger, sich im Inneren des Kristallgitters fortzubewegen.

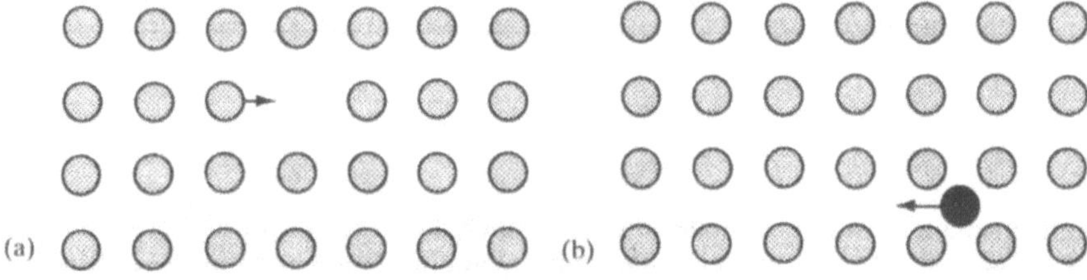

Bild 5.4   Schema der Ionenbewegung in einem Gitter: (a) nach dem Leerstellenmechanismus, (b) nach dem Zwischengittermechanismus

Tabelle 5.3 Bereich der spezifischen Leitfähigkeit σ verschiedener Materialien

	Material	Spezifische Leitfähigkeit σ $S\,m^{-1}$
Ionenleiter	Ionenkristalle	$< 10^{-16}$ bis 10^{-2}
	Festelektrolyte	10^{-1} bis 10^{3}
	Lösungen starker Elektrolyte	10^{-1} bis 10^{3}
Elektronenleiter	Metalle	10^{3} bis 10^{7}
	Halbleiter	10^{-3} bis 10^{4}
	Isolatoren	$< 10^{-10}$

Gleichung (5.6) ist die allgemeine Definition der Leitfähigkeit für alle leitenden Materialien. Wenn wir verstehen wollen, warum einige ionische Verbindungen bessere Leiter sind als andere, ist es nützlich, den erwähnten Hopping-Mechanismus näher zu betrachten. Wir haben bereits erwähnt, daß die Leitfähigkeit in diesen Festkörpern durch Gitterfehler hervorgerufen wird. Deshalb muß die Konzentration der Ladungsträger n mit der Defektkonzentration n_S bzw. n_F und μ mit ihrer Möglichkeit zusammenhängen, sich durch das Gitter zu bewegen.

Wir wollen die Bewegungsmöglichkeiten von Gitterfehlstellen am Beispiel von Kochsalz diskutieren, das Schottky-Defekte enthält. In diesem Fall werden sich bevorzugt die Na^+-Ionen bewegen, da sie kleiner sind als die Cl^--Ionen. In Bild 5.5b sind zwei mögliche Wege eingezeichnet, auf denen sich ein Na^+-Ion aus dem Mittelpunkt einer Elementarzelle auf einen äquivalenten leeren Gitterplatz bewegen kann. Der kürzeste Weg führt am Punkt 4 direkt zwi-

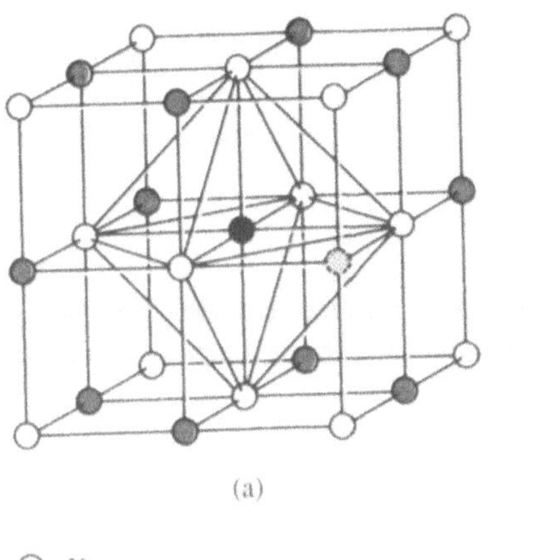

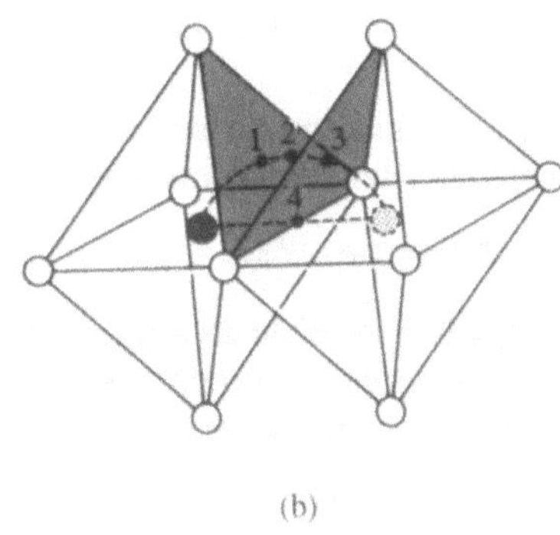

(a)

(b)

○ X

● M

◌ M-Vakanz

Bild 5.5 Die NaCl-Struktur: (a) Elementarzelle mit Darstellung der oktaedrischen Koordination eines Kations, (b) Koordination eines Kations und einer benachbarten Kationenleerstelle

schen zwei Cl⁻-Ionen hindurch. Diese Route ist unwahrscheinlich, da sich die Cl⁻-Ionen in einer *ccp*-Anordnung berühren. Auf dem anderen Weg geht das Na⁺-Ion zunächst am Punkt 1 durch eine Dreiecksfläche des Oktaeders hindurch, erreicht bei 2 eine Tetraederlücke und bei 3 eine andere Dreiecksfläche, bis es schließlich auf den vakanten Gitterplatz gelangt. Die Koordinationszahl des Na⁺-Ions ändert sich beim Übergang vom einen zum anderen Gitterplatz folgendermaßen: 6→3→4→3→6. Bei diesem Vorgang ist eine Energiebarriere zu überwinden, die aber lange nicht so groß ist wie auf dem direkten Weg, auf dem die Koordinationszahl bis auf 2 erniedrigt werden muß. In der Regel kann man erwarten daß ein Ion den Pfad verfolgt, auf dem die niedrigste Potentialschwelle überwunden werden muß. In Bild 5.6 ist der Potentialverlauf bei einer derartigen Bewegung dargestellt. Die potentielle Energie des Ions ist vor und nach dem Sprung gleich, da es sich an äquivalenten Positionen befindet. Das dazwischen liegende Maximum ist die *Aktivierungsenergie E_a* für den Sprung. Die Temperaturabhängigkeit der Ionenbeweglichkeit kann durch eine *Arrhenius-Gleichung* ausgedrückt werden:

$$\mu \propto \exp(-E_a/kT) \tag{5.7}$$

oder

$$\mu = \mu_0 \exp(-E_a/kT) \tag{5.8}$$

wobei μ_0 ein präexponentieller Proportionalitätsfaktor ist. Die Größe μ_0 wird von mehreren Faktoren beeinflußt: der *Sprungfrequenz*, die mit der Zeit zusammenhängt, während der ein Ion ausreichend Schwingungsenergie besitzt, um die Potentialschwelle zu überwinden (sie liegt in der Größenordnung der Gitterschwingungen von etwa 10^{13} Hz), der Weglänge, die das Ion zurücklegen kann und der einwirkenden Feldstärke. Solange die Feldstärke relativ klein ist ($E \leq 300$ V cm⁻¹), kann ihre Temperaturabhängigkeit $1/T$ in den Vorfaktor μ_0 einbezogen werden.

Wenn man diese Zusammenhänge in Gleichung (5.6) einführt, erhält man für die Temperaturabhängigkeit der Ionenleitfähigkeit den Ausdruck

$$\sigma = (\sigma_0/T) \exp(-E_a/T) \tag{5.9}$$

Der Term σ_0 enhält sowohl n als auch ze sowie die Sprungfrequenz und die Sprunglänge. Diese Gleichung gibt die Zunahme der Ionenleitfähigkeit bei steigender Temperatur richtig wieder. Durch Logarithmieren geht sie über in

$$\ln\sigma T = \ln\sigma_0 - E_a/T$$

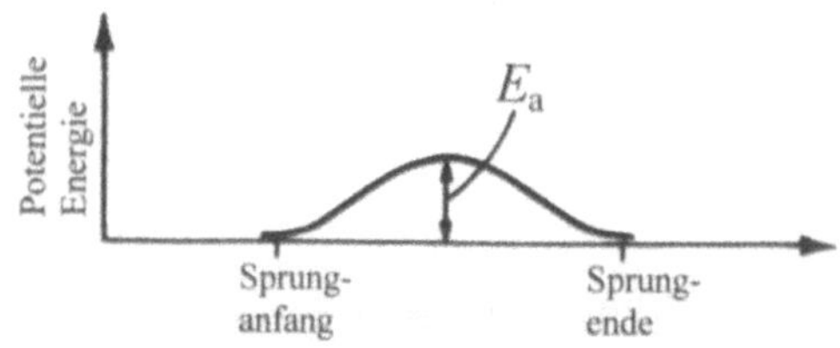

Bild 5.6   Energieänderung beim Bewegen eines Ions entlang eines Pfades minimaler Energie

Bei der graphischen Darstellung von $\ln \sigma T$ als Funktion von $1/T$ sollten sich Geraden mit dem Anstieg $(-E_a)$ ergeben. Man findet in der Literatur auch Darstellungen, denen die empirische Gleichung

$$\sigma = \sigma_0 \exp(-E_a/T)$$

zugrunde liegt. An der Aussage ändert sich nichts, ob man $\ln \sigma T$ oder $\ln \sigma$ gegen $1/T$ aufträgt.

Wenn wir zunächst die zum AgI gehörenden Werte in Bild 5.7 vernachlässigen, weil wir sie später behandeln werden, entspricht die Temperaturabhängigkeit der Leitfähigkeit den behandelten Gesetzmäßigkeiten. Nur für das LiI ergeben sich zwei Bereiche mit verschiedenem Anstieg, d. h. verschiedener Aktivierungsenergie E_a. Ähnliche Ergebnisse findet man auch bei anderen Verbindungen, z. B. für NaCl in Bild 5.8.

Diese Tatsache läßt sich dadurch erklären, daß auch ein sehr reiner Kristall immer eine bestimmte Konzentration an Verunreinigungen enthält. Die Konzentration der *Eigenfehlstellen* ist bei niedrigen Temperaturen so gering, daß sie für die Leitfähigkeit unwesentlich sind. In diesem Temperaturbereich (zu dem der rechte Teil der Leitfähigkeitskurve gehört) sind allein die *Fremdfehlstellen* in der Lage, Ladungen zu transportieren. Bei einer bestimmten Konzentration an Verunreinigungen ist die Konzentration an Vakanzen konstant. Die Temperaturabhängigkeit ihrer Beweglichkeit μ folgt der Gleichung (5.8):

$$\mu = \mu_0 \exp(-E_a/kT) \tag{5.8}$$

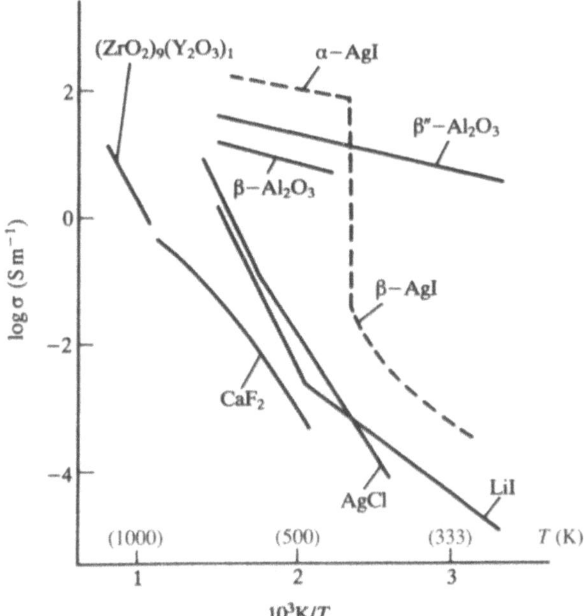

Bild 5.7   Spezifische Leitfähigkeit σ ausgewählter Festelektrolyte in Abhängigkeit von der reziproken Temperatur $1/T$

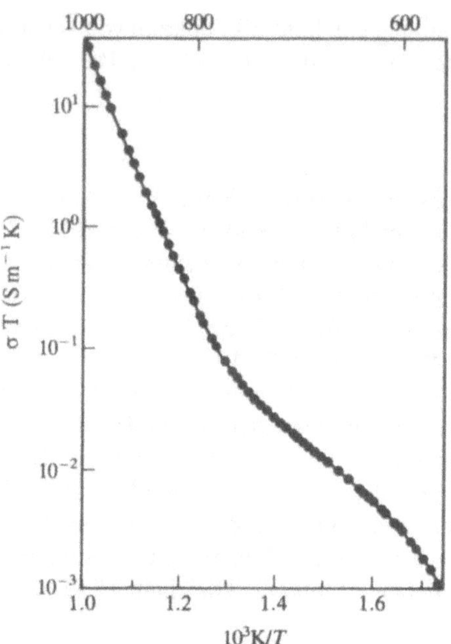

Bild 5.8   Das Produkt aus spezifischer Leitfähigkeit σ und Temperatur T in Abhängigkeit von der reziproken Temperatur $1/T$ für NaCl

Mit zunehmender Temperatur nimmt die Konzentration der Eigenfehlstellen ständig zu – entsprechend Gleichung (5.1) bzw. Gleichung (5.4):

$$n_S = N \exp(-\Delta H_S/2RT), \tag{5.4}$$

In einem bestimmten Temperaturbereich wird sie vergleichbar bzw. größer als die Konzentration der Fremdstörstellen, die sich mit der Temperatur nicht ändert. So ergibt sich für den Bereich der Eigenleitung auf der linken Seite der Diagramme

$$\sigma = (\sigma'/T) \exp(-E_a/kT) \exp(-\Delta h_S/2kT) \tag{5.10}$$

Trägt man $\ln\sigma T$ gegen $1/T$ für derartige Festkörper auf, dann muß man einen größeren Anstieg erhalten, weil die Aktivierungsenergie E_S von zwei Termen abhängt: der Aktivierungsenergie E_a für den Sprung der Kationen und der Bildungsenthalpie für den Schottky-Defekt

$$E_S = E_a + 1/2(\Delta h_S) \tag{5.11}$$

und in gleicher Weise für Systeme, die Frenkel-Defekte enthalten

$$E_F = E_a + 1/2(\Delta h_F) \tag{5.12}$$

Durch Bestimmen der Leitfähigkeit und ihrer Temperaturabhängigkeit lassen sich die Aktivierungsenergien ermitteln. Sie liegen im Bereich von (0,05 bis 1,1) eV und sind damit niedriger als die Bildungsenthalpien der meisten Defekte (Tabelle 5.1). Als Ionenleiter lassen sich Stoffe verwenden, die bereits bei möglichst niedriger Temperatur eine große Leitfähigkeit besitzen. Die Aktivierungsenergie sollte deshalb kleiner als 0,2 eV sein. In Bild 5.7 findet man sie im oberen rechten Bereich.

5.4 Festelektrolyte

Ein beträchtlicher Teil der Festkörperforschung beschäftigt sich mit Problemen der elektrischen Leitfähigkeit. Dabei ist es gelungen, elektrochemische Stromquellen zu entwickeln, die anstelle flüssiger Elektrolyte Festelektrolyte verwenden.

Elektrochemische Stromquellen wandeln bei einer Reaktion chemische Energie direkt in Elektroenergie um. Die Spannung einer solchen Zelle hängt unter Standardbedingungen mit der freien Enthalpie der betreffenden Reaktion in folgender Weise zusammen

$$\Delta G^{\ominus} = -nE^{\ominus}F \tag{5.13}$$

Dabei ist n die Zahl der Elektronen, die bei der Reaktion vom Reduktionsmittel zum Oxidationsmittel übergeht, $E^{\ominus}$ die Potentialdifferenz unter Standardbedingungen und F die Faraday-Konstante ($F = 96\,485$ A s mol^{-1}).

Die Ionen, die an der Reaktion beteiligt sind, bewegen sich in einem *Elektrolyten*. An der *Anode* gibt ein Reaktionspartner Elektronen an die *Elektrode* ab und wird dabei oxidiert. Die Elektronen fließen durch einen äußeren Stromkreis zur *Kathode* und reduzieren dort den zweiten Reaktionspartner. Der unter diesen Umständen spontan durch den äußeren Leiter fließenden Strom kann Nutzarbeit verrichten.

Elektrochemische Zellen sind als Energiequellen sehr nützlich. Sie können in einem weiten Temperaturbereich eingesetzt werden, haben eine lange Lebensdauer und können auch, wenn es notwendig ist, in sehr kleinen Abmessungen gebaut werden. Auch für Sekundärbatterien (Akkumulatoren) sind Festelektrolyte von Interesse. Beim diesem Batterietyp sind die darin ablaufenden chemischen Reaktionen reversibel. Die freiwillig ablaufende Reaktion liefert Energie. Die dabei entstehenden Reaktionsprodukte lassen sich in der Zelle durch Aufwand von Elektroenergie wieder in die Ausgangsstoffe überführen. Bei *Primärbatterien* ist die Rückreaktion nicht möglich. Wenn es gelingt, leistungsstarke und dabei leichte Akkumulatoren herzustellen, könnten sie als Alternative zum Antrieb von Kraftfahrzeugen dienen. Im Zusammenhang mit der Natrium-Schwefel-Zelle werden wir dieses Problem noch ausführlicher besprechen.

Ein einfaches Beispiel sind Batterien, die bei Herzschrittmachern verwendet werden. Obwohl LiI nur eine geringe Ionenleitfähigkeit besitzt (Bild 5.7), wird es als Festelektrolyt eingesetzt. Das LiI trennt die Kathode (Lithium) von der Anode (Iod, eingebettet in ein leitfähiges Polymer). In der Zelle laufen folgend Reaktionen ab:

Kathode	$I_2(s) + 2e^-$	$\rightarrow 2\,I^-$
Anode	$2\,Li(s)$	$\rightarrow 2\,Li^+ + 2\,e^-$
Gesamtreaktion	$2\,Li(s) + I_2(s) \rightarrow 2\,LiI(s)$	

Die kleinen Li^+-Ionen können aus dem Anodenraum in den Kathodenraum wandern, weil das LiI Schottky-Defekte enhält. Die freigesetzten Elektronen fließen durch den äußeren Stromkreis zur Kathode.

5.4.1 Schnelle Ionenleiter

Es sind einige ionische Festkörper gefunden worden, deren Leitfähigkeit sehr viel größer ist als bei den meisten anderen Stoffen dieser Verbindungsklasse. Sie werden *schnelle Ionenleiter* genannt. Bereits 1913 haben Tubandt und Lorenz diese Eigenschaft bei der Hochtemperaturform des Silberiodids festgestellt.

5.4.1.1 α-Silberiodid

Unterhalb 146 °C existieren zwei Modifikationen des Silberiodids: γ-AgI mit einer Zinkblendestruktur und β-AgI mit einer Wurtzitstruktur. Beide lassen sich als dichteste Kugelpackung der Iodidionen beschreiben, in denen die Hälfte der Tetraederlücken von Silberionen besetzt ist (Abschnitt 1.6.1). Oberhalb von 146 °C geht das AgI in die α-Phase über, bei der die I^--Ionen ein raumzentriertes kubisches Gitter ausbilden. Diese Phasenumwandlung ist von einem außerordentlich starken Anwachsen der Leitfähigkeit begleitet, wie Bild 5.7 zu entnehmen ist. Die Leitfähigkeit der α-Phase ist um den Faktor 10^4 größer als die der β- bzw. der γ-Phase. Sie liegt im Bereich von $\sigma > 100$ S m^{-1} und ist vergleichbar der der besten Leiter unter den flüssigen Elektrolyten.

Diese herausragende Eigenschaft des α-AgI läßt sich durch seine Struktur erklären. In Bild 5.9a ist die raumzentrierte kubische Anordnung der I^--Ionen dargestellt. Bild 5.9b zeigt die gleiche Elementarzelle, ergänzt durch sechs weiter I^--Ionen, die sich im Zentrum von sechs benachbarten Elementarzellen befinden. Der Abstand dieser sechs übernächsten Nachbarn zu dem Anion A ist nur 15% länger als die Entfernung zu seinen nächsten Nachbarn an den Ecken des Würfels. Das I^--Ion ist deshalb von 14 anderen identischen Atomen umgeben, die die Ecken eines Rhombendodekaeders bilden (Bild 5.9c). In Bild 5.9d ist dem aus I^--Ionen gebildeten Würfel ein Kuboktaeder eingeschrieben. Dieser Körper, der entsteht, wenn man einem Oktaeder seine sechs Spitzen abschneidet, wird von sechs Quadraten und acht regelmäßigen Sechsecken begrenzt. Die Zahl dieser Flächen stimmt mit der Zahl der nächsten bzw. übernächsten Nachbarn eines I^--Ions überein. Die Eckpunkte des Kuboktaeders sind die Mittelpunkte von 12 Zwischengitterplätzen mit verzerrt tetraedrische Umgebung. Bild 5.9e zeigt zwei benachbarte von diesen Tetraedern. Ihre gemeinsame Basis ist ein Dreieck, dessen Mittelpunkt als weiterer Typ eines Zwischengitterplatzes ebenfalls markiert ist. Ein dritter Typ befindet sich auf den Mittelpunkten der Flächen und Kanten jeder Elementarzelle und besitzt eine verzerrt oktaederische Umgebung. Die Besonderheit der Struktur besteht darin, daß es eine große Zahl von Möglichkeiten gibt, die Kationen darin unterzubringen. Einige sind in Bild 5.10 skizziert. Die Elementarzelle des α-AgI enhält zwei I^--Ionen (acht zu je einem Achtel an den Ecken des Würfels und eins im Zentrum) und deshalb auch zwei Ag$^+$-Ionen. Dafür stehen sechs Gitterplätze mit oktaedrischer, 12 mit tetraedrischer und 24 mit trigonaler Umgebung zur Verfügung. Die Strukturbestimmung hat ergeben, daß die zwei Ag$^+$-Ionen energetisch gleichwertig statistisch auf die 12 Tetraederplätze verteilt sind. Zählt man nur die Tetraederplätze, bleiben immer noch fünf weitere unbesetzte Lücken im Gitter für jedes Ag$^+$-Ion. Man kann sich vorstellen, daß die Ag$^+$-Ionen von einem Tetraederplatz zum nächsten durch einen trigonalen Hohlraum springen und sich auf den durch starke Striche markierten Pfaden durch das Gitter bewegen. Auf dem im gleichen Bild punktiert dargestellten Pfad benötigen die Ionen zur Fortbewegung mehr Energie. Auf dem beschriebenen Weg

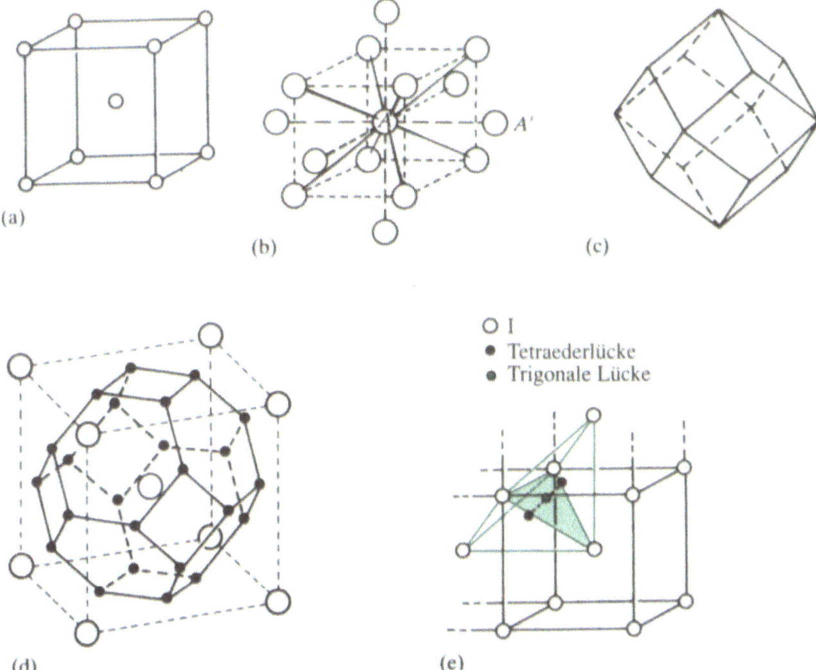

Bild 5.9 Die Struktur von α-AgI: kubisch-raumzentrierte Anordnung (*bcc*) der I⁻-Ionen, (b) *bcc*-Anordnung wie in (a), erweitert durch die sechs nächsten Nachbarn, (c) Rhomben-dodekaeder, (d) *bcc*-Anordnung mit einem in die Elementarzelle eingeschriebenen ge-kappten Oktaeder, (e) die Lage von zwei benachbarten Tetraederlücken und der zwi-schen ihnen liegende trigonal-planar koordinierte Gitterplatz

ändert sich die Koordinationszahl nur in der Weise 4 → 3 → 4, und die experimentell be-stimmte Aktivierungsenergie ist mit $E_a = 0{,}05$ eV sehr niedrig. Diese große Beweglichkeit der Kationen im Gitter des α-AgI wird auch umschrieben als Eigenschaft eines *geschmolzenen Untergitters* der Ag⁺-Ionen.

Die gute Ionenleitfähigkeit des α-AgI ist auf die Verknüpfung mehrerer günstiger Faktoren zurückzuführen:

1. Die Ladung der Kationen ist klein.

2. Die Koordinationszahl der Kationen ist ebenfalls klein, und beim Sprung von einem Gitter-platz zum nächsten ändert sie sich nur wenig. Für die Bewegung durch das Gitter ist des-halb nur eine kleine Aktivierungsenergie notwendig.

3. Das Anion ist *polarisierbar*. Das bedeutet, seine Elektronenhülle kann leicht deformiert werden und erleichtert dadurch die Bewegung der Kationen.

4. Es gibt eine große Zahl von vakanten Gitterplätzen für die Kationen.

Diese Eigenschaften sind charakteristisch für schnelle Ionenleiter.

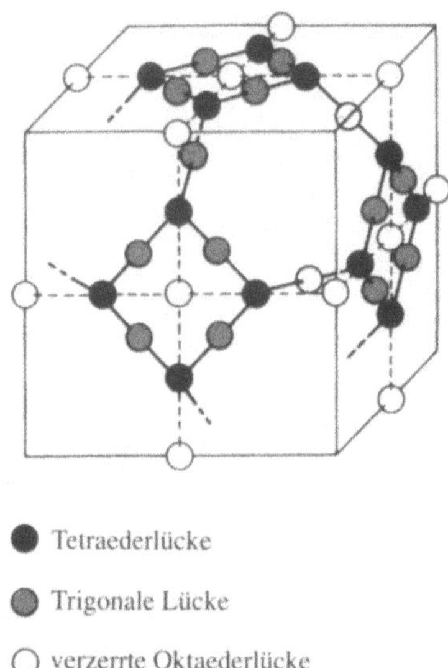

Bild 5.10   Gitterplätze, die im *bcc*-Gitter des α-AgI durch Kationen besetzt werden können. Die fetten und die punktierten Linien stellen mögliche Diffusionspfade dar.

5.4.1.2 RbAg$_4$I$_5$

Die besonderen elektrischen Eigenschaften des α-AgI haben natürlich dazu geführt, nach weiteren Ionenleitern zu suchen, die eine derart gute Leitfähigkeit – möglichst bereits bei Temperaturen unterhalb 146 °C – besitzen. Erfolgreich war dabei, neben anderen neuen Verbindungen, die teilweise Substitution von Ag durch Rb, die zur Verbindung RbAg$_4$I$_5$ geführt hat. Diese Verbindung hat bei Zimmertemperatur eine spezifische Ionenleitfähigkeit $\sigma = 25$ S m^{-1} und eine Aktivierungsenergie von nur 0,07 eV. Die Kristallstruktur ist anders als die des α-AgI. Aber ähnlich wie dort bilden I$^-$ und Rb$^+$-Ionen ein starres Gitter, während die Ag$^+$-Ionen statistisch auf Tetraederplätze des Netzwerks verteilt sind, zwischen denen sie sich bewegen können.

Wenn eine Verbindung als Elektrolyt in einer elektrochemischen Zelle eingesetzt werden soll, genügt es nicht, daß sie eine große Ionenleitfähigkeit besitzt. Außerdem muß auch ihre elektronische Leitfähigkeit so gering sein, daß sie vernachlässigt werden kann, damit es keinen inneren Kurzschluß gibt. Die Elektronen müssen ausschließlich durch den äußeren Stromkreis unter Verrichtung von Arbeit von einer Elektrode zur anderen fließen. RbAg$_4$I$_5$ genügt diesen Anforderungen. Es wird in Batterien eingesetzt, deren Elektroden aus Ag und RbI$_3$ bestehen. Sie können im Temperaturbereich (–55 bis 200) °C verwendet werden, haben eine lange Lebensdauer und sind unempfindlich gegen mechanische Beanspruchung.

In Tabelle 5.4 sind Ionenleiter, die einen ähnlichen Leitungsmechanismus aufweisen wie α-AgI, und ihre Strukturen zusammengestellt. Die Chalkogenide unter ihnen, z. B. Ag$_2$S und Ag$_2$Se, haben außer der Ionen- auch eine deutliche Elektronenleitfähigkeit. Deshalb sind sie als Elektrolyt ungeeignet, aber nützlich als Elektrodenmaterial.

Tabelle 5.4   Ionenleiter vom Typ des α-AgI

Struktur des Anionengitters	bcc	ccp	hcp	andere Struktur
	α-AgI	α-CuI	β-CuBr	$RbAg_4I_5$
	α-CuBr	α-Ag_2Te		
	α-Ag_2S	α-Cu_2Se		
	α-Ag_2Se	α-Ag_2HgI_4		

5.4.1.3 Stabilisiertes Zirconiumdioxid

Die geringe Packungsdichte in der Fluoritstruktur (Bilder 1.40 bzw. 5.3) ermöglicht es den F^--Ionen, sich auf Zwischengitterplätze zu bewegen. Wenn die Aktivierungsenergie für diesen Vorgang klein genug ist, kann man bei der betreffenden Verbindung Ionenleitfähigkeit erwarten. Tatsächlich hat PbF_2 bei Raumtemperatur eine geringe Ionenleitfähigkeit, die beim Erwärmen auf 500 °C bis zu einem Grenzwert von $\sigma = 500$ S m^{-1} steigt.

Zirconiumdioxid ZrO_2 findet man als monoklines Mineral Baddeleyit. Oberhalb von 1000 °C geht es in eine tetragonale Modifikation und bei 2300 °C in die kubische Fluoritstruktur über. Die kubische Form kann durch Zusatz von CaO und Erhitzen auf 1600 °C in eine bei Zimmertemperatur stabile neue Phase überführt werden. Das Phasendiagramm in Bild 5.11 zeigt, daß bei einem CaO-Gehalt von 15 mol-% bis zu 28 mol-% dieses sogenannte *calciumstabilisierte Zirconiumdioxid* die einzige Phase ist. Oberhalb 28 mol-% bildet sich zusätzlich $ZrCaO_3$, das bei 50 mol-% allein vorliegt.

Da die Ca^{2+}-Ionen auf Zr^{4+}-Plätzen eingebaut werden, muß zur Aufrechterhaltung der Elektroneutralität eine entsprechende Anzahl von Vakanzen im O^{2-}-Teilgitter entstehen. Der große Gehalt an CaO im stabilisierten ZrO_2 hat zur Folge, daß dieser Festkörper eine riesige Konzentration von Leerstellen besitzt und deshalb ein schneller Ionenleiter ist.

Weitere Materialien mit dieser Struktur und guter Oxidionenleitfähigkeit sind HfO_2 und ThO_2, dotiert mit CaO oder Oxiden der Seltenerd-Metalle. Sie werden in großem Umfang in elektrochemischen Systemen verwendet.

Eine der wichtigsten Anwendungen für das stabilisierte Zirkoniumdioxid sind sauerstoffsensitive Elektroden. Bild 5.12 stellt einen Schnitt durch eine elektrochemische Zelle dar, in der ein Festelektrolyt aus stabilisiertem Zirconiumdioxid zwei Räume mit unterschiedlichem Sauerstoffpartialdruck p' bzw. p'' voneinander trennt. Aus thermodynamischen Gründen besteht die Tendenz, daß sich die Unterschiede der Sauerstoffpartialdrücke abbauen. Das ist möglich, wenn auf der Seite mit dem höheren Partialdruck p' Sauerstoff reduziert wird, die O^{2-}-Ionen durch den Festelektrolyten auf die andere Seite mit dem kleineren Partialdruck p'' wandern und dort wieder oxidiert werden:

$$\text{Kathodenreaktion} \quad O_2(p') + 4e^- \rightarrow 2\,O^{2-} \tag{5.14}$$

$$\text{Anodenreaktion} \quad 2\,O^{2-} \rightarrow O_2(p'') + 4e^- \tag{5.15}$$

$$\text{Gesamtreaktion} \quad O_2(p') \rightarrow O_2(p'') \tag{5.16}$$

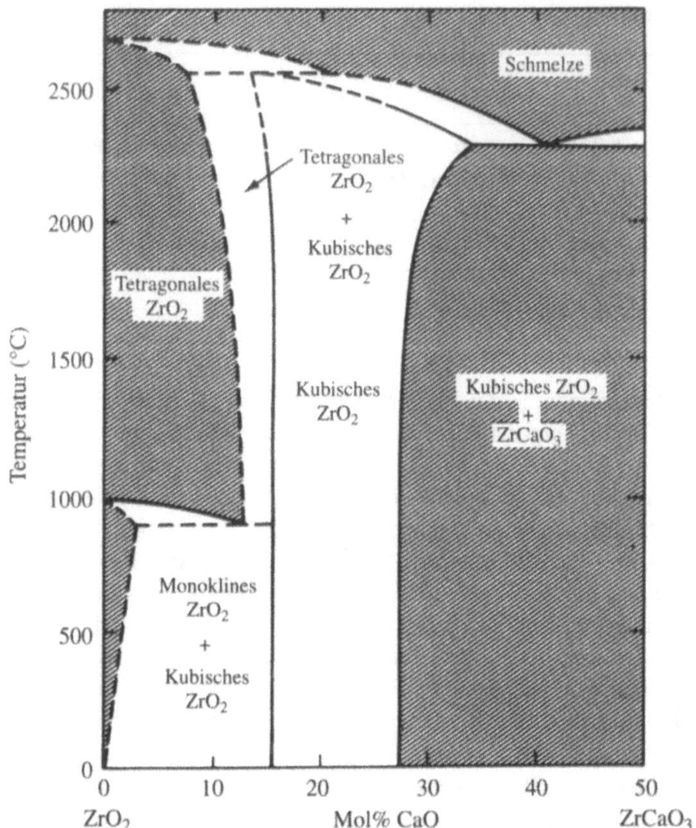

Bild 5.11   Phasendiagramm des pseudobinären Systems CaO–ZrO$_2$. Die calciumstabilisierte kubische ZrO$_2$-Phase bildet den mittleren Bereich und ist bis 2400 °C stabil

Unter Standardbedingungen steht die freie Enthalpie $\Delta G^\ominus$ dieser Reaktion mit dem Standardpotential $E^\ominus$ der elektrochemischen Zelle in folgendem Zusammenhang:

$$\Delta G^\ominus = -nE^\ominus F \tag{5.13}$$

Wenn eine allgemeine Reaktion in einer elektrochemischen Zelle nach der Gleichung

$$a\text{A} + b\text{B} + \dots\dots + n\text{e} \;\rightarrow x\text{X} + y\text{Y} + \dots\dots \tag{5.17}$$

abläuft, kann die Zellspannung mit der *Nernstschen Gleichung* berechnet werden:

$$E = E^\ominus - \left(\frac{2{,}303RT}{nF}\right) \log\left\{\frac{a_X^x \, a_Y^y \dots}{a_A^a \, a_B^b \dots}\right\} \tag{5.18}$$

Die Terme a_X, a_Y usw. sind die *Aktivitäten* der Ausgangsstoffe bzw. Produkte. Setzt man die entsprechenden Werte von Gleichung (5.16) in die Nernstsche Gleichung (5.18) ein, erhält man

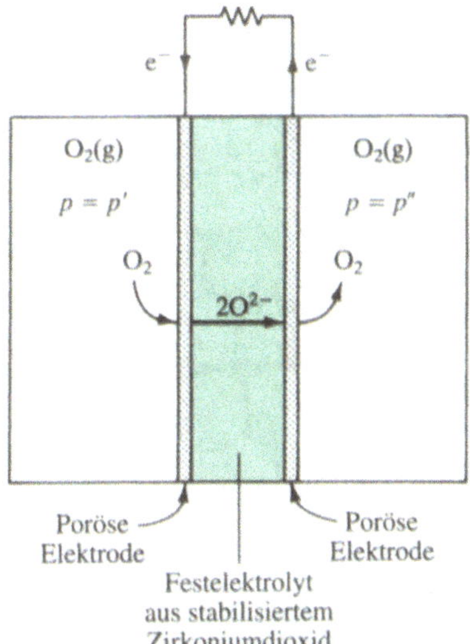

Bild 5.12   Schema einer Anordnung zum Messen des Sauerstoffpartialdrucks

$$E = E^{\ominus} - \left(\frac{2{,}303\,RT}{4F} \right) \log\left(\frac{p''}{p'} \right) \tag{5.19}$$

Bei dieser Konzentrationszelle ist das Standardpotential $E^{\ominus}$ gleich Null, da unter Standardbedingungen der Sauerstoffpartialdruck auf beiden Seiten gleich $p = 10^5$ Pa ist und deshalb keine Potentialdifferenz zwischen beiden Elektroden besteht. Ist der Sauerstoffdruck auf einer Seite der Zelle als Bezugsgröße p_{ref} bekannt, z. B. durch Füllung mit reiner Luft, ergibt sich

$$E = \left(\frac{2{,}303\,RT}{4F} \right) \log\left(\frac{p'}{p_{ref}} \right) \tag{5.20}$$

Durch Messung von E kann ein unbekannter Sauerstoffpartialdruck p' bestimmt werden. Auch hier dürfen natürlich Elektronen am Ladungstransport nicht beteiligt sein. Sauerstoffsensitive Elektroden werden in großem Umfang zur Kontrolle des Sauerstoffgehalts von Abgasen aus Verbrennungsanlagen, bei chemischer Prozessen und in der Metallurgie eingesetzt.

5.4.1.4 β-Aluminiumoxid

β-Aluminiumoxid ist die Bezeichnung für eine Klasse schneller Ionenleiter, die sich vom Natriumaluminat $NaAl_{11}O_{17}$ ableitet, das als Nebenprodukt der Glasfabrikation gefunden worden ist. Ursprünglich hatte man angenommen, daß es sich bei dieser Verbindung um eine Modifikation des Aluminiumoxids handelt. Erst später stellte man fest, daß sie stets Natrium enthält, der Name wurde trotzdem beibehalten. Die allgemeine Zusammensetzung der Reihe ist $M_2O \cdot nX_2O_3$, wobei n von 5 bis 11 reicht, M ist ein einwertiges Alkalimetallion oder NH_4^+, Cu^+ oder Ag^+, X ist ein dreiwertiges Kation Al^{3+}, Ga^{3+} oder Fe^{3+}.

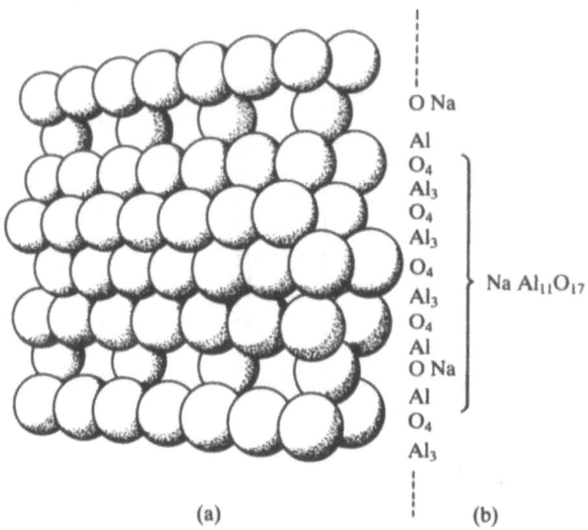

(a) Die Stapelung der Oxidschichten im β-Al$_2$O$_3$, (b) die stöchiometrischen Verhältnisse in den Schichten der Struktur

Die genaue Zusammensetzung der als β-Aluminiumoxid bezeichneten Stoffe weicht durch einen größeren Gehalt an Na$^+$ und O^{2-} mehr oder weniger von der idealen Formel ab. Es gibt zwei Modifikationen dieser Verbindung. Die β-Form existiert im Bereich $11 \geq n \geq 8$ und die β''-Form im Bereich $7 \geq n \geq 5$.

Das Interesse an diesen Verbindungen begann 1966, als Forscher der Firma Ford feststellten, daß sie bereits bei Zimmertemperatur eine sehr große Leitfähigkeit für Na$^+$-Ionen besitzt. Eine ungewöhnliche Struktur, die eng mit der Spinellstruktur verwandt ist (Abschnitt 1.6.3, Bild 1.44), ist die Ursache für die gute Leitfähigkeit. Das Gitter besteht aus einer *ccp*-Anordnung von Oxidionen, bei denen in jeder fünften Schicht nur ein Viertel der Plätze besetzt ist (Bild 5.13). In den vier vollständig gefüllten Schichten sind die Al^{3+}-Ionen auf die Tetraeder- und Oktaederlücken verteilt. Diese „Spinell-Blöcke" werden durch Schichten mit Sauerstofflücken voneinander getrennt, in denen sich die Na$^+$-Ionen befinden. Die Stöchiometrie der einzelnen Schichten ist für das β-Aluminiumoxid Bild 5.13 zu entnehmen. Die Schichtenfolge lautet

C(ABCA)B(ACBA)C(ABCA)...

Die Klammern schließen jeweils einen Spinellblock ein, und man erkennt, daß die dazwischenliegenden Schichten Spiegelebenen des Gitters sind. Das β''-Aluminiumoxids besitzt eine andere Stapelfolge der Sauerstoffschichten:

C(ABCA)B(CABC)A(BCAB)C...

Die Kristallstruktur ist in Bild 5.14 durch die Hälfte einer Elementarzelle dargestellt. Die Na$^+$-Ionen befinden sich in der Basisfläche, in denen sie sich sehr leicht bewegen können, weil es dort erstens viele Leerstellen gibt, und zweitens, weil sie kleiner als die O^{2-}-Ionen sind. Der Ladungstransport erfolgt nur in diesen *Leitfähigkeitsebenen*. Die einwertigen Ionen können die dichten Spinellblöcke nicht durchdringen. Das β-Aluminiumoxid enthält immer mehr Na$_2$O, als der stöchiometrischen Zusammensetzung entspricht. Die natriumreichen Kristalle haben eine größere Leitfähigkeit als die natriumärmeren. Die Ladung der zusätzlichen Na^+-Ionen wird durch weitere O^{2-}-Ionen ausgeglichen. Die allgemeine Formel für das β-Aluminiumoxid ist deshalb $(Na_2O)_{1+x} \cdot 11Al_2O_3$. Die zusätzliche Ionen werden in den unvollständigen Sauerstoffschichten eingefügt. Die hinzukommenden O^{2-}-Ionen bewirken, daß sich die Koordination nächstgelegener Al^{3+}-Ionen ändert (Bild 5.14), und die Na^+-Ionen tragen zur Leitfähigkeit bei. Die Na^+-Ionen sind so beweglich, daß die Leitfähigkeit bei Zimmertemperatur bereits so groß ist wie bei typischen flüssigen Elektrolyten.

In der Regel haben β″-Aluminiumoxide eine noch bessere Leitfähigkeit als β-Aluminiumoxide, sie sind aber empfindlicher gegenüber Feuchtigkeit. Beide Elektrolyttypen werden in elektrochemischen Zellen eingesetzt, z. B. für den Bau von Stromquellen. Durch die Beziehung

$$\Delta G^{\ominus} = -nE^{\ominus}F \tag{5.13}$$

wissen wir, daß die Spannung einer elekrochemischen Zelle direkt proportional der freien Reaktionsenthalpie der Zellreaktion ist. Große ΔG-Werte findet man bei der Umsetzung von Alkalimetallen mit Halogenen. Sie liegen im Bereich von 600 kWh pro kg umgesetzten Materials. Solche stark reaktiven Stoffe müssen durch einen Elektrolyten voneinander getrennt werden, der für Elektronen undurchlässig, für beteiligte Ionen aber durchlässig ist.

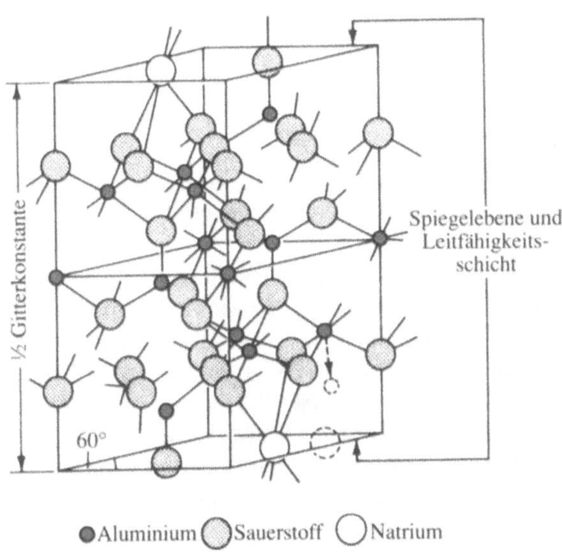

Bild 5.14   Struktur des stöchiometrischen β-Al_2O_3 (dargestellt ist eine halbe Elementarzelle). Die punktierten Kreise zeigen die Stellen in den Leitfähigkeitsebenen, an denen zusätzliches Na_2O eingebaut werden kann.

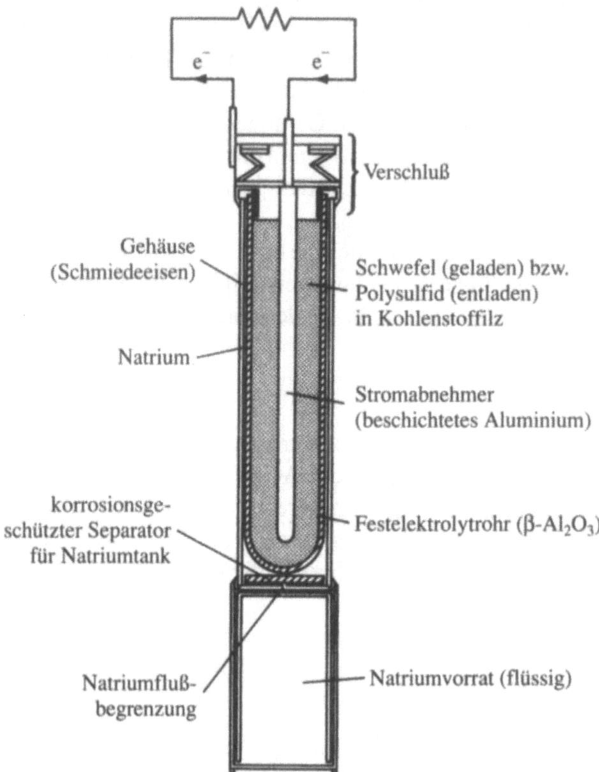

Bild 5.15   Schematischer Aufbau eines Na-S-Akkumulators. Ein typisches Elektrolytrohr ist etwa 300 mm lang und hat einen Durchmesser von etwa 30 mm

In *Natrium-Schwefel-Zellen* (Bild 1.15) wird β-Aluminiumoxid als Elektrolyt verwendet. Diese Zellen haben ein sehr günstiges Energie:Masse-Verhältnis von $1030\ \mathrm{W\,h\,kg^{-1}}$. Sie wurden für den Antrieb von Elektromobilen entwickelt. Der Elektrolyt befindet sich zwischen flüssigem Natrium und flüssigem Schwefel, der zum Ableiten der Ladung in einem Graphitfilz eingebettet ist. Die Zelle arbeitet bei 300 °C. Die zum Aufrechterhalten der Temperatur benötigte Wärme wird durch die Zellreaktion selbst erzeugt.

An der Phasengrenze Natrium/Elektrolyt wird Natrium oxidiert, und die entstehenden Na^+-Ionen treten in die Leitfähigkeitsschichten des β-Aluminiumoxids über:

$$2\,\mathrm{Na(l)} \rightarrow 2\,\mathrm{Na^+} + 2e^- \qquad (5.21)$$

An der Phasengrenze zwischen Elektrolyt und Schwefel läuft eine komplexe Reaktion ab, bei der Polysulfide gebildet werden, z. B.:

$$5\,\mathrm{S(l)} + 2\,e^- \rightarrow \mathrm{S_5^{2-}} \qquad (5.22)$$

Als Gesamtreaktion ergibt sich

$$2\,\mathrm{Na(l)} + 5\,\mathrm{S(l)} \;\rightarrow\; \mathrm{Na_2S_5(l)} \tag{5.23}$$

Mit der Abnahme der Konzentration an freiem Schwefel geht die Bildung von Polysulfiden niedrigerer Molmassen einher. Die Reaktion wird etwa bei der Zusammensetzung $\mathrm{Na_2S_3}$ beendet. Obwohl die an den Elektroden ablaufenden Reaktionen sehr kompliziert sind, lassen sie sich umkehren, indem man die Vorzeichen der Elektroden durch Anlegen einer äußeren Spannung umkehrt. Die Reversibilität der Zellreaktionenen, ihre große Standardreaktionsenthalpie und die hohe Energiedichte (Energieinhalt pro Volumen) der Zellen rufen beträchtliches kommerzielles Interesse für diese Natrium-Schwefel-Akkumulatoren hervor. Dem steht die Aggressivität der Reaktionspartner gegenüber, die im Betrieb 300°C heiß sind und deshalb entsprechende Sicherheitsvorkehrungen erfordern.

5.5 Der fotographische Prozeß

Eine fotographische Schicht besteht aus sehr kleinen AgBr-Kristalliten (oder AgBr–AgI-Mischkristallen), die in Gelatine eingebettet auf Papier oder einem Plastikmaterial aufgetragen sind. Die Kristallite sind gewöhnlich drei- oder sechseckige Plättchen mit Abmessungen im Bereich von 0,05 µm bis 2 µm. Sie werden sehr sorgfältig, möglichst defektfrei, *in situ* gezüchtet. Wenn Licht auf die fotographische Schicht fällt, entsteht ein *latentes Bild*, da in den belichteten Silberhalogenidkörnern durch fotochemische Reaktion einige Silberatome gebildet werden. Für diesen Prozeß sind Punktdefekte notwendig. Dagegen dürfen in den Kristalliten zwei- und dreidimensionale Defekte wie Versetzungen und Korngrenzen nicht vorhanden sein, da sie mit den an der Kornoberfläche gebildeten Silberatomen reagieren würden.

AgBr hat eine Kochsalzstruktur. Im Gegensatz zu den Alkalihalogeniden, die vorwiegend Schottky-Defekte enthalten, werden im AgBr durch den Einbau von $\mathrm{Ag^+}$-Ionen auf Zwischengitterplätzen vor allem Frenkel-Defekte ausgebildet. Für das Zustandekommen eines latenten Bildes ist es erforderlich, daß an der Kornoberfläche Cluster aus etwa 4 Silberatomen, die sogenannten Bildkeime, entstehen. Das Entstehen der Silber-Cluster ist ein Vorgang, der über mehrere Zwischenstufen abläuft und bisher noch nicht völlig aufgeklärt ist. Der erste Schritt bei der Wechselwirkung eines Photons mit einem AgBr-Kristall besteht darin, ein Elektron in einem Bromidion aus dem Valenz- in das Leitungsband anzuregen. Die Bandlücke ist im AgBr 2,7 eV breit, so daß nur Licht aus dem äußeren blauen Bereich des sichtbaren Spektrums ausreichend Energie dafür besitzt. Das angeregte Elektron kann ein $\mathrm{Ag^+}$-Ion auf einem Zwischengitterplatz ($\mathrm{Ag_i^+}$) reduzieren:

$$\mathrm{Ag_i^+ + e^-} \;\rightarrow \mathrm{Ag}$$

Dieser Silberatom muß durch die nächsten Schritte zu einem Cluster anwachsen. Das wäre durch folgende Reaktionen möglich:

$$Ag + e^- \rightarrow Ag^-$$

$$Ag^- + Ag_i^+ \rightarrow Ag_2$$

$$Ag_2 + Ag_i^+ \rightarrow Ag_3^+$$

$$Ag_3^+ + e^- \rightarrow Ag_3$$

$$Ag_3^- + Ag_i^+ \rightarrow Ag_4$$

Es scheint, als würden nur Cluster mit ungerader Atomzahl mit Elektronen reagieren.

Der Prozeß ist noch komplizierter, als er hier geschildert worden ist. Emulsionen, die allein AgBr enthalten, sind nicht empfindlich genug. Deshalb setzt man ihnen noch *Sensibilisatoren* wie Schwefelverbindungen oder bestimmte organische Farbstoffe zu, die in der Lage sind, Licht auch längerer Wellenlängen als AgBr zu absorbieren, und dadurch den fotografisch nutzbaren Spektralbereich erweitern. Licht überführt Elektronen dieser Moleküle in ein angeregtes Energieniveau, von dem sie in das Leitungsband des AgBr übergehen.

Das latente Bild der fotografischen Schicht wird durch chemische Reaktionen in ein sichtbares Negativ verwandelt. Zunächst wird es durch ein schwaches Reduktionsmittel, z. B. eine alkalische Lösung von Hydrochinon, *entwickelt*. Dabei wirken die Silbercluster als Katalysatoren. Das Reduktionsmittel wirkt nur auf die AgBr-Körner ein, in denen diese Silberaggregate vorhanden sind. Nicht belichtete Kristallite dagegen werden nicht angegriffen, es sei denn, man läßt die Entwicklerlösung sehr lange auf die Schicht einwirken. Dabei können „verschleierte" Bilder entstehen. Anschließend wird das sichtbare Bild *fixiert*, indem das nicht reduzierte und deshalb noch lichtempfindliche AgBr durch eine Lösung von Natriumthiosulfat $Na_2S_2O_3$ unter Komlexbildung aus der Schicht herausgelöst wird.

5.6 Farbzentren

Man hat festgestellt, daß Alkalihalogenidkristalle durch Röntgenstrahlung und andere energiereiche Strahlung (UV- oder Neutronenstrahlung) eine starke Färbung erhalten. Die dabei entstehenden Defekte werden deshalb *Farbzentren*, abgekürzt *F-Zentren* genannt. Die entstehende Farbe ist für die betreffende Verbindung charakteristisch: NaCl wird tief gelb-orange, KCl violett und KBr blau-grün.

Einen Hinweis auf die Natur der Defekte erhielt man, als man bemerkte, daß sich F-Zentren auch bilden, wenn man die Alkalihalogenide im Dampf der Alkalimetalle erhitzt. Dabei diffundieren Alkalimetallatome in den Kristall und besetzen Kationenplätze. Gleichzeitig muß eine äquivalente Zahl von Anionenleerstellen gebildet werden. Durch Ionisation der Metallatome entstehen jeweils ein Kation und ein Elektron, das von einem vakanten Anionenplatz eingefangen wird (Bild 5.16a). Es ist gleichgültig, welches Alkalimetall dabei verwendet wird. Man erhält gleich gefärbte Kristalle, unabhängig davon, ob man NaCl in Na- oder K-Dampf erhitzt, da die Färbung von den im Gastgitter gefangenen (getrappten) Elektronen herrührt. Durch Elektronenspinresonanzuntersuchungen (ESR) konnte nachgewiesen werden, daß es sich bei den F-Zentren tatsächlich um ungepaarte Elektronen handelt, die an Anionen-Gitterplätze gebunden sind.

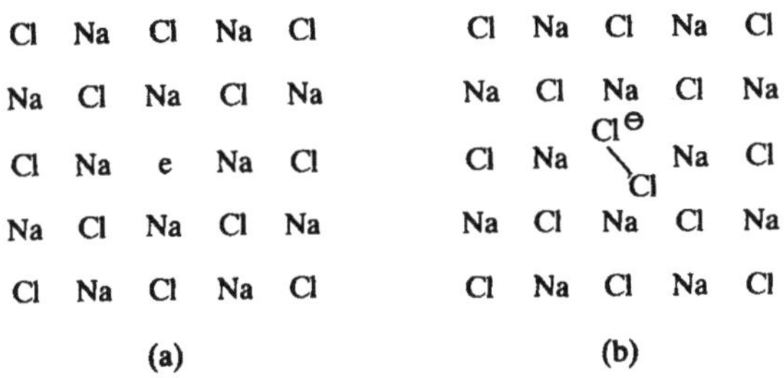

<pre>
    Cl Na Cl Na Cl   Cl Na Cl Na Cl

    Na Cl Na Cl Na   Na Cl Na Cl Na
                                          Cl⊖
    Cl Na   e Na Cl   Cl Na   \   Na Cl
                                            \Cl
    Na Cl Na Cl Na   Na Cl Na Cl Na

    Cl Na Cl Na Cl   Cl Na Cl Na Cl

           (a)   (b)
</pre>

Bild 5.16   (a) F-Zentrum: Elektron in einer Anionenleerstelle, (b) H-Zentrum: $[Cl_2^-]$-Ion auf einem Anionenplatz

Diese gebundenen Elektronen sind klassische Beispiele für das „Elektron im Kasten". Das Elektron verfügt über eine Reihe von Energieniveaus mit Energiedifferenzen, die im Bereich der Photonenenergie des sichtbaren Lichtes liegen. Verbindungen mit F-Zentren existieren auch in der Natur. In Derbyshire wird ein Fluorit-Mineral „Blauer John" gefunden, das durch Farbzentren wunderbar purpur-blau gefärbt ist.

Es gibt auch weitere Farbzentren in Alkalihalogeniden. *H-Zentren* werden durch Erwärmen von NaCl in Cl_2-Gas gebildet. Dabei entstehen $[Cl_2]^-$-Ionen, die einen einzelnen Anionenplatz besetzen (Bild 5.16b). F- und H-Zentren sind einander vollkommen komplementär: wenn sie zusammentreffen, löschen sie sich gegenseitig aus.

Andere interessante Beispiele für natürliche Farbzentren findet man im Rauchquarz und im Amethyst. Beide Halbedelsteine sind Abarten des Quarzes mit einem Gehalt an Verunreinigungen. Rauchquarz enthält eine geringe Konzentration an Al^{3+}-Ionen anstelle von Si^{4+}. Zum Ladungsausgleich sind im Gitter die gleiche Zahl von H^+-Ionen vorhanden. Das Farbzentrum bildet sich, wenn ionisierende Strahlung auf eine $[AlO_4]^{5-}$-Baugruppe einwirkt. Dabei wird ein Elektron freigesetzt, das von einem H^+-Ion eingefangen wird:

$$[AlO_4]^{5-} + H^+ \rightarrow [AlO_4]^{4-} + H \tag{5.24}$$

Der $[AlO_4]^{4-}$-Gruppe fehlt dann ein Elektron. Sie bildet deshalb das Zentrum eines „Lochs", oder anders ausgedrückt, sie hat ein Loch getrappt. Dieses Farbzentrum ruft durch Lichtabsorption die Farbe des Rauchquarzes hervor. Im Amethyst entsteht die violette Farbe durch Fe^{3+}-Verunreinigungen, die beim Bestrahlen $[FeO_4]^{4-}$-Farbzentren liefern.

5.7 Nichtstöchiometrische Verbindungen

5.7.1 Einleitung

Wir haben gezeigt, daß es möglich ist, in Kristallen durch Verunreinigungen Defekte zu erzeugen. Diese Defekte nennt man *Fremdstörstellen* oder *extrinsische* Störstellen. Es ist selbstverständlich, daß in jedem Kristall unabhängig von der Konzentration der Defekte die Gesamtladung gleich Null sein muß.

Wenn man Farbzentren erzeugt, indem man NaCl in Na-Dampf erhitzt, diffundieren Na-Atome in das Gitter. Die Zusammensetzung das Kristalls ändert sich, was man durch die Formel $Na_{1+x}Cl$ ausdrücken kann. Es handelt sich dabei um eine *nichtstöchiometrische Verbindung*, da das Verhältnis Kation zu Anion nicht mehr gleich eins wie beim stöchiometrisch aufgebauten Kochsalz ist. Eine sorgfältige Analyse zeigt bei vielen Verbindungen, vor allem bei anorganischen Festkörpern, daß sie ihre Bestandteile nicht im Molverhältnis kleiner ganzer Zahlen enthalten. Beim Uran(IV)-oxid mit der theoretischen Formel UO_2 variiert die Zusammensetzung im Bereich von $UO_{1,65}$ bis $UO_{2,25}$.

Bei welchen Verbindungen findet man voraussichtlich Nichtstöchiometrie? „Normale" kovalente Verbindungen bilden starke Bindungen zwischen einzelnen Atomen durch gemeinsame Elektronenpaare aus und haben deshalb eine bestimmte feste Zusammensetzung. Das gilt für meisten molekularen organischen Verbindungen. Auch ionische Verbindungen sind gewöhnlich stöchiometrisch aufgebaut, weil für das Entfernen oder Zufügen von Ionen Energie aufgebracht werden muß. Wir haben aber am Beispiel des NaCl gesehen, daß man Ionenkristalle nichtstöchiometrisch machen kann, indem man Defekte einbaut. Eine andere Möglichkeit ergibt sich bei Verbindungen von Elementen, die in verschiedenen Oxidationszuständen vorkommen können. Hierzu zählen vor allem die Übergangsmetalle sowie die Lanthanoiden und die Actinoiden. Ändert man die Zahl der Ionen dieser Elemente in einer Verbindung, kann die Elektroneutralität erhalten bleiben, indem eine entsprechende Zahl von Ionen in eine andere Oxidationsstufe übergeht.

Wir halten als Merkmale nichtstöchiometrischer Verbindungen fest:

— sie enthalten ihre Bestandteile nicht im Verhältnis kleiner ganzer Zahlen,
— sie existieren gewöhnlich in einem breiten Zusammensetzungsbereich,
— sie können durch Gehalte an Verunreinigungen erzeugt werden,
— in vielen Fällen beruhen sie auf dem leichte Wechsel der Oxidationzahl eine Elements.

In Tabelle 5.5 sind einige nichtstöchiometrische Verbindungen und ihre Existenzbereiche angegeben.

Bisher haben wir vorausgesetzt, daß Störstellen sowohl in stöchiometrischen als auch in nichtstöchiometrischen Verbindungen zufällig im Gitter verteilt sind. In nichtstöchiometrischen Verbindungen können isolierte Punktdefekte auch in der Art eines regelmäßigen Musters im Gitter angeordnet sein.

Unsere Kenntnisse über die Struktur von Störstellen stammen erst aus neuerer Zeit. Die gebräuchlichste Methode für die Strukturbestimmung ist die Röntgenstrukturanalyse. Diese Methode liefert aber, wie wir in Kapitel 2 gezeigt haben, nur eine *mittlere* Struktur einer Verbindung. Für saubere, relativ störstellenarme Kristalle ist das die wesentliche Information, aber gerade Angaben zu Nichtstöchiometrie und Defekten erhält man hierbei nicht. Um diese zu erhalten, benötigt man Meßverfahren, die in der Lage sind, lokale Strukturen zu erfassen. Es gibt nur wenige derartige Techniken. Häufig lassen sich die gewünschten Aussagen durch die Kombination verschiedener Untersuchungsmethoden gewinnen: Röntgen- und Neutronenbeugung, Messung der Dichte, spektroskopische Verfahren, magnetische Messungen und neuerdings hochauflösende Elektronenmikroskopie (engl. High Resolution Electron Microscopy = HREM) und Röntgenabsorption-Feinstrukturanalyse (engl. Extended X-ray Absorption Fine Structure Analysis = EXAFS). Wahrscheinlich hat die HREM den größten Beitrag zum Verständnis der Defektstrukturen geleistet. Unter günstigen Umständen lassen sich atomare Bereiche direkt „sichtbar" machen.

Tabelle 5.5   Phasenbreite einiger nicht-stöchiometrischer Verbindungen

Verbindung		Existenzbereich*
TiO_x	[$\approx TiO$]	$0,65 < x < 1,25$
	[$\approx TiO_2$]	$1,998 < x < 2,000$
VO_x	[$\approx VO$]	$0,79 < x < 1,29$
Mn_xO	[$\approx MnO$]	$0,848 < x < 1,000$
Fe_xO	[$\approx FeO$]	$0,833 < x < 0,957$
Co_xO	[$\approx CoO$]	$0,988 < x < 1,000$
Ni_xO	[$\approx NiO$]	$0,999 < x < 1,000$
CeO_x	[$\approx Ce_2O_3$]	$1,50 < x < 1,52$
ZrO_x	[$\approx ZrO_2$]	$1,700 < x < 2,004$
UO_x	[$\approx UO_2$]	$1,65 < x < 2,25$
$Li_xV_2O_5$		$0,2 < x < 0,33$
Li_xWO_3		$0 < x < 0,50$
TiS_x	[$\approx TiS$]	$0,971 < x < 1,064$
Nb_xS	[$\approx NbS$]	$0,92 < x < 1,00$
Y_xSe	[$\approx YSe$]	$1,00 < x < 1,33$
V_xTe_2	[$\approx VTe_2$]	$1,03 < x < 1,14$

* Da die Phasenbreite von der Temperatur abhängt, sind hier Näherungswerte angegeben

Die elektronischen, optischen, magnetischen und mechanischen Eigenschaften von nicht-stöchiometrischen Verbindungen lassen sich durch Änderung der Zusammensetzung beeinflussen. Diese Zusammenhänge sind gründlich untersucht worden, weil diese Eigenschaften von großem Interesse für industrielle Anwendungen sind.

5.7.2 Nichtstöchiometrie im Wüstit

Eisen(II)-oxid FeO wird *Wüstit* genannt und hat eine Kochsalzstruktur. Sorgfältige Analysen haben ergeben, daß es sich um eine nichtstöchiometrische Verbindung handelt, die stets weniger Eisen enthält als der Formel entspricht. Aus dem Phasendiagramm in Bild 5.17 geht hervor, daß sich der Existenzbereich (die Phasenbreite) des Wüstits mit der Temperatur vergrößert und die stöchiometrische Verbindung FeO nicht im Stabilitätsbereich liegt. Unterhalb 570 °C disproportioniert Wüstit in α-Eisen und Fe_3O_4.

Es gibt zwei Möglichkeiten, das Eisendefizit dieser Verbindung zu erklären. Entweder enthält das Eisen-Untergitter Leerstellen ($Fe_{1-x}O$), oder es befindet sich Sauerstoff auf Zwischengitterplätzen (FeO_{1+x}). Durch Vergleich der theoretischen mit der am Kristall gemessenen Dichte kann zwischen beiden Alternativen unterschieden werden. Die einfachste Methode zur Dichtebestimmung besteht darin, eine Lösung aus miteinander mischbaren Flüssigkeiten unterschiedlicher Dichte herzustellen, in welcher der betreffende Kristall gerade schwebt. Die Dichte der Lösung, die man durch Wägen eines definierten Volumens feststellen kann, ist dann ebenso groß wie die des Feststoffes.

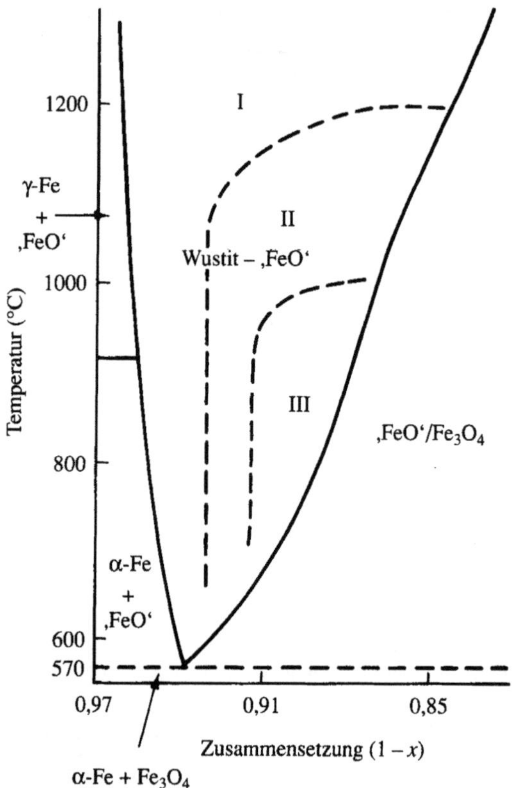

Bild 5.17   Das Phasendiagramm des FeO-Systems. Der Existenzbereich des Wüstits umfaßt die Gebiete I, II und III

Die *theoretische* Dichte eine Kristalls kann man aus dem Volumen der Elementarzelle und der darin enthaltenen Zahl von Formeleinheiten berechnen. Beide Angaben liefert die Röntgenstrukturanalyse. Bei einem bestimmten Wüstit-Kristall wurden folgende Größen bestimmt: Gitterkonstante $a = 430,1$ pm, $\rho = 5,728 \cdot 10^3$ kg m³, Verhältnis Fe:O = 0,945. Das Volumen der Elementarzelle ist gleich $a^3 = 7,956 \cdot 10^7$ pm³ = $7,965 \cdot 10^{-29}$ m³. Eine perfekte Elementarzelle der Kochsalzstruktur enthält vier Formeleinheiten der betreffenden Verbindung. Die Masse der Elementarzelle m_{EZ} kann aus der Molmasse der Verbindung M_{FeO} und der Avogadrokonstante N_A berechnet werden:

$$m_{EZ} = (4\ M_{FeO})\ /N_A$$

In dem betrachteten Kristall ist das molare Verhältnis Fe:O = 0,945. Wenn wir annehmen, daß im Eisen-Teilgitter Leerstellen sind, enhält die Elementarzelle statt vier nur $4 \cdot 0,945 = 3,780$ Eisenatome. Die Masse der Elementarzelle wird dann gleich $m_{EZ} = [(4 \cdot 0,945 \cdot 55,85) + (4 \cdot 16,00)]/6,022 \cdot 10^{23}$ g und die Dichte des Kristalls $\rho = 5,742 \cdot 10^3$ kg m⁻³. Wenn sich im umgekehrten Fall Sauerstoffatome auf Zwischengitterplätzen befinden, enthält die Elementarzelle neben vier Eisenatomen $4/0,945 = 4,233$ Sauerstoffatome. Als Dichte des Festkörpers ergibt eine analoge Berechnung den Wert $\rho = 6,076 \cdot 10^3$ kg m⁻³. Vergleicht man die unter verschiedenen Annahmen berechneten Dichtewerte mit der experimentell bestimmten Dichte $\rho = 5{,}728 \cdot 10^3$ kg m^{-3}, wird deutlich, daß der Wüstit Eisenvakanzen enthält und seine Zusammensetzung mit Fe$_{0{,}945}$O anzugeben ist. Eine Gegenüberstellung von berechneten und gemessenen Dichten für verschiedene FeO-Präparate enthält Tabelle 5.6.

Tabelle 5.6   Experimentell bestimmte Dichte ρ_{exp} und berechnete Dichte ρ_{calc} von FeO

Verhältnis O:Fe	Verhältnis Fe:O	Gitterkonstante a pm	ρ_{exp} 10^3 kg m^{-3}	ρ_{calc} für Zwischengitter-Sauerstoff 10^3 kg m^{-3}	ρ_{calc} für Eisen-Vakanzen 10^3 kg m^{-3}
1,058	0,945	430,1	5,728	6,076	5,742
1,075	0,930	429,2	5,658	6,136	5,706
1,087	0,920	428,5	5,624	6,181	5,687
1,099	0,910	428,2	5,613	6,210	5,652

Während die Kristallsymmetrie konstant bleibt, hängen die Gitterkonstanten bei den meisten nichtstöchiometrischen Verbindungen nach der *Vegardschen Regel* linear von der Zusammensetzung ab.

Zusammenfassend stellen wir fest:

— nichtstöchiometrische Verbindungen besitzen einen bestimmten Existenzbereich,
— die Symmetrie der Kristall ist konstant,
— die Gitterkonstanten ändern sich linear mit der Zusammensetzung,
— aus Dichtemessungen lassen sich Aussagen über die Art der Defekte gewinnen.

5.7.2.1 Elektronische Defekte im Wüstit

Bisher haben wir nur die Struktur des Wüstits diskutiert, ohne den notwendigen Ladungsausgleich zu berücksichtigen. Zur Kompensation des Eisendefizits kann entweder ein Teil der Eisenkationen oxidiert werden, oder ein Teil der Oxidanionen reduziert werden. Energetisch ist es günstiger, Fe(II)-Ionen zu oxidieren. Für jeden nichtbesetzten Fe(II)-Platz im Gitter müssen zwei Fe(II)- zu Fe(III)-Ionen oxidiert werden. In der überwältigenden Mehrheit nichtstöchiometrischer Verbindungen geht die Defektbildung mit einer Änderung der Oxidationszahl der Kationen einher. Bei einfachen Verbindungen mit einem Metallüberschuß findet man gewöhnlich in der Nachbarschaft überzähliger Kationen reduzierte Metallionen.

5.7.2.2 Die Struktur von FeO

FeO besitzt eine NaCl-Struktur, bei der die Fe(II)-Ionen die Oktaederlücken besetzen. Man könnte erwarten, daß die Fe(II)- und Fe(III)-Ionen sowie die Kationenleerstellen willkürlich auf die Oktaederlücken der *ccp*-Anordnung von Oxidionen verteilt sind. Strukturuntersuchungen mit Röntgen- und Neutronenstrahlung sowie magnetische Messungen haben ergeben, daß sich einige Fe(III)-ionen auf *Tetraederplätzen* befinden.

Obwohl die Wüstitstruktur in Einzelheiten noch strittig ist, scheint die Existenz von *Defektclustern* sicher zu sein. Defektcluster sind Bereiche eines Kristalls, in denen Defekte eine geordnete Struktur aufweisen. Eine mögliche Form dafür ist der *Koch-Cohen-Cluster*, von dem ein Ausschnitt in Bild 5.18 dargestellt ist. In seinem Aufbau erinnert er stark an die Struktur des Fe_3O_4 ($= FeO_{1,33}$), das Oxid des Eisens, das etwas mehr Sauerstoff enthält. Man kann sich die Wüstitstruktur als FeO-Gitter vorstellen, in das Bruchstücke des Fe_3O_4-Gitters eingebettet sind. (Die Fe_3O_4-Struktur wird in anderem Zusammenhang ausführlich in Kapitel 9 behandelt).

Im Mittelpunkt eines Koch-Cohen-Clusters befindet sich eine modifizierte Elementarzelle der NaCl-Struktur – in Bild 5.18 durch fette Linien kenntlich gemacht. Die Oktaederplätze im Zentrum der Elementarzelle und auf ihren Kantenmitten sind nicht besetzt, Statt dessen enthält sie vier Fe(III)-Ionen auf Tetraederplätzen. Die restlichen Oktaederplätze des Clusters sind entweder mit Fe(II)- oder Fe(III)-Ionen besetzt, und deshalb in Bild 5.18 mit Fe_{oct} bezeichnet. Um den zentralen Teil des Clusters gut sichtbar zu machen, sind seine vordere und die hintere Ebene nicht gezeichnet.

In diesem Cluster ist das Verhältnis zwischen oktaedrischen Kationenvakanzen und besetzten tetraedrischen Zwischengitterplätzen gleich 13:4. Einschließlich der nicht gezeichneten Vorder- und Rückseite enthält der gesamte Cluster acht kubische Elementarzellen vom NaCl-Typ mit 32 Oxidionen. Ein entsprechender Ausschnitt aus einem perfekten FeO-Kristall würde dann ebenfalls 32 Fe(II)-Ionen in Oktaederlücken enthalten. Bei 13 oktaedrischen Vakanzen verbleiben noch 19 regulär besetzte Fe_{oct}-Plätze sowie die vier Zwischengitterionen im Cluster, entsprechend einer Summenformel $Fe_{23}O_{32}$, die nur wenig von Fe_3O_4 abweicht.

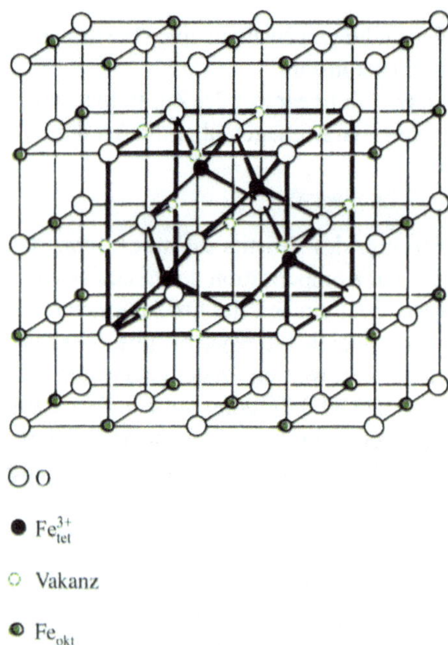

Bild 5.18   Der Koch-Cohen-Cluster. Die vordere und die hintere Fläche des Würfels sind wegen besserer Übersichtlichkeit weggelassen worden. Der zentrale Bereich mit vier tetraedrisch koordinierten Fe^{3+}-Ionen ist durch fette Linien hervorgehoben.

Da diese Baugruppe 32 Oxidionen enthält, müssen die 23 Eisenionen zusammen 64 positive Ladungen besitzen. Davon entfallen 12 auf die vier Fe(III)-Ionen in Tetraederlücken. Die restlichen 52 Ladungen verteilen sich auf x Fe(II)- und y Fe(III)-Ionen, deren Zahl aus dem Gleichungssystem mit zwei Unbekannten berechnet werden kann:

$$x + y = 19 \quad \text{und} \quad 2x + 3y = 52 \tag{5.25}$$

Als Lösung erhält man $x = 5$ und $y = 14$. Die Oktaederplätze in der Umgebung des fett dargestellten Zentrums sind demzufolge mit fünf Fe(II)- und 14 Fe(III)-Ionen besetzt. Die reale Wüstitstruktur entsteht dadurch, daß eine von der Größe x in der Formel $Fe_{1-x}O$ bestimmte Anzahl solcher Struktureinheiten in das NaCl-Gitter eingefügt wird. Auf der sauerstoffreichen Seite des Existenzbereichs der Wüstitphase setzt sich der gesamte Festkörper nur aus derartigen Clustern zusammen. Er hat dann die Zusammensetzung $Fe_{23}O_{32}$ und bildet eine neue Struktur mit einer eigenen, gegenüber der NaCl-Struktur größeren und weniger symmetrischen Elementarzelle aus, die man eine *Überstruktur* der Grundstruktur nennt. Sie zeichnet sich durch das Auftreten zusätzlicher Röntgenreflexe aus.

5.7.3 Urandioxid

Oberhalb 1127 °C gibt es eine nichtstöchiometrische Uran-Sauerstoff-Verbindung der Zusammensetzung UO_{2+x} mit der Phasenbreite $0,25 \geq x \geq 0,0$. Im Gegensatz zum FeO, bei dem das Metalldefizit von Kationenvakanzen herrührt, weicht diese Phase durch einen Gehalt an Zwischengitter-Anionen von der Stöchiometrie ab. $UO_{2,25}$ ist identisch mit dem bei tieferen Temperaturen gut charakterisierten U_4O_9 mit Fluorit-Struktur. Die Elementarzelle in Bild 5.19 enthält vier Formeleinheiten UO_2. Vier Uranatome befinden sich im Inneren der Elementarzelle, zu denen acht Oxidionen gehören $(8 \cdot 1/8) = 1$ an den Ecken, $(6 \cdot 1/2) = 3$ auf den Flächenmittelpunkten und $(12 \cdot 1/4) = 3$ auf den Würfelkanten sowie eins im Zentrum der Elementarzelle.

Bei einem größeren Sauerstoffgehalt werden Oxidionen auf Zwischengitterplätzen untergebracht. Gut geeignet dafür sind die Lücken im Zentrum der acht Oktanten, soweit sie nicht durch Metallionen ausgefüllt sind. Aus Neutronenbeugungsuntersuchungen ist bekannt, daß die Zwischengitter-Sauerstoffionen sich nicht exakt in der Mitte der Achtelwürfel befinden. Gleichzeitig sind zwei andere Oxidionen leicht von ihren Gitterplätzen verrückt, die dadurch zwei Leerstellen zurücklassen. In Bild 5.19a sind drei leere Oktanten der Elementarzelle farblich hervorgehoben. Diese drei Achtelwürfel sind in Bild 5.19b gesondert dargestellt. Zusätzlich sind dort drei Zwischengitter-Oxidionen und die von ihnen verdrängten Sauerstoffatome eingezeichnet. Die Bewegung der Ionen von ihren „idealen" Gitterplätzen ist durch Pfeile angedeutet. Die Zwischengitter-Oxidionen bewegen sich entlang einer Flächendiagonalen des Würfels, die Gitterionen dagegen entlang einer Raumdiagonalen.

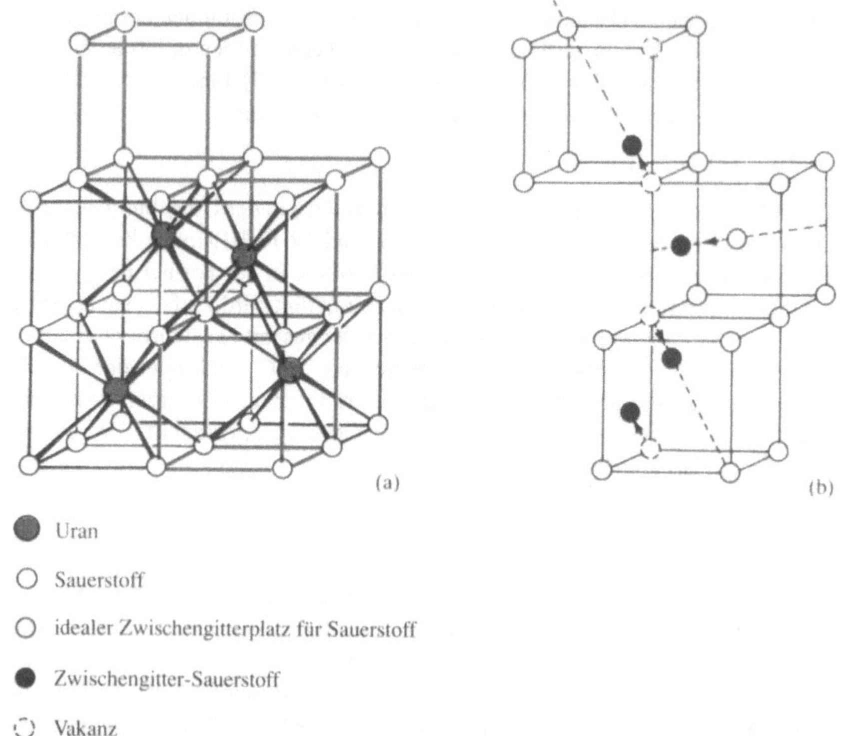

Bild 5.19 (a) Die Fluorit-Struktur von UO_2, (b) drei Achtelwürfel aus (a), die keine U-Atome enthalten, und mögliche Diffusionspfade für Oxidionen

Durch die in Bild 5.19b dargestellte Modifizierung der Elementarzelle von Bild 5.19a entspricht die Zusammensetzung der Formel U_4O_9. Das aus der Deckfläche heraustretende Oxidion wird durch das in der Grundfläche eintretende ausgeglichen. Das gegenüber der Zusammensetzung U_4O_8 hinzukommende Zwischengitterion befindet sich im mittleren der drei Oktanten. Man kann sich vorstellen, daß Uranoxide UO_{2+x} in einem Fluorit-Grundgitter *Mikrodomänen* U_4O_9 enthalten. Die Elektroneutralität wird hergestellt, indem U(IV)-Ionen in der Umgebung der Zwischengitter-Sauerstoffatome zu U(V) bzw. U(VI) oxidiert werden.

Die hier beschriebene Struktur des U_4O_9 ist gegenüber der wahren etwas vereinfacht. Es gibt zwei verschiedene, aber sehr ähnliche Zwischengitterpositionen für die Sauerstoffatome. Wenn diese durch regelmäßig Anordnung eine Überstruktur bilden, ergibt sich eine Elementarzelle, deren Kantenlänge viermal und deren Volumen 64mal so groß wie bei der Fluoritstruktur des UO_2 ist.

5.7.4 Die Struktur von Titanmonoxid

Titan und Sauerstoff bilden im Bereich der Zusammensetzung TiO mehrere Phasen, deren Ti:O-Verhältnis von 0,65 bis 1,25 reicht.

Die stöchiometrische Verbindung $TiO_{1,00}$ bildet eine NaCl-Struktur, bei der jeweils ein Sechstel der Gitterplätze sowohl im Kationen- als auch im Anionenteilgitter nicht besetzt ist. Oberhalb 900 °C sind diese Vakanzen statistisch verteilt, unterhalb dieser Temperatur sind sie geordnet.

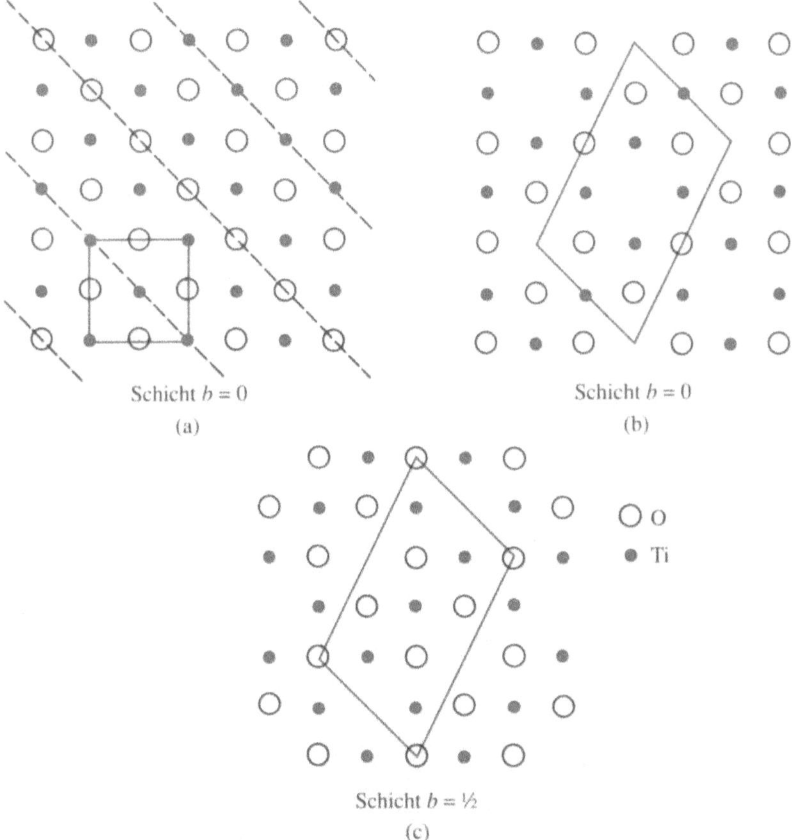

Bild 5.20   Darstellung von Schichten, die parallel zu den Ebenen der NaCl-Struktur in Bild 1.30 liegen. (a) NaCl-Schicht mit Elementarzelle, in der jede dritte Diagonale gestrichelt markiert ist. (b) Eine entsprechende Schicht in der TiO-Struktur. Jedes zweite Atom auf einer in (a) markierten Diagonale ist entfernt. (c) Die der Ebene von (b) benachbarte Parallelschicht. Auch hier fehlt auf jeder dritten Diagonalen jedes zweite Atom. In (b) und (c) ist die Lage einer monoklinen Elementarzelle eingezeichnet.

Wenn man ein NaCl-Gitter entlang der y-Achse betrachtet, sieht man als Grundfläche bei $b = 0$ eine Schicht, wie sie Bild 5.20a zeigt. In der Struktur des $TiO_{1,00}$ ist jede zweite Position auf den punktiert eingezeichneten Diagonalen nicht besetzt (Bild 5.20b). Die parallel zu den in den Bildern 5.20a bzw. b liegende Schicht bei $b = 0,5$ ist in 5.20c abgebildet. Größe und Gestalt der Elementarzelle vom NaCl-Typ sind in Bild 5.20a angegeben, die Begrenzung der Überstruktur-Elementarzelle mit einer geordneten Verteilung der Defekte in den Bilden 5.20b und c. Diese neue Elementarzelle ist nicht mehr kubisch, sondern *monoklin*, da der Winkel β nicht mehr gleich 90° ist (Kapitel 1). Diese Struktur ist ungewöhnlich, da sie eine große Konzentration an Leerstellen enthält und trotzdem stöchiometrisch zusammengesetzt ist.

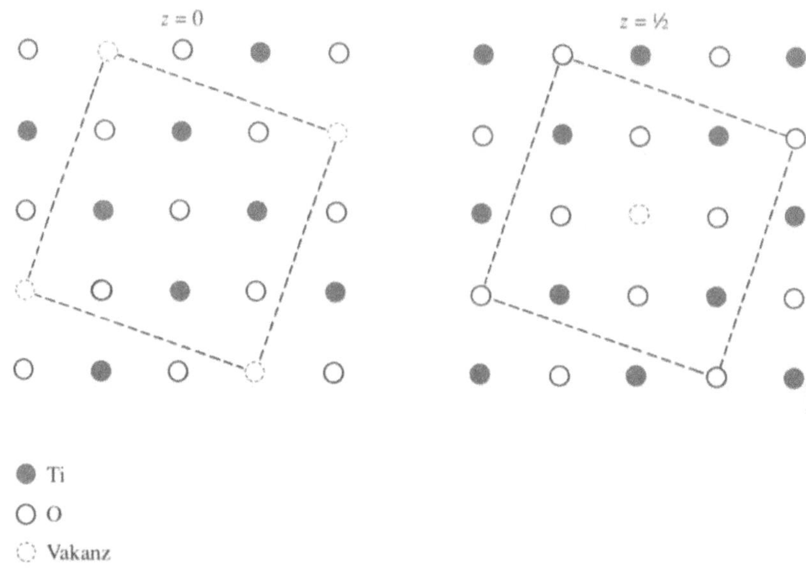

Bild 5.21   Zwei Ebenen aus der Struktur von $TiO_{1,25}$

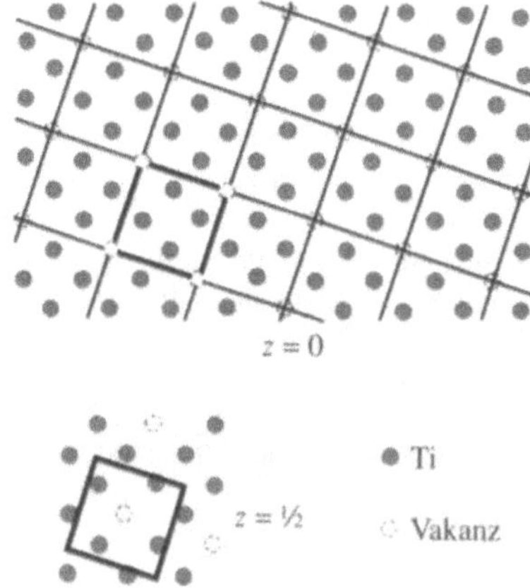

Bild 5.22   Die Stapelfolge der Ti-Atome im $TiO_{1,25}$-Gitter

Die große Zahl von Leerstellen ist die Ursache für eine Kontraktion des Gitters und die gute Überlappung der $3d$-Orbitale des Titans. Dadurch wird das Leitfähigkeitsband verbreitert und die elektronische Leitfähigkeit hervorgerufen (Kapitel 4).

Bei der Grenzzusammensetzung $TiO_{1,25}$ hat das Titanoxid eine andere, ebenfalls von der NaCl-Struktur ableitbare Struktur. Es sind alle Sauerstoffplätze aufgefüllt, ein Fünftel der Titanplätze aber leer (Bild 5.21). Das Muster einer Überstruktur mit geordneter Verteilung der Leerstellen geht aus Bild 5.22 hervor, in der die gleichen Schichten wie in Bild 5.21 unter Vernachlässigung der Oxidionen dargestellt sind. Kristalle, deren Zusammensetzung zwischen den beiden Grenzfällen $TiO_{1,00}$ und $TiO_{1,25}$ liegt, scheinen Gitter zu besitzen, die aus entsprechenden Anteilen der beiden Überstrukturen bestehen. Obwohl die Formel des Titanoxids meistens mit $TiO_{1,25}$ angegeben wird, wäre es nach der bei der Diskussion des Wüstits benutzten Definition richtiger, $Ti_{0,8}O$ bzw. allgemein $Ti_{1-x}O$ zu schreiben, um darauf hinzuweisen, daß diese Verbindung Leerstellen im Titanuntergitter enthält.

5.8 Flächendefekte

In der Einleitung dieses Kapitels haben wir bereits erwähnt, daß Kristalle außer Punktdefekten auch räumlich *ausgedehnte Defekte* enthalten können. Der einfachste *lineare* Defekt ist eine Versetzung, bei der sich ein Baufehler entlang einer Geraden durch den Kristall erstreckt. Wir werden hier aus Platzgründen und wegen der Komplexität der Probleme nur einige Arten von *Flächendefekten* besprechen. *Korngrenzen* sind wichtig für die mechanischen Eigenschaften von Festkörpern und interessieren vor allem Materialwissenschaftler, und *Zwillingsbildung* liegt vor, wenn sich Teile eines Kristalls zu einem anderen Teil des gleichen Kristalls verhalten wie Bild und Spiegelbild.

5.8.1 Kristallographische Scherebenen

Titan, Molybdän und Wolfram bilden nichtstöchiometrische Verbindungen der Zusammensetzung TiO_{2-x}, MoO_{3-x} bzw. WO_{3-x}. Beim Vorhandensein von Punktdefekten laufen in diesen Stoffen Prozesse von ganz anderer Art ab als wir sie bisher diskutiert haben. Die Punktdefekte werden durch *kristallographische Scherung* aus dem Kristall entfernt.

In den genannten Systemen gibt es eine Reihe von Phasen, deren Zusammensetzung und Strukturen sich nur wenig voneinander unterscheiden. Sie entsprechen den allgemeinen Formeln Mo_nO_{3n-1}, Mo_nO_{3n-2}, W_nO_{3n-1}, W_nO_{3n-2} bzw. Ti_nO_{2n-1}. Dabei kann n Werte von vier und größer annehmen. Die resultierenden Serien von Verbindungen bilden *homologe Reihen*, ähnlich den Alkanen in der organischen Chemie. Die ersten acht Glieder der Reihe bei Molybdän sind Mo_4O_{11}, Mo_5O_{14}, Mo_6O_{17}, Mo_7O_{20}, Mo_8O_{23}, Mo_9O_{26}, $Mo_{10}O_{29}$ und $Mo_{11}O_{32}$.

Diese Verbindungen enthalten Bezirke von eckenverknüpften Oktaedern, die durch Bereiche anderer Struktur, kristallographische Scherebenen, voneinander getrennt sind. Die einzelnen Glieder der homologen Reihe ergeben sich aus unterschiedlichen Abständen zwischen den Scherebenen. Ihre Struktur läßt sich als Verknüpfung von Oktaedern beschreiben (Kapitel 1).

Es gibt verschiedene WO_3-Modifikationen. Sie lassen sich durch unterschiedliche Störungen vom ReO_3-Gitter ableiten. Oberhalb 900 °C besitzt das WO_3 die ReO_3-Struktur (Bilder 1.43 und 5.23). Diese Struktur setzt sich aus $[ReO_6]$-Oktaedern zusammen, die durch gemeinsame Ecken miteinander verknüpft sind, wie in Bild 5.23a für eine Schicht gezeigt ist. Die beiden Sauerstoffatome oberhalb und unterhalb der abgebildeten Ebene stellen die Verknüpfung mit der darüber- und der darunterliegenden Schicht her. Die gemeinsamen Ecken sind in Bild 5.24 noch einmal deutlich dargestellt. Da jedes Sauerstoffatom gleichzeitig zu zwei Oktaedern gehört, resultiert die Stöchiometrie $ReO_{6/2} = ReO_3$.

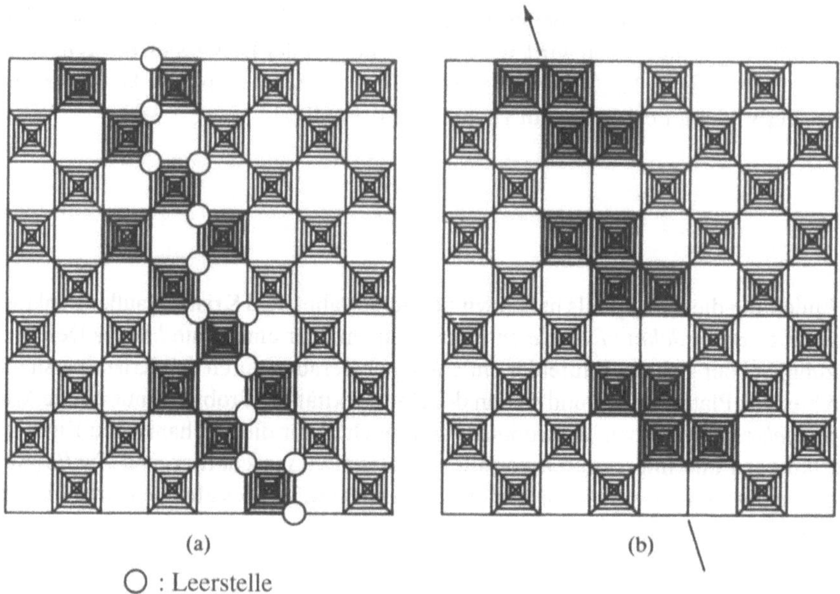

(a)   (b)

$\bigcirc$: Leerstelle

Bild 5.23   Bildung von Scherstrukturen

Die Nichtstöchiometrie im WO_{3-x} ist eine Folge davon, daß ein Teil der Oktaeder nicht mehr ausschließlich über Ecken, sondern auch über gemeinsame Kanten miteinander verbunden ist. Beim Betrachten der in Bild 5.23a hervorgehobenen Oktaeder wird dieser Sachverhalt deutlich. Der Übergang zur Kantenverknüpfung in Bild 5.23b entspricht einer Scherung der ganzen Struktur. Es entstehen Gruppen von vier Oktaedern mit gemeinsamen Kanten. Die Richtung mit der größten Dichte von kantenverknüpften Oktaedern ist die kristallogrphische Scherebene. Sie ist in Bild 5.23b durch einen Pfeil hervorgehoben. Diese Scherebenen wiederholen sich in regelmäßigen Abständen in den Kristallen. Zwischen ihnen liegen Bereiche mit ReO_3-Struktur.

Wenn wir verstehen wollen, wie die Scherebenen die Zusammensetzung des WO_3 verändern, müssen wir die Stöchiometrie dieser Vierergruppen aus kantenverknüpften Oktaedern berechnen. In Bild 5.25 ist ein solcher Block von 4 W- und 18 O-Atomen gezeichnet. 14 von diesen O-Atomen bilden gemeinsame Ecken mit außerhalb liegenden Oktaedern und gehören deshalb zur Hälfte dieser Gruppierung an. Die vier restlichen O-Atome gehören allein zu dem betrachteten Viererblock. Die Zusammensetzung ist dann gleich

$$[4\,W + (14 \cdot 1/2)O + 4\,O] = W_4O_{11}.$$

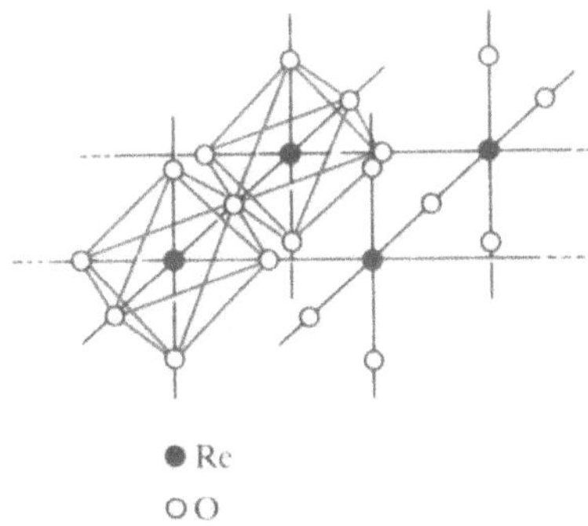

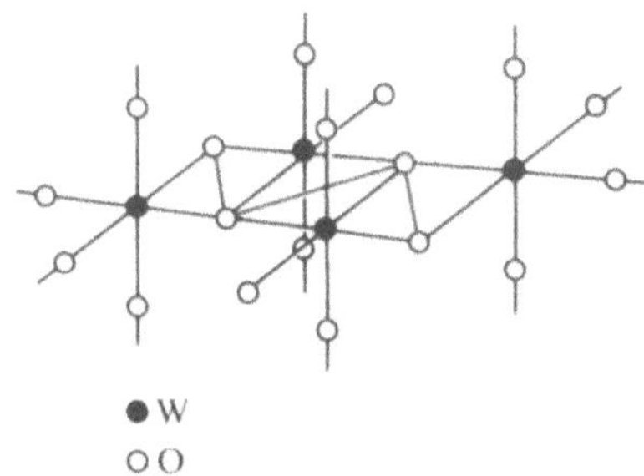

Bild 5.24   Ausschnitt aus der ReO$_3$-Struktur (vgl. Bild 1.43)

Bild 5.25   Gruppierung von vier kantenverknüpften [WO$_6$]-Oktaedern, wie sie bei der Bildung von Scherebenen in Verbindungen des Typs W$_n$O$_{3n-1}$ entstehen. Die zwei Oktaedern gleichzeitig angehörenden Kanten sind farblich markiert

Wenn derartige W$_4$O$_{11}$-Gruppen in die ReO$_3$-Struktur eingebaut werden, erniedrigt sich der Sauerstoffgehalt der Verbindung. Der Einfluß dieser Gruppe auf die Stöchiometrie der Wolframoxide läßt sich quantitativ berechnen. Eine Verbindung, die nur aus derartigen Blökken aufgebaut ist, hat die Zusammensetzung W$_4$O$_{11}$. Bei einem Verhältnis WO$_6$-Oktaeder zu Viererblock von 1:1 ergibt sich die Formel [W$_4$O$_{11}$ + WO$_3$] = W$_5$O$_{14}$. Wir können dieses Verfahren auf beliebige andere Verhältnisse anwenden:

$$W_4O_{11} + 2\,WO_3 = W_6O_{17} \qquad W_4O_{11} + 3\,WO_3 = W_7O_{20}$$

$$W_4O_{11} + 4\,WO_3 = W_8O_{23} \qquad W_4O_{11} + 5\,WO_3 = W_9O_{26}$$

$$W_4O_{11} + 6\,WO_3 = W_{10}O_{29} \qquad W_4O_{11} + 7\,WO_3 = W_{11}O_{32}$$

Aus der allgemeinen Formel W$_n$O$_{3n-1}$ erhält man mit $n = 4$ die Zusammensetzung des Viererblocks W$_4$O$_{11}$, der in allen oben aufgeführten Verbindungen enthalten ist, und aus W$_4$O$_{11}$ · m WO$_3$ durch Variation von m die Zusammensetzung aller anderen Verbindungen.

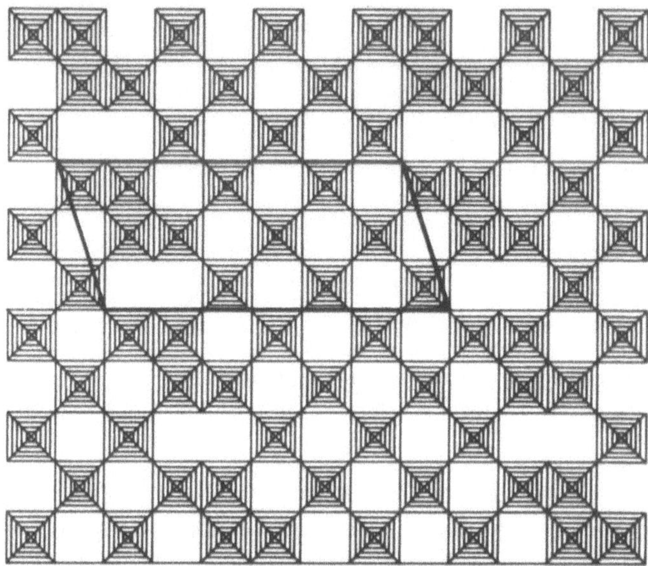

Bild 5.26   Ausschnitt aus der Struktur eines Gliedes der homologen Reihe W_nO_{3n-1} mit markierter
               Elementarzelle. Jedes Quadrat stellt eine Kette eckenverknüpfter $[WO_6]$-Oktaeder dar, die
               sich senkrecht zur Projektionsebene erstreckt

Die Scherebenen wiederholen sich in einem bestimmten Kristall in regelmäßiger und geordneter Weise. Der Abstand zwischen den Scherebenen bestimmt die Zusammensetzung der
einzelnen Glieder der homologen Reihe. Ein Beispiel für eine solche Struktur ist in Bild 5.26
wiedergegeben. Aus der eingezeichneten Elementarzelle kann man den Faktor m entnehmen
und die Formel der Verbindung berechnen: $W_4O_{11} + 7\,WO_3 = W_{11}O_{32}$.

Die Glieder der Reihe Mo_nO_{3n-1} haben die gleiche Struktur wie die analogen Wolfram-
verbindungen. Nur das Endglied der Reihe, MoO_3, weicht davon ab. Es bildet eine Schichtstruktur.

Wenn die Scherebenen aus Gruppen von sechs über gemeinsame Kanten verknüpfte Oktaeder gebildet werden, führt das zu einer homologen Reihe der allgemeinen Zusammensetzung
M_nO_{3n-2}.

Die homologe Reihe der Titanoxide mit Sauerstoffdefizit entspricht der Formel Ti_nO_{2n-1}.
In dieser Verbindungsklasse werden die Scherebenen von Oktaedern gebildet, die über gemeinsame Flächen verbunden sind. Die nicht-reduzierten Bereiche enhalten kantenver-
knüpfte Oktaeder, wie wir sie vom Rutil kennen (Bild 1.42).

5.8.2 Ebene Verwachsungen

Auch dieses umfangreiche Gebiet können wir nur an einem Beispiel, den *Wolframbronzen*,
behandeln. Mit dem Begriff *Bronze* werden Metalloxide bezeichnet, die stark gefärbt sind,
metallischen Glanz haben und entweder metallische Leiter oder Halbleiter sind. Die Natrium-
Wolfram-Bronzen Na_xWO_3 zeigen in Abhängigkeit von x alle möglichen Farben zwischen
gelb über rot bis zu tief purpur.

Wir haben gesehen, daß das WO_3 die ReO_3-Struktur besitzt, in der $[WO_6]$-Oktaeder über alle sechs Ecken mit anderen Oktaedern verbunden sind (Bilder 1.43, 5.23a, 5.24). Das dadurch gebildete dreidimensionalen Netzwerk wird von ausgedehnten Kanälen durchzogen, in die Alkalimetallionen und andere Kationen eingelagert werden können. Die Struktur derartiger Verbindungen hängt vom Verhältnis Alkalimetall:Wolframoxid ab. Es gibt dabei drei Haupttypen: *kubische* Phasen, bei denen die Alkalimetallionen das Zentrum der Elementarzelle – in Analogie zur Perowskitstruktur (Kapitel 1 und 10) – besetzten, sowie *tetragonale* und *hexagonale* Phasen. Die Grundmuster dieser Strukturen zeigt Bild 5.27. Die elektronische Leitfähigkeit der Bronzen hängt damit zusammen, daß zur Kompensation der mit den Alkalimetallionen dem Gitter zugefügten Ionenladungen eine äquivalente Zahl von Wolframatomen von der Oxidationsstufe +VI in die Oxidationsstufe +V übergeht. Derartige Prozesse werden in Abschnitt 5.10 eingehender behandelt.

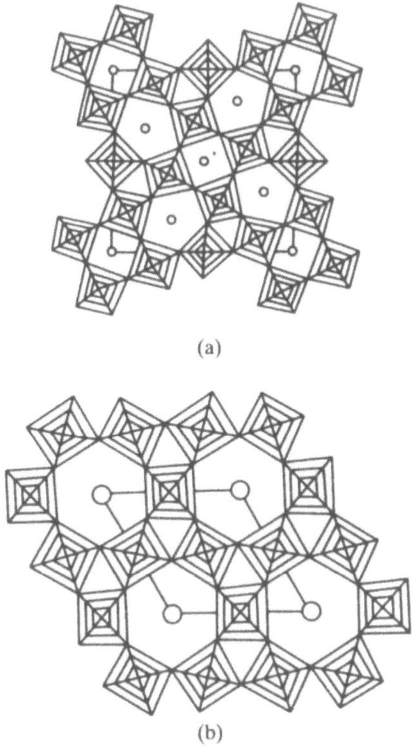

(a)

(b)

    (a) Strukturmotiv der tetragonalen Wolframbronze, (b) Strukturmotiv der hexagonalen Wolframbronze. Jedes Quadrat stellt eine Kette eckenverknüpfter $[WO_6]$-Oktaeder dar, zwischen denen Kanäle mit vier-, fünf- bzw. sechseckeckigem Querschnitt liegen. Die Kanäle können wechselnde Mengen von Metallatomen aufnehmen, dargestellt durch die offenen Kreise.

Wegen der Raumbeanspruchung der K^+-Ionen entsteht die abgebildete hexagonale Bronzestruktur, wenn Kalium mit WO_3 reagiert und die Zusammensetzung der Verbindung K_xWO_3 im Bereich $0{,}19 \leq x \leq 0{,}33$ liegt. Wenn der Kaliumgehalt kleiner ist, besteht der Festkörper aus WO_3-Blöcken, zwischen denen in einem regelmäßigen Muster Baueinheiten der hexagonalen Bronze eingelagert sind. Die hexagonalen Schichten sind entweder so breit wie ein oder zwei Kanäle (Bild 5.28). Ähnliche Strukturen werden von Bronzen gebildet, die nicht Kalium, sondern Rubidium, Cäsium, Barium, Zinn oder Blei enthalten. Ein durch hochauflösende Elektronenmikroskopie hergestelltes Bild einer Barium-Wolfram-Bronze läßt die Einzelkanäle der Struktur deutlich hervortreten (Bild 5.29). Mit abnehmender Bariumkonzentration nimmt der Abstand zwischen den Tunneln zu.

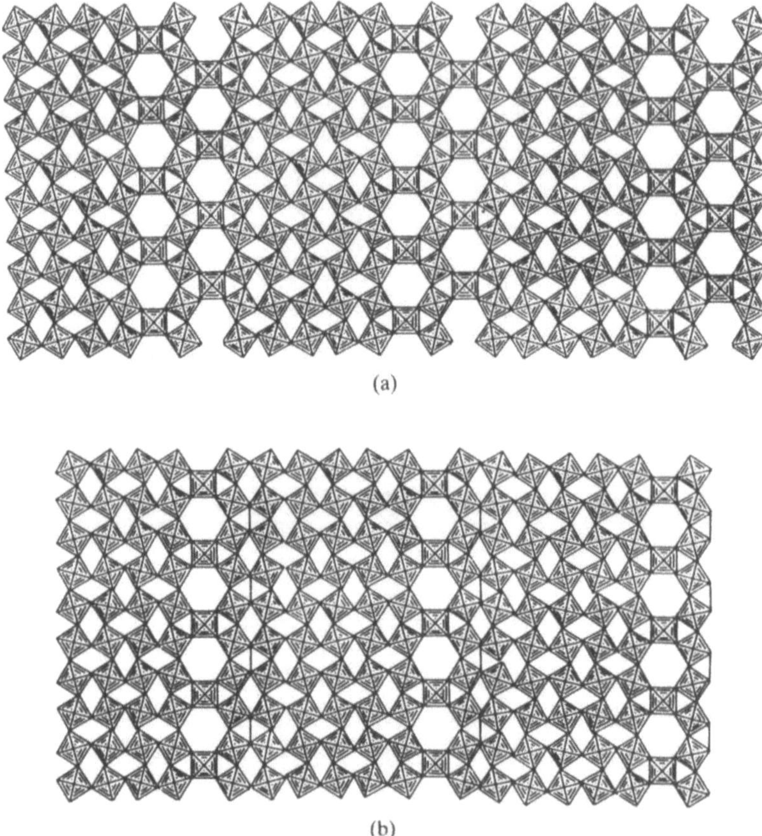

(a)

(b)

Idealisierte Struktur von zwei Verwachsungs-Wolframbronzen: (a) mit Doppelreihen sechseckiger Kanäle, (b) mit einer einfachen Reihe von sechseckigen Kanälen. Jedes Quadrat stellt eine Kette eckenverknüpfter $[WO_6]$-Oktaeder dar. Die Kanäle enthalten wechselnde Mengen von Metallionen.

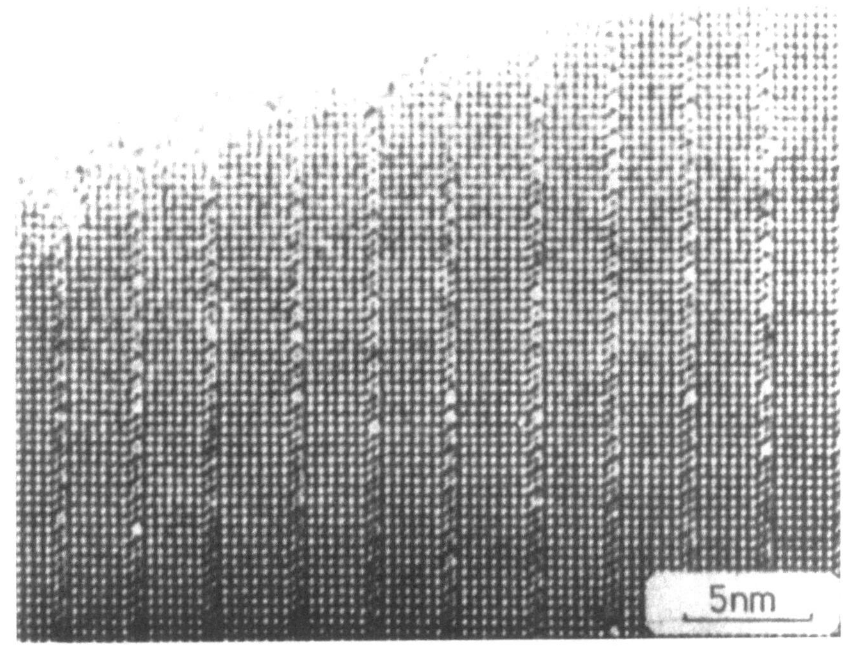

Bild 5.29   Hochauflösende elektronenmikroskopische Aufnahme der Verwachsungs-Wolf-rambronze Ba$_x$WO$_3$. Man erkennt deutlich die Reihen der Kanäle. Jeder schwarze Punkt stellt einen [WO$_6$]-Oktaeder dar. Viele hexagonale Kanäle sind leer oder nur teilweise mit Ba-Atomen gefüllt.

5.9   Dreidimensionale Defekte

5.9.1   Blockstrukturen

In Mischoxiden von Niob und Titan, Niob und Wolfram sowie in Nb$_2$O$_5$ mit Sauerstoffdefizit gibt es Scherebenen in zwei senkrecht aufeinander stehenden Richtungen. Dadurch werden die dazwischenliegenden perfekten unendlich ausgedehnten Schichten in unendlich ausgedehnte Säulen oder Blöcke zerschnitten. Diese Strukturen nennt man *Block-Strukturen*. Sie werden durch die mittlere Größe der Blöcke charakterisiert. Die Blockgröße hängt von der Zahl der Oktaederecken ab, die als Brücken zu anderen Oktaedern dienen. Es gibt nicht nur Blockstrukturen, die Blöcke einer Größe enthalten, sondern auch komplizierte Strukturen, die aus Blöcken verschiedener Größe in einem regelmäßigen Muster aufgebaut sind. Die Block-größe bestimmt die Bruttostöchiometrie des Festkörpers. In Bild 5.30 erkennt man die Blöcke unterschiedlicher Größe in einein Kristall.

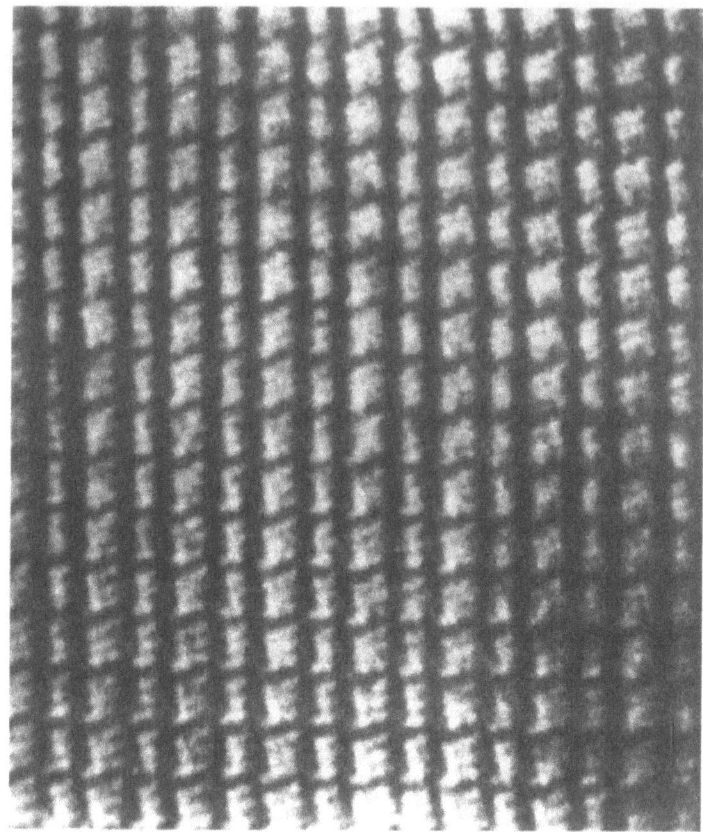

Bild 5.30   Hochauflösende elektronenmikroskopische Aufnahme der Phase $W_4Nb_{26}O_{77}$. Man erkennt Ketten, die aus Blöcken von $(4 \cdot 4)$ und $(4 \cdot 3)$ $[WO_6]$-Oktaedern aufgebaut sind. Die Scherungsebenen zwischen den Blöcken erscheinen als dunklere Gebiete. (Veröffentlichung mit Erlaubnis von Dr. J. L. Hutchinson)

5.9.2 Pentagonale Säulen

Dreidimensionale Baufehler kommen auch in den *pentagonale Säulen* vor, deren Grundbaueinheit in Bild 5.31a dargestellt ist. Sie besteht aus einem Ring von fünf $[MO_6]$-Oktaedern, die übereinandergestapelt und durch gemeinsame Sauerstoffatome verbunden pentagonale Säulen ergeben. Man findet sie in regelmäßigen Mustern angeordnet als Bestandteil bestimmter homologer Reihen von Verbindungen mit Struktur vom ReO_3-Typ. Als Beispiel ist in Bild 5.31b der Aufbau des Oxids Mo_5O_{14} gezeigt. Dieser Strukturtyp wird auch bei tetragonalen Wolframbronzen ausgebildet.

5.9.3 Unendliche angepaßte Strukturen

In Abschnitt 5.9.1 haben wir gesehen, daß die gemischten Nb-W-Oxide eine Reihe von Verbindungen bilden, die aus Blöcken unterschiedlicher Größe aufgebaut sind. Noch ungewöhnlicher sind die Verhältnisse in dem sehr ähnlichen System Ta_2O_5–WO_3. Hier existiert eine sehr große Zahl von Verbindungen, deren Aufbau von pentagonale Säulen bestimmt wird. Die idealisierte Struktur einer solchen Verbindung enthält Bild 5.32. Man erkennt das wellenförmige Skelett, das sich unter Ausbildung geordneter Strukturen durch Ändern der „Wellenlänge" verschiedenen stöchiometrischen Verhältnissen anpaßt.

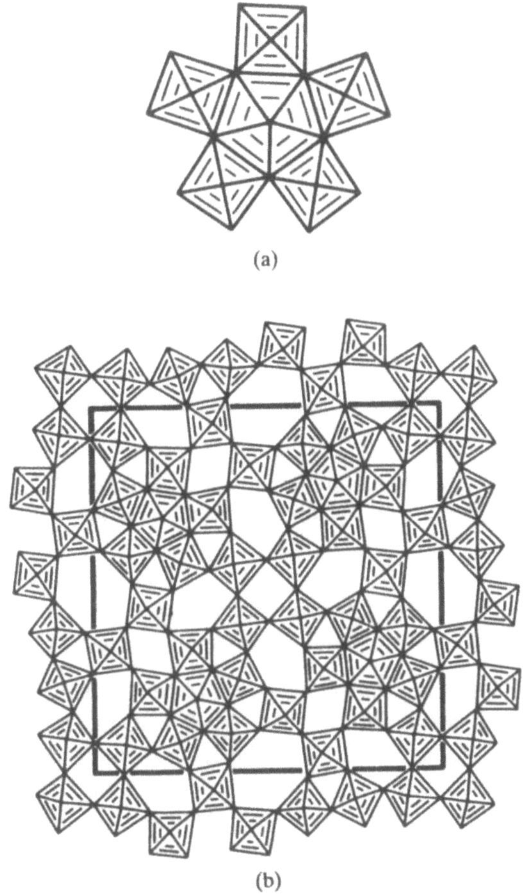

(a)

(b)

Bild 5.31   (a) Projektion einer pentagonalen Säule. (b) Strukturmotiv der Verbindung Mo_5O_{14}

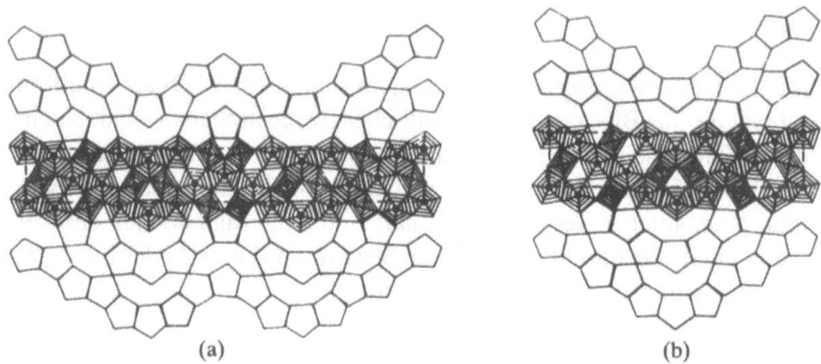

Bild 5.32   Idealisierte Strukturen von (a) $Ta_{22}W_4O_{67}$ und (b) $Ta_{30}W_2O_{81}$. Diese Phasen werden aus pentagonalen Säulen und Oktaederketten aufgebaut, die in der Projektion als Fünf- bzw. Vierecke erscheinen. Die Wiederholungseinheit der pentagonalen Säulen variiert so mit der Zusammensetzung der Phase, daß bei beliebigem Kationen:Anionen-Verhältnis eine geordnete Struktur gebildet wird.

5.10   Elektronische Eigenschaften nichtstöchiometrischer Oxide

Wir haben bereits die Struktur des nichtstöchiometrischen FeO ausführlich betrachtet. Wenn wir die gleichen Grundsätze auf andere binäre Oxide anwenden, ergeben sich vier Verbindungstypen, entweder mit

Metallüberschuß: Typ A – mit Anionenleerstellen, Formel MO_{1-x}
                          Typ B – mit Zwischengitterkationen, Formel $M_{1+x}O$

oder mit

Sauerstoffüberschuß: Typ C – mit Zwischengitteranionen, Formel MO_{1+x}
                          Typ D – mit Kationenleerstellen, Formel $M_{1-x}O$

In Bild 5.33 sind diese Typen am Beispiel von NaCl-Strukturen schematisch dargestellt. Die früher besprochene FeO-Phase gehört, wie auch MnO, CoO und NiO, zum *Typ D*.

Bei Oxiden vom *Typ A* entsteht der Metallüberschuß durch Anionenvakanzen. Um die Elektroneutralität aufrecht zu erhalten, müssen für jede Anionenleerstelle Elektronen in den Festkörper eingebaut werden. Sie können entweder auf einem Anionenplatz eingefangen werden (Bild 5.33a,i) oder zu einem Kation übergehen (Bild 5.33a,ii), das dadurch z. B. von M^{2+} zu M^+ reduziert wird. Aus energetischen Gründen ist der zweite Fall häufiger anzutreffen als der erste.

Die Oxide vom *Typ B* haben einen Metallüberschuß auf Zwischengitterplätzen, entweder als neutrales Atom (Bild 5.33b,i) oder in der wahrscheinlicheren Form, die in Bild 5.33b,ii zu sehen ist. Das Zwischengitteratom ist ionisiert und hat seine Elektronen an benachbarte Kationen abgegeben, die dadurch reduziert worden sind. Dieser Defekttyp liegt bei ZnO und CdO vor.

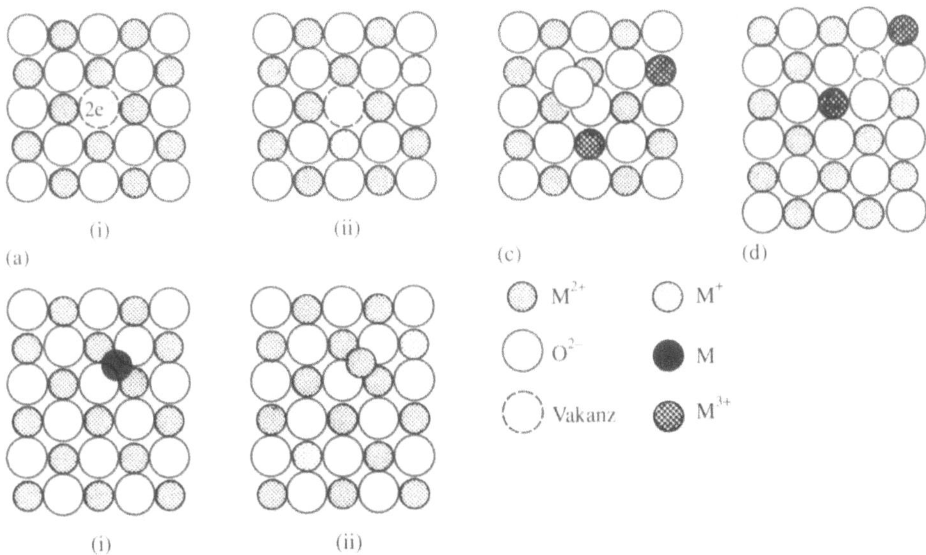

Bild 5.33 Strukturmöglichkeiten für binäre Oxide der Zusammensetzung MO. (a) Typ A: Metall-überschuß durch Anionenleerstellen. (i) Zwei Elektronen, die zum Erreichen der Elektroneutralität benötigt werden, befinden sich in einer Anionenvakanz, (ii) die Elektronen sind von Kationen eingefangen worden und haben deren Ladung auf +1 erniedrigt. (b) Typ B: Metallüberschuß durch Besetzung von Zwischengitterplätzen. (i) Ein neutrales Atom auf einem Zwischengitterplatz, (ii) auf dem Zwischengitterplatz befindet sich ein Metallion M^{2+}, zwei andere Kationen des Gitters sind zu M^+ reduziert. (c) Typ C: Sauerstoffüberschuß durch Besetzung von Zwischengitterplätzen. Ladungskompensation durch Bildung von zwei Ionen M^{3+}. (d) Typ D: Sauerstoffüberschuß durch Kationenleerstellen und Ladungskompensation durch Bildung von zwei Ionen M^{3+}

Die Ladung der *Zwischengitteranionen* werden beim *Typ C* durch Oxidation von Kationen ausgeglichen.

Ehe wir die Leitfähigkeit der nichtstöchiometrischen Oxide besprechen, ist es nützlich, an das Wissen über die Struktur und die Eigenschaften der stöchiometrischen $3d$-Metall-Oxide zu erinnern, die in Tabelle 5.7 zusammengestellt sind.

Beim Diskutieren stöchiometrischer Oxide in Kapitel 4 haben wir gesehen, daß die Leitfähigkeit von zwei gegenläufigen Effekten abhängt. Einerseits überlappen die d-Orbitale zu einem Band, und je stärker die Überlappung ist, um so breiter ist das Band. Die Elektronen dieses Bandes sind weitgehend delokalisiert und können sich im Festkörper bewegen. Anderseits führt die interelektronische Abstoßung zur Lokalisierung der Elektronen an bestimmten Atomrümpfen. TiO und VO sind gute metallische Leiter. Bei ihnen überlappen demzufolge die d-Orbitale sehr gut und erzeugen ein breites d-Band. Die gute Überlappung kommt einmal daher, daß Ti und V am Anfang der d-Reihe stehen und ihre Orbitale deshalb noch nicht so kontrahiert sind wie bei den höheren Homologen, und anderseits von der ungewöhnlichen Struktur des TiO – ähnlich auch bei VO – bei der ein Sechstel aller Plätze im NaCl-Gitter nicht besetzt ist. Dadurch wird das Gitter verdichtet und ermöglicht eine gute Überlappung.

Tabelle 5.7　Eigenschaften der Monoxide MO von $3d$-Metallen

Element	(Ca)	Sc	Ti	V	Cr	Mn	Fe	Co	Ni	Cu	Zn
Struktur des stöchiometrischen Oxids MO	NaCl-Struktur	existiert nicht	NaCl-Struktur mit 1/6 Vakanzen	NaCl-Defekt-Struktur	existiert nicht	NaCl-Struktur	(NaCl-Struktur)*	NaCl-Struktur	NaCl-Struktur	PtS-Struktur	Wurtzit-Struktur (Hochdruck: NaCl-Struktur)
Struktur des Defekt-Oxides			$Ti_{1-\delta}O$ mit Ti-Vakanzen (Verwachsungen von $TiO_{1,00}$ und $TiO_{1,25}$)	ähnlich wie TiO		$Mn_{1-\delta}O$ mit Mn-Vakanzen	$Fe_{1-\delta}O$ mit Fe-Vakanzen in Defekt-Clustern	$Co_{1-\delta}O$ mit Co-Vakanzen	$Ni_{1-\delta}O$ mit Ni-Vakanzen		$Zn_{1+\delta}O$ mit Zn auf Zwischengitterplätzen
Elektr. Leitfähigkeit der stöchiometrischen Verbindung			metallisch	metallisch $T < 120$ K		Isolator	(Isolator)*	Isolator	Isolator		Isolator
Elektr. Leitfähigkeit der nichtstöchiometrischen Verbindung			metallisch	metallisch		p-Halbleiter Hopping-Mechanismus	p-Halbleiter	p-Halbleiter	p-Halbleiter		n-Halbleiter
Magnetische Eigenschaften bei Zimmertemperatur (Kapitel 9)			diamagnetisch	diamagnetisch		paramagnetisch $\mu = 5,5\ \mu_B$ (antiferromagnetisch $T_N = 122$ K)	paramagnetisch (antiferromagnetisch $T_N = 198$ K)	antiferromagnetisch $T_N = 292$ K	antiferromagnetisch $T_N = 530$ K		

* Exakt stöchiometrisch zusammengesetztes FeO ist bisher noch nicht gefunden worden.

Bei den folgenden Gliedern der Reihe stöchiometrischer Oxide führt die zunehmende Kontraktion der d-Orbitale zu einer geringeren Überlappung, damit zu einer kleineren Bandbreite von etwa 1 eV, und die gegenseitige Abstoßung verstärkt den lokalisierenden Einfluß auf die Elektronen. Deshalb sind MnO, FeO, CoO und NiO Isolatoren. (Die mit der Lokalisation der d-Elektronen zusammenhängenden magnetischen Eigenschaften werden in Kapitel 9 besprochen.)

Die nichtstöchiometrischen Oxide der Typen A und B enthalten zusätzliche Elektronen, um den Metallüberschuß zu kompensieren. Bild 5.33 kann man entnehmen, daß sie sich entweder an einer Anionenleerstelle befinden oder an Kationen gebunden sind. Obwohl wir diesen Fall als Reduktion der betreffenden Kationen beschrieben haben, ist die Bindung der Elektronen nicht sehr fest; sie können leicht zu einem anderen Kation übergehen. Oft genügt bereits die thermische Energie, um sie im Gitter frei beweglich zu machen, so daß die Leitfähigkeit wie bei Halbleitern mit der Temperatur zunimmt.

In Kapitel 4 haben wir die Bändertheorie der Halbleiter diskutiert. Eigenhalbleiter besitzen ein gefülltes Valenzband und ein durch die Bandlücke davon getrenntes leeres Leitungsband. Durch thermische Energie können Elektronen aus dem tiefer liegenden Valenzband in das Leitungsband angehoben werden. Die zurückbleibenden Löcher und die angeregten Elektronen sind die Träger der Leitfähigkeit. Die Leitfähigkeit von Eigenhalbleitern wie Silicium und Germanium kann durch Beifügen von Verunreinigungen erhöht werden. So bilden in Silicium eingebaute Phosphoratome knapp unterhalb des Valenzbandes ein Donatorniveau, aus dem Elektronen thermisch leicht in das leere Leitungsband angeregt werden können. Umgekehrt bilden Galliumatome in Silicium oberhalb des Valenzbandes ein Akzeptorniveau und verursachen die Bildung von Löchern. Auf diesem Wege entstehen n- bzw. p-Halbleiter (Bild 4.9).

Nichtstöchiometrische Oxide vom Typ A bzw. B sind n-Halbleiter, da Elektronen die Leitfähigkeit verursachen. Die Bändertheorie läßt sich hier nicht gut anwenden. Aus Gründen, die bereits bei den stöchiometrischen Oxiden genannt wurden, führt die interelektronische Abstoßung zu einer stärkeren Lokalisierung der Elektronen an einem Atomrumpf. Es ist deshalb zutreffender, sich vorzustellen, daß die Leitungselektronen bzw. die Löcher an einem bestimmten Atom oder Defekt im Gitter lokalisiert (getrappt) sind, als delokalisiert in Bändern. Der Ladungstransport geschieht unter dem Einfluß des elektrischen Feldes durch Sprünge (engl. hopping) von einem Platz zu einem anderen. In einem idealen Ionenkristall, bei dem alle Kationen den gleichen Valenzzustand besitzen, wäre ein solcher Vorgang sehr energieaufwendig. Wenn aber in einer nichtstöchiometrischen Verbindung ein Element in zwei verschiedenen Oxidationsstufen vorliegt (z. B. Fe^{2+} und Fe^{3+}), wird für einen Elektronensprung zwischen diesen beiden Ionen nicht soviel Energie benötigt. Die Leitfähigkeit von Halbleitern mit *Hopping-Mechanismus* gehorcht deshalb wie die Ionenleitung den Gleichungen für Diffusionsprozesse. Die Beweglichkeit μ eines Ladungsträgers – Elektron oder positives Loch – bzw. die Leitfähigkeit des Halbleiters σ ergibt sich aus

$$\mu \propto \exp(E_a/kT) \tag{5.26}$$

$$\sigma = ne\mu \tag{5.27}$$

Die Aktivierungsenergie E_a für den Sprung liegt im Bereich 0,1 eV $< E_a <$ 0,5 eV; n ist die Zahl der beweglichen Ladungsträger pro Volumeneinheit und e die Elektronenladung. Die Gleichungen (5.26) und (5.27) entsprechen vollkommen den Gleichungen (5.7) bzw. (5.6), die in Abschnitt 5.3 für die Beweglichkeit und die Leitfähigkeit von Ionen besprochen worden sind. Die Ladungsträgerdichte n hängt nur von der Zusammensetzung des Kristalls und nicht von der Temperatur ab. Aus Gleichung (5.26) geht hervor, daß auch die Hopping-Leitung mit der Temperatur zunimmt.

Bei den Monoxiden mit Nichtstöchiometrie vom Typ C und D haben wir gezeigt, daß das Metalldefizit durch Oxidation von Kationen M^{2+} zu M^{3+} ausgeglichen wird. Die M^{3+}-Ionen kann man auch als M^{2+}-Ionen auffassen, an die ein positives Loch gebunden ist. Wenn die thermische Energie ausreicht, kann ein Loch von einem Ion zu einem anderen springen. Es resultiert p-Leitung. Die elektronische Leitfähigkeit von MnO, FeO, CoO und NiO beruht auf diesem Mechanismus. In Kapitel 4 haben wir den Ladungstransport im NiO durch Elektronensprünge beschrieben. Es ist offensichtlich eine Frage der Übereinkunft, ob man als Ladungsträger Löcher oder Elektronen annimmt. Es handelt sich um den gleichen Sachverhalt, wenn ein positives Loch von einem Ni^{3+}-Ion zu einem Ni^{2+}-Ion springt oder ein negatives Elektron von einem Ni^{2+}-Ion zu einem Ni^{3+}-Ion.

Die elektronische Leitfähigkeit von nichtstöchiometrischen Verbindungen erstreckt sich über einen sehr großen Bereich. Wir haben Beispiele mit metallischer Leitfähigkeit kennengelernt (TiO, VO), auf die sich die Bändertheorie gut anwenden läßt. Andere Vertreter (MnO, NiO) sind Halbleiter, die mit dem Hopping-Mechanismus beschrieben werden können. Weitere Verbindungen (WO_3, TiO_2) liegen mit ihren Eigenschaften zwischen diesen Extremen und bedürfen einer eigenen Theorie. Calciumstabilisiertes Zirconiumoxid und β-Aluminiumoxid sind gute Ionenleiter. Calciumstabilisiertes Zirconiumoxid besitzt außerdem elektronische Leitfähigkeit, aber – für die industrielle Anwendung bedeutsam – nur bei niedrigen Sauerstoffpartialdrücken. Die Vielfalt der Erscheinungen erschwert Verallgemeinerungen, so daß jeder Fall am besten einzeln behandelt werden sollte.

Halbleiter sind die Grundlage der modernen Elektronikindustrie, und man sucht ständig nach neuen und verbesserten Materialien für bestimmte Anwendungen. Ein Teil der Forschung beschäftigt sich damit, den Existenzbereich und damit die Eigenschaften dieser Stoffe zu erweitern. Der Existenzbereich mancher nichtstöchiometrischer Verbindungen ist sehr schmal. Um eine größere Phasenbreite zu erreichen, kann die betreffenden Verbindung dotiert werden, wie z. B. beim Zusatz von Li_2O zu NiO. Wenn diese Mischung in Gegenwart von Sauerstoff erhitzt wird, wandern Li^+-Ionen in das NiO-Gitter, und man erhält eine Verbindung der Zusammensetzung $Li_xNi_{1-x}O$ ($0{,}0 \leq x \leq 0{,}1$). Dabei läuft unter Annahme von stöchiometrischem NiO als Ausgangsverbindung folgende Reaktion ab:

$$2x\,Li_2O + 4\,(1-x)\,NiO + x\,O_2 \rightarrow 4\,Li_xNi_{1-x}O \tag{5.28}$$

Um die Anwesenheit der einwertigen Li^+-Ionen auszugleichen, wird eine äquivalente Zahl von Ni^{2+}-Ionen zu Ni^{3+} oxidiert bzw., anders ausgedrückt, es wird eine entsprechende Zahl von Löchern erzeugt, die an Nickelionen lokalisiert sind.

Dieser Vorgang, bei dem elektronische Defekte erzeugt werden und der Existenzbereich des nichtstöchiometrischen „NiO" sich stark erweitert, heißt *Valenzinduktion*. Im Bereich großer Lithiumkonzentrationen erreicht die spezifische Leitfähigkeit dieser Verbindung Werte von typischen Metallen. Trotzdem handelt es sich um einen Halbleiter, dessen Leitfähigkeit mit der Temperatur zunimmt.

5.11 Schlußbemerkungen

In diesem Kapital haben wir versucht, einen Eindruck von dem Ausmaß und der Vielfalt zu geben, die mit Defektstrukturen und Nichtstöchiometrie verbunden sind. Aus diesen Ausführungen geht hervor, daß das Konzept von willkürlich verteilten isolierten Störstellen nicht ausreicht, um die Fülle und Komplexität nichtstöchiometrischer Verbindungen zu erklären, und daß es viele Möglichkeiten gibt, Defekte zu beseitigen oder sie in einen geordneten Zustand zu überführen.

Weiterführende Literatur

Defekte

Allgemeine Literatur

Tilley, R. J. D.: *Defect Crystal Chemistry*, Blackie, Glasgow, 1987.
Greenwood, N. N.: *Ionenkristalle, Gitterdefekte und Nichtstöchiometrische Verbindungen*, Verlag Chemie, Weinheim, 1973.
Cox, P. A.: *The Electronic Structure and Chemistry of Solids*, Oxford University Press, Oxford, 1987.
West, A. R.: *Solid State Chemistry and its Applications*, Wiley, New York, 1984.
Adams, D. M.: *Inorganic Solids*, Wiley, New York, 1974.

Flächendefekte

Mandelcorn, L. (Hrsg.): *Nonstoichometric Compounds*, Academic Press, New York, 1963.

Unendlich angepaßte Strukturen

Anderson, J. S.: Journal of the Chemical Society, Dalton Transactions, **1973**, 1107.

Fotographie

Hannay, N. B.: *Treatise on Solid State Chemistry*, Bd. 4, Kapitel 7. Plenum, New York, 1976.

Farbzentren

Nassau, K.: *The Physics and Chemistry of Color*, Wiley, New York, 1983.

Fragen

1. Die Bildungsenthalpie ΔH_F für Schottky-Defekte beträgt bei verschieden MX-Kristallen 200 kJ mol^{-1}. Berechnen Sie n_S/N und n pro mol für die Temperaturen 300 K, 500 K, 700 K und 900 K.

2. Tabelle 5.8 gibt die Temperaturabhängigkeit der Defektkonzentration von CsI wieder. Bestimmen Sie die Bildungsenthalpie für Schottky-Defekte in dieser Verbindung.

Tabelle 5.8   Defektkonzentration des CsI bei verschiedenen Temperaturen

Temperatur K	n_S/N
300	$1{,}08 \times 10^{-16}$
400	$1{,}06 \times 10^{-12}$
500	$2{,}63 \times 10^{-10}$
600	$1{,}04 \times 10^{-8}$
700	$1{,}43 \times 10^{-7}$
900	$4{,}76 \times 10^{-6}$

3. Wie beeinflußt die Erhöhung der Konzentration von Verunreinigungen (z. B. $CaCl_2$) in NaCl die in Bild 5.8 dargestellte Temperaturabhängigkeit der Leitfähigkeit? Wie wird der Wendepunkt in der Kurve dadurch verändert?

4. In NaCl sind die Kationen beweglicher als die Anionen. Wie verändert sich die Leitfähigkeit, wenn ein NaCl-Kristall mit kleinen Konzentrationen folgender Verbindungen dotiert wird: (a) AgCl, (b) $MgCl_2$, (c) NaBr, (d) Na_2O?

5. Im Gegensatz zu den Fluoriden besitzen Oxide MO_2 mit Fluoritstruktur erst bei Temperaturen oberhalb 2300 K Anionenleitfähigkeit. Begründen Sie diesen Sachverhalt.

6. Bild 5.34 zeigt eine Fluoritstruktur, in der die tetraedrische Umgebung eines Anions farbig hervorgehoben und das hinter diesem Tetraeder liegende Anion wegen besserer Übersichtlichkeit weggelassen worden ist. Beschreiben Sie die Änderung der Koordinationszahl und skizzieren Sie den Pfad, auf dem dieses Anion in die Oktaederlücke im Zentrum der Elementarzelle gelangen kann.

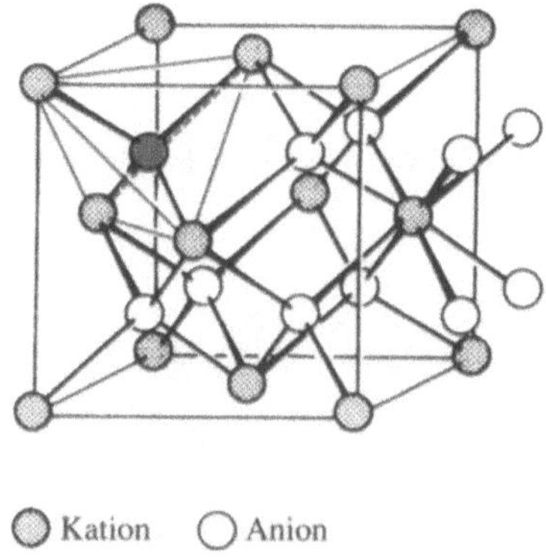

Bild 5.34   Fluorit-Struktur mit farbig gekennzeichnetem Koordinationstetraeder eines Anions

7. Schätzen Sie die Energie für die Defektbildung in der Fluoritstruktur ab. (a) Beschreiben
   Sie die Koordination eines Anions durch seine nächsten und seine übernächsten Nachbarn
   – erstens, wenn es sich auf einem normalen Gitterplatz und zweitens, wenn es sich auf
   dem oktaedrischen Zwischengitterplatz im Zentrum der Elementarzelle von Bild 5.34
   befindet. (b) Verwenden Sie den Ansatz für die potentielle Energie E zweier Ionen

$$E = -\frac{e^2 Z}{4\pi\varepsilon_0 r}$$
$$= -\left(2{,}31 \cdot 10^{-28}\,\text{J m}\right) Z/r$$

   Es bedeuten Z die Ionenladung und r den Abstand zwischen den Ionen, die Gitterkonstante des Fluoritgitters ist $a = 537$ pm.

8. Bild 5.35 zeigt die Zinkblendestruktur von γ-AgI, einer Tieftemperaturform dieser Verbindung. Diskutieren Sie die Ähnlichkeiten und die Unterschiede zwischen der Struktur
   dieser Modifikation und der des α-AgI (Bild 5.9). Warum muß man annehmen, daß die
   Leitfähigkeit der Ag$^+$-Ionen in der γ-Form kleiner ist als in der α-Form?

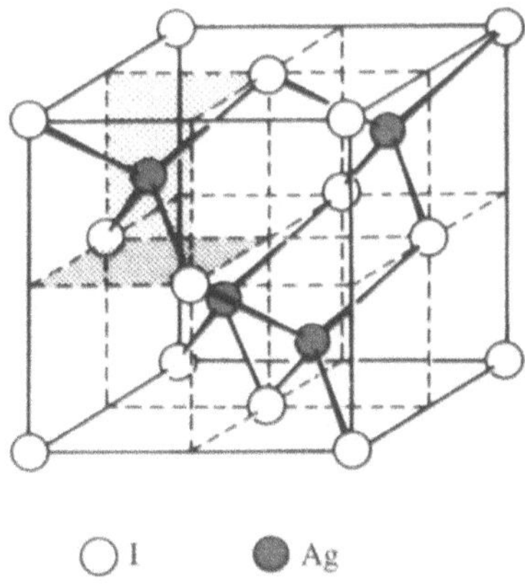

    Die Zinkblende-Struktur des γ-AgI

9. Die in der Tabelle 5.4 aufgeführten Verbindungen enthalten entweder I$^-$-Ionen oder andere
   Ionen vom unteren Ende der betreffenden Gruppe des Periodischen Systems der Elemente. Erklären Sie diesen Sachverhalt.

10. Undotiertes β-Aluminiumoxid hat die maximale Leitfähigkeit und minimale Aktivierungs-
    energie bei einem Natriumüberschuß von 20-30 mol-%. Mit zunehmendem Natriumgehalt
    nimmt die Leitfähigkeit ab. Im Gegensatz dazu haben Kristalle von β-Aluminiumoxid, die
    mit Mg^{2+}-Ionen dotiert sind, eine bedeutend größere Leitfähigkeit als undotierte Kristalle.
    Erläuteren Sie diese Beobachtung.

11. Berechnen Sie aus folgenden Angaben die theoretische Dichte eines Wüstitkristalls: Gitterkonstante a = 428,2 pm, Verhältnis Fe:O = 0,910. Die experimentelle Dichte beträgt ρ = 5,613 $\cdot$ 10^3 kg·m^{-3}. Welches Modell trifft für die Nichtstöchiometrie der Verbindung zu?

12. Warum wird durch den Zusammenhang zwischen der Gitterkonstanten a und dem Eisengehalt von „FeO" das Modell der Eisenvakanzen gegenüber dem Modell mit Sauerstoff auf Zwischengitterplätzen für Wüstit bestätigt?

13. Warum verändert die Bildung von Farbzentren die Dichte eines Kristalls?

14. Bild 5.36 zeigt den zentralen Ausschnitt eines in FeO möglichen Defekt-Clusters. (a) Bestimmen Sie das darin vorliegende Verhältnis Leerstellen:besetzen Zwischengitterplätzen. (b) Nehmen Sie an, daß dieser Gitterausschnitt von Oxid- und Eisenionen auf Oktaederplätzen wie im Koch-Cohen-Cluster umgeben ist. Bestimmen Sie die Stöchiometrie eines Kristalls, der ausschließlich aus solchen Baueinheiten zusammengesezt ist. (c) Berechnen Sie die Zahl der Fe^{2+}- und der Fe^{3+}-Ionen auf Oktaederplätzen.

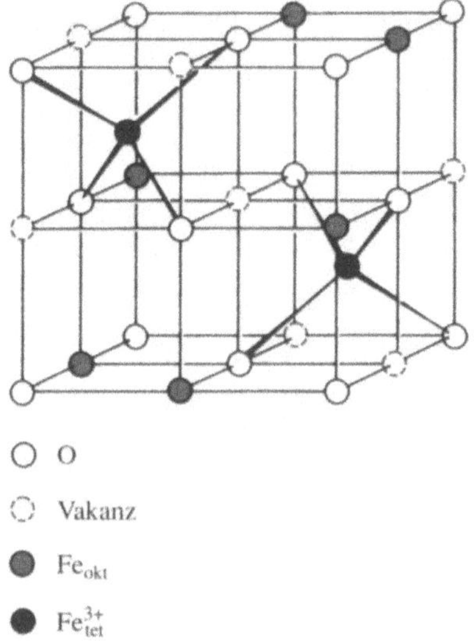

Bild 5.36   Ein für die Phase Fe$_{1-x}$O möglicher Defektcluster

15. Berechnen Sie mit Hilfe von Bild 5.20 die Zahl der Atome in der monoklinen Elementarzelle des TiO und den Bruchteil der gegenüber einer NaCl-Struktur nicht besetzten Gitterplätze.

16. In Bild 5.21 sind Schichten aus der Struktur der Verbindung TiO$_{1,25}$ dargestellt. Zeigen Sie anhand von Bild 5.22, daß die Elementarzelle die Stöchiometrie des Kristalls exakt wiedergibt.

17. Auf welche Weise wird im TiO$_{1,25}$ die Elektroneutralität hergestellt?

18. Wie ändert sich die Zusammensetzung eines Metalloxids, wenn eckenverknüpfte Oktaeder in Oktaeder übergehen, die eine gemeinsame Kante bzw. eine gemeinsame Fläche haben?

19. Bild 5.37 stellt ein Glied der homologen Reihe W_nO_{3n-1} dar. Welche Zusammensetzung hat diese Verbindung?

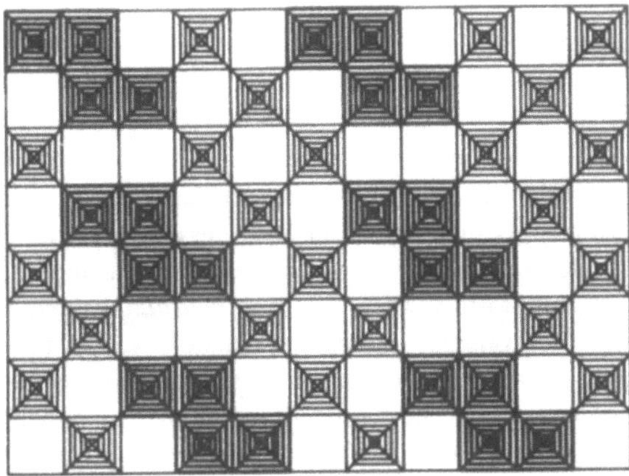

Bild 5.37   Strukturschema eines Gliedes aus der Reihe homologer Wolframoxide W_nO_{3n-1}

20. ZnO ist ein nichtstöchiometrisches Oxid mit Metallüberschuß (Typ B). Wie ändern sich die elektronischen Eigenschaften, wenn es unter reduzierenden Bedingungen mit Ga_2O_3 dotiert wird?

6 Ein- und zweidimensionale Festkörper

6.1 Einleitung

Es gibt Festkörper, deren Eigenschaften ganz besonders stark von der Richtung abhängen. Sie können z. B. parallel zu einer Schicht eine sehr gute elektrische Leitfähigkeit besitzen, senkrecht dazu aber nicht, oder der Ladungstransport geschieht nur in der Richtung von ausgezeichneten Kanälen. Solche Stoffe werden *ein- bzw. zweidimensionale Festkörper* genannt. Sie sind seit einiger Zeit von großem Interesse, einerseits, weil es für derartige Materialien Anwendungsmöglichkeiten gibt, z. B. in neuartigen Batterien, Solarzellen und Fotokopierern, anderseits auch wegen der theoretischen Behandlung damit zusammenhängender Probleme, weil die Gleichungen, mit denen sich die physikalischen Phänomene für eine bzw. zwei Dimensionen beschreiben lassen, einfacher sind als für drei Dimensionen. Besonders intensiv hat man nach organischen Polymeren mit metallischer Leitfähigkeit und geringer Dichte gesucht, da solche Materialien für die Technologie neue Wege erschließen könnten, z. B. in Schaltvorrichtungen, Sensoren und „intelligenten" Fenstern. Wir behandeln hier Beispiele sowohl aus der organischen als auch aus der anorganischen Chemie und beginnen mit eindimensionalen elektronischen Leitern.

6.2 Eindimensionale Festkörper

In Kapitel 4 haben wir einen hypothetischen eindimensionalen Festkörper besprochen, eine Kette aus Wasserstoffatomen. Im folgenden diskutieren wir Stoffe, die Ketten aus Atomen bzw. Molekülen enthalten, die in ähnlicher Weise wie der hypothetische „Polywasserstoff" behandelt werden können. In den Kristallen dieser Festkörper sind die Ketten nicht vollkommen voneinander isoliert, aber da die Bindungen zwischen den Ketten wesentlich schwächer als innerhalb einer Kette sind, kann man sie als eindimensional auffassen.

6.2.1 Polyacetylen und verwandte Verbindungen

Die meisten organischen Verbindungen sind Isolatoren. Ein verformbares plastisches Polymer mit geringer Dichte und guter elektrischer Leitfähigkeit wäre ein technologischer Durchbruch für viele Anwendungen. Ein leitfähiges Polymer muß entlang der Kette delokalisierte Elektronen besitzen. In kurzkettigen Alkenen mit konjugierten Doppelbindungen, z. B. Butadien, sind die π-Elektronen in einem bestimmten Ausmaß delokalisiert. In einer sehr langen Kette mit konjugierten Doppelbindungen würde sich ein Band von π-Elektronen ausbilden, und wenn es nur teilweise gefüllt wäre, hätte man einen eindimensionalen organischen Leiter. Eine solche Verbindung ist das Polyacetylen, das durch Polymerisation von Acetylen (Ethin) entsteht und zwei Isomere bildet, eine *cis*- und eine *trans*-Form (Bild 6.1).

Bild 6.1   *cis*- und *trans*-Polyacetylen

Das Polyacetylen besteht aus Kohlenstoffatomen, die in gleichmäßigem Abstand zu einer Kette verbunden sind. Das π-Band ist das am höchsten liegende Band. Es sollte zur Hälfte gefüllt sein und das Polyacetylen deshalb ein elektronischer Leiter sein. Die bisher hergestellten Präparate haben nur eine geringe spezifische Leitfähigkeit, die in der Größenordnung wie beim Halbleiter Silicium liegt: für die *cis*-Form $\sigma \approx 10^{-7}$ S m^{-1}, für die *trans*-Form $\sigma \approx 10^{-3}$ S m^{-1}. Eine genaue Strukturbestimmung ist bei diesen Verbindungen schwierig. Aus den Diffraktionsuntersuchungen geht hervor, daß die C–C-Abstände nicht exakt gleich sind, sondern um etwa 6 pm differieren. Dieser Unterschied ist wesentlich kleiner als der zwischen einer C–C-Einfachbindung (154 pm) und einer C–C-Doppelbindung (134 pm), aber trotzdem ein Zeichen dafür, daß die Elektronen nicht vollkommen gleichmäßig über die Kette verteilt sind, sondern in Doppelbindungen lokalisiert sind. Die Ursache dafür ist die Ausbildung eines bindenden und eines durch eine Bandlücke getrennten antibindenden Bandes anstelle des erwarteten einzelnen nichtbindenden Bandes. Es gibt gerade so viele Elektronen, um das tiefer liegende Band zu besetzen. Wie Bild 6.2 entnommen werden kann, wird dadurch ein Zustand geringerer Energie erreicht als bei der Ausbildung eines halbbesetzten Einzelbandes. Die Aufspaltung dieses Bandes ist ein Beispiel für das *Peierls-Theorem*, nach dem ein eindimensionales Metall gegenüber einem nichtmetallischen Zustand elektronisch immer instabil ist. Der stabilere Zustand wird erreicht, indem ein Band durch eine Bandlücke in zwei neue Bänder geteilt wird.

Obwohl das einfache Bindungsmodell für das Polyacetylen ein halbgefülltes Band und metallische Leitfähigkeit vorhersagt, kann man nach dem Peierls-Theorem nur Halbleitereigenschaften erwarten. Es gibt weitere Schwierigkeiten bei der Herstellung von anwendbaren leitfähigen Polymeren. Bei den ersten Versuchen, derartige Materialien herzustellen, erhielt man kurzkettige Moleküle oder amorphe, unschmelzbare Pulver. 1961 gelang es Hatano und seinen Mitarbeitern in Tokio, dünne Filme aus Polyacetylen zu synthetisieren, und 10 Jahre später stellten Shirakawa und Ikeda Filme aus *cis*-Polyacetylen her, die sich in die *trans*-Form umwandeln ließen. Sie polymerisierten Acetylen in einem Rohr, das im Inneren mit einem Ziegler-Natta-Katalysator – einer Mischung von Aluminiumtriethyl [Al(C$_2$H$_5$)$_3$] und Titantetrabutyrat [Ti(OC$_4$H$_9$)$_4$] – beschichtet war (Bild 6.3). Die Präparate haben eine schwammige Struktur und auf einer Seite eine glatte glänzende Oberfläche. Oberhalb 370 K gehen sie sehr schnell in die thermodynamisch stabilere *trans*-Form über. Nach der Umwandlung hat die glatte Seite einen silbernen Glanz, und sehr dünne Filme werden blau.

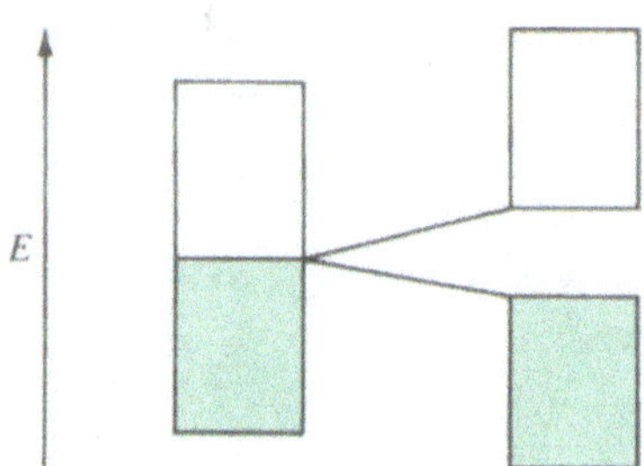

Bild 6.2   Entstehen einer Bandlücke bei Polyacetylen durch alternierende Bindungslängen innerhalb einer Kette

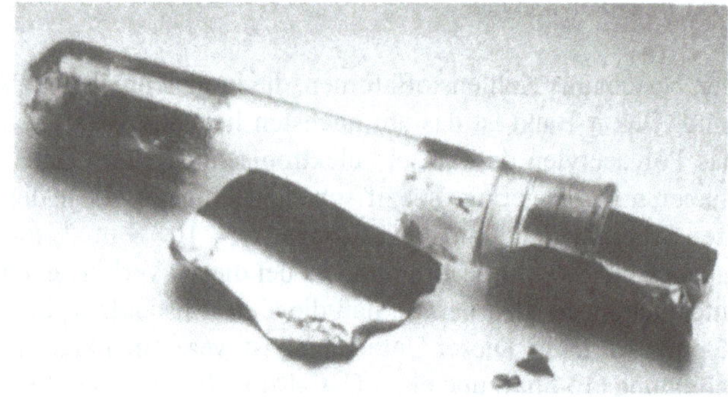

Bild 6.3   Polyacetylenfilm, der sich im Inneren des Reaktionsrohres gebildet hat. Die papierdünnen flexiblen Filme wurden vor der Dotierung von der Gefäßwand abgestreift. Zur Synthese leitet man das Acetylen über einen Katalysator.

Von McDiarmid und Heeger wurde in den 70er Jahren eine Methode zur Verbesserung der Leitfähigkeit entwickelt. Sie hatten versucht, durch Einbau von Elektronenakzeptoren Verbindungen mit konjugierten Doppelbindungen leitfähig zu machen, und wandten dieses Verfahren dann auf das Polyacetylen an. Wenn ein Elektronenakzeptor wie Brom dem Polyacetylen zugesetzt wird, nimmt er aus dem bindenden π-Band Elektronen auf und bildet eine Verbindung $[(CH)_m^{\delta+}(Br^-)_\delta]_n$. Dadurch werden im Valenzband des dotierten Polyacetylens Löcher erzeugt wie bei einem p-Halbleiter, und die Leitfähigkeit ist entsprechend größer als im undotierten Zustand. Auch durch Oxidation mit I_2, AsF_5 oder $HClO_4$ läßt sich ein vergleichbarer Effekt erzielen, wie in Bild 6.4 zu sehen ist. Schon mit kleinen Zusätzen wird die spezifische Leitfähigkeit von $\sigma \approx 10^{-3}$ S m^{-1} auf $\sigma \approx 10^5$ S m^{-1} heraufgesetzt.

Die Leitfähigkeit von Polyacetylen läßt sich auch durch Elektronendonatoren verbessern. In das Polymer lassen sich Alkalimetalle einlagern. Dabei werden Verbindungen vom Typ $[(Li^+)_\delta(CH)_m^{\delta-}]_n$ gebildet. Die vom Donator abgegebenen Elektronen gehen in das leere höherliegende π-Band über und erzeugen n-Halbleitereigenschaften. Bild 6.5 gibt eine Übersicht über den durch Dotierung von Polyacetylen zugänglichen Bereich der spezifischen Leitfähigkeit.

Wegen der geringen Dichte von Polyacetylen wurde vorgeschlagen, daraus leichte Akku-mulatoren und photovoltaische Zellen herzustellen. Eine aufladbare elektrochemische Zelle enthält zwei Elektroden aus Polyacetylen, die in eine Lösung von $LiAsF_6$ (oder $LiBF_4$) in Propylencarbonat eintauchen. Durch Gleichstrom wird das Polyacetylen an der Anode oxidiert und an der Kathode entsprechend folgenden Gleichungen reduziert:

$$(CH)_n + xn\,BF_4^- \rightarrow [(CH)^{x+}(BF_4^-)_x]_n + xne^- \qquad \text{und} \tag{6.1}$$

$$(CH)_n + xn\,Li^+ + xne^- \rightarrow [(Li^+)_x(CH)^{x-}]_n \tag{6.2}$$

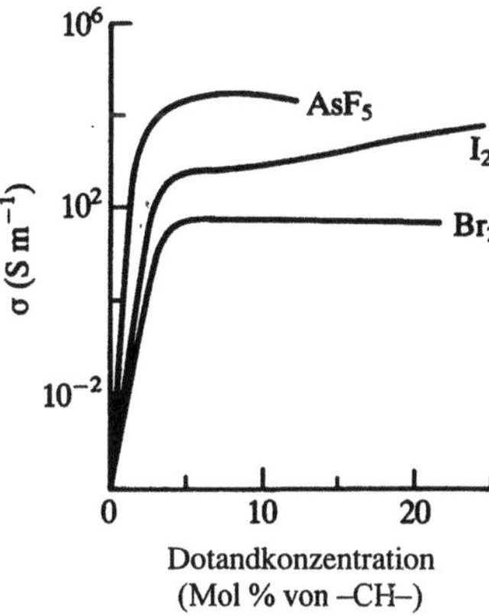

Bild 6.4   Abhängigkeit der spezifischen Leitfähigkeit σ des Polyacetylens von der Konzentra-tion verschiedener Dotanden

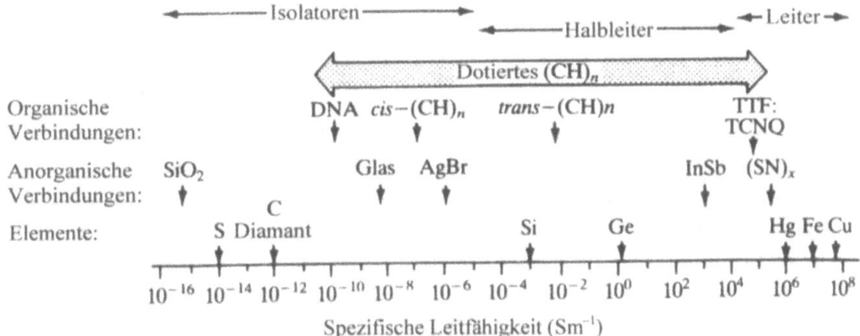

Bild 6.5   Die spezifische Leitfähigkeit σ verschiedener Polyacetylenpräparate $[(CH)_n]$ im Ver-gleich mit Metallen Halbleitern und Isolatoren

In der umgekehrten Richtung laufen die Reaktionen freiwillig ab. Dabei wird die Zelle entladen. Auch der für eine photovoltaische Zelle erforderliche p-n-Übergang (Kapitel 4) kann durch die Kopplung von p- mit n-Polyacetylen hergestellt werden.

Seit der Entwicklung des Polyacetylens sind viele ähnliche Polymermaterialien hergestellt worden. Die meisten enthalten aromatische Baugruppen, wie sie Bild 6.6 zeigt. Die Leitfähigkeit dieser Verbindungen liegt bei etwa einem Hundertstel von der des Polyacetylens. Sie könnten deshalb weniger als Leiter, sondern eher als Halbleiter verwendet werden. So sind bereits aus Poly-p-phenylenvinylen und aus Poly-p-phenylen rotes bzw. blaues Licht emittierende Dioden (LED, Kapitel 4) hergestellt worden. Diese Bauelemente haben eine geringe Effizienz, da die Polymere direkt mit metallischen Kontakten verbunden sind. Die Effektivität konnte durch das Zwischenschalten einer zweiten Schicht verbessert werden, deren Energiebänder besser mit dem Metall als mit dem Polymer übereinstimmen.

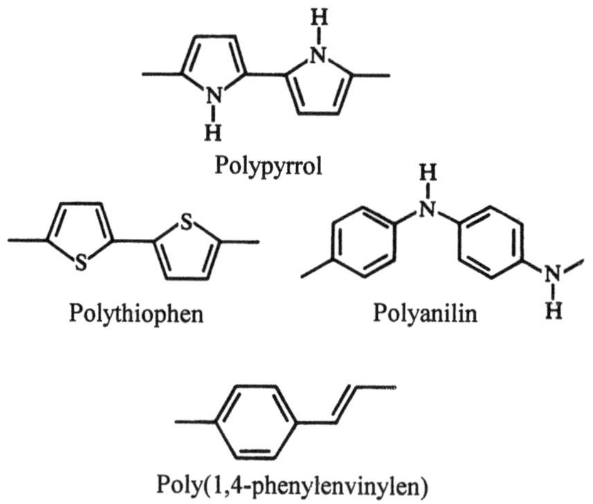

Polypyrrol

Polythiophen   Polyanilin

Poly(1,4-phenylenvinylen)

Bild 6.6   Wiederholungseinheiten von einigen leitfähigen Polymeren

6.2.2 Kettenförmige Platinverbindungen

Verbindungen, in denen Tetracyano- oder Bisoxalatoplatinat-Anionen zu unendlichen Ketten verbunden sind, wurden bereits im 19. Jahrhundert hergestellt. Das waren die ersten eindimensionalen Verbindungen, an denen man elektronische Leitfähigkeit festgestellt hat. Der weiße Komplex $K_2[Pt(CN)_4] \cdot 3H_2O$ ist ein Isolator. In wäßriger Lösung läßt er sich durch Brom zu einer Verbindung der Zusammensetzung $K_2[Pt(CN)_4]Br_{0,3} \cdot 3H_2O$ oxidieren, die in kupferfarbenen Nadeln auskristallisiert und eine gute metallische Leitfähigkeit besitzt. Diese Eigenschaft wurde von Krogmann entdeckt. Deshalb nennt man sie auch Krogmann-Salz, oft aber nur KCP oder KCP(Br). Wegen des hohen Platinpreises gibt es für diese Verbindung kaum kommerzielles Interesse, aber ihre ungewöhnlichen elektrischen und optischen Eigenschaften haben Chemiker seit ihrer Entdeckung immer wieder zu neuen Untersuchungen angeregt.

Die KCP-Kristalle enthalten Ketten aus planar-quadratischen $[Pt(CN)_4]^{2-}$-Einheiten, wie sie Bild 6.7 zeigt. Die Leitfähigkeit ist in Richtung dieser Ketten etwa zehntausendmal größer als senkrecht dazu. Auch in den optischen Eigenschaften kommt die Natur eines eindimensionalen Metalls zum Ausdruck. Licht, das parallel zu den Ketten linear polarisiert ist, wird reflektiert und verleiht der Verbindung den metallischen Glanz und die Kupferfärbung, während sie für senkrecht zu den Ketten polarisiertes Licht transparent ist.

Der Pt–Pt-Abstand in den Ketten ist mit 289 pm nur wenig länger als im Platinmetall (277 pm). Die Cyanidliganden schirmen die Metallatome so stark ab, daß der Abstand zu benachbarten Ketten mit 800 pm sehr groß und eine Überlappung von Pt-Orbitalen senkrecht zur Stapelrichtung ausgeschlossen ist. Aus dem Packungsdiagramm in Bild 6.8 geht das deutlich hervor. Die Bromidionen besetzen statistisch 60 % der Zentren aller Elementarzellen, und auch Kaliumionen und Wassermoleküle füllen den Raum zwischen den Ketten.

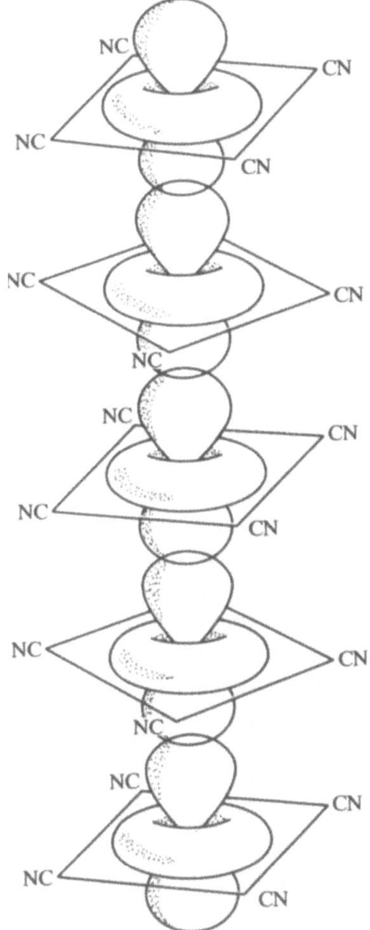

     Die lineare Stapelstruktur der $[Pt(CN)_4]^{x-}$-Ionen

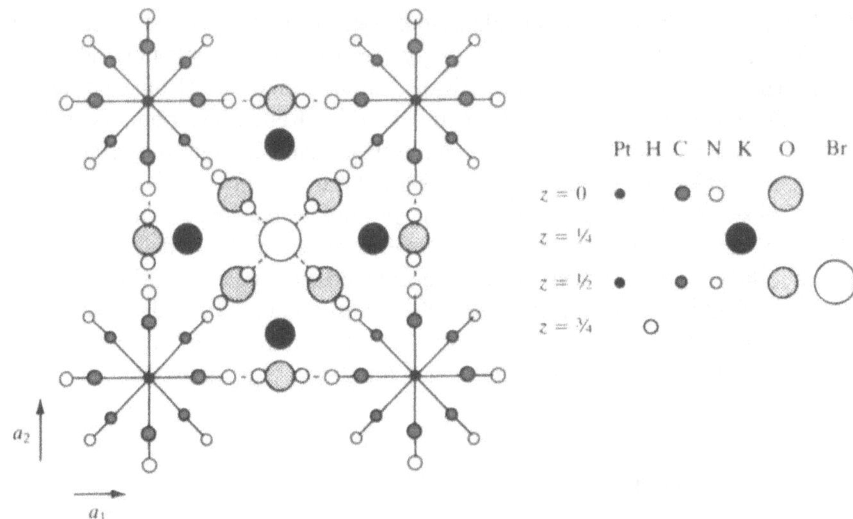

Bild 6.8   Projektion der Kristallstruktur von KCP in der leitfähigen c-Richtung. In der Blickrichtung liegen an den vier Kanten der Elementarzelle die $[Pt(CN)_4]$-Ketten. Die „Auf-Lücke-Stellung" der Cyanidliganden ist deutlich zu erkennen.

Aus der Struktur dieser Verbindung kann man ihre Eigenschaften ableiten. Die $5d$-Orbitale der Pt-Atome überlappen innerhalb der Kette. Erstrecken sich die Ketten entlang der z-Achse, bilden die d_{z^2}-Orbitale ein delokalisiertes Band.

In der Ausgangsverbindung $K_2[Pt(CN)_4] \cdot 3H_2O$ füllen die Elektronen dieses Band gerade auf. Sie ist deshalb ein Isolator. Bei der Oxidation gehen Elektronen aus dem Band zu den Bromatomen über. Das Band ist dann nur noch zum Teil gefüllt, so daß die Verbindung ein metallischer Leiter sein muß. Eine genauere Betrachtung der Eigenschaften des KCP zeigt, daß die Erklärung für die Leitfähigkeit nicht ganz so einfach ist.

KCP verhält sich bei Zimmertemperatur tatsächlich wie ein metallischer Leiter, beim Abkühlen auf 150 K nimmt die Leitfähigkeit jedoch stark ab. Da die metallische Leitfähigkeit mit abnehmender Temperatur zunimmt, ist das ein Zeichen dafür, daß bei niedrigen Temperaturen eine Bandlücke ausgebildet wird. Das entspricht dem Verhalten nach dem Peierls-Theorem, demzufolge ein eindimensionaler metallischer Leiter nicht existieren kann, sondern durch eine Strukturänderung – die *Peierls-Verzerrung* – ein gefülltes Band und eine Bandlücke ausbildet.

Die Auswirkung des Peierls-Theorems an kettenförmigen Platinkomplexen ist durch eine sorgfältige Röntgenstrukturuntersuchung an der Verbindung $Rb_{1,67}[Pt(C_2O_4)_2] \cdot 3/2H_2O$ aufgeklärt worden. Bei dieser Verbindung sind ähnlich wie im KCP Elektronen aus dem $5d$-Orbital entfernt worden, die Ladung wird aber durch ein Kationendefizit ausgeglichen. Auch dieser Komplex enthält Pt-Ketten. Es gibt jedoch drei verschiede Pt–Pt-Abstände (272 pm, 283 pm und 302 pm), die sich regelmäßig wiederholen. Dieser Sachverhalt ist in Bild 6.9 dargestellt.

Die schwarzen Punkte symbolisieren Pt-Atome einer Kette und die senkrechten Linien die Abstände zwischen ihnen. Verbindet man die Spitzen dieser Linien miteinander, erhält man eine sinusartige Kurve. Die Pt–Pt-Abstände variieren periodisch innerhalb der Kette. Die Elektronendichte ist deshalb zwischen den Pt-Atomem mit kurzem Abstand größer als zwischen weiter voneinander entfernten Atomen. Die periodische Änderung der Elektronendichte nennt man eine *Ladungsdichtewelle*. Die Variation der Bindungslänge ist die Störung, die eine Bandlücke erzeugt und gemäß dem Peierls-Theorem zu einem energetisch günstigeren Zustand führt (Bild 6.10).

Die Unterschiede der Bindungslängen sind in dem Komplex $Rb_{1,67}[Pt(C_2O_4)_2] \cdot 3/2H_2O$ groß, und da sie mit der Gitterperiodizität zusammenfallen, ließen sie sich durch die übliche Röntgenstrukturuntersuchung gut feststellen. Auch im KCP scheint es eine periodische, aber kleinere Änderung der Pt–Pt-Abstände zu geben. Bei tiefen Temperaturen wird in diesen kettenförmigen Pt-Verbindungen eine Bandlücke erzeugt, so daß sie Halbleitereigenschaften erhalten. Bei Zimmertemperatur wechselwirken die Elektronenniveaus mit Gitterschwingungen, so daß die Abstandvariation aufgehoben wird.

Seit der Entdeckung des KCP sind viele andere Verbindungen mit Pt-Ketten hergestellt worden. Manche weisen ein Kationendefizit auf wie die erwähnte Rb-Verbindung oder enthalten anstelle von Bromidionen Chloridionen oder Hydrogenfluoridionen (FHF^-). In Tabelle 6.1 sind einige derartige Verbindungen und ihre Eigenschaften zusammengestellt. Bei den an das Platin gebundenen Donatoren handelt es sich um die kleinen Atome C, N und O. Liganden mit größeren Donatoratomen wie S oder P lassen die Ausbildung von Pt–Pt-Ketten nicht zu. Ähnliche kettenförmige Komplexe werden auch von anderen Metallen gebildet, besonders von Ionen mit d^8-Konfiguration und bevorzugt planar-quadratischer Koordination, z. B Ir^+.

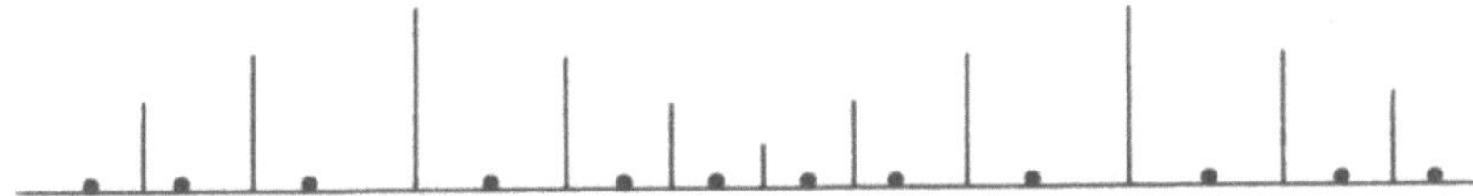

Schema einer periodischen Änderung von Bindungsabständen in einer Kette. (Die senkrechten Striche stehen für die Bindungslängen.)

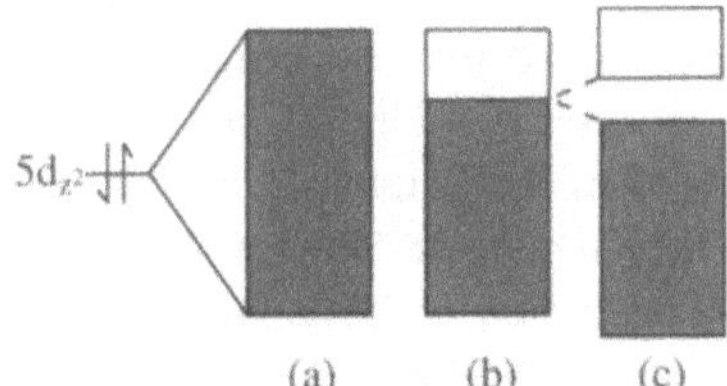

Bild 6.10   Einfache Bandstruktur eines eindimensionalen Komplexes: (a) gefülltes *d*-Band, (b) teilweise gefülltes *d*-Band, (c) durch die Peierls-Verzerrung aufgespaltenes teilweise gefülltes *d*-Band

Tabelle 6.1　　Kettenförmige Platinverbindungen und ihre Eigenschaften

Verbindung	Abkürzung	Pt–Pt-Abstand pm	spez. Leitfähigkeit σ $S\,m^{-1}$
$K_2[Pt(CN)_4]Br_{0,3} \cdot 3H_2O$	KCP(Br)	289	30×10^3
$Rb_2[Pt(CN)_4](FHF)_{0,4}$	RbCP(FHF)	280	230×10^3
$Cs_2[Pt(CN)_4]Cl_{0,3}$	CsCP(Cl)	286	20×10^3
$K_{1,75}[Pt(CN)_4] \cdot 3/2\,H_2O$	K(def)CP	296	$0,5 - 10 \times 10^3$
$Rb_{1,67}[Pt(C_2O_4)_2] \cdot 3/2\,H_2O$	Rb – OP	272 283 302	0,7
$Mg_{0,82}[Pt(C_2O_4)_2] \cdot 6\,H_2O$	Mg – OP	285	$0,02 - 5 \times 10^3$

6.2.3 Andere eindimensionale Festkörper und molekulare Metalle

Neben dem Polyacetylen und weiteren Polymeren mit konjugierten Bindungen gibt es mit den
Charge-Transfer-Verbindungen eine weitere Klasse eindimensionaler organischer Leiter. In
diesen Kristallen sind abwechselnd Moleküle mit π-Akzeptorverhalten und π-Donatorverhal-
ten zu langen Ketten aufeinandergestapelt. Das erste intensiv untersuchte Beispiel war das
TTF–TCNQ. In dieser Verbindung sind Moleküle des Tetrathiafulvalens (TTF) als π-Dona-
toren und Tetracyanochinodimethan (TCNQ) als π-Akzeptoren durch Ladungsübertragung
aneinander gebunden. Die Struktur der Einzelmoleküle sowie die Stapelfolge im Kristall ist in
Bild 6.11 dargestellt.

Die spezifische Leitfähigkeit des TTF–TCNQ liegt bei Zimmertemperatur in der Größenordnung von $100\,S\,m^{-1}$ und nimmt bei abnehmender Temperatur bis etwa 80 K zu. Bei tieferen Temperaturen sinkt die Leitfähigkeit ähnlich der des KCP drastisch. TCNQ ist ein starker
Elektronenakzeptor, der z. B. Elektronen eines Alkalimetalls unter Anionenbildung aufnehmen kann. In den Kristallen des TTF–TCNQ bilden die Moleküle innerhalb einer Kette
delokalisierte Orbitale. Es gehen Elektronen aus dem energetisch höchstgelegenen gefüllten
Band des TTF in ein teilweise gefülltes Band des TCNQ über, etwa 0,69 pro Molekül. Dadurch
verfügen beide Stapel von Molekülen über teilweise gefüllte Bänder. Ein derartiger Elektronentransfer ist nur bei Molekülen möglich, deren Donorstärke nicht zu groß und nicht zu klein ist.
Bei schwachen Donatoren gibt es keinen Elektronentransfer, und bei sehr starken Donatoren
wie z. B. Alkalimetallen wird gerade ein Elektron pro TCNQ übertragen, so daß das Akzeptor-
band gefüllt wird. Deshalb ist die Verbindung $[K^+(TCNQ)^-]$ ein Isolator. Bei tiefen Temperaturen erleidet das TTF–TCNQ-Gitter eine periodische Störung, und die Leitfähigkeit nimmt
stark ab.

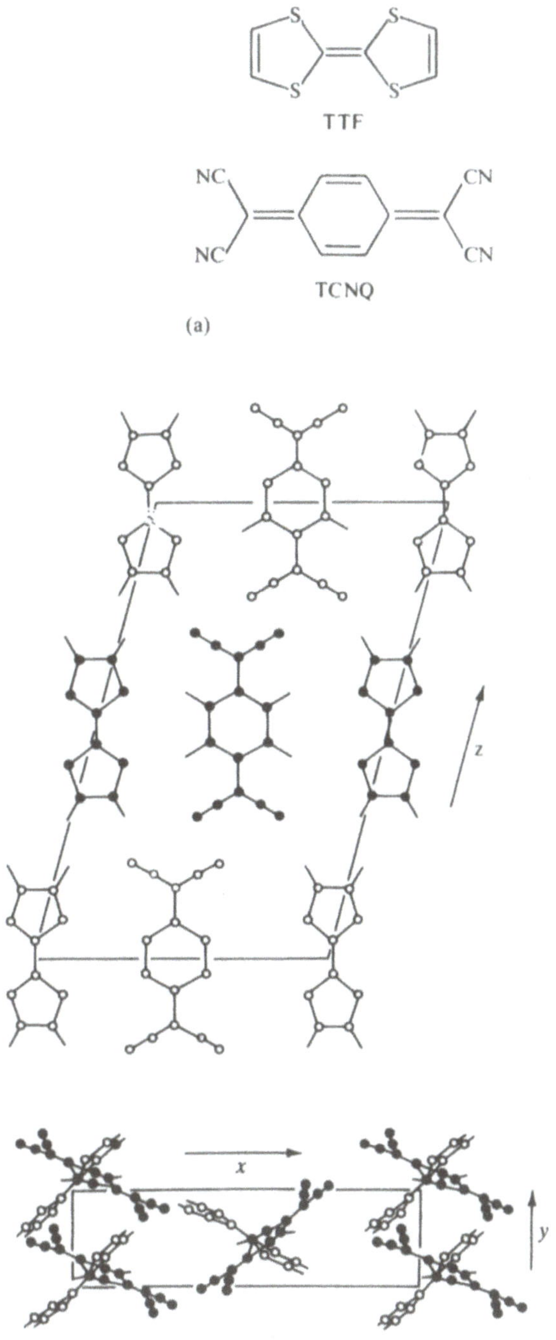

Bild 6.11 (a) Strukturformeln von TTF und TCNQ, (b) Struktur der kristallinen Additions-
verbindung TTF–TCNQ aus alternierenden Stapeln von TTF- und TCNQ-Molekülen

Molekulare Festkörper wie das TTF–TCNQ werden oft als *molekulare Metalle* oder synthetische Metalle bezeichnet. Polyacetylen, KCP und TTF–TCNQ werden zu den eindimensionalen elektronischen Leitern gezählt, da es zwischen den Ketten im Kristall nur schwache Wechselwirkungen gibt. Es gibt eine weitere Klasse von molekularen Metallen mit ähnlicher Struktur, die aber nicht eindeutig als eindimensional bezeichnet werden können. Dazu gehört das Tetramethyl-tetraselenofulvalen (TMTSF, Bild 6.12), das mit anorganischen Anionen eine Reihe von Salzen bildet. Diese Salze bestehen aus Stapeln von TMTSF-Molekülen mit einer durchschnittlichen Ladung von $+0{,}5$. Erwartungsgemäß haben sie bei Zimmertemperatur ein gutes Leitvermögen, aber im Gegensatz zu TTF–TCNQ behalten das Salz $[(TMTSF)_2^+(ClO_4)^-]$ und andere verwandte Verbindungen die gute Leitfähigkeit auch bei tiefen Temperaturen, und sie werden beim Abkühlen sogar supraleitend. Man nimmt deshalb an, daß es eine spürbare Überlappung zwischen den Orbitalen der einzelnen Ketten gibt. Das Modell eindimensionaler Metalle und die Aussagen des Peierls-Theorems treffen demzufolge nicht zu. Weitere Verbindungen dieses Typs mit signifikanter Wechselwirkung zwischen den Molekülsträngen sind $(SN)_x$ und $Hg_{3-x}AsF_6$. Beide werden bei sehr tiefen Temperaturen supraleitend.

Eine weitere interessante Verbindungsklasse molekularer Metalle sind die *Metallophthalocyanine*. Die in Bild 6.13 gezeigten Grundbausteine sind im Kristall gestapelt, parallel dazu liegen Stapel von Gegenionen. Wenn die Verbindungen teilweise oxidiert sind, habe sie eine sehr gute elektrische Leitfähigkeit in der Stapelrichtung bis zu der sehr tiefen Temperatur von $1{,}5$ K. Die Elektronen der Metalle stehen wie beim KCP miteinander in Wechselwirkung, aber die Leitungselektronen sind über den gesamten ungesättigten konjugierten Liganden delokalisiert und nicht auf die Metallionen beschränkt.

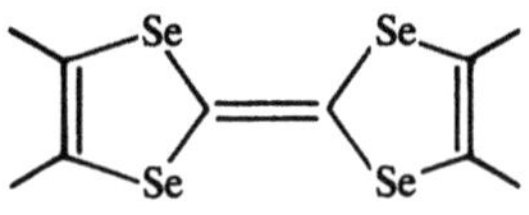

Bild 6.12   Strukturformel von Tetramethyl-tetraselenofulvalen TMTSF

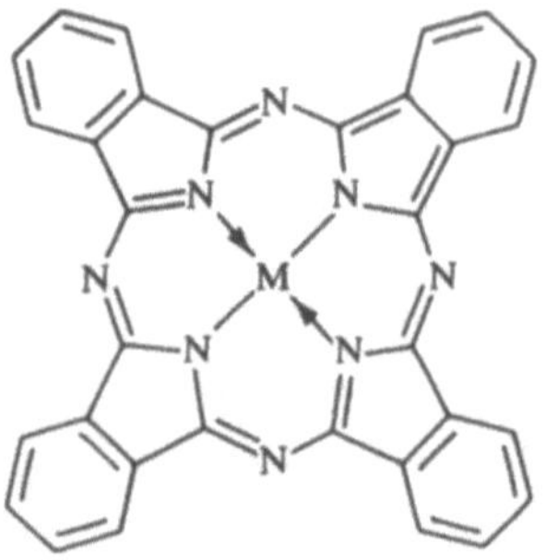

Bild 6.13   Macrocyclischer Phthalocyanin-Metall-Komplex. (In der Peripherie können H-Atome oder andere Gruppen gebunden sein.)

6.3 Zweidimensionale Festkörper

Viele Festkörper bilden zweidimensionale Strukturen, vor allem solche, die Anionen wenig elektronegativer Elemente enthalten wie die Sulfide und Iodide, oder Metalle aus den höheren Perioden von der rechten Seite des Periodensystems wie Blei oder Cadmium. Das Auftreten dieser Strukturen ist ein Hinweis darauf, daß in diesen Verbindungen keine rein ionischen Bindungen vorliegen, sondern kovalente oder metallische Bindungsanteile beteiligt sein müssen. Wir werden uns hier mit solchen Festkörpern beschäftigen, bei denen die Schichtstruktur Ursache für interessante elektronische Eigenschaften ist.

6.3.1 Graphit

Graphit ist eine bekannte und vielfältig verwendete Substanz. Das „Blei" der Bleistifte besteht aus Graphit, und in fein verteilter, kristallographisch sehr stark gestörter Form wird er zum Reinigen von Gasen und Flüssigkeiten verwendet. Das Anwendungsgebiet dieser Aktivkohlen reicht von der Adsorption giftiger Stoffe in Gasmasken bis zum Entfärben von Lebensmitteln. Graphit, der bei der Pyrolyse von orientierten Polymerfasern entsteht, ist die Grundlage hochfester Kohlenstoffasern. Er dient auch als Trägermaterial für wichtige industriell genutzte Katalysatoren. Seine elektrische Leitfähigkeit macht man sich beim Einsatz als Elektrodenmaterial für Elektrolyseprozesse zunutze.

Graphitkristalle bestehen aus Schichten von ebenen Kohlenstoffsechsringen (Kapitel 1), die in der Reihenfolge ABAB... übereinandergestapelt sind (Bild 6.14). Es gibt auch eine andere Form, die aus gleichartigen Schichten mit einer Stapelfolge ABCABC... aufgebaut ist. Die Kohlenstoffatome bilden drei planare sp^2-Hybridorbitale aus, mit denen drei σ-Bindungen zu den nächsten Nachbarn geknüpft werden. Das dritte p-Orbital, das an der Hybridisierung nicht beteiligt ist, erstreckt sich senkrecht zur Kohlenstoffschicht und ist mit einem Elektron besetzt. Diese p-Orbitale kombinieren miteinander und bilden delokalisierte Orbitale, die sich über die ganze Kohlenstoffschicht ausdehnen. Enthält die Schicht n C-Atome, entstehen dadurch n Orbitale, die n Elektronen enthalten. Wenn diese Orbitale ein Band bilden, das zur Hälfte gefüllt ist, könnte das die Leitfähigkeit des Graphits erklären. Die Verhältnisse sind aber etwas komplizierter. Die delokalisierten Orbitale bilden zwei Bänder, ein bindendes und ein antibindendes, ähnlich der Aufspaltung des s/p-Bandes im Diamant (Kapitel 4). Das tieferliegende Band ist gefüllt und das höhere leer. Da die Bandlücke gleich Null ist (Bild 6.15), können Elektronen leicht aus dem tieferen Band in das höhere angeregt werden. Da die Zustandsdichte in der Nähe der Fermikante nur klein ist, ist die Leitfähigkeit nicht so groß wie bei einem typischen Metall.

6.3.2 Intercalationsverbindungen des Graphits

Der C–C-Abstand innerhalb einer Schicht beträgt 142 pm, der Abstand zweier Schichten voneinander 335 pm. Das ist ein Zeichen dafür, daß die Bindungen zwischen den Schichten nur schwach sind. Man kann deshalb in den Raum zwischen den Schichten leicht Moleküle oder Ionen einlagern. Festkörper, die durch reversible Einlagerung von Gastmolekülen in Gitter entstehen, werden *Intercalationsverbindungen* genannt. Seit 1960 hat man diesen Verbindungen große Aufmerksamkeit geschenkt, da man Anwendungsmöglichkeiten als Katalysatoren und in Batterien großer Energiedichte erwartet hat.

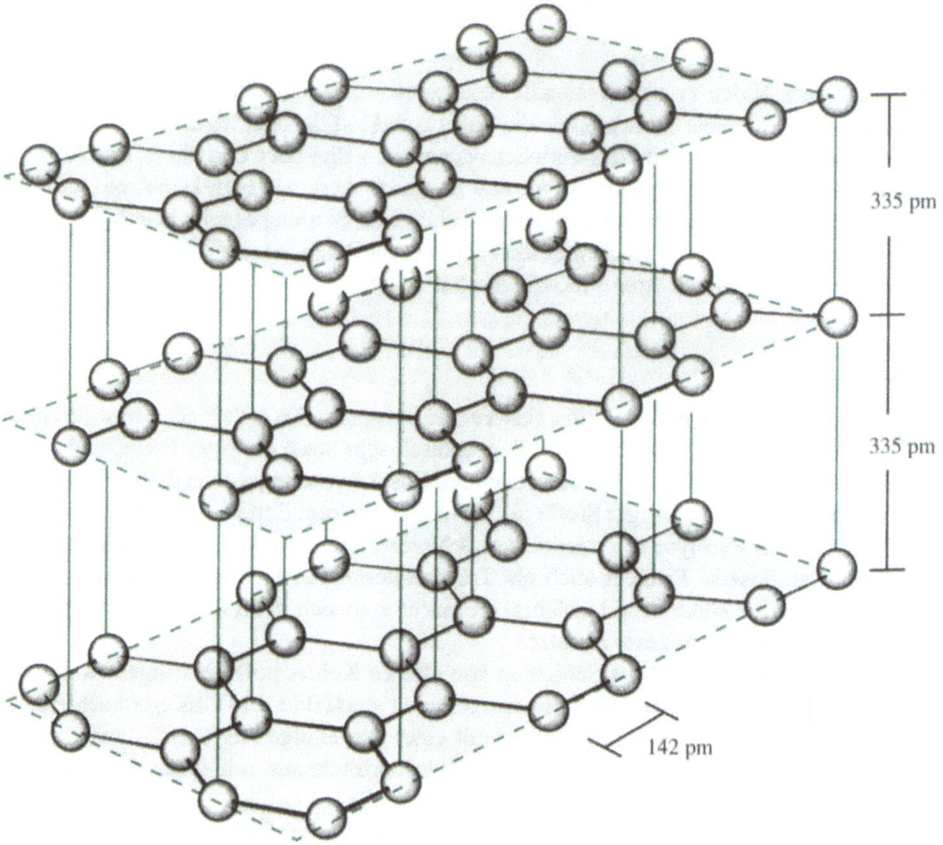

Bild 6.14   Hexagonale Graphitschichten

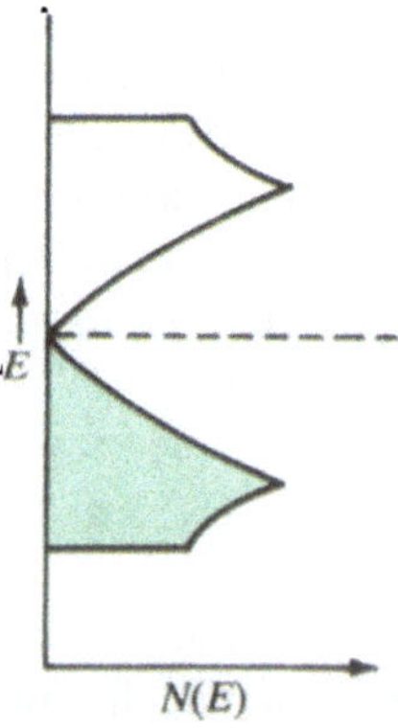

Bild 6.15   Bandstruktur von Graphit

Viele Festkörper mit einer Schichtstruktur bilden Intercalationsverbindungen. Das Interessante bei Graphit ist, daß er solche Verbindungen sowohl mit Elektronen-Donatoren als auch mit -Akzeptoren bildet. Die am besten untersuchten Donatorverbindungen sind die stark gefärbten Einlagerungsverbindungen der Alkalimetalle. Graphit bildet mit geschmolzenem oder dampfförmigem Kalium goldfarbene Kristalle der Zusammensetzung KC_8, bei der der Schichtabstand von 335 pm auf 540 pm aufgeweitet ist. Kaliumatome bilden K^+-Ionen und geben ein Elektron in das antibindende Band der Graphitschicht ab. Dadurch wird die Leitfähigkeit erhöht.

Die erste Intercalationsverbindung des Graphits wurde 1841 hergestellt. Sie enthielt oxidierte Kohlenstoffschichten C_x^{n+} und als Gegenionen Sulfationen. Seitdem sind Einlagerungsverbindungen auch mit vielen anderen Elektronenakzeptoren hergestellt worden: Cl_2, Br_2, $FeCl_3$, AsF_5. In diesen Verbindungen geben die Graphitschichten Elektronen an die Gastmoleküle ab. Es entsteht ein nur teilweise gefülltes bindendes Band. Die Leitfähigkeit mancher dieser Intercalationsverbindungen entspricht der von Aluminium.

Im Graphit und seinen Einlagerungsverbindungen sind delokalisierte p-Elektronen die Ladungsträger. Es gibt auch Feststoffe mit Schichtstruktur, in denen delokalisierte d-Elektronen die Leitfähigkeit hervorrufen.

6.3.3 Titandisulfid und die Li–TiS$_2$-Batterie

Wir haben die Struktur des TiS_2 bereits in Kapitel 4 kennengelernt (Bilder 4.12 und 6.16) und die zugrundeliegende CdI_2-Struktur in Kapitel 1 (Bild 1.41). Der Festkörper hat eine goldgelbe Farbe und besitzt eine große elektrische Leitfähigkeit in der Schichtrichtung, die durch die Überlappung des $3p$-Valenzbandes vom Schwefel mit dem $3d$-Leitungsband des Titans verursacht wird (Bild 6.17). Die Bandstruktur ähnelt der des Graphits.

Wie beim Graphit kann die Leitfähigkeit des TiS_2 durch die Bildung von Einlagerungsverbindungen verbessert werden. Es werden in der Regel Elektronendonatoren dazu verwendet. Das können Alkalimetalle sein oder Kupfer sowie auch organische Amine. Von den Donatoren gehen Elektronen in das Leitfähigkeitsband des TiS_2 über und erhöhen dort die Konzentration der beweglichen Ladungsträger.

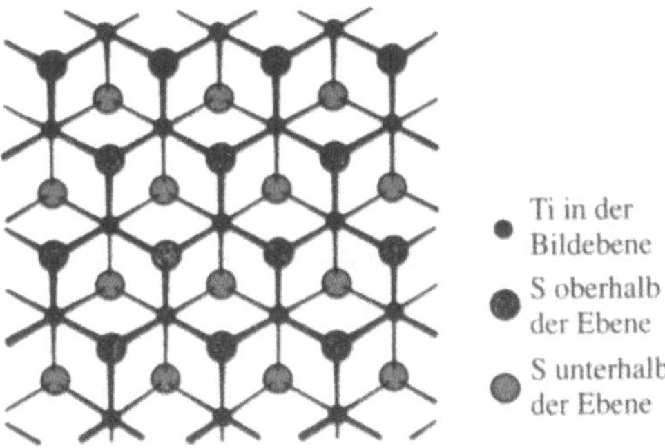

Bild 6.16   Struktur einer TiS_2-Schicht in Draufsicht

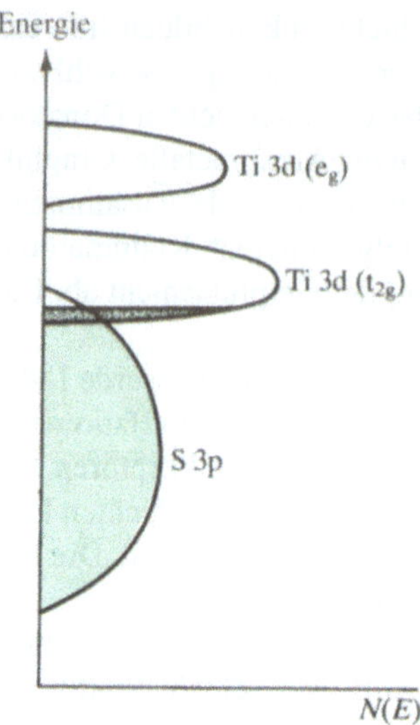

Bild 6.17   Bandstruktur von TiS$_2$

Eine mögliche Anwendung von Intercalationsverbindungen ist der bei Zimmertemperatur arbeitende *Lithium-Titandisulfid-Akkumulator*, der um 1970 von Whittingham entwickelt worden ist. Eine Elektrode besteht aus Lithium, die andere aus TiS$_2$, das in ein Polymer, z. B. Teflon eingebettet ist. Als Lösungsmittel wird eine Mischung aus Dimethoxyethan (DME) und Tetrahydrofuran (THF) verwendet. Der Aufbau ist in Bild 6.18 schematisch dargestellt. Werden die Elektroden durch einen Leiter kurzgeschlossen, wird das Lithium an der Anode oxidiert und geht als solvatisiertes Ion in Lösung, während solvatisierte Li$^+$-Ionen an der Kathode zwischen die TiS$_2$-Schichten eingelagert werden. (Bild 6.19). Die Ladungen werden durch Elektronen aus dem äußeren Stromkreis kompensiert. Es laufen folgende Elektrodenreaktionen ab:

$$\text{Li(s)} \rightarrow \text{Li}^+(\text{sln}) + \text{e}^- \tag{6.3}$$

$$x\text{Li}^+(\text{sln}) + \text{TiS}_2(\text{s}) + x\text{e}^- \rightarrow \text{Li}_x\text{TiS}_2(\text{s}) \tag{6.4}$$

und als Gesamtreaktion beim Entladen ergibt sich:

$$x\text{Li(s)} + \text{TiS}_2(\text{s}) \rightarrow \text{Li}_x\text{TiS}_2(\text{s}) \tag{6.5}$$

Der Akkumulator ist entladen, wenn das Lithium weitgehend verbraucht ist. Er kann wieder aufgeladen werden, wenn man an die Elektroden A und B eine Spannung anlegt, die groß genug ist, um die freie Reaktionsenthalpie der freiwillig von links nach rechts ablaufende Zellreaktion (6.5) zu kompensieren und die Rückreaktion von rechts nach links zu erzwingen. Dabei wird die TiS$_2$-Elektrode zur Anode. Das intercalierte Lithium wird oxidiert, geht als Li$^+$-Ion in Lösung und wird an der Kathode zum Metall reduziert. Der Ladevorgang versetzt das System wieder zurück in den Ausgangszustand. Das Li–TiS$_2$-System ist als Elektrodenmaterial gut geeignet, weil die Elektrodenreaktion (6.4) reversibel verläuft und weil es eine große Leitfähigkeit besitzt. Zur Leitfähigkeit tragen nicht nur die vom Donor in das Leitungsband übertragenen Elektronen bei, sondern auch die Li$^+$-Ionen. (Die Ionenleitfähigkeit ist in Kapitel 5 behandelt worden.)

Früher hergestellte Batterien von dem in Bild 6.18 dargestellten Typ haben sich nicht wiederholt aufladen lassen. Beim Reduzieren des Lithiums an der Kathode bildete das Metall eine so große Oberfläche, daß es leicht entflammte. Man kann das verhindern, indem man nicht Lithiummetall, sondern eine Lithium-Graphit-Einlagerungsverbindung verwendet. Auch andere Einlagerungsverbindungen sind in Batterien verwendet worden. Die Firma Sony hat z. B. Li_xCoO_2 als Kathodenmaterial eingesetzt. Diese Verbindung wird nicht durch Einlagern von Lithium in CoO_2 hergestellt, sondern durch Entfernen eines Anteils von Lithium aus dem Doppeloxid $LiCoO_2$. Da mit Lithiumhydroxid gesättigtes Wasser nicht mit Lithium reagiert, hat man vorgeschlagen, die teuren organischen Ether durch dieses Lösungsmittel zu ersetzen.

Das Titandisulfid ist sicher das am besten untersuchte Beispiel für ein Metallsulfid mit Schichtstruktur. Schichtstrukturen gibt es auch bei den Disulfiden von Zr, Hf, V, Nb, Ta, Mo und W. Man hat sich mit diesen Verbindungen intensiv beschäftigt, da einige Einlagerungsverbindungen bei sehr tiefen Temperaturen in den supraleitenden Zustand übergehen. Man hatte erwartet, daß man durch die Änderung des Schichtabstandes eine Verbindung synthetisieren könnte, die bei höheren Temperaturen supraleitend wird. Es hat sich aber herausgestellt, daß die Veränderung des Schichtabstandes durch Intercalation verschiedener Moleküle nur einen geringen Einfluß auf die Sprungtemperatur beim Übergang zu Supraleitung hat. Die sogenannten Hochtemperatursupraleiter, die später entdeckt worden sind, gehören zu einer anderen Verbindungsklasse und werden in Kapitel 10 behandelt.

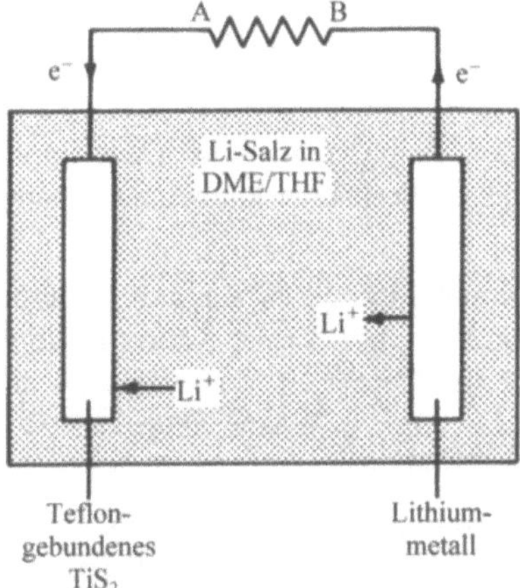

Bild 6.18   Schema des Entladevorgangs in einer Li–TiS_2-Zelle

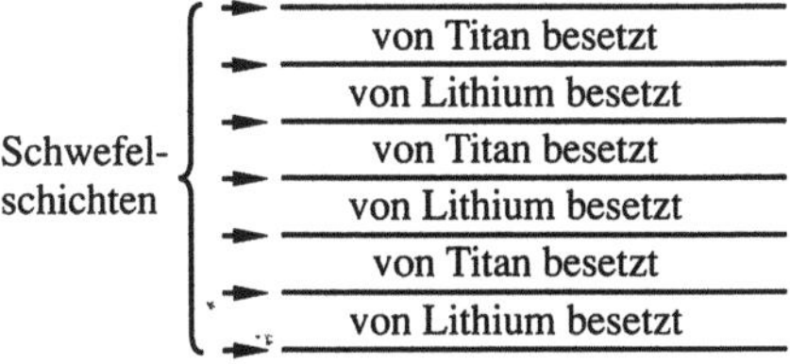

Bild 6.19   Besetzung der Oktaederlücken zwischen dichtest gepackten Schwefelschichten in $LiTiS_2$

Weiterführende Literatur

Hoffmann, R.: *Solids and Surfaces*, VCH Verlagsges., Inc. New York, 1988.
Cox, P. A.: *Electronic Structure and Chemistry of Solids*, Oxford University Press, Oxford, 1987.
Day, P.: Low-dimensional Solids. Chemistry in Britain, **1983**, April, 306.
Underhill, A. E. und Watkins, D. M.: One-dimensional metallic complexes. Chemical Society Reviews, **1980**, 429.
Bloor, D.: Organic conductors. Chemistry in Britain, **1983**, September, 725.

Fragen

1. Welche Orbitale kombinieren im Polyphenylenvinylen unter Bildung eines delokalisierten Bandes?

2. Gibt die Dotierung von Polyacetylen mit (a) Rb bzw. (b) H_2SO_4 einen n- oder einen p-Halbleiter?

3. Wenn Polyacetylen $(CH)_n$ mit Perchlorsäure $HClO_4$ dotiert wird, oxidiert ein Teil der Säure das Polyacetylen zu einem Kation, der andere Teil der Säure dient als Gegenion. Geben Sie eine Gleichung für die Gesamtreaktion an, wenn die Reduktion der Perchlorsäure nach folgender Gleichung abläuft: $ClO_4^- + 8H^+ + 8e^- \rightarrow Cl^- + 4H_2O$

4. Welche Oxidationszahl hat das Platin im KCP(Br)?

5. $(SN)_x$ verhält sich bis zu sehr tiefen Temperaturen wie ein metallischer Leiter. Warum ist das ein Hinweis darauf, daß es Wechselwirkungen zwischen den kettenförmigen Molekülen des Festkörpers gibt.

6. VO_2 zeigt oberhalb 340 K metallische Leitfähigkeit. Unterhalb dieser Temperatur nimmt das VO_2 eine Kristallstruktur an, bei der die Kation-Kation-Abstände in einer Richtung zwischen 265 pm und 312 pm alternieren. Verwenden Sie die Analogie zum Polyacetylen um zu begründen, warum aus dieser Struktur folgt, daß es sich um einen halbleitenden paramagnetischen Festkörper handelt.

7. HMTTF–TCNQ ist metallisch, aber $HMTTF–TCNQF_4$ ist es nicht. Schlagen Sie eine Erklärung für diesen Unterschied vor. HMTTF = Hexamethylentetrathiofulvalen, TCNQ = Tetracyanochinodimethan, $TCNQF_4$ = Tetracyanotetrafluorochinodimethan

7 Zeolithe und verwandte Strukturen

7.1 Einleitung

Seit vielen Jahren benutzt man Zeolithe als Kationenaustauscher zum Enthärten von Wasser, als Molekularsiebe, um Moleküle unterschiedlicher Größe und Form voneinander zu trennen, und als Trockenmittel. In neuerer Zeit beschäftigte man sich mit ihrer Eigenschaft, bei vielen unterschiedlichen Reaktionen als Katalysator zu wirken. Ihre Fähigkeit, manche Umsetzungen sehr spezifisch zu beschleunigen, wird heute bereits industriell in großem Umfang genutzt. Bisher sind etwa 40 natürlich vorkommende Zeolithe charakterisiert worden, und auf der Suche nach geeigneten Katalysatoren hat man mehr als 130 strukturell neue Verbindungen synthetisiert. Jede von ihnen wird durch drei Buchstaben gekennzeichnet, die wir in hier im Text in Klammern angeben.

Als Gruppe von Mineralien wurden die Zeolithe erstmals 1756 durch den schwedischen Mineralogen Baron Axel Cronstedt beschrieben. Es handelt sich dabei um eine Klasse kristalliner *Alumosilicate*. Sie bestehen aus einem starren ausgedehnten Anionengerüst, das von Kanälen durchzogen ist. Diese Hohlräume enthalten austauschbare Metallkationen (Na^+, K^+ usw.) und Wasser, das durch andere Gastmoleküle ersetzt werden kann. Der auffallenden Eigenschaft, beim Erwärmen Wasser abzugeben, verdanken diese Verbindungen ihren Namen. Cronstedt beobachtete, daß diese Minerale beim Erhitzen vor dem Lötrohr zischen und sprudeln wie kochendes Wasser und nannte sie deshalb nach den griechischen Wörtern für sieden (*zeo*) und Stein (*lithos*) Zeolithe.

7.2 Zusammensetzung und Struktur

Die allgemeine Formel für die Zeolithe ist

$$M_{x/n}[(AlO_2)_x(SiO_2)_y] \cdot mH_2O.$$

Die Kationen M^{n+} kompensieren die negativen Ladungen des Alumosilicatnetzwerkes.

7.2.1 Netzwerke

Die primären Bausteine der Zeolithe sind $[SiO_4]^{4-}$- und $[AlO_4]^{5-}$-Tetraeder (Kapitel 1), die an den Ecken über gewinkelte Sauerstoffbrücken miteinander verknüpft sind (Bild 7.1). Wenn das Gerüst wie im Quarz nur Si–O-Tetraeder enthält, ist das Gitter elektrisch neutral. Durch die Substitution eines Si(IV) gegen Al(III) erhält das Netzwerk eine negative Ladung, die von Kationen ausgeglichen werden muß.

Ein Tetraeder kann an einer Spitze mit einem anderen Tetraeder verbunden sein (Bild 7.1), oder an zwei, drei bzw. an allen vier Ecken. Daraus ergibt sich eine große Zahl von Strukturmöglichkeiten. Man stellt die Sauerstoffbrücken in einer solchen Struktur gewöhnlich durch eine Gerade dar – obwohl die Brücken gewinkelt sind. Auf diese Weise ergibt sich für die sechs in Bild 7.2a miteinander verknüpften Tetraeder das Sechseck von Bild 7.2b. Jede Ecke in diesem *Sechsring* symbolisiert ein tetraedrisch koordiniertes Si- bzw. Al-Atom. Die Zeolithe enthalten Ringe mit sehr unterschiedlichen Größen.

In vielen Zeolithstrukturen findet man eine sekundäre Baueinheit, in der 24 Silicium- bzw. Aluminiumtetraeder verknüpft sind. Sie enthält Vier- und Sechsringe und bildet eine korbartige Struktur in der Form eines gekappten Oktaeders. Sie wird *Sodalith-Einheit* oder β-*Käfig* genannt. Bild 7.3a zeigt die 24 Tetraeder, die den β-Käfig bilden, und Bild 7.3b eine schematische Darstellung des gekappten Oktaeders. In der dreidimensionalen Struktur der Zeolithe sind die Tetraeder immer an allen vier Ecken mit anderen Tetraedern verbunden.

Viele von den wichtigsten Zeolithen sind aus Sodalith-Einheiten aufgebaut. Sodalith (SOD) selbst besteht aus diesen Gruppierungen, in denen jeder Vierring gleichzeitig zwei β-Käfigen angehört, so daß eine primitiven Packung solcher Käfige entsteht. Wie in Bild 7.4a zu erkennen ist, bilden acht β-Käfige einen weiteren β-Käfig. Die Struktur besitzt eine hohe Symmetrie. Sie wird parallel zu den drei kubischen Kristallachsen von Kanälen durchzogen.

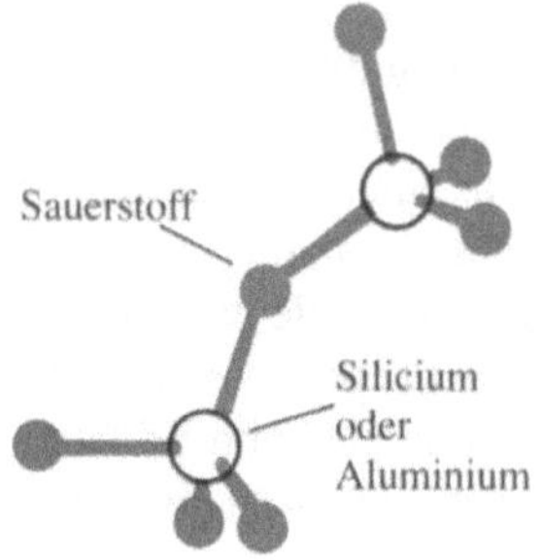

Bild 7.1   Der Grundbaustein der Zeolithe: Zwei über eine gemeinsame Ecke verknüpfte [SiO$_4$]-[AlO$_4$]-Tetraeder

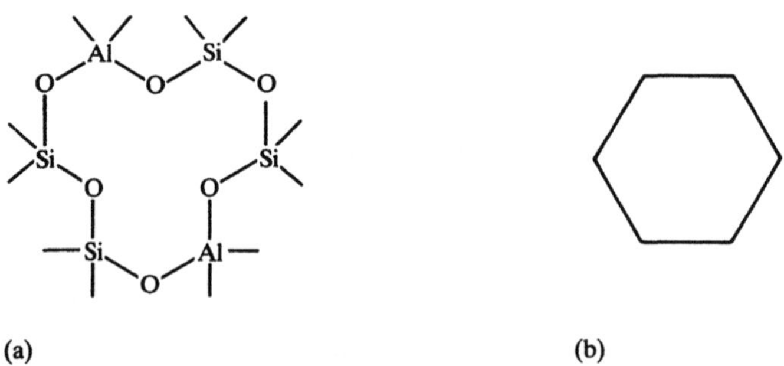

(a)   (b)

Bild 7.2   (a) 6-Ring-System, das aus vier [SiO$_4$]- und zwei [AlO$_4$]-Tetraedern gebildet wird. (b) Vereinfachte Darstellung des gleichen Ringsystems. (Jede Ecke stellt das Zentrum eines [SiO$_4$)]- bzw. [AlO$_4$]-Tetraeders dar.

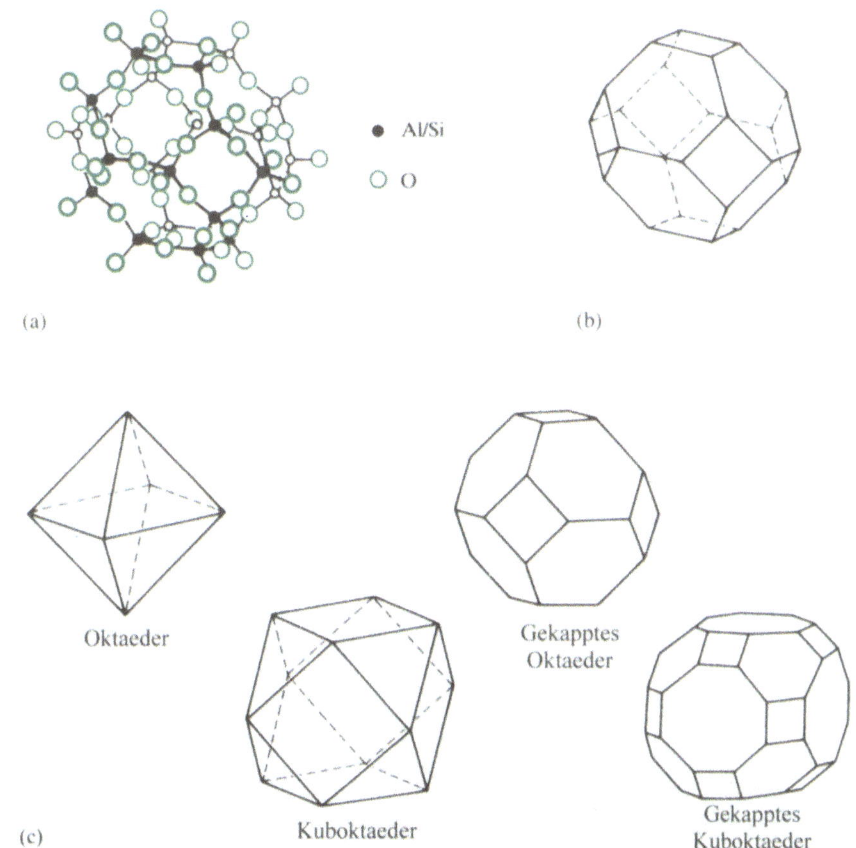

Bild 7.3 (a) Atompositionen einer Sodalith-Einheit, (b) gekapptes Oktaeder als vereinfachte Darstellung einer Sodalith-Einheit, (c) geometrische Beziehungen zwischen Oktaeder und gekapptem Oktaeder sowie zwischen Kuboktaeder und gekapptem Kuboktaeder

Der synthetische Zeolith A (LTA) ist in Bild 7.4b gezeigt. Hier sind die Vierringe der β-Käfige über zusätzliche Sauerstoffbrücken verbunden. Dadurch entstehen Hohlräume und Kanäle mit dem größeren Durchmesser eines Achtrings. Der Zeoliths A hat die Zusammensetzung

$$Na_{12}[(AlO_2)_{12}(SiO_2)_{12}] \cdot 27\,H_2O.$$

Bei diesem typischen Beispiel ist das Si:Al-Verhältnis gleich eins. Im Kristall alternieren Si- und Al-Atome in strenger Regelmäßigkeit.

Die Struktur des seltenen Minerals Faujasit (FAU) ist in Bild 7.4c dargestellt. Vier von den acht Sechsringen jedes β-Käfigs werden durch Sauerstoffbrücken, die ein hexagonales Prisma bilden, mit anderen β-Käfigen verbunden. Sie umschließen große, durch 12-Ringe („Fenster") zugängliche Hohlräume – die α-*Käfige*. Den synthetischen Zeolithen X bzw. Y (FAU) liegt die gleich Baueinheit zugrunde. Sie unterscheiden sich durch ihr Si:Al-Verhältnis. Es beträgt 1 bis 1,5 bzw. 1,5 bis 3.

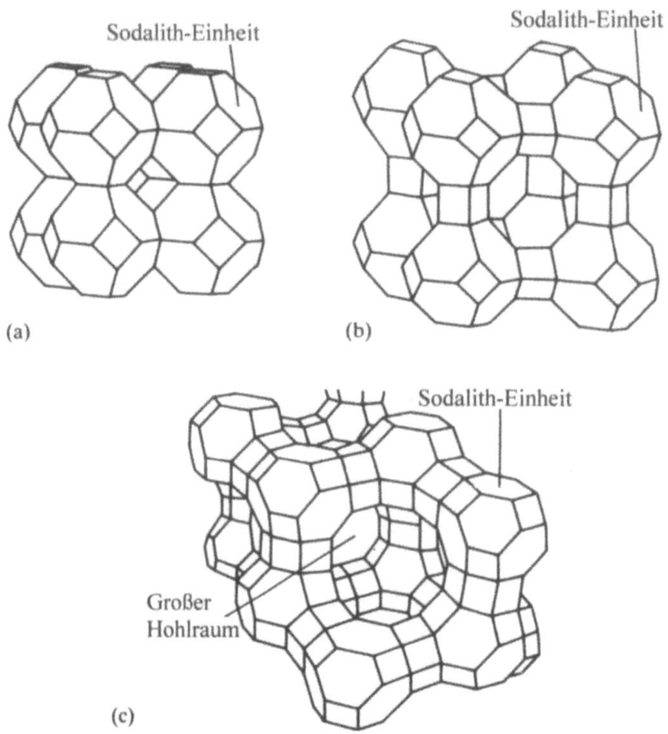

Bild 7.4   Zeolith-Netzwerke, die aus Sodalith-Einheiten aufgebaut sind: (a) Sodalith (SOD), (b) Zeolith A (LTA), (c) Faujasit (Zeolithe X und Y) (FAU)

7.2.2 Das Si:Al-Verhältnis

Wir haben gesehen, daß im Zeolith A das Si:Al-Verhältnis gleich eins ist. Bei anderen Zeolithen kann das Verhältnis viel größer sein. Der Zeolith ZK 4 (LTA) besitzt die gleiche Netzwerkstruktur wie der Zeolith A, aber dieses Verhältnis ist 2,5. Viele von den neuen für katalytische Zwecke entwickelten Zeolithe sind sehr siliciumreich: bei ZSM 5 (MFI) z. B. liegt Si:Al zwischen 20 und ∞. In letzterem Fall handelt es sich um reines Siliciumdioxid. Der siliciumreichste natürliche Zeolith ist der Mordenit mit einem Si:Al-Verhältnis von 5,5.

Mit dem Anwachsen des Si:Al-Verhältnisses verändert sich der Kationengehalt. Je weniger Aluminium das Gitter enthält, um so weniger austauschbare Kationen sind vorhanden. Die besonders viel Silicium enthaltenden Zeolithe sind deshalb hydrophob und besitzen eine Affinität zu Kohlenwasserstoffen.

7.2.3 Austauschbare Kationen

In den Zeolithen ist das Si–Al–O-Netzwerk starr, aber die Kationen gehören nicht dem starren Gerüst an, sondern befinden sich in den Hohlräumen und Kanälen, sind deshalb beweglich und können durch andere Kationen ersetzt werden. Man nennt sie *austauschbare Kationen*. Darauf beruht die Fähigkeit der Zeolithe zum Ionenaustausch.

Die Anwesenheit und die Position der Kationen in den Zeolithen ist aus unterschiedlichen Gründen wichtig. Der Querschnitt der Ringe und Kanäle ändert sich mit der Größe und der Ladung der Kationen M^{n+}, die wiederum ihre Zahl x/n pro Formeleinheit beeinflußt. Die Größe der Hohlräume bestimmt die Größe der Moleküle, die vom Zeolithgitter aufgenommen werden können. Eine Änderung der Kationenbesetzung verändert auch die Ladungsverteilung in den Hohlräumen und damit auch das Adsorptionsverhalten und die katalytische Aktivität. Man hat deshalb in den letzten Jahren versucht, die Kationenpositionen in den Zeolithen genau zu bestimmen.

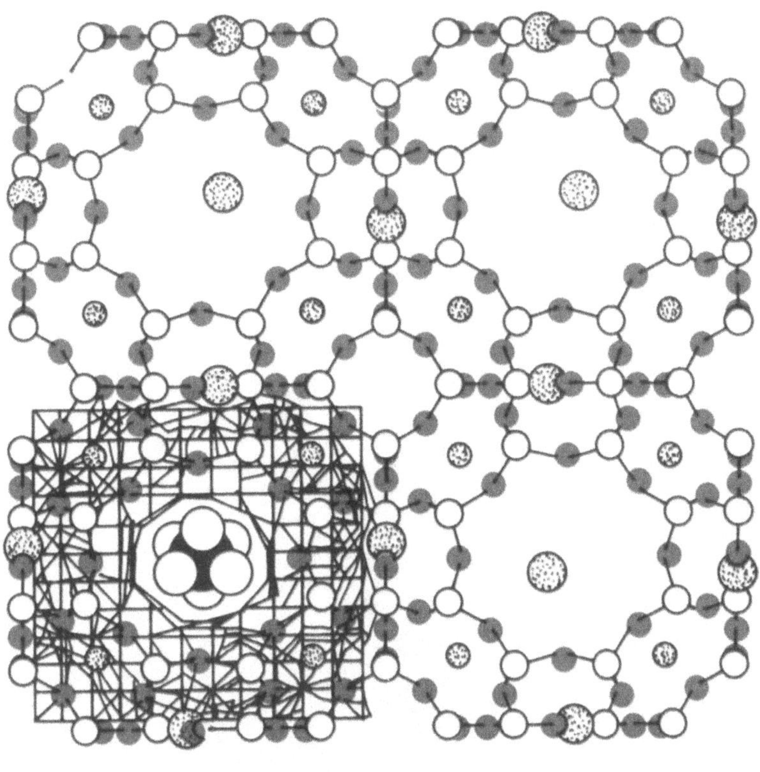

Bild 7.5 Netzwerk mit Kationenplätzen in der K^+-Form des Zeoliths A. Im linken unteren Käfig befindet sich ein Ethanmolekül.

Es gibt für die zum Ladungsausgleich benötigten Kationen in der Regel mehrere Positionen im Gitter. Bild 7.5 zeigt die für K$^+$-Ionen verfügbaren Gitterplätze im Zeolith A. Häufig besetzte Plätze befinden sich in den Zentren der Sechsringe, andere in den Achtring-Fenstern zu den β-Käfigen. Die Anwesenheit eines Kations in diesen Positionen verringert effektiv die Größe des Rings bzw. des Käfigs gegenüber einem Gastmolekül. Wenn man einwertige Kationen durch zweiwertige ersetzt, wird die Zahl der besetzten Kationenplätze halbiert. Da zweiwertige Kationen dazu neigen, die Plätze in den Sechsringen einzunehmen, bleiben die Kanäle frei, und das Eindringen von organischen Molekülen wird erleichtert.

In Bild 7.6 sind die im Mineral   aujasit – und analog in den Zeolithen X und Y – enthaltenen Kationenplätze schematisch dargestellt. Die möglichen Positionen sind mit S(I), S(I′), S(II) und S(II′) bezeichnet. Die S(I)-Plätze befinden sich im Inneren der hexagonalen Prismen. Dort befinden sich gewöhnlich Ionen, die große Koordinationszahlen bevorzugen. Die S(I′)-Plätze grenzen unmittelbar an die β-Käfige. S(I)- und S(I′)-Plätze werden nicht gleichzeitig besetzt. Die S(II)-Plätze befinden sich in den Wänden der α-Käfige und sind zumeist besetzt. Die S(II′)-Plätze bleiben im wesentlichen leer.

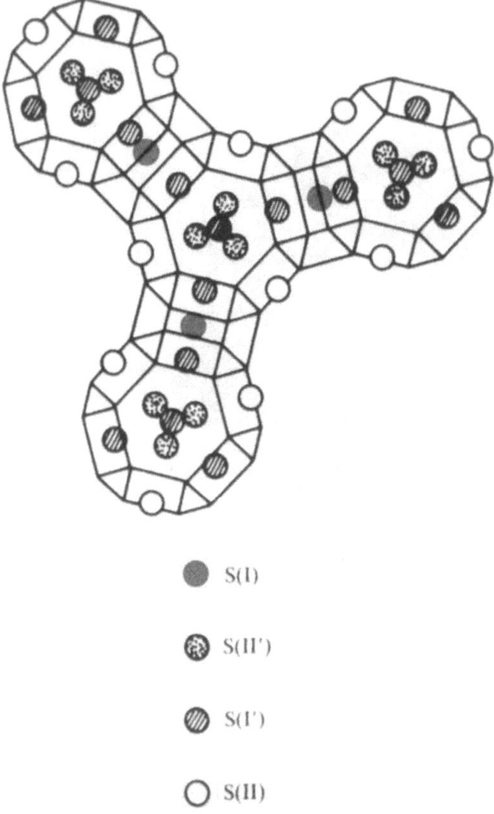

Bild 7.6   Vereinfachtes Faujasit-Netzwerk mit Darstellung der Kationenplätze S(I′) und S(II′) im Inneren von β-Käfigen. Die Positionen S(I) und S(II) befinden sich in den hexagonalen Prismen bzw. in den Superkäfigen.

Die normalen Zeolithe enthalten Wassermoleküle, die an die austauschbaren Kationen gebunden sind. Durch Erwärmen unter Vakuum kann das Wasser entfernt werden. Dabei bewegen sich die Kationen häufig in Positionen mit einer geringeren Koordinationszahl. Da das Bestreben zur Bildung der hydratisierten Ionen sehr stark ist, sind die dehydratisierten Zeolithe außerordentlich gute Trockenmittel für Gase und Flüssigkeiten.

7.2.4 Hohlräume und Kanäle

Das wichtigste Strukturmerkmal der Zeolithe, das für viele Anwendungen ausgenutzt werden kann, sind die Hohlräume und Löcher, die ein System von miteinander verbundenen Kanälen bilden. Die Hohlräume haben die Größe von Molekülen. Sie können deshalb Spezies adsorbieren, die klein genug sind, um Zugang zu den Kanälen zu finden. Der Durchmesser der „Fenster" zu den Kanälen ist der kontrollierende Faktor dafür, welche Moleküle sorbiert werden können. Er ist abhängig von der Zahl der in dem betreffenden Ring verbundenen Tetraeder.

In Bild 7.4 kann man erkennen, wie die Fenstergröße variiert. Die β-Käfige sind im Sodalith untereinander über Vierringe mit einem Durchmesser von 260 pm verbunden. Obwohl das nur eine kleine Öffnung ist, können Wassermoleküle dort eintreten. Die Durchtrittsöffnung im Zeolith A ist ein Achtring, der mit 410 pm Durchmesser deutlich kleiner ist als der innere Hohlraum von 1140 pm Durchmesser. Im Faujasit findet man 12-Ring-Fenster, die bei einem Durchmesser von 740 pm Zugang zu einem 1180 pm großen α-Käfig ermöglichen. Diese Zahlenwerte sind für einige Zeolithe in Tabelle 7.1 zusammengefaßt.

Tabelle 7.1   Durchmesser der Fenster und Käfige in Zeolithstrukturen

Zeolith-Typ	Zahl der Tetraeder im Ring	Fensterdurchmesser pm	Käfigdurchmesser pm
Sodalit (SOD)	4	260	600
Zeolit-A (LTA)	8	410	1140
Erionit-A (ERI)	8	360 × 520	
ZSM-5 (MFI)	10	510 × 550	
		540 × 560	
Faujasit (FAU)	12	740	1180
Mordenit (MOR)	12	670 × 700	
	8	290 × 570	
Zeolit-L (LTL)	12	710	

Die Fenster zu den Kanälen bilden ein dreidimensionales Sieb mit einer Maschenweite zwischen 300 pm und 1000 pm und sind die Ursache für die Bezeichnung der kristallinen Alumosilicate als *Molekularsiebe*. Die Zeolithe haben eine große innere Oberfläche und eine große Kapazität zur Sorption von Molekülen, die klein genug sind, um durch die Fenster in die Hohlräume gelangen zu können. Sie werden deshalb z. B. dazu verwendet, um geradkettige und verzweigte Kohlenwasserstoffe zu trennen.

Die Zeolithe lassen sich in Abhängigkeit von der Richtung der im Inneren vorhandenen Kanäle in drei Kategorien einteilen. Die Kanäle können im Kristall parallel verlaufen: (a) nur in einer Richtung, der ist Festkörper faserförmig, (b) in zwei Richtungen, die Kristalle sind plättchenförmig und (c) in drei Raumrichtungen, z. B. zu den Achsen des kubischen Kristallsystems. Die Strukturen mit der größten Symmetrie sind kubisch. Es lassen sich allerdings nicht alle Zeolithe genau diesen drei Klassen zuordnen. Es gibt unter ihnen auch solche, bei denen zweidimensionale Strukturen vorherrschen, die ihrerseits durch kleinere Kanäle verbunden sind.

Ein typischer faserförmiger Zeolith ist der *Edingtonit* (EDI) mit der Zusammensetzung $Ba[(AlO_2)_2(SiO_2)_3] \cdot 4\,H_2O$. Er enthält Ketten, die aus regelmäßig angeordneten Gruppen von fünf Tetraedern bestehen. Nur zwei von diesen Tetraedern bilden je eine Sauerstoffbrücke zu benachbarten Ketten aus (Bild 7.7). Da die Mehrheit der Bindungen in der Kettenrichtung liegt, bildet die Verbindung Fasern.

Plättchenförmige Zeolithe treten häufig in Sedimentgesteinen auf. Ein Beispiel dafür ist der *Phillipsit* (PHI) $(K/Na)_5[(AlO_2)_5(SiO_2)_{11}] \cdot 10\,H_2O$ (Bild 7.8). Er enthält Kanäle, die parallel zur kristallographischen *a*-Achse verlaufen.

Das Bild 7.4b illustriert, wie acht β-Käfige einen α-Käfig umgeben. Eine andere Möglichkeit, diese Struktur abzubilden ist es, die Gestalt der Hohlräume und die zwischen ihnen bestehenden Verbindungen darzustellen. Der α-Käfig hat die Form eines *gekappten Kuboktaeders*, d. h., eines Kuboktaeders, dessen Ecken abgeschnitten worden sind (Bild 7.3c). In Bild 7.9 ist

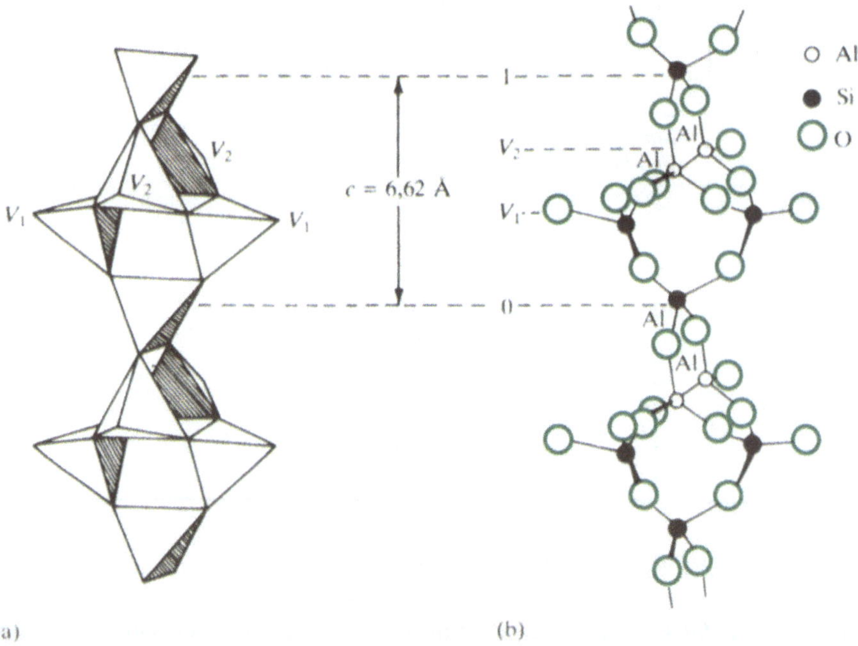

Bild 7.7   Das Strukturmerkmal faserförmiger Zeolithe: eine Kette aus paarweise über Ecken verknüpften Tetraedern. Sie ist an den Spitzen V_1 und V_2 mit benachbarten Ketten verbunden

die Struktur des Zeoliths A nochmals dargestellt, wobei die Form des α-Käfigs farblich hervorgehoben ist. Jeder α-Käfig ist über seine sechs achteckigen Seitenflächen mit sechs anderen Kuboktaedern verknüpft. In dieser Weise wird der Raum ausgefüllt, und es entstehen Kanäle, die parallel zu den kristallographischen Achsen verlaufen und die Hohlräume verbinden.

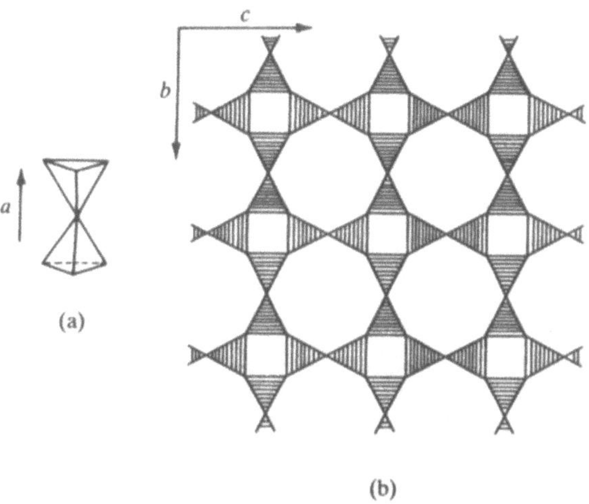

Bild 7.8   Die Struktur eines plättchenförmigen Zeoliths (Phillipsit): (a) Doppeltetraeder als Grundbaustein des Gitters, (b) Projektion der Schicht auf die bc-Ebene. Jedes Doppeltetraeder wird als gleichseitiges Dreieck abgebildet

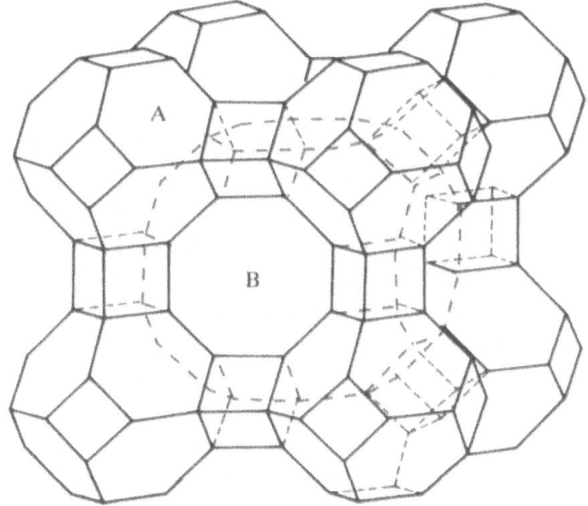

Bild 7.9   Struktureinheit des Zeoliths A mit dem darin enthaltenen Superkäfig mit der Form eines Kuboktaeders

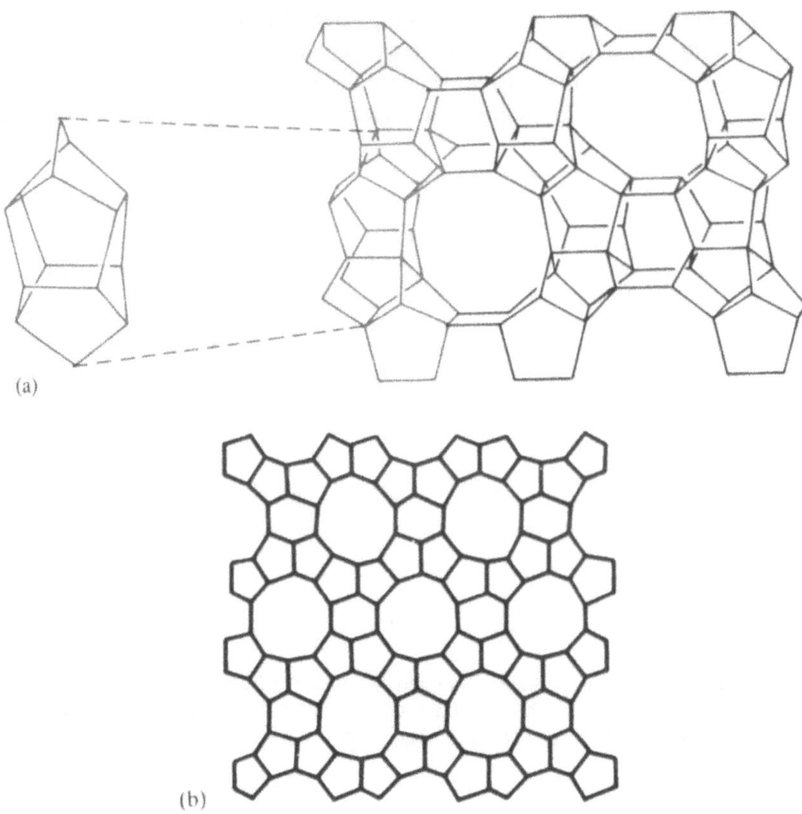

Bild 7.10   (a) Pentasil-Einheit (grün) und Ausschnitt aus der Struktur des Zeoliths ZSM 5, (b) vereinfachte Darstellung einer Schicht des Zeoliths ZSM 5

Eine neue Entwicklung begann etwa 1975, als Zeolithe mit zwei bisher unbekannten Strukturen synthetisiert worden sind. Zu dieser Familie von Netzwerkstrukturen mit dem Namen *Pentasile* gehören die synthetischen Verbindungen ZSM 5, ZSM 11, Silicalit und einige natürliche Zeolithe. ZSM 5 wird heute in großem Umfang industriell als Katalysator genutzt. Seine Struktur läßt sich von der in Bild 7.10 dargestellten Pentasil-Einheit ableiten. Die Pentasil-Einheiten bilden Ketten, die zu Schichten verbunden sind. Aus der Stapelfolge dieser Schichten ergeben sich die verschiedenen Pentasilstrukturen. In ZSM 5 stehen die Schichten durch Inversion miteinander in Zusammenhang, im ZSM 11 durch eine Spiegelebene. Beide Zeolithe enthalten Kanäle, deren Öffnung von 10-Ring-Fenstern mit einem Durchmesser von etwa 550 pm bestimmt wird. Das Porensystem verbindet nicht große Käfige, sondern bildet ein System langgestreckter und sich durchkreuzender Hohlräume. In den Bildern 7.11a und 7.11b sind die Porensysteme von ZSM 5, bestehend aus zickzackförmigen und gestreckten Kanälen, bzw. von ZSM 11, das nur gerade Kanäle enthält, dargestellt.

Das Kanalsystem des Minerals *Mordenit* ist in Bild 7.12 gezeichnet. Dort sind zwei Kanaltypen vorhanden, die von einem 8-Ring- bzw. einem 12-Ring-Fenster beherrscht werden. Sie verlaufen alle parallel zueinander und sind durch kleinere 5- und 6-Ring-Gruppen verbunden.

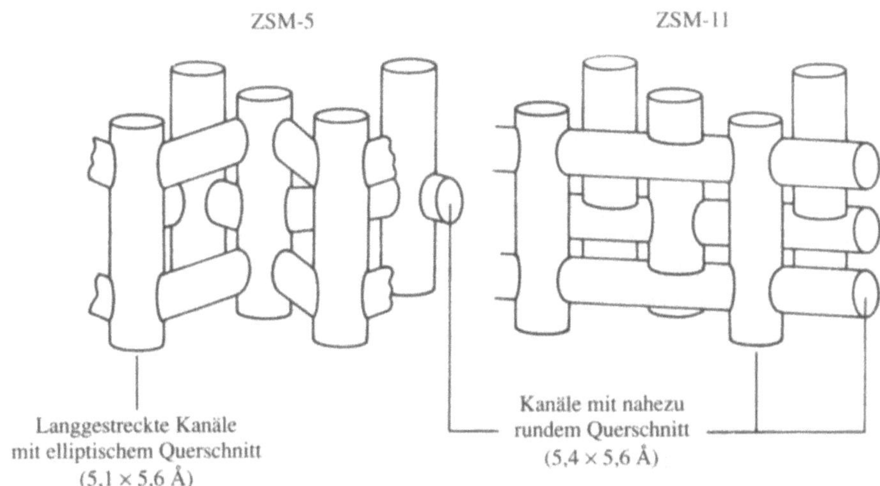

Bild 7.11 Die Kanalsysteme in den Zeolithen (a) ZSM 5 (MFI) und (b) ZSM 11 (MEL)

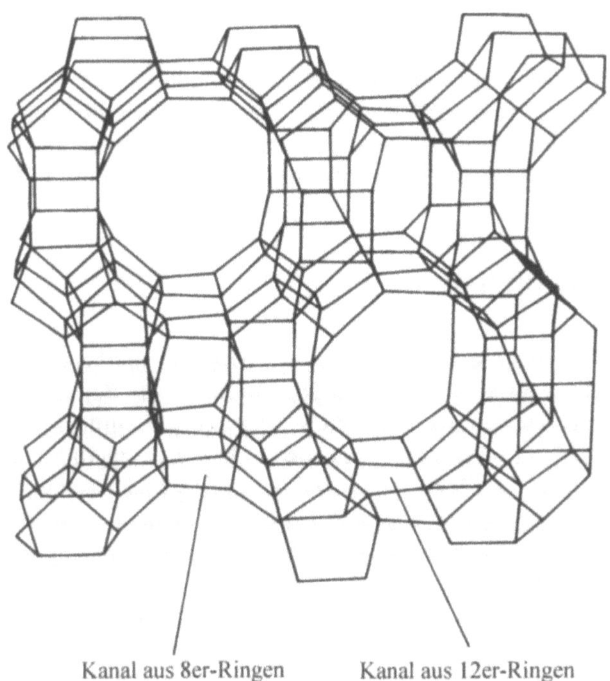

Bild 7.12 Die Struktur der Kanäle von Mordenit (MOR)

7.3 Herstellung von Zeolithen

Zeolithe werden aus Lösungen von Natriumsilicaten und -aluminaten hergestellt, die zum Einstellen eines hohen pH-Wertes Alkalimetallhydroxide und/oder organische Basen enthalten. Durch Kokondensation von Silicat- und Aluminationen bildet sich ein Gel. Das Gel wird im Autoklaven etwa zwei Tage lang auf Temperaturen zwischen 60 °C und 100 °C gehalten. Die Eigenschaften des Reaktionsproduktes hängen von den Reaktionsbedingungen ab. Dabei lassen sich die Zusammensetzung der Ausgangslösung, der pH-Wert, das Temperatur-Zeit-Programm und die mechanische Bewegung der reagierenden Lösung variieren. Organische Basen sind bei der Synthese siliciumreicher Zeolithe vorteilhaft.

Die Synthese der neuen silicatreichen Zeolithe wurde durch die Verwendung voluminöser quaternärer Ammoniumkationen anstelle von Natriumionen begünstigt. Die großen Kationen wirken bei der Synthese als *„Template"* (engl. Schablone). Bei der Synthese des Zeoliths ZK 4 werden z. B. Tetramethylammoniumverbindungen eingesetzt. Das entstehende Alumosilicatgerüst umhüllt die großen $[(CH_3)_4N]^+$-Ionen. Sie können aus dem Reaktionsprodukt durch thermische Zersetzung entfernt werden. ZSM 5 wird unter Einsatz von Tetra-*n*-propylammoniumverbindungen hergestellt. Da nur eine begrenzte Zahl großer Kationen in das Gitter eingebaut werden kann, reduziert sich der Anteil von $[AlO_4]$-Tetraedern, so daß sich silicatreiche Phasen bilden.

Die Entstehung silicatreicher Verbindungen wie des Zeoliths A kann durch die Zusammensetzung der Ausgangslösung bestimmt werden. Eine andere Möglichkeit besteht darin, aus einem anderen Alumosilicatgerüst Aluminium durch chemische Reaktionen zu entfernen. Das kann durch Behandeln mit Mineralsäuren oder mit geeigneten Komplexbildnern geschehen.

7.4 Strukturaufklärung

Die Strukturen der Zeolithe sind vor allem durch Röntgen- und Neutronenbeugungsuntersuchungen aufgeklärt worden. Einige natürlich vorkommende Zeolithe wurden strukturell bereits in den 30er Jahren charakterisiert, die synthetischen Zeolithe seit 1956. Leider ist es sehr schwierig, durch Beugungsmethoden Zeolithstrukturen eindeutig zu bestimmen. Wie wir in Kapitel 2 gezeigt haben, werden Röntgenstrahlen von der Elektronenhülle gestreut, die den Kern umgibt. Da Al und Si im Periodischen System der Elemente Nachbarn sind, haben sie fast gleiche Streufaktoren, und als Folge davon lassen sie sich röntgenographisch kaum unterscheiden. Man erhält lediglich ein allgemeines Bild von der Struktur des Festkörpernetzwerks und die genauen Atompositionen, kann aber nicht entscheiden, an welcher Stelle es sich um Al- oder Si-Atome handelt.

Die Positionen der Al- und Si-Atome werden mit Hilfe der *Löwenstein-Regel* zugeordnet, der zufolge Al–O–Al-Brücken nicht auftreten. Daraus ergibt sich, daß bei einem Si:Al-Verhältnis von eins der maximale Al-Gehalt eines Zeoliths erreicht ist, und sich dann Si und Al im Festkörper auf den Tetraedrrpositionen abwechseln müssen.

Beim Bestimmen der Kationenpositionen treten andere Probleme auf, da nicht jede für Kationen mögliche Gitterposition besetzt wird. Außerdem sind Zeolithe meistens mikrokristallin, so daß nicht immer Kristalle in einer für Röntgenbeugung ausreichenden Größe zur Verfügung stehen. Hier sind mit Hilfe der Rietveld-Pulvertechnik Fortschritte erreicht worden. Neuerdings werden Kernresonanzmessungen (NMR, engl. nuclear magnetic resonance spectroscopy) für die Strukturaufklärung an Zeolithen eingesetzt. Die Kernresonanzsignale sind bei Festkörpern durch verschiedene anisotrope Wechselwirkungen stark verbreitert, die mathematisch durch einen Term $(3\cos^2\theta - 1)$ beschrieben werden. Wenn $\cos\theta = (1/3)^{1/2}$ und damit $\theta = 54,73°$ ist, wird dieser Term gleich Null. Man läßt deshalb die Probe um eine Achse rotieren, die mit der Richtung des Magnetfeldes diesen *magischen Winkel* bildet und beseitigt dadurch die unerwünschte Linienverbreiterung (engl. magic angel spinning, MAS-NMR).

Das Isotop ^{29}Si mit dem Kernspin $I = 1/2$ liefert scharfe Kernresonanzsignale und ist im natürlichen Silicium zu 4,7 % enthalten. Pionierarbeit auf diesem Gebiet haben E. Lippmaa und G. Engelhardt in den späten 70er Jahren geleistet. Sie zeigten, daß Zeolithe bis zu fünf verschiedene Maxima in den ^{29}Si-Kernresonanzspektren aufweisen, die sie den fünf unterschiedlichen Umgebungen eines $[SiO_4]^{4-}$-Tetraeders zuordnen konnten. Jedes von den vier Sauerstoffatomen kann entweder mit einem Si- oder einem Al-Atom verbunden sein. Daraus resultieren fünf Möglichkeiten der Koordination: $Si(OAl)_4$, $Si(OAl)_3(OSi)$, $Si(OAl)_2(OSi)_2$, $Si(OAl)(OSi)_3$, $Si(OSi)_4$, deren Kernresonanzsignal in bestimmten Bereichen des Spektrums liegen, die im Bild 7.13 dargestellt sind. Ein Spektrum des Zeoliths Analcit (ANA) zeigt Bild 7.14. Der Analcit enthält alle fünf Koordinationsmöglichkeiten für das Silicium. Auch mit dieser Information bleibt es immer noch eine aufwendige Arbeit, die Bindungsverhältnisse in der Struktur aufzuklären. Die Kationenpositionen geben dabei nützliche Hinweise, da die Kationen dazu neigen, Positionen zu besetzen, die möglichst nahe bei den negativ geladenen Aluminiumplätzen liegen.

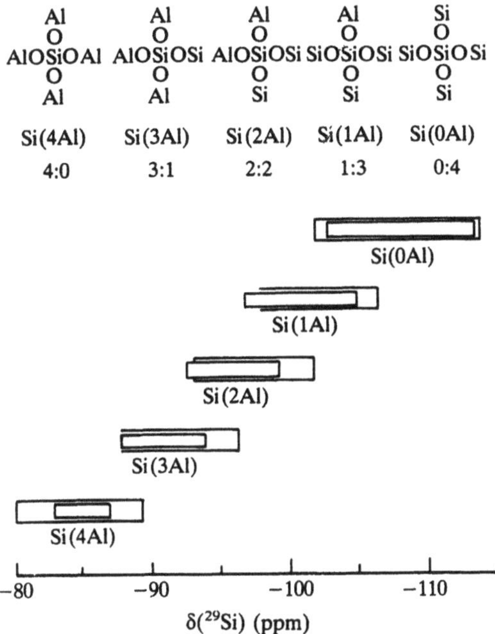

Bild 7.13 Die Abhängigkeit der chemischen Verschiebung des ^{29}Si-NMR-Signals von der Umgebung des $[SiO_4]$-Tetraeders. Die inneren Balken entsprechen den Angaben der älteren Literatur. Die äußeren Balken stellen den ausgedehnten Verschiebungsbereich dar, der seltener beobachtet wird.

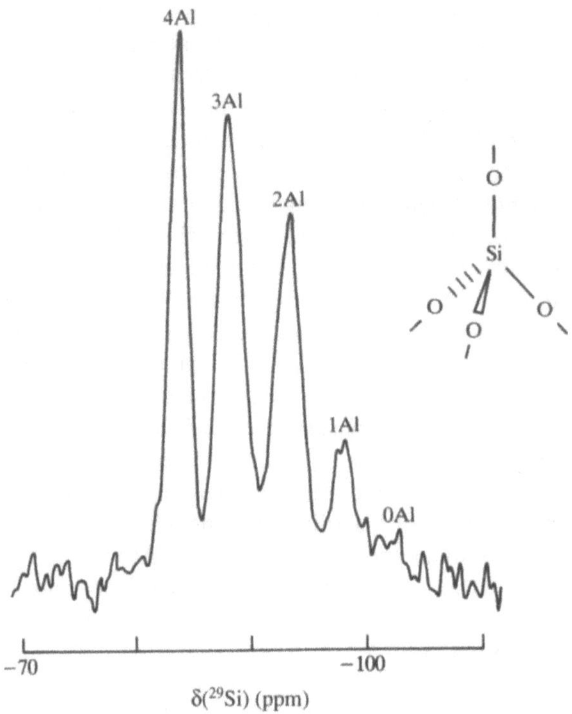

Bild 7.14   Das ^{29}Si-NMR-Spektrum des Zeoliths Analcit (ANA). Es weist fünf Maxima auf, die zu den fünf verschiedenen Möglichkeiten der Bindung eines [SiO$_4$]-Tetraeders gehören.

Das natürliche Aluminium besteht nur aus dem Isotop ^{27}Al mit dem Kernspin $I = 5/2$. Es liefert eine starkes Kernresonanzsignal, das aber durch Quadrupoleffekte zweiter Ordnung verbreitert und asymmetrisch gemacht wind. Nach der Löwenstein-Regel gibt es keine Al–O–Al-Bindungen. Deshalb gibt es nur Al(OSi)$_4$-Tetraeder und nur ein Resonanzsignal, das aber für verschiedene Zeolithe in unterschiedlichen Bereichen gefunden wird. Die ^{27}Al-Kernresonanz kann dazu benutzt werden, unterschiedlich koordiniertes Alumninium in den Zeolithen zu bestimmen. Oktaedrisch koordinierte [Al(H$_2$O)$_6$]$^{3+}$-Ionen, die häufig auf Kationenplätzen in Poren des Festkörpers gebunden sind, liefern ein Signal mit einer chemischen Verschiebung von etwa 0 ppm gegenüber einer wäßrigen Al(III)-Salz-Lösung. Dagegen erzeugen die tetraedrisch koordinierten Al-Atome im Netzwerk eine Verschiebung von 50 ppm bis 65 ppm und tetraedrische [AlCl$_4$]$^-$-Anionen ergeben Peaks um 100 ppm. Diese Anionen können in Zeolithen vorkommen, die zur Erhöhung des Si:Al-Verhältnisses im Netzwerk mit SiCl$_4$ behandelt worden sind. Sie lassen sich durch Wasser auswaschen.

Eine wichtige Eigenschaft der ^{27}Si-Kernresonanzspektren ist es, daß man aus der Intensität der beobachteten Peaks das Si:Al-Verhältnis im Zeolithgerüst berechnen kann. Das ist sehr nützlich bei der Entwicklung neuer Katalysatoren, bei denen ein großes Si:Al-Verhältnis angestrebt wird. Herkömmliohe analytische Verfahren liefern nur den Gesamtgehalt an Aluminium einschließlich der in den Poren gefangenen beweglichen oktaedrisch koordinierten Al-Species und nicht entfernter $[AlCl_4]^-$-Anionen, so daß bei großen Si:Al-Verhältnissen eine Analyse durch Kernresonanz vorzuziehen ist.

Hochauflösende Elektronenmikroskopie (HREM, engl. high resolution electron microscopy) ist ebenfalls intensiv für die Strukturermittlung an Zeolithen eingesetzt worden, vor allem zur Aufklärung von Verwachsungen und Baufehlern. Durch HREM wurde festgestellt, daß der Zeolith β aus zwei verschiedenen 12-Ring-Strukturen besteht, die miteinander verwachsen sind. Durch Röntgenabsorption-Feinstrukturanalyse (EXAFS, engl. extended X-ray-absorption fine structure analysis) ist die lokale Koordinationsgeometrie der austauschbaren Kationen und deren Änderung bei Reaktionen und Dehydratisierung untersucht worden.

7.5 Verwendung von Zeolithen

7.5.1 Trockenmittel

Die normalen kristallinen Zeolithe enthalten Wassermoleküle, die an die austauschbaren Kationen gebunden sind. Durch Erwärmen im Vakuum kann dieses Wasser entfernt werden. Dabei bewegen sich die Kationen, meist auf Plätze mit einer kleineren Koordinationszahl. Derartige dehydratisierte Zeolithe sind sehr gute Trockenmittel, da sie durch die Aufnahme von Wasser in den Ausgangszustand zurückkehren können, bei dem die Kationen die bevorzugten großen Koordinationszahlen betätigen können.

7.5.2 Ionenaustauscher

Die beweglichen Kationen M^{n+} eines Zeoliths lassen sich gegen andere Kationen austauschen, die in einer Lösung enthalten sind. Man kann die Na-Form eines Zeoliths A zum Enthärten von Wasser benutzen. Dabei werden die Na-Ionen des Zeoliths gegen die die Härte des Wassers verursachenden Ca-Ionen ausgetauscht. Wenn das Austauschvermögen erschöpft ist, kann der Wasserenthärter durch eine Kochsalzlösung regeneriert werden. Zeolith A ist heute auch Bestandteil von Waschmitteln. Es ersetzt die früher zum Wasserenthärten verwendeten Polyphosphate, durch die eine Eutrophierung der Gewässer verursacht worden ist. Auch läßt sich aus Meerwasser durch Entsalzen Trinkwasser herstellen. Da die hierfür benötigten Mischungen aus Ag- und Ba-Zeolithen sehr teuer sind, beschränkt sich dieses Verfahren der Trinkwassergewinnung auf Notfälle.

Einige Zeolithe haben eine große Affinität zu bestimmten Kationen. *Clinoptilit* (HEU) ist ein Mineral, das in der Lage ist, Cäsiumionen anzureichern. Es wird deshalb benutzt, um ^{137}Cs aus radioaktiven Abfällen zu entfernen und gegen Na auszutauschen. In ähnlicher Weise kann Zeolith A radioaktives Sr aufnehmen. Zeolithe sind deshalb in großem Umfang bei den Reinigungoperationen nach den Unfällen von Tschernobyl und Three-Mile Island eingesetzt worden.

7.5.3 Adsorbentien

Dehydratisierte Zeolithe haben eine sehr offene und poröse Struktur mit einer großen inneren Oberfläche. Sie sind deshalb in der Lage, beträchtliche Mengen nicht nur von Wasser, sondern auch anderer Substanzen zu adsorbieren. Die Größe der Ringe, die die Fenster zu den Hohlräumen bilden, bestimmen die Größe der Moleküle, die adsorbiert werden können. Dadurch besitzt jeder individuelle Zeolith eine beträchtliche Selektivität für die Adsorption, die zum Reinigen und Trennen von Gemischen genutzt werden kann. Diese Eigenschaft wurde zuerst schon 1932 beim *Chabasit* (CHA) bemerkt. Man hatte beobachtet, daß dieses Mineral kleine Moleküle wie Ameisensäure und Methanol adsorbieren und speichern kann, aber nicht Benzol und andere größere Moleküle. Man hat Chabasit kommerziell verwendet, um SO_2 aus Abgasen zu entfernen. Ähnlich werden Methanmoleküle durch das von einem 8-Ring mit einem Durchmesser von 410 pm gebildete Fenster im Zeolith A in die Hohlräume mit einem Durchmesser von 1140 pm eingelassen, aber nicht die größeren Benzolmoleküle. Für die Beantwortung der Frage, ob ein Molekül durch ein Fenster in einer Zeolithstruktur hindurchpaßt oder in einen damit zusammenhängenden Kanal, sind Computersimulationen sehr nützlich. Hierbei legt man die Van-der-Waals-Radien der Atome zugrunde. In Bild 7.5 ist ein Ethanmolekül in einem Superkäfig des Zeoliths A dargestellt.

Die als Molekularsiebe verwendeten Zeolithe verändern beim Dehydratisieren ihre Grundstruktur nicht, obwohl die Kationen sich auf Plätze geringerer Koordination bewegen. Nach dem Dehydratisieren sind der Zeolith A und andere bemerkenswert stabil gegenüber Erwärmung. Sie zersetzen sich bis etwa 700 °C nicht. Im Zeolith A nehmen die Hohlräume ungefähr 50 % des Volumens ein.

Es gibt viele Anwendungsgebiete für die selektiv sorbierenden Zeolithe, von denen wir nur einige beschreiben können. Tabelle 7.2 gibt einen kurzen Überblick über industrielle Anwendungen. Durch Erwärmen, Evakuieren oder Spülen mit einem geeigneten Gas lassen sich die in den Molekularsieben eingeschlossenen Verbindungen desorbieren und die Molekularsiebe regenerieren.

Tabelle 7.2   Anwendung von Molekularsieben bei industriellen Prozessen

Einsatzgebiet	*Verwendung zum*		
	Trocknen	*Reinigen*	*Trennen*
Raffinerien und petrochemische Industrie	Paraffine, Olefine, Acetylene, Reforming-Gas, Crackgase, Lösungsmittel	Süßen* von Flüssiggas und Aromaten, Entfernen von CO_2 aus olefinhaltigen Gasen, Reinigung von Synthesegas	geradkettige und verzweigte Paraffine
Industriegase	H_2, N_2, O_2, Ar, He, CO_2, Erdgas	Süßen* und Entfernen von CO_2 aus Erdgas, Beseitigen von Kohlenwasserstoffen aus der Luft, Gewinnung von Schutzgasen	Aromatische Verbindungen
Industrieöfen	Abgase, Crackgase, Reforming-Gase	Entfernen von CO_2 und NH_3 aus Abgasen und Ammoniakspaltgasen	N_2 und O_2

* Das Entfernen schwefelhaltiger Verbindungen wird „Süßen" genannt.

Es ist möglich, die Porenweite der Zeolithe für die Adsorption bestimmter Moleküle gezielt zu beeinflussen. Eine Methode ist der bereits erwähnte Kationenaustausch. Auf diese Weise kann der Zeolith A so verändert werden, daß sich zyklische und verzweigte Kohlenwasserstoffe von geradkettigen Paraffinen abtrennen lassen. Wenn Na^+-Ionen durch Ca^{2+}-Ionen ersetzt werden, nimmt die effektive Größe der Fenster zu. Wenn ungefähr ein Drittel der Na^+-Ionen gegen Ca^{2+}-Ionen ausgetauscht worden ist, können viele unverzweigte Alkane adsorbiert werden (Bild 7.15). Dagegen werden alle verzweigten, zyklischen und aromatischen Kohlenwasserstoffe am Eindringen in die Hohlräume gehindert, weil ihr Durchmesser zu groß ist. Auf dieser Fähigkeit beruht ein industrielles Verfahren, unverzweigte Paraffine als Rohstoffe für biologisch abbaubare Detergentien zu gewinnen. Umgekehrt läßt sich die Oktanzahl von Benzin verbessern, indem man die unverzweigten Alkane entfernt, da diese das schädliche „Klopfen" der Otto-Motoren verursachen.

Bei $-196\,°C$ wird Sauerstoff von Zeolith A in der Ca-Form gut adsorbiert, während Stickstoff im wesentlichen ausgeschlossen wird. Diese beiden Moleküle unterscheiden sich nur unwesentlich in ihrer Größe: Das O_2-Molekül hat einen Durchmesser von 346 pm, N_2 von 364 pm. Mit zunehmender Temperatur nimmt die Adsorption von N_2 ebenfalls zu bis zu einem Maximum bei etwa $-100\,°C$. Man nimmt an, daß die wesentliche Ursache für dieses Verhalten Molekülschwingungen sind. Im Bereich von 80 K bis 300 K nimmt die Schwingungsamplitude um $10 - 20$ pm zu. Dadurch erscheint das Zeolithfenster bei niedrigen Temperaturen gerade klein genug, um N_2-Moleküle auszuschließen. Man kann deshalb den Zeolith A zum Trennen und Reinigen dieser Gase verwenden.

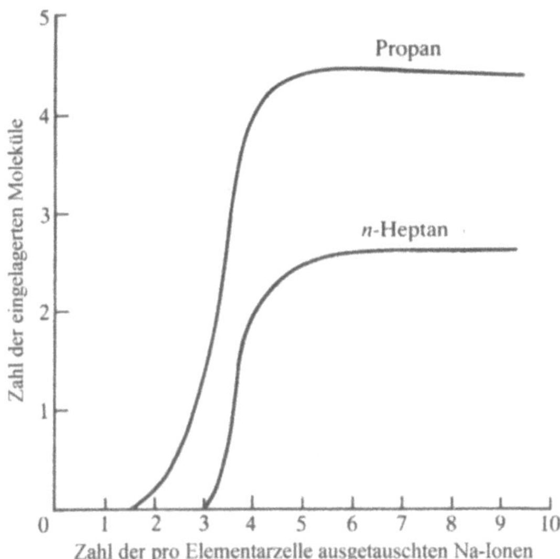

Bild 7.15   Die Beeinflussung der Absorpt o   von Kohlenwasserstoffen an Zeolith A durch Ionenaustausch. Der Austausch von vier Na^+-Ionen gegen zwei Ca^{2+}-Ionen ermöglicht es n-Alkanen, leichter in die Kanäle des Zeoliths zu diffundieren.

Die andere Methode zum Beeinflussen der Porengröße ist die Veränderung des Si:Al-Verhältnisses. Mit zunehmendem Siliciumgehalt wird (a) sich die Größe der Elementarzelle etwas verringern und damit auch der Durchmesser der Poren, (b) die Zahl der Kationen kleiner, die deshalb weniger Platz in den Kanälen benötigen, und (c) der hydrophobe Charakter des Zeoliths zunehmen. Hydrophobe Zeolithe sind dazu geeignet, organische Moleküle aus wäßrigen Lösungen zu adsorbieren. Die Möglichkeiten dafür reichen von der Beseitigung toxischer Stoffe aus dem Blut, bis zur Herstellung alkoholfreier Getränke durch selektive Entfernung des Alkohols aus Gärungsprodukten und zur Entkoffeinierung von Kaffee.

7.5.4 Katalysatoren

Zeolithe sind außerordentlich nützliche Katalysatoren, da sie Eigenschaften besitzen, die traditionelle amorphe Katalysatoren nicht haben. Amorphe Katalysatoren sind immer in fein verteiltem Zustand hergestellt worden, um eine große Oberfläche und viele katalytisch aktive Zentren zu schaffen. Zeolithe enthalten auf Grund ihrer Struktur eine derartig große innere Oberfläche, daß sie mit einer 100mal größeren Zahl von Molekülen in Wechselwirkung treten können als eine äquivalente Menge eines amorphen Katalysators. Da die Zeolithe kristallin sind, lassen sie sich besser mit reproduzierbaren Eigenschaften herstellen und zeigen deshalb keine chargenabhängige Aktivität wie amorphe Katalysatoren. Durch die Variation der Porengröße kann man außerdem darauf Einfluß nehmen, welche Moleküle Zugang zu den aktiven Zentren haben und welche nicht. Man nennt das *gestaltselektive Katalyse.*

Die katalytische Aktivität von Zeolithen, aus denen die Metallkationen entfernt worden sind, beruhen auf der Anwesenheit von $[AlO_4]^{5-}$-Tetraedern im Netzwerk und deren sauren Eigenschaften. Es handelt sich dabei entweder um Brönsted- oder Lewis-Säuren. Die Zeolithe enthalten gewöhnlich Na^+-Ionen zum Ladungsausgleich des Anionengerüsts. Die Na^+-Ionen können durch Säure gegen Protonen ausgetauscht werden. Dadurch werden an den Oberflächen saure OH-Gruppen – *Brönsted-Säuren* –gebildet. Bei Zeolithen, die in Säuren nicht stabil sind, lassen sich die Ammoniumsalze herstellen, aus denen man durch Erwärmen Ammoniak austreiben kann, und man erhält auf diese Weise ebenfalls die protonierte Form. Durch weiteres Erhitzen kann man aus den Brönsted-Säuren Wasser abspalten. Es entstehen dreifach koordinierte Al-Ionen, die wegen ihrer Elektronenpaarlücke als *Lewis-Säure* wirken. In Bild 7.16 sind diese Vorgänge schematisch dargestellt. Die Oberfläche der Zeolithe kann in Abhängigkeit von den Präparationsbedingungen entweder als Brönsted- und/oder als Lewis-Säure reagieren. Beim Erwärmen auf Temperaturen über 600 °C werden die sauren Brönsted-Oberflächenzentren in Lewis-Zentren überführt.

Nicht alle Zeolithkatalysatoren werden in der sauren Form oder frei von Metallkationen eingesetzt. Es ist möglich, die Na^+-Kationen durch Lanthanoidionen wie La^{3+} oder Ce^{3+} auszutauschen. Sie nehmen dabei einen Platz ein, an dem sie am besten drei negative Ladungen von $[AlO_4]^{5-}$-Tetraedern ausgleichen können. Die hohen Ladungen bewirken einen großen Gradienten des elektrischen Feldes in den Hohlräumen, der dazu ausreicht, C–H-Bindungen zu polarisieren oder zu ionisieren und dadurch Reaktionen zu ermöglichen. Dieser Effekt kann durch die Verringerung des Aluminiumgehalts verstärkt werden, weil dadurch die Abstände der $[AlO_4]^{5-}$-Tetraeder im Zeolithgerüst größer werden. Die Zeolithe verhalten sich dabei wie feste ionisierende „Lösungsmittel". Die Unterschiede in der katalytischen Aktivität einzelner Zeolithe kann man deshalb auch mit den unterschiedlichen Eigenschaften verschiedener Flüssigkeiten in der Lösungschemie vergleichen. Ein mit Seltenerd-Ionen substituierter Zeolith X

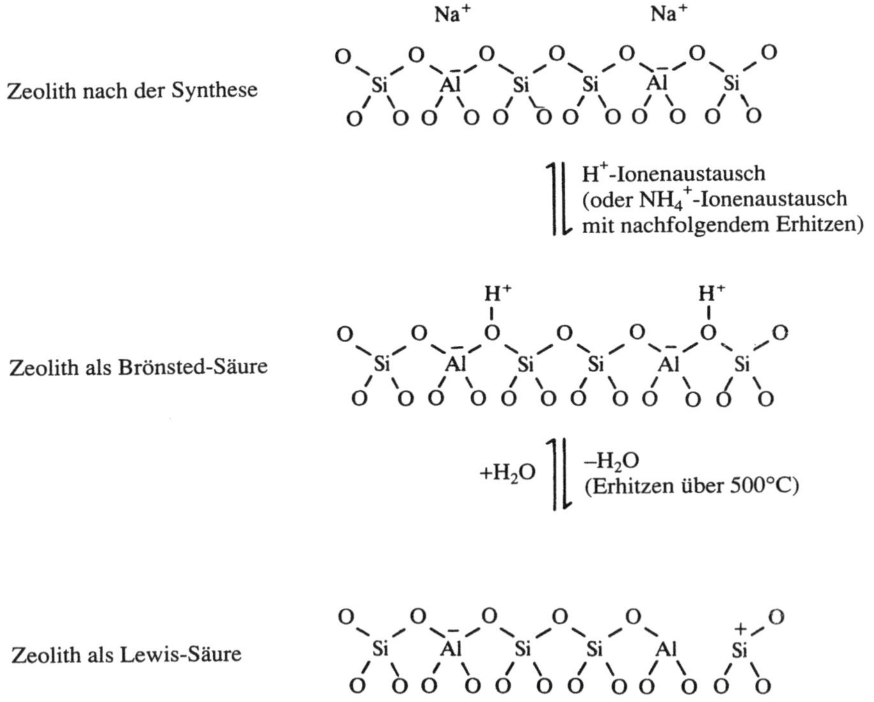

Zeolith nach der Synthese

$$Na^+ \qquad Na^+$$

[Strukturschema: Si–Al–Si–Si–Al–Si-Kette mit verbrückenden und terminalen O-Atomen]

$\Updownarrow$ H^+-Ionenaustausch
(oder NH_4^+-Ionenaustausch
mit nachfolgendem Erhitzen)

Zeolith als Brönsted-Säure

$$H^+ \qquad H^+$$

[Strukturschema: Si–Al–Si–Si–Al–Si-Kette mit verbrückenden und terminalen O-Atomen]

$+H_2O$ $\Updownarrow$ $-H_2O$
(Erhitzen über 500°C)

Zeolith als Lewis-Säure

[Strukturschema: Si–Al–Si–Si–Al–Si-Kette mit verbrückenden und terminalen O-Atomen]

Bild 7.16   Schema für die Bildung von Brönsted- bzw. Lewis-Säure-Zentren in Zeolithen

war in den 60er Jahren der erste kommerziell in der Erdölverarbeitung eingesetzte Zeolith-Katalysator. Das Rohöl wird zunächst fraktioniert destilliert, und die schwerere Gasöl-Fraktion wird an Katalysatoren zur Benzinerzeugung in kleinere Moleküle gecrackt. Heute verwendet man dazu eine Form des Zeoliths Y, da er bei erhöhten Temperaturen stabiler ist. Durch den Einsatz dieser Katalysatoren kann man bei tieferen Temperaturen arbeiten als bei herkömmlichen Verfahren, und die Benzinausbeute wird um 20 % gesteigert. Der Crackprozeß ist das wichtigste Anwendungsgebiet der Zeolithkatalysatoren. Die jährlich hierfür eingesetzte Menge hat einen Wert in der Größenordnung einiger Milliarden £.

Eine dritte Möglichkeit für die Verwendung von Zeolithen besteht darin, Na^+-Ionen durch andere Metallionen wie Ni^{2+}, Pd^{2+} oder Pt^{2+} zu ersetzen und anschließend in situ zu reduzieren, so daß Metallatome im Inneren des Gerüsts abgeschieden werden. Man erhält dabei ein Material, das ähnliche Eigenschaften hat wie Metallkatalysatoren, die auf andere Träger aufgebracht sind, erreicht aber eine extrem starke Dispersion des Metalls. Ein weiterer Weg zur Herstellung von zeolithgetragenen Metallkatalysatoren ist die physikalische Adsorption von dampfförmigen anorganischen Verbindungen und anschließende thermische Zersetzung. Man adsorbiert Nickeltetracarbonyl $Ni(CO)_4$ an Zeolith X, zersetzt es durch gelindes Erwärmen und erhält in den Hohlräumen nahezu atomar verteiltes Nickel. In diesem Zustand ist es ein guter Katalysator für die Umsetzung von Kohlenmonoxid zu Methan:

$$CO + 3H_2 \rightarrow CH_4 + H_2O$$

Es gibt drei Typen von gestaltselektiver Katalyse:

1. *Reaktandselektive Katalyse*: nur Moleküle, die kleiner sind als die Öffnungsfenster zu den Hohlräumen der Zeolithe können zu den katalytisch aktiven Zentren gelangen und dort reagieren. Dieser Vorgang ist in Bild 7.17a schematisch dargestellt. Ein Molekül eines geradkettigen Kohlenwasserstoffs erreicht den Hohlraum und reagiert, während das verzweigte Molekül nicht in die Poren eindringen kann.

2. *Produktselektive Katalyse*: nur Moleküle, die kleiner sind als eine bestimmte Größe können den Hohlraum des Katalysators verlassen, wie es in Bild 7.17b für die Herstellung von Xylol gezeigt ist. Es werden alle drei Isomere katalytisch gebildet, aber nur die *para*-Form kann aus dem Hohlraum austreten.

3. *Katalyse mit selektivem Übergangszustand*: manche Reaktionen werden verhindert, weil die beteiligten Moleküle im Übergangszustand einen größeren Raum benötigen als in den Poren vorhanden ist. Als Beispiel ist in Bild 7.17c die Transalkylierung von Dialkylbenzol zu sehen.

Wenn Butan-1-ol (*n*-Butanol) und Butan-2-ol (*iso*-Butanaol) entweder am Zeolith A oder am Zeolith X (beide in der Ca-Form) dehydratisiert werden, erhält man verschiedene Produkte.

$$CH_3CH_2CH_2CH_2OH \rightarrow CH_3CH_2CH=CH_2 + H_2O$$

$$CH_3CH_2CH(OH)CH_3 \rightarrow CH_3CH=CHCH_3 + H_2O$$

Die Fenster im Zeolith X sind so groß, daß beide Alkohole leicht in die Hohlräume gelangen können, so daß sie Wasser abspalten und in die entsprechenden Alkene übergehen. Dagegen ist am Zeolith A ist die Dehydratisierung des primären Alkohols stark begünstigt. Der sekundäre Alkohol wird offensichtlich nicht umgesetzt, weil er mit der seitlich abstehenden OH-Gruppe nicht durch die kleineren Fester dieses Katalysators paßt. Die Ergebnisse dieser Untersuchungen sind in Bild 7.18 zusammengefaßt. Man erkennt, daß die Kurve d mit zunehmender Temperatur ansteigt. Die Gitterschwingungen nehmen mit der Temperatur zu, so daß sich die Porenöffnungen vergrößern und so dem Butan-2-ol den Zutritt zu den katalytisch wirkenden Zentren ermöglichen. Die geringe Umsetzung bei niedrigen Temperaturen ist auf reaktive Gruppierungen an der äußeren Oberfläche zurückzuführen.

Bei der säurekatalysierten Transalkylierung von Dialkylbenzol wird eine Alkylgruppe zu einem anderen Molekül übertragen. Bei dieser bimolekularen Reaktion wird ein Diphenylmethan-Übergangszustand gebildet. Bei seinem Zerfall kann neben Toluol entweder das 1,2,4-Trimethylbenzol entstehen oder das 1,3,5-Isomere. Wenn bei dieser Reaktion Mordenit als Katalysator verwendet wird (Bild 7.17c), ist der Übergangszustand, der zum symmetrischen 1,3,5-Isomere führt, für die Poren zu groß. Deshalb bildet sich das 1,2,4-Trimethylbenzol mit fast 100 %iger Ausbeute. Bei einem Gemisch, das sich im Gleichgewicht befindet, dominiert das symmetrische Isomere.

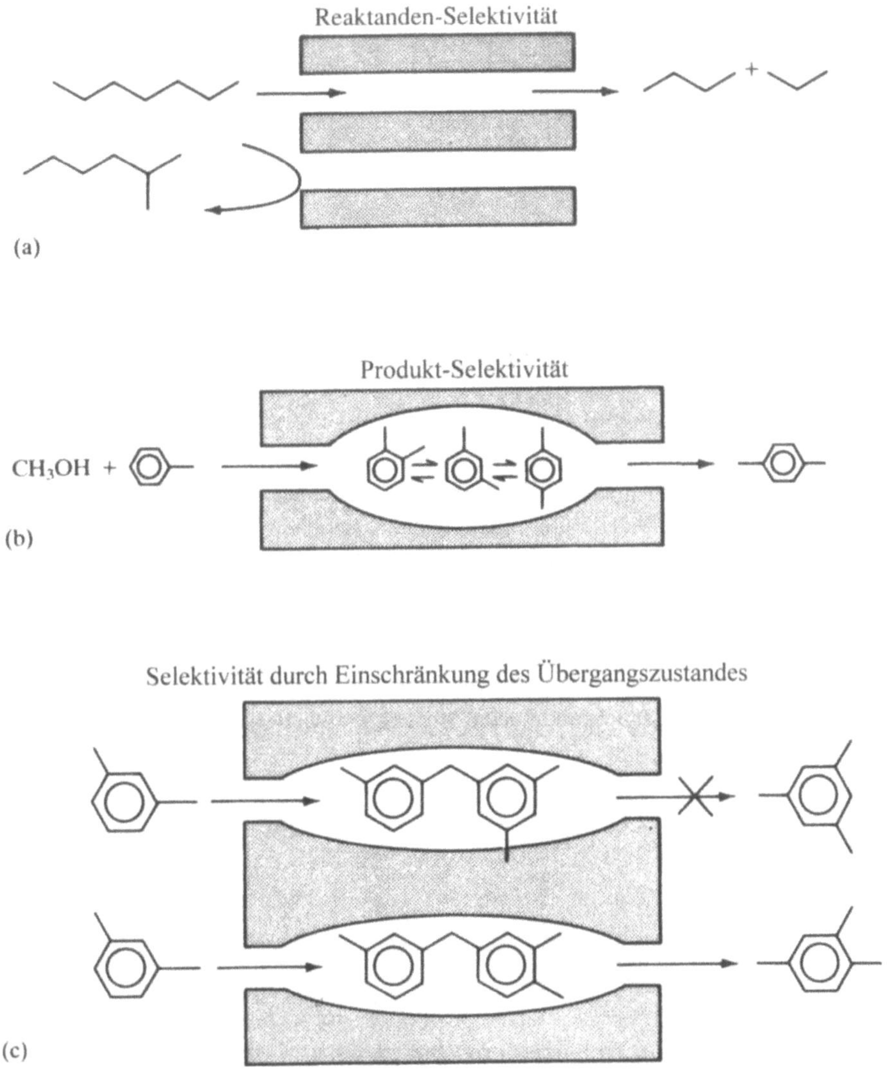

Bild 7.17   Molekülform-selektive Katalyse: (a) Reaktandenselektivität, (b) Produktselektivität, (c) Selektivität des Übergangszustandes

1,4- bzw. *para*-Xylol ist der Rohstoff für die Herstellung von Terephthalsäure, die für die Produktion von Polyesterfasern in großen Mengen benötigt wird. Das 1,4-Xylol wird aus Toluol durch Alkylierung mit Methanol hergestellt. Bei diesem Prozeß wird der Zeolith ZSM 5 verwendet. Es handelt sich dabei um eine produktselektive Katalyse:

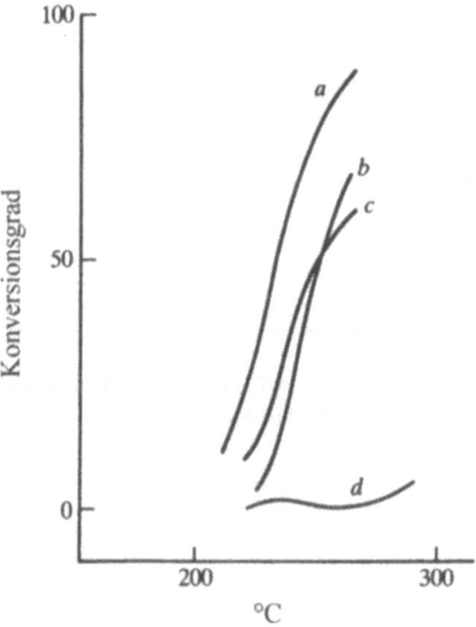

Die Selektivität dieser Reaktion an ZSM 5 beruht auf der unterschiedlichen Diffusionsgeschwindigkeit der Xylolisomeren in den Kanälen des Katalysators. Das wird durch die Beobachtung bestätigt, daß die Selektivität mit steigender Temperatur noch zunimmt. Die Diffusionsgeschwindigkeit des *para*-Xylols ist etwa 1000mal größer als die der beiden anderen Isomeren. Die Computergraphiken in Bild 7.19 zeigen, warum *meta*- und *para*-Xylol nur schlecht in die Poren des Zeoliths passen und deshalb nur sehr langsam durch die Kanäle diffundieren können. Die Xylole isomerisieren in den Hohlräumen, das *para*-Xylol diffundiert nach außen, während die beiden anderen Isomeren gefangen sind und Zeit haben, in die *para*-Form überzugehen. Man erreicht dabei eine Ausbeute bis zu 97 % *para*-Xylol.

Bild 7.18   Ausbeute bei der Dehydratation von (a) *iso*-Butanol an Ca-X, (b) *n*-Butanol an Ca-X, (c) *n*-Butanol an Ca-A und (d) *iso*-Butanol an Ca-A

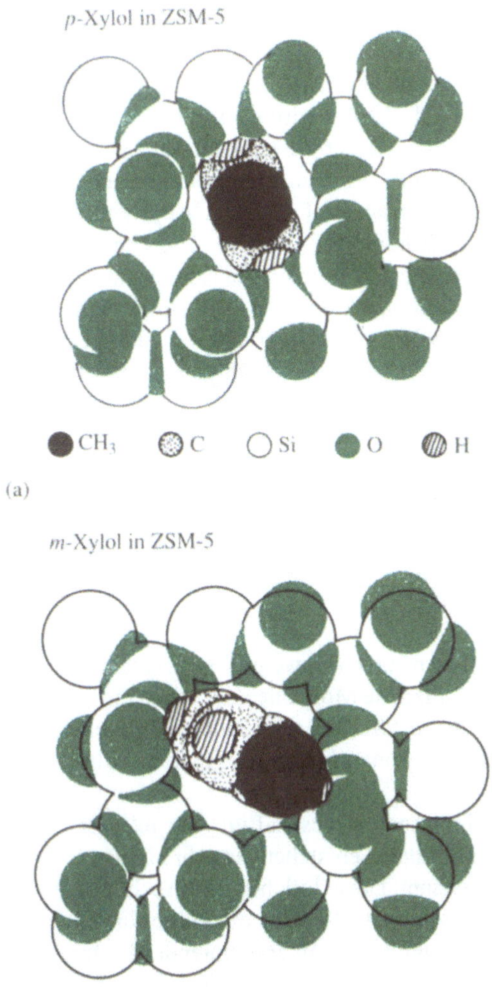

Bild 7.19 Computer-Darstellung der Absorption in Zeolithen: (a) *para*-Xylol paßt gerade in einen Kanal des ZSM 5, während (b) *meta*-Xylol nicht durch die Kanäle diffundieren kann.

ZSM 5 wird auch als Katalysator für die Disproportionierung von Toluol verwendet, das bei der Erdölraffination als Nebenprodukt anfällt. Diese Reaktion ist von großem wirtschaftlichen Interesse, da die Reaktionsprodukte Benzol und *para*-Xylol für die Weiterverarbeitung wertvoller sind als das Toluol. ZSM 5 wird ebenfalls bei der Umwandlung von Methanol in Kohlenwasserstoffe eingesetzt. Dieser Prozeß kann für Länder wie Neuseeland von Interesse sein, die keine Erdölvorkommen besitzen, aber über Erdgas verfügen. Methan läßt sich über Methanol zu Dimethylether umsetzen. Das Zwischenprodukt Methanol kann auch aus Kohlenmonoxid und Wasserstoff hergestellt werden. Die Umwandlung am ZSM 5-Katalysator liefert vorzugsweise verzweigte und aromatische Kohlenwasserstoffe mit 9 bis 10 Kohlenstoffatomen, die sich unverbleit gut als klopffeste Treibstoffe eignen. Ende der 70er Jahre haben diese Forschungen einen starken Auftrieb erhalten – bedingt durch die Ölkrise. Nach deren Überwindung sind viele von diesen Untersuchungen wieder eingestellt worden und die Fabrikation ging nicht über das Pilotstadium hinaus.

Die Umsetzung von Benzol mit Ethen wird von ZSM 5 sehr selektiv zum Monoethylbenzol katalysiert. Man vermeidet dabei die Verwendung des gefährlichen Aluminiumchlorids, das für den alten Friedel-Crafts-Prozeß benötigt worden ist. Ethylbenzol ist das Zwischenprodukt für die Styrolherstellung.

7.5.5 Neue Materialien

Die Zeolithforschung hat sich stark verzweigt. Man versucht, neue Materialien herzustellen, in deren Hohlräumen verschiedene Moleküle oder Ionen eingelagert sind. Ein frühes Beispiel ist die Synthese des bereits im Altertum verwendeten Pigments Ultramarin. Dieser Stoff enthält Sodalitheinheiten mit S_3^--Ionen in den Käfigen. Auf diese Ionen ist die blaue Farbe zurückzuführen.

Ein spezielles Forschungsgebiet beschäftigt sich mit der Abscheidung von Halbleitermaterialien in Zeolithen. Die dabei entstehenden sehr kleinen Partikel werden *Quanten-Punkte* (engl. quantum dots) genannt. Diese Teilchen haben sehr interessante elektronische, magnetische und optische Eigenschaften, die eher die Folge ihrer geringen Ausdehnung als ihrer chemischen Zusammensetzung sind. Mit zunehmender Füllung der Hohlräume erhalten die Quantenpunkte Kontakt zueinander. Diese Materialien haben Eigenschaften, die zwischen denen der diskreten Teilchen und denen der kompakten Halbleiter liegen. Ein Beispiel ist der Halbleiter CdS, der in den Sodalith-Käfigen der Zeolithe A, X und Y diskrete kubische $(CdS)_4$-Cluster bildet.

Auch andere Gastmoleküle sind in β-Käfige eingebaut worden. Dazu gehören Alkalimetalle, Silber und Silbersalze, Selen und verschiedene leitfähige Polymere. Unter diesen Materialien sind Halbleiter, Photoleiter, schnelle Ionenleiter sowie Stoffe, die luminiszieren, farbig sind oder Quanteneffekte zeigen. Sie sind im Hinblick auf diese interessanten physikalischen Eigenschaften und eine mögliche kommerzielle Verwendung untersucht worden.

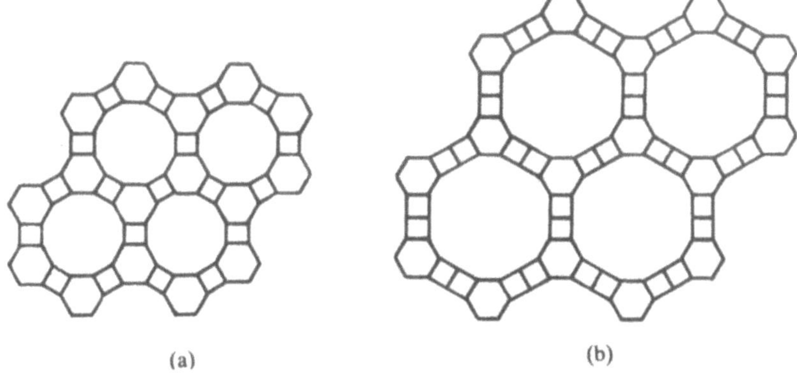

Bild 7.20   Schema des Gerüstaufbaus von (a) ALPO 5 und (b) VPI 5

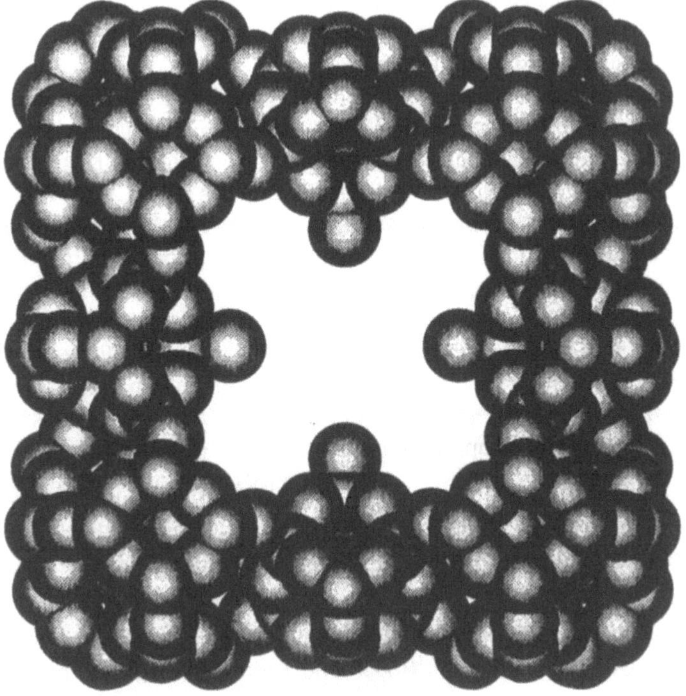

Bild 7.21   Ausschnitt aus der Struktur des synthetischen Gallophosphats Cloverit. Die Atome sind durch Kugeln entsprechend ihrem Van-der-Waals-Radius dargestellt. (Aus C. R. A. Catlow (ed.)(1992) *Modelling of Structure and Reactivity in Zeolites,* Academic Press, London. Reprodu   ion mit Erlaubnis von Academic Press Ldt.)

7.6 Andere Netzwerkstrukturen

Es sind auch andere Netzwerkstrukturen synthetisiert und charakterisiert worden. Hierzu gehören Verbindungen, die tetraedrisch von vier Sauerstoffatomen koordinierte Aluminium- und Phosphoratome enthalten. Das Aluminiumphosphat $AlPO_4$, gewöhnlich ALPO genannt, und seine Abkömmlinge bilden sowohl die gleichen Strukturformen aus wie die Zeolithe Sodalith, Faujasit, Chabasit, aber auch neuartige Strukturen. Es sind viele derartige Verbindungen synthetisiert worden. Man bezeichnet sie durch eine Serie von Akronymen. Indem man einen Teil des Aluminiums im Aluminiumphosphat durch Li, Be, Mg, Mn, Fe, Co, Ni oder Zn ersetzt, wird die Reihe der Metall-Aluminium-Phosphate MAPO oder MeALPO gebildet. Wenn die Verbindungen Silicium oder Silicium und andere Metalle auf Al- bzw. P-Plätzen enthalten, werden sie SAPOs bzw. MAPSOs (auch MeAPSOs oder MeALPSOs) genannt. In der gleichen Weise, wie bei den Zeolithen der Austausch von Si(IV) gegen Al(III) zu Brönsted-Säuren führt, geschieht dies bei den ALPOs, wenn Al(III) durch M(II) ersetzt wird. Dabei sind leicht austauschbare Protonen locker an Brückensauerstoffatome in der Nähe der zweiwertigen Metallionen gebunden. Man hat sich in den vergangen Jahren sehr intensiv mit diesen Verbindungen in der Hoffnung beschäftigt, daß sie bei der heterogenen Katalyse gute Eigenschaften aufweisen oder sogar bessere als die Zeolithe sind.

Die Verbindungen dieser Klasse werden durch Template-Reaktionen in ähnlicher Weise wie die Zeolithe hergestellt. Typische 'Schablonen' für die Erzeugung großer Hohlräume sind Tetra-*n*-propylammoniumionen und Tetra-*n*-propylamin. Neuartige Kanalstrukturen, die mit Hilfe dieser Substanzen synthetisiert worden sind, zeigt das Bild 7.20 als Projektion. ALPO-5 hat ein 12-Ring-Fenster mit einem Durchmesser von ungefähr 800pm ähnlich dem Zeolith Y (Bild 7.20b). Noch neuer sind Gerüststrukturen mit extra-großen Hohlräumen, wie sie zuerst bei VPI-5 gefunden wurden. Dieses ALPO besitzt 18-Ring-Fenster und Kanäle mit einem Durchmesser zwischen 1200 und 1300 pm (Bild 7.20b). Später wurden in dem Cloverit genannten Gallophosphat Kanäle mit einem kleeblattförmigen Querschnitt festgestellt (Bild 7.21).

Man erwartet, daß diese Verbindungen mit derartig großen Hohlräumen katalytische Reaktionen an Molekülen erlauben, die für gewöhnliche Zeolithe zu groß sind. Über die Hydrierung von Cycloocten an einem rhodiumsubstituierten VPI-5 ist bereits berichtet worden.

7.7 Tonmineralien

Ähnlich den Zeolithen sind die Smektit-Tonmineralien eine Klasse natürlicher Alumosilicate. Sie kommen oft als Bestandteile von Böden und Sedimenten vor und bilden häufig ausgedehnte Lagerstätten. So findet man in Cornwall (GB) und Wyoming(USA) große Bentonitlager, die hauptsächlich aus den Mineralen Montmorillonit und Beidellit bestehen. Smektitmineralien besitzen eine gleichartige Struktur (Bild 7.22). Sie ist aus Schichten aufgebaut, die aus $[SiO_4]$-Tetraedern bzw. $[Al(O,OH)_6]$-Oktaedern bestehen. Die Silicattetraeder sind über drei Ecken miteinander verbunden und bilden unendlich ausgedehnte zweidimensionale Anionennetze mit der Bruttozusammensetzung $\{Si_2O_5\}^{2-}$ wie in einem Schichtsilicat (Abschnitt 1.6.7). Die Aluminatschichten bestehen aus kantenverknüpften Oktaedern. Sie werden sandwichartig von zwei Silicatschichten in der Weise eingeschlossen, daß die freien Sauerstoffatome der Silicattetraeder gleichzeitig den Aluminiumoktaedern angehören. Wenn weder das Silicium noch

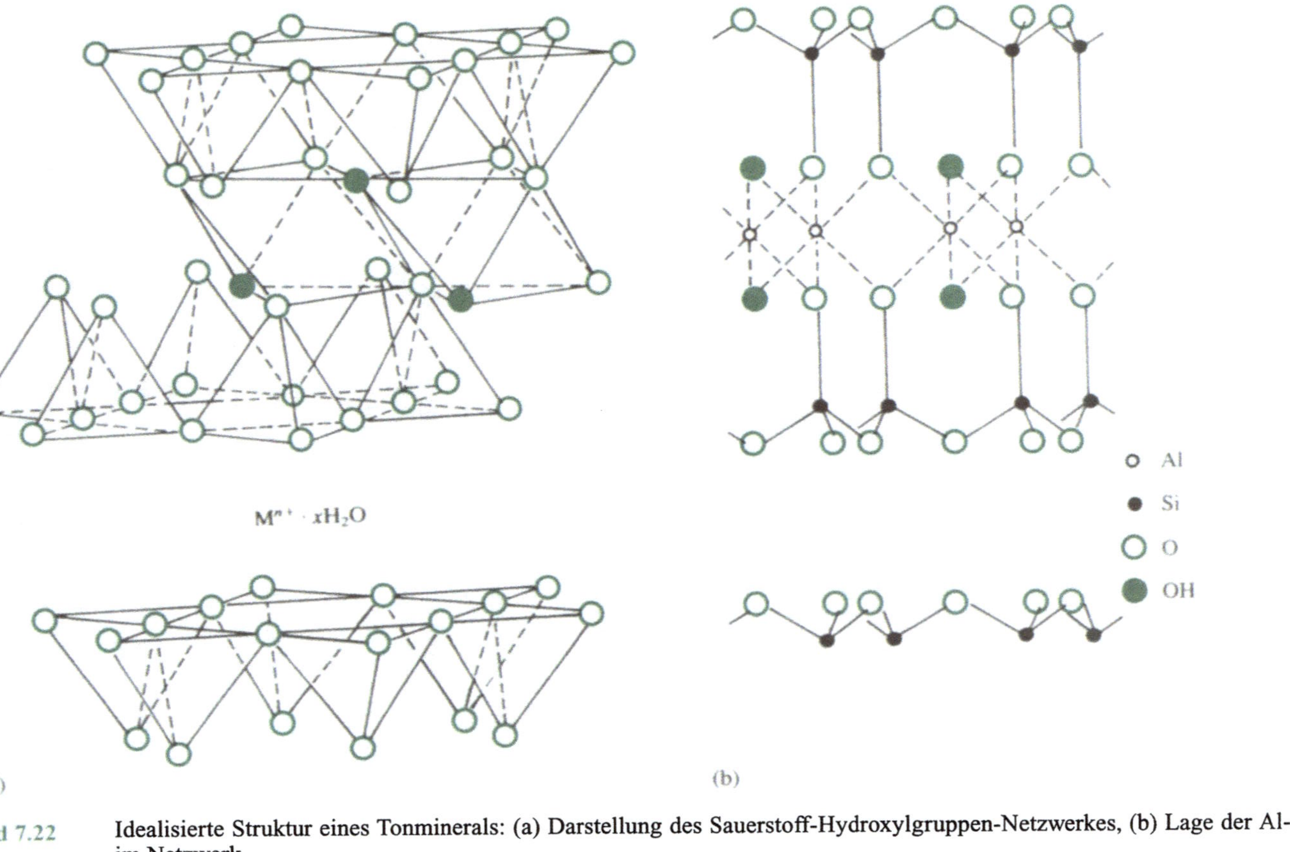

Bild 7.22   Idealisierte Struktur eines Tonminerals: (a) Darstellung des Sauerstoff-Hydroxylgruppen-Netzwerkes, (b) Lage der Al- und Si-Atome im Netzwerk.

das Aluminium durch andere Atome substituiert ist, sind diese Dreifachschichten elektrisch neutral. Sie besitzen dann die Zusammensetzung $Al_2(OH)_2[Si_2O_5]_2$ des Minerals Pyrophyllit. Die unterschiedlichen Smektitmineralien entstehen dadurch, daß sowohl das Silicium in den Tetraedern als auch das Aluminium in den Oktaedern durch andere Metallionen mit kleinerer Ladung substituiert sein kann. Die resultierende negative Überschußladung verteilt sich über die Sauerstoffatome an der Oberfläche der Dreifachschichten. Der Ladungsausgleich wird durch Kationen – gewöhnlich Na^+ oder Ca^{2+} – hergestellt, die zwischen den Schichten eingelagert werden. Im Montmorillonit ist ungefähr ein Sechstel der Al-Atome durch Mg ersetzt. Daraus ergibt sich die Zusammensetzung $Na_{0,33}\{(Mg_{0,33}Al_{1,67})(OH)_2(Si_4O_{10})\}$. Im Beidellit mit der Bruttozusammensetzung $(Na)_{0,5}\{Al_2(OH)_2[Al_{0,5}Si_{3,5}O_{10}]\}$ ist etwa ein Achtel der Si-Atome durch Al substituiert. Die verschiedenen Smektitmineralien unterscheiden sich voneinander durch die eingebauten Ionen und deren Positionen im Netzwerk.

Die typische Schichtstruktur der Tonmineralien verleiht ihnen die für manche Anwendungen nützliche Fähigkeit zum Austauschen von Ionen und zum Einlagern anderer Verbindungen. Polare Moleküle wie Wasser oder Glycol können leicht zwischen die Alumosilicatschichten eindringen und verursachen dabei das Quellen des Tons. Bei der Natriumform des Montmorillonits bildet Wasser entweder monomolekulare, di- oder trimolekulare Schichten aus. In der Calciumform findet man bevorzugt Doppelschichten von Wassermolekülen. Der Schichtabstand wächst durch das Einlagern des Wassers von 960 pm im entwässerten Montmorillonit auf 1250 pm, 1550 pm bzw. 1900 pm.

Die Na- und Ca-Ionen, die für den Ladungsausgleich benötigt werden, wenn Si- oder Al-Atome in den Alumosilicatschichten wie in obigen Beispielen durch andere Metalle ersetzt sind, liegen gewöhnlich hydratisiert vor und sind locker an die Oberflächen dieser Schichten gebunden. Sie lassen sich leicht durch andere Metall- oder durch H_3O^+-Ionen ersetzen und werden deshalb *austauschbare Kationen* genannt. Tonmineralien sind in der protonierten Form nützliche Katalysatoren, wenn die Reaktionspartner in die Räume zwischen den Schichten gelangen können. Modifizierte Tone sind deshalb lange Zeit beim Cracken von Erdöl zur Benzinherstellung verwendet worden. Bei diesem Verfahren sind sie heute durch die thermisch stabileren und selektiver wirkenden Zeolithe ersetzt worden. Smektische Tone können bei der Dimerisierung von Oleinsäure, bei der Gewinnung von Dihexylether aus Hexen und bei beim Umsetzen von Essigsäure mit Ethen zu Ethylacetat eingesetzt werden. Neuere Untersuchungen beschäftigen sich mit dem Einlagern von Metallkomplexen zwischen die Alumosilicatschichten und dem Einbau stabiler molekularer „Stützen“. Das Ziel ist dabei, neuartige katalytisch wirkende Zentren zu schaffen oder den Abstand zwischen den Schichten zu vergrößern bzw. konstant zu halten.

Oberhalb 200 °C beginnen die Tone, Wasser abzuspalten, und die Zwischenschichten brechen dabei zusammen. Man bemüht sich deshalb darum, temperaturstabile „Stützen“ zwischen die Alumosilicatschichten einzulagern, die den Abstand auch in Abwesenheit anderer Gastmoleküle groß und konstant halten. Durch diese „Stützen“ werden in den Tonmineralien Kanäle gebildet, die denen in Zeolithen vergleichbar sind (Bild 7.23). Man hofft, mit Hilfe geeigneter „Stützen“ größerer Hohlräume erzeugen zu können als sie in Faujasit-Zeolithen vorhanden sind. Da die Aluminosilicatschichten der Tone negativ geladen sind, verwendet man als „Pfeiler“ volumniöse Tetraalkylammoniumionen und das Isopolyoxo-Kation $[Al_{13}O_4(OH)_{28}]^{3+}$. Andere „Stützen“ wurden durch die Verwendung von Siliciumdioxid sowie die Oxide vom Eisen, Zirconium und Zinn hergestellt.

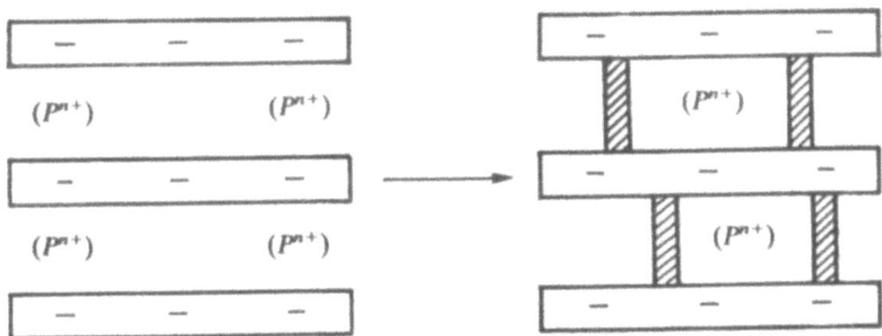

Bild 7.23   Schema der Ausbildung von Säulen in Tonmineralien mit P^{n+} als säulenbildendem Kation

7.8 Nachbemerkung

Wir wollen dieses Kapitel mit einem Zitat aus einer Vorlesung von Prof. J. M. Thomas beenden. Es wird dijenigen ansprechen, die anfangen, Gefallen an den Mustern und der Symmetrie kristalliner Festkörper zu finden.

Bild 7.24 zeigt rechts die Projektion der Struktur eines katalytisch wirkenden Zeoliths, der 1975 in New Jersey entdeckt worden ist. Auf der linken Seite ist das Schema der Wandgestaltung aus einer Moschee in Baku (Aserbaidschan) abgebildet, die 1086 gebaut worden ist. Das war das Jahr, in dem Wilhelm der Eroberer das „Domesday Book" anlegen ließ. Beide Muster haben exakt die gleiche Struktur.

„Es gibt nichts Neues unter der Sonne."

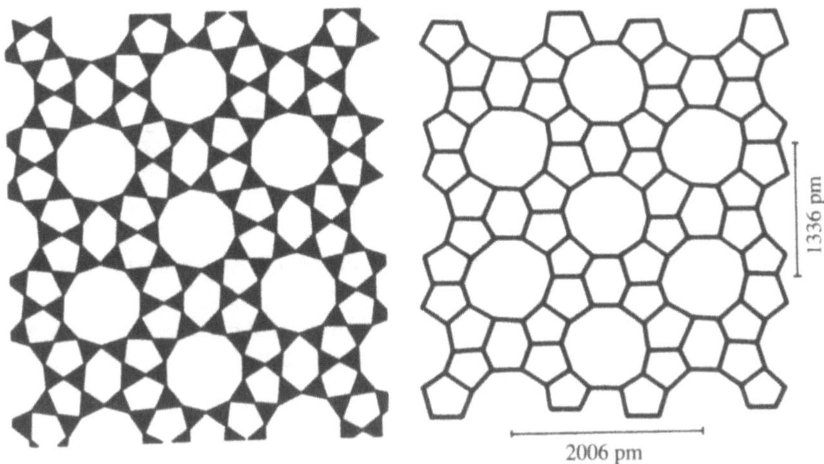

Bild 7.24   Links: Muster eines Wandmosaiks aus einer Moschee in Baku. Rechts: Projektion der Struktur eines synthetischen Zeoliths mit 10-gliedrigen Ringen, die durch Verknüpfung von acht 5-gliedrigen und zwei 6-gliedrigen Ringen gebildet werden.

Weiterführende Literatur

Breck, D. W.: *Zeolite Molecular Sieves*, Wiley, New York, 1974.

Barrer, R. M.: *Hydrothermal Chemistry of Zeolites*, Academic Press, New York, 1982.

Dyer, A.: *An Introduction to Zeolite Molecular Sieves*, Wiley, New York. 1988.

Whan, D. A.: Structure and catalytic activity of zeolites. Chemistry in Britain, **1981**, 532-5.

Fyfe, C. A.; Thomas, J. M.; Klinowski, J. und Gobbi, G. C.: MAS-NMR-Spektroskopie und die Struktur der Zeolithe, *Angewandte Chemie* **95** (1983), 257-273.

Ramdas, S.; Thomas, J. M.; Betteridge, P. W.; Cheetham, A.K. und Davies, E. K.: Simulation der Chemie von Zeolithen mit Computer-Graphik. Angewandte Chemie, **96** (1984), 629 - 637.

Csicsery, S. M.: Shape selective catalysis in zeolithes. Chemistry in Britain, **1985**, 473-7.

Kerr, G. T.: Synthetic zeolithes. Scientific American, **1989**, Juli, 82-7.

Catlow, C. R. A. (Hrsg.): *Modelling of Structure and Reactivity in Zeolites*, Academic Press, London, (1992)

Thomas, J. M.: Solid acid catalysts. Scientific American, **1992**, April, 82-8.

Ozin, G. A., Kuperman, A. und Stein, A.: Advanced zeolite materials science. Angewandte Chemie **101** (1989), 373-390.

Fragen

1. Bild 7.25 zeigt das NMR-Spektrum des ^{29}Si im Faujasit. Ermitteln Sie daraus, welche Umgebung für die Si-Atome die wahrscheinlichste ist.

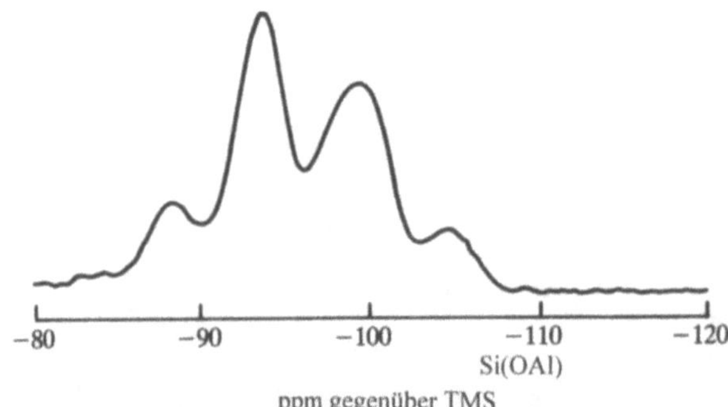

Bild 7.25 ^{29}Si-MAS-NMR-Spektrum von Faujasit mit dem Si:Al-Verhältnis 2,61 (Zeolith Y)

2. Nachdem die Probe von Bild 7.25 mit SiCl$_4$ behandelt und anschließend mit Wasser gewaschen worden ist, erhält man das in Bild 7.26 dargestellte ^{29}Si-NMR-Spektrum. Welche Umsetzungen haben stattgefunden?

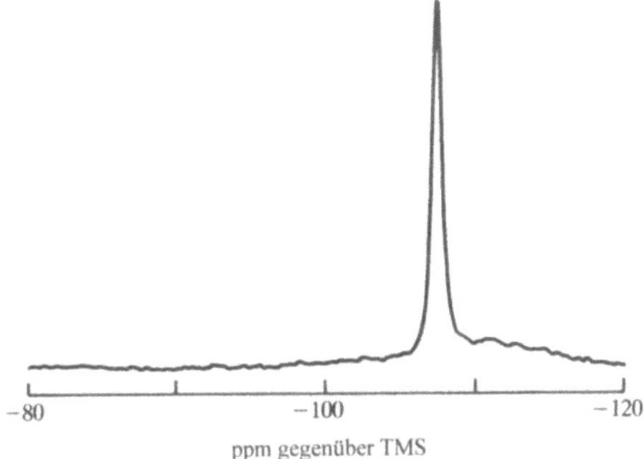

ppm gegenüber TMS

Bild 7.25 ^{29}Si-MAS-NMR-Spektrum der Verbindung von Bild 7.25 nach dem Entfernen von Aluminium durch Behandeln mit $SiCl_4$ und Auswaschen mit Wasser

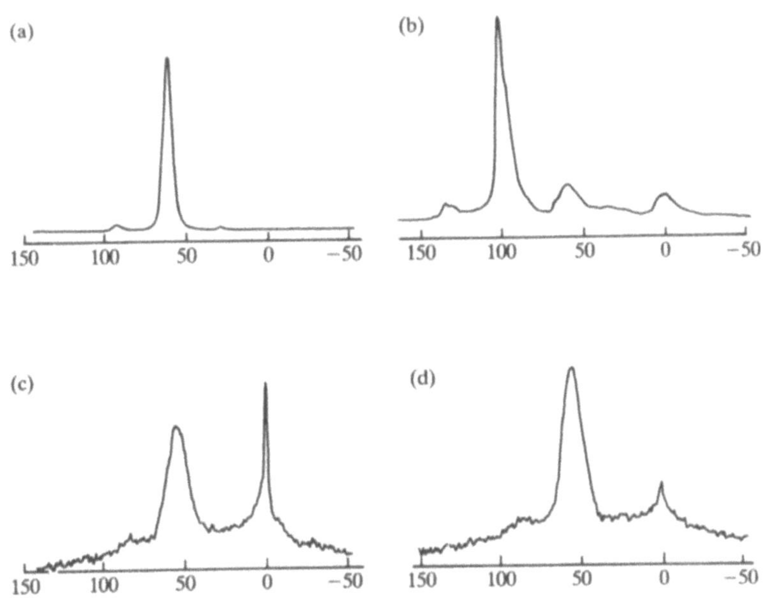

Bild 7.27 ^{27}Al-MAS-NMR-Spektrum von Proben des Zeoliths Y in verschiedenen Stadien des Entaluminierens: (a) Ausgangsverbindung Faujasit, (b) nach dem Behandeln mit $SiCl_4$, (c) Probe (b) nach dem Waschen mit Wasser, (d) Probe (c) nach mehrmaligem Waschen

3. Eine Faujasit-Probe wurde mit $SiCl_4$ behandelt. In verschiedenen Stadien der Reaktion wurden nacheinander ^{27}Al-NMR-Spektren aufgenommen (Bild 7.27). Beschreiben Sie, welche Reaktionen abgelaufen sind.

4. Der Zeoliths A hat ein Si:Al-Verhältnis von 1, und sein ^{29}Si-NMR-Spektrum weist ein einzelnes Maximum bei 89 ppm auf. Wie lassen sich diese Beobachtungen erklären?

5. Wenn die Ca-Form des Zeoliths A mit Platin beladen wird, erhält man einen Katalysator, der sich gut für die Oxidation von Kohlenwasserstoffgemischen eignet. Erläuteren Sie, warum verzweigte Verbindungen dabei nicht reagieren.

6. Sowohl Ethen als auch Propen können in die Kanäle eines bestimmten Mordenit-Katalysators gelangen. Warum wird bei der darin ablaufenden Hydrierung nur Ethan gebildet?

7. Erklären Sie, warum an einem Zeolith-A-Katalysator 3-Methylpentan zu weniger als 1%, aber n-Heptan zu 9,2 % gecrackt wird.

8. Beim Methylieren von Toluol mit Methanol verdoppelt sich die Ausbeute an *para*-Xylol, wenn man die Kristallitgröße des verwendeten ZSM 5-Katalysators von 0,5 μm auf 3 μm vergrößert. Geben Sie eine Erklärung für diesen Befund.

9. Die Wellenzahl der Streckschwingung von Hydroxylgruppen, die in einem von Metallkationen befreiten Zeolith an ein Brönsted-Zentrum gebunden sind, liegt im Bereich von 3600 - 3660 cm^{-1}. Wenn das Si:Al-Verhältnis im Netzwerk steigt, nimmt die Frequenz ab. Welchen Schluß kann man daraus auf die Acidität von Zeolithen mit großem Siliciumgehalt ziehen?

8 Optische Eigenschaften von Festkörpern

8.1 Einleitung

Das vielleicht am besten bekannte Beispiel für die Anwendung von Festkörpern in optischen Geräten ist der *Laser*. Seit dem Aufkommen von Video- und Compact-Discs sowie von Laserdruckern gehören sie zum täglichen Leben. Für den Festkörperchemiker sind zwei Typen von Lasern von Interesse. Ein Typ wird durch den *Rubinlaser* repräsentiert, der andere durch den *Galliumarsenidlaser*. Da sich Laserlicht leichter als die Strahlung anderer Lichtquellen modulieren läßt, wird es in zunehmendem Maße zur Informationsübertragung verwendet. Auf diese Weise ersetzen Photonen, die durch eine optische Faser geleitet werden, Elektronen, die durch einen metallischen Leiter fließen. Damit Licht auch über große Entfernungen durch optische Fasern übertragen werden kann, muß deren Material besondere Absorptions- und Refraktionseigenschaften haben. Die Entwicklung dazu geeigneter Stoffe ist ein wichtiges Forschungsgebiet geworden.

Schon ehe Laser erfunden worden waren, sind optische Eigenschaften von Festkörpern für viele kommerzielle Anwendungen wichtig gewesen. Einige davon werden wir behandeln. *Lichtemittierende Dioden* (LEDs) werden in Meßgeräten als Anzeigeelemente und zu anderen Zwecken verwendet. In den LEDs wird Licht durch einen ähnlichen Mechanismus erzeugt wie in einem Galliumarsenidlaser (GaAs). Eine andere Gruppe wichtiger lichtemittierender Festkörper sind die *Phosphore*, die in Fernsehbildschirmen und Leuchtstofflampen eingesetzt werden.

Um die Wirkungsweise der hier erwähnten Geräte erklären zu können, müssen wir zwei verschiedene Gesichtspunkte diskutieren. Beim Rubinlaser und den Leuchtstoffen wird das Licht durch Ionen emittiert, die als „Verunreinigungen" in den Wirtsgittern enthalten sind. Deshalb werden wir behandeln, wie Atomspektren durch ein Kristallgitter beeinflußt werden. Bei den LEDs und dem Galliumarsenidlaser hängen die optischen Eigenschaften mit Elektronen zusammen, die im Festkörper delokalisiert sind.

8.2 Die Wechselwirkung zwischen Licht und Atomen

Wenn ein Atom ein Photon geeigneter Wellenlänge absorbiert, geht es in einen energiereicheren Zustand über. In erster Näherung kann man sagen, daß ein Elektron durch das absorbierte Photon in ein höher liegendes Orbital angehoben wird. Das Elektron wird das Lichtquant nur absorbieren, wenn der Energieinhalt des Photons so groß ist, wie die Energiedifferenz zwischen dem Ausgangsniveau und dem Endniveau des Elektrons, und wenn bestimmte *Auswahlregeln* eingehalten werden. Durch Lichteinwirkung kann ein Elektron seinen Spin nicht umkehren, aber der Bahndrehimpuls muß sich um eine Einheit verändern, ausgedrückt durch Quantenzahlen bedeutet das $\Delta s = 0$, $\Delta l = \pm 1$. Für die Änderung der Hauptquantenzahl gibt es keine Einschränkungen. Man kann sich vorstellen, daß ein Photon keinen Spin, aber einen

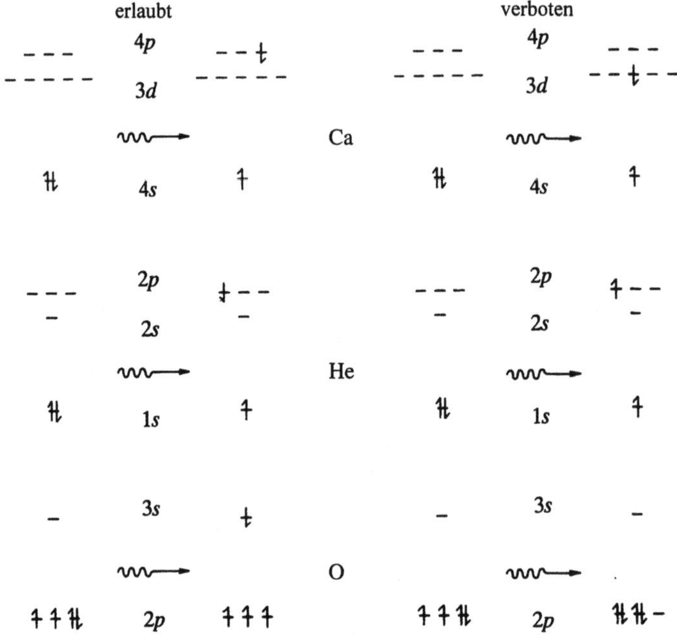

Bild 8.1   Erlaubte und verbotene Elektronenübergänge

Bahndrehimpuls von eins besitzt. Die Konstanz von Spin und Bahndrehimpuls erzeugt bei der Wechselwirkung mit dem Elektron diese Auswahlregeln. Bei einem Na-Atom kann ein 3s-Elektron ein Photon absorbieren und in ein 3p-Orbital übergehen, aber nicht in ein 3d- oder 4s-Orbital. In Bild 8.1 sind erlaubte und verbotene Übergänge schematisch dargestellt.

Spin und Bahndrehimpuls eines Elektrons sind nicht vollständig unabhängig voneinander. Die zwischen ihnen bestehende Kopplung ermöglicht das Zustandekommen von Übergängen, die nach den Auswahlregeln verboten sind. Die Wahrscheinlichkeit für einen solchen verbotenen Übergang ist allerdings außerordentlich klein, und die zugehörigen Spektrallinien sind deshalb deutlich weniger intensiv als für einen erlaubten Übergang.

Ein angeregtes Elektron wird früher oder später wieder in den Grundzustand übergehen. Das kann auf verschiedenen Wegen geschehen. Das Elektron kann zu einer unbestimmten Zeit nach der Anregung ein Photon mit exakt der gleichen Energie abstrahlen, die es bei der Anregung aufgenommen hat. Dieser Vorgang wird *spontane Emission* genannt. Ein Photon, das nicht absorbiert wird, kann seinerseits bewirken, daß ein angeregtes Atom in den Grundzustand zurückkehrt. Dieser Prozeß ist eine *induzierte* oder *stimulierte Emission*. Darauf beruht die Wirkungsweise eines Lasers. Das emittierte Photon schwingt in der gleichen Phase und der gleichen Richtung wie das Photon, das die Emission induziert hat. Dadurch entsteht eine kohärente Strahlung. Schließlich kann ein angeregtes Atom mit einem anderen Atom zusammenstoßen und dabei Energie verlieren oder seine Energie in Form von Schwingungen an die Umgebung abgeben. Das sind Beispiele für strahlungslose Übergänge. Spontane und induzierte Emission unterliegen den gleichen Auswahlregeln wie die Absorption. Für die strahlungslosen Übergänge gibt es andere Auswahlregeln. In einem Kristall oder in einem Molekül sind

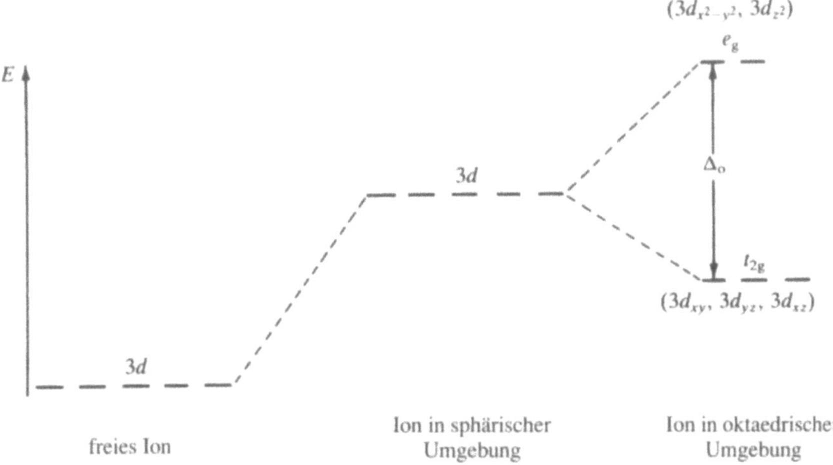

Bild 8.2   Aufspaltung der d-Niveaus in oktaedrischer Umgebung

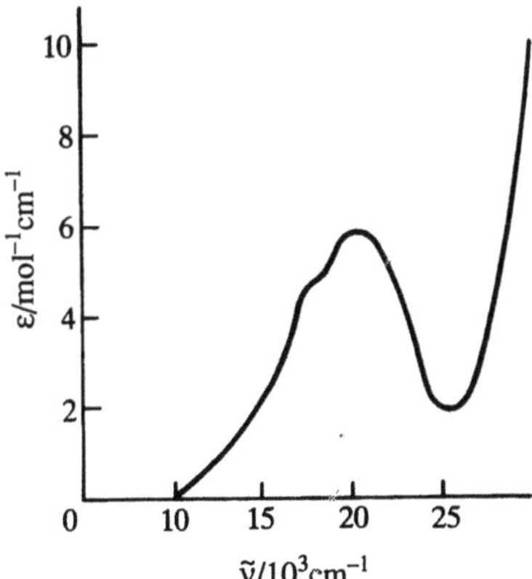

Bild 8.3   Das Spektrum eines $t_{2g}-e_g$-Übergangs im Ti^{3+}-Ion. Die Schulter in der Bande zeigt, daß es sich um zwei dicht beieinander liegende Banden handelt, die durch die Aufspaltung des e_g-Niveaus verursacht werden

sowohl die Energieniveaus der Atome als auch die Auswahlregeln gegenüber den freien Atomen verändert. Wir wollen deshalb die Verhältnisse am Ti^{3+}-Ion diskutieren, das in der $3d$-Schale nur ein einziges Elektron besitzt.

In einem freien Ion haben die fünf $3d$-Orbitale die gleiche Energie, sie sind entartet. In einem Kristall sind diese Energieniveaus unter der Wirkung des umgebenden elektrostatischen Feldes aufgespalten. Befindet sich das Ion in einer Oktaederlücke, dann spaltet dieses Niveau in ein tiefer liegendes dreifach entartetes t_{2g}-Niveau und in ein höherliegendes zweifach entartetes e_g-Niveau auf (Bild 8.2). Elektronenübergänge zwischen ihnen sind durch die Auswahlregel $\Delta l = \pm 1$ verboten. Man beobachtet trotzdem im Spektrum eine Linie, die zu diesem Übergang gehört, wenn auch nur mit geringer Intensität, da durch die Gitterschwingungen die Energieniveaus miteinander in Wechselwirkung treten. Dadurch werden $3d$- mit

$4p$-Orbitalen gemischt und erzeugen einen gewissen Grad „Erlaubtheit" für diesen Übergang. Bild 8.3 zeigt das Absorptionsspektrum eines oktaedrisch koordinierten Ti^{3+}-Ions mit der zum t_{2g}– e_g-Übergang gehörenden Bande. Die Schulter deutet an, daß es sich in Wirklichkeit um zwei dicht beieinanderliegende Banden handelt. Sie kommen zustande, weil der angeregte Zustand keine strenge Oktaedersymmetrie besitzt und die e_g-Orbitale in zwei Energieniveaus aufgespalten sind.

8.2.1 Der Rubinlaser

Rubin ist ein Korund (eine Form des Al_2O_3), in dem 0,04 % bis 0,5 % der Al^{3+}-Ionen durch Cr^{3+}-Ionen ersetzt sind. Diese Kationen besetzen verzerrte Oktaederlücken. Deshalb sind die $3d$-Niveaus der Cr^{3+}-Ionen, wie für das Ti^{3+} erläutert, aufgespalten. Das Cr^{3+}-Ion hat drei $3d$-Elektronen. Im Grundzustand besetzen sie mit parallelem Spin die drei t_{2g}-Orbitale. Durch Lichtabsorption kann eins von diesen Elektronen in ein höher liegendes e_g-Orbital angehoben werden. Bei diesem Drei-Elektronen-System müssen wir neben den Energieniveaus auch die gegenseitige Abstoßung der Elektronen mit in Betracht ziehen. Dadurch entstehen für dieses Ion zwei verschiedene Übergangsmöglichkeiten.

Nachdem die Cr^{3+}-Ionen ein Photon absorbiert haben und in einen angeregten Zustand übergegangen sind, könnten sie durch eine spontane Emission wieder in den Grundzustand zurückkehren. Im Rubin gibt es aber einen schnellen strahlungslosen Übergang, bei dem die angeregten Elektronen einen Teil ihrer Energie an die Gitterschwingungen abgeben. Dabei gelangt das Ion in einen Zustand, aus dem es nur bei gleichzeitiger Spinumkehr in den Grundzustand zurückkehren kann. Da es sich um einen $3d$–$3d$-Übergang handelt, ist dieser Übergang doppelt verboten und tritt deshalb noch seltener auf als die vorangegangene Absorption. Diese Vorgänge sind in Bild 8.4 schematisch dargestellt. Durch die Lichtabsorption geht das Ion vom Grundzustand 1 in die angeregten Zustände 3 bzw. 4 über. Der strahlungslose Übergang führt zum Zustand 2. Von diesem geht kein geeigneter strahlungsloser Weg zurück zu 1. Da die Wahrscheinlichkeit für eine spontane Emission aus dem geschilderten Grund sehr gering ist, kann der Zustand 2 eine große Besetzungsdichte erreichen. Wenn schließlich nach etwa 5 ms einige wenige Ionen vom Niveau 2 spontan ins Niveau 1 übergehen, regen die dabei frei werdenden Photonen andere im Zustand 2 befindlichen Ionen zu einer induzierten Emission an. Die dabei freigesetzten Photonen schwingen in gleicher Phase und gleicher Richtung wie die spontan emittierten Photonen und induzieren weitere Übergänge von 2 nach 1. Der Rubinstab ist an beiden Endflächen verspiegelt, so daß die Photonen zurück in den Kristall reflektiert werden, wenn sie die Spiegel erreichen. Die reflektierten Photonen stimulieren weitere Emissionen, so daß durch diesen Prozeß ein kohärenter Lichtstrahl beträchtlicher Intensität entsteht. Wenn man an einem Ende den Spiegel entfernt, wird eine Laserimpuls aus dem Rubinkristall emittiert. Der Name *Laser* hängt mit dieser Intensitätsverstärkung zusammen. Es ist ein Akronym aus „Light Amplification by Stimulated Emission of Radiation". Entsprechende Vorrichtungen, die eine kohärente Mikrowellenstrahlung erzeugen werden „Maser" genannt. Bild 8.5 zeigt das Aufbauprinzip eines typischen Rubinlasers. Eine leistungsstarke Blitzlampe, die den Rubinkristall umgibt, „pumpt" Elektronen in den Cr^{3+}-Ionen vom Niveau 1 in die Niveaus 3 bzw. 4. Einer von den Spiegeln ist als „Güteschalter" ausgebildet. Er läßt sich von Reflexion auf Transmission umschalten. Im einfachsten Fall handelt es sich um einen rotierenden Sektor-Spiegel, meistens ist es jedoch eine kompliziertere Vorrichtung.

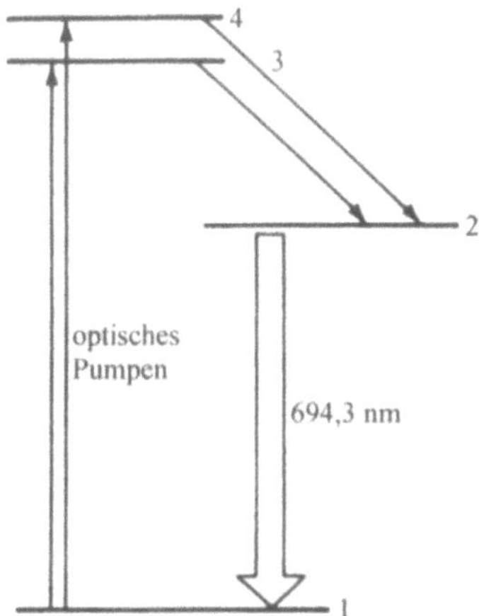

Bild 8.4   Die im Rubinlaser wirksamen Energieniveaus des Cr^{3+}-Ions

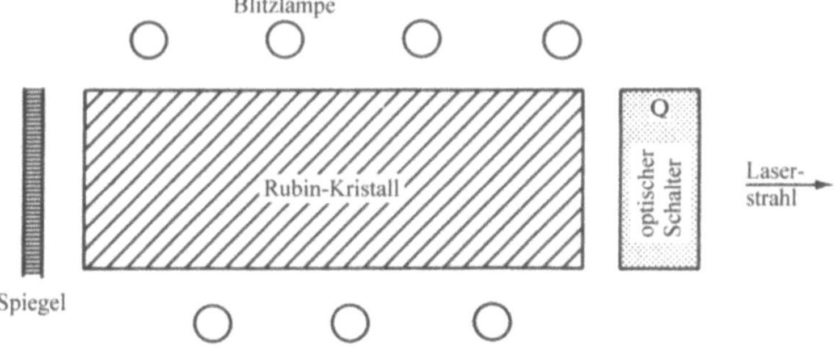

Bild 8.5   Schematischer Aufbau eines Rubinlasers

Rubin war der erste Festkörper, bei dem das Laserprinzip verwirklicht werden konnte. Inzwischen gibt es weitere Kristalle für dieses Anwendungsgebiet. In diesen Verbindungen müssen kleine Konzentrationen von Ionen vorhanden sein, die ein angeregtes Energieniveau besitzen, aus dem das Elektron nur durch einen verbotenen Übergang in den Grundzustand gelangen kann. Das höher liegende Niveau muß sich zudem durch einen erlaubten oder einen weniger verbotenen Übergang besetzen lassen. Geeignete Energieniveaus besitzen die Ionen von Übergangsmetall- und Lanthanoidionen, die in verschiedene Wirtsgitter eingebaut sind. In Tabelle 8.1 ist eine Auswahl von Laserkristallen mit den Wellenlängen der emittierten Strahlung zusammengestellt.

Tabelle 8.1　　　Beispiele von Wirtsgittern für laseraktive Ionen

Laseraktives Ion	Wirtsgitter	Wellenlänge der emittierten Strahlung nm
Nd^{3+}	Fluorit (CaF_2)	1046,0
Nd^{3+}	Calciumwolframat ($CaWO_4$)	1060,0
Sm^{3+}	Fluorit	708,5
Ho^{3+}	Fluorit	2090,0

8.2.2 Phosphore für Leuchtstofflampen

Phosphore sind Festkörper, die absorbierte Energie als Licht reemittieren. Wie bei den eben diskutierten Lasern wirken als Emitter Ionen von „Verunreinigungen" in einem Wirtsgitter. Bei der Anwendung von Leuchtstoffen geht es nicht um die Erzeugung intensiver kohärenter Strahlung. Der Emissionsprozeß verläuft vorwiegend spontan. Von den vielen Verwendungsmöglichkeiten der Leuchtstoffe seien die Fernsehbildschirme und die Leuchtstofflampen genannt.

Fluoreszenzlampen erzeugen durch elektrische Entladungen in einem unter vermindertem Druck stehenden Gas ultraviolette Strahlung. Die Innenseite des Entladungsrohrs ist mit einem Leuchtstoff beschichtet, der die UV-Strahlung absorbiert und sichtbares Licht emittiert. Für eine gute Lichtausbeute sollte der Konversionsgrad hoch sein, und die spektrale Zusammensetzung des emittierten Lichts sollte so sein, daß Gegenstände des täglichen Lebens aussehen wie bei Tageslicht. Die meisten Leuchtstoffe für diese Lampen sind Erdalkaliphosphate wie $3\ Ca_3(PO_4)_2 \cdot CaF_2$. Wie bei den Lasern sind die Dotanden Ionen von Übergangsmetallen oder Lanthanoiden. Um die Forderung nach der Ähnlichkeit des Spektrums mit dem Sonnenlicht zu erreichen, benötigt man mehrere Emitterionen. Nicht alle Ionen sind befähigt, die Anregungsstrahlung zu absorbieren. Deshalb ist es wichtig, daß das Wirtsgitter in der Lage ist, Energie von einem Ion auf ein anderes zu übertragen. In einem Leuchtstoff, der mit Mn^{2+}- und Sb^{3+}-Ionen dotiert ist, wird die UV-Strahlung nur vom Sb^{3+}-Ion absorbiert. Das angeregte Ion fällt strahlungslos auf ein tieferes angeregtes Niveau. Die Lichtemission von diesem Zustand aus liefert eine breite Bande im blauen Spektralbereich. Ein Teil der von Sb^{3+}-Ionen absorbierten Energie wird durch das Gitter auf die Mn^{2+}-Ionen übertragen. Die angeregten Mn^{2+}-Ionen emittieren beim Übergang in den Grundzustand gelbes Licht. Die beiden Emissionsbanden ergeben zusammen eine dem Tageslicht ähnliche Farbe. Mittlerweile gibt es weitere Leuchtstoffe mit einer größeren Lichtausbeute und einer dem Sonnenlicht noch näher kommenden Zusammensetzung der Strahlung. Eine gute Annäherung liefert z. B die Kombination von Barium-Magnesium-Aluminat, dotiert mit Eu^{2+} (blau), Magnesium-Aluminat, dotiert mit Ce^{3+} und Tb^{3+} (grün) und Yttriumoxid, dotiert mit Eu^{3+} (rot).

In diesen Leuchtstoffen und im Rubinlaser wird die Strahlung durch Elektronen absorbiert und emittiert, die an bestimmten Ionen lokalisiert sind. Licht kann auch von delokalisierten Elektronen emittiert werden wie im nächsten Abschnitt gezeigt wird.

8.3 Strahlungsabsorption und -emission durch Halbleiter

Strahlung geeigneter Wellenlänge, die auf einen Halbleiter fällt, wird durch Elektronen eines delokalisierten Bandes absorbiert. Besonders geeignet sind dafür Elektronen aus dem oberen Bereich des Valenzbandes, die dabei in das Leitungsband übergehen können. Da sich diese Elektronen in Bändern und nicht in diskreten Energieniveaus befinden, besteht das Absorptionsspektrum nicht aus einzelnen Linien wie ein Atomspektrum, sondern aus einer breiten Bande mit einer scharfen Kante im Energiebereich der Bandlücke (Bild 8.6).

Auch die Übergänge vom Valenz- in das Leitungsband unterliegen bestimmten Auswahlregeln. Eine Spinumkehr ist wie im Atom verboten. An Stelle der Änderung der Bahndrehimpulsquantenzahl l tritt eine Einschränkung bezüglich des Wellenvektors k: Durch Absorption oder Emission von Licht kann ein Elektron den Wellenvektor nicht ändern. Außer dem Energieerhaltungssatz muß auch das Gesetz von der Erhaltung des Impulses erfüllt sein. Photonen des sichtbaren und der benachbarten IR- bzw. UV-Bereiche haben im Vergleich zu den Elektronen nur einen kleinen Impuls I ($I = h\nu/c$). Es gibt erlaubte Übergänge nur aus einem Valenzband mit dem Wellenvektor k_i zu Niveaus im Leitungsband mit dem gleichen Wellenvektor k_i. Bei einigen Halbleitern, z. B. dem GaAs, haben die Niveaus im oberen Bereich des Valenzbandes und im unteren Bereich des Leitungsbandes gleiche Wellenvektoren. Das Überspringen der Bandlücke ist in diesem Fall ein erlaubter Übergang. Durch Absorption eines Photons wird ein Leitungselektron und im Valenzband ein Loch erzeugt. Man spricht dann – da sich der Wellenvektor nicht ändert – von einer *direkten Bandlücke* (Bild 8.7).

Bei anderen Halbleitern, wie dem Silicium, ist der direkte Übergang von der oberen Kante des Valenzbandes zur unteren des Leitungsbandes verboten, weil das Energiemaximum des Valenzbandes und das Energieminimum des Leitungsbandes bei unterschiedlichen Wellenvektoren liegen. Diese Festkörper haben eine *indirekte Bandlücke*. Diese Verhältnisse sind in Bild 8.7 dargestellt. In diesem Bild ist die Energie der Bänder als Funktion des Wellenvektors k aufgetragen und nicht in Abhängigkeit von der Zustandsdichte wie bei ähnlichen Darstellungen, die wir in Kapitel 4 für das Modell freier Elektronen benutzt haben.

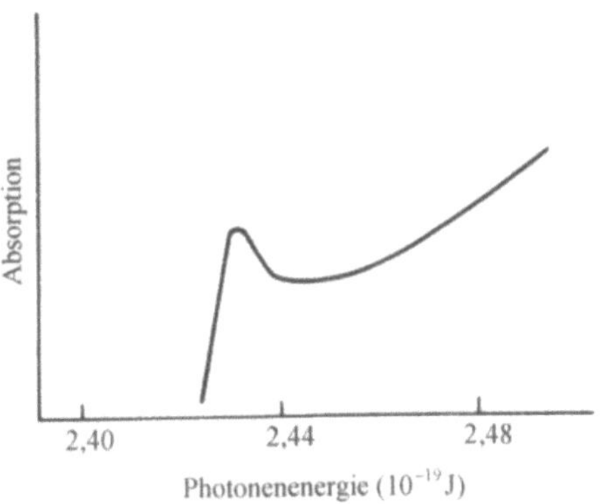

Bild 8.6   Das Absorptionsspektrum von GaAs

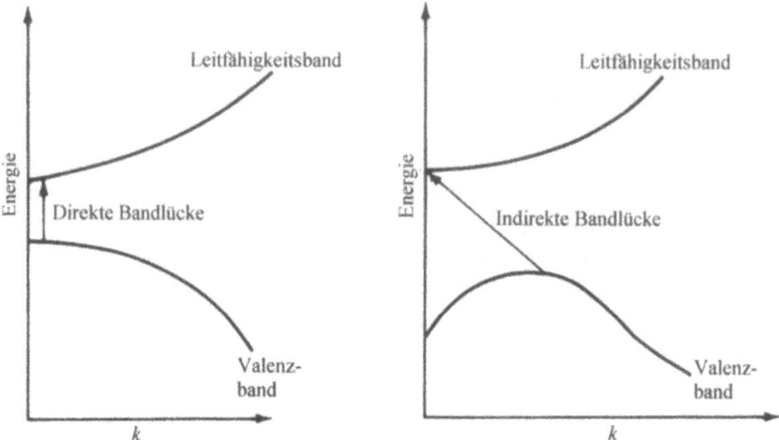

Bild 8.7   Schema der Energiebänder eines Festkörpers (a) mit direkter Bandlücke und (b) mit indirekter Bandlücke. Auf der Abszisse ist der Wellenvektor k und nicht die Zustandsdichte aufgetragen. Ein Band wird hier durch eine Linie dargestellt, die von $k = 0$ bis zum Maximalwert von k verläuft.

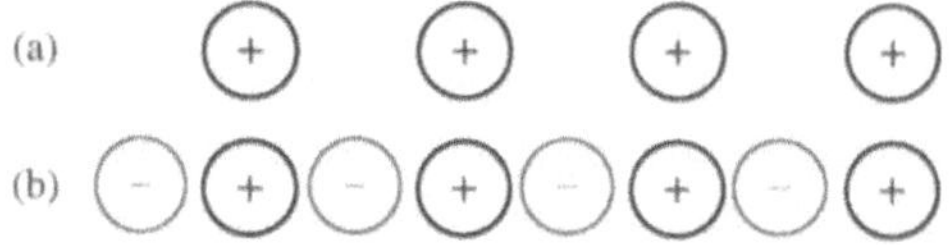

Bild 8.8   Eine Reihe von (a) s-Orbitalen und (b) p-Orbitalen, beide mit $k = 0$

Beim einfachen Modell freier Elektronen nimmt man an, daß für das niedrigste Orbital eines Bandes $k = 0$ gilt. In Bild 8.8 sind zwei Kombinationen von Atomorbitalen dargestellt, die zu einem Wellenvektor $k = 0$ führen. Die lineare Anordnung der p-Orbitale ist offensichtlich antibindend und besitzt deshalb die größte Energie innerhalb des betreffenden Bandes. Die lineare Anordnung der s-Orbitale führt zu einem bindenden Zustand und zum niedrigsten Energieniveau des zugehörigen Bandes. Ein Elektronenübergang zwischen diesen Bändern ist erlaubt und entspricht einem direkten Übergang. In realen Kristallen enthalten die Niveaus in der Nähe der Bandkanten Beiträge verschiedener Atomorbitale. Es ist deshalb schwer vorauszusagen, ob es sich um eine direkte oder eine indirekte Bandlücke handelt. Das läßt sich nur durch optische Messungen feststellen. Die Folge einer indirekten Bandlücke ist, daß ein Elektron von der unteren Kante des Leitungsbandes nur mit sehr geringer Wahrscheinlichkeit unter Aussendung eines Photons mit einem Loch in der oberen Kante des Valenzbandes kombinieren kann. Dieser Umstand ist bei der Auswahl von Stoffen für bestimmte Anwendungen wesentlich.

Elektronenübergänge vom Valenz- zum Leitungsband sind für das Aussehen vieler Festkörper verantwortlich. Die Wahrscheinlichkeit, daß ein Photon, dessen Energie für einen erlaubten Übergang ausreicht, von einem Festkörper absorbiert wird, ist sehr groß. Diese Photonen werden in der Nähe der Festkörperoberfläche absorbiert. Die meisten werden spontan unter beliebigen Winkeln reemittiert, ein Teil davon in Richtung der Lichtquelle, ein Teil in

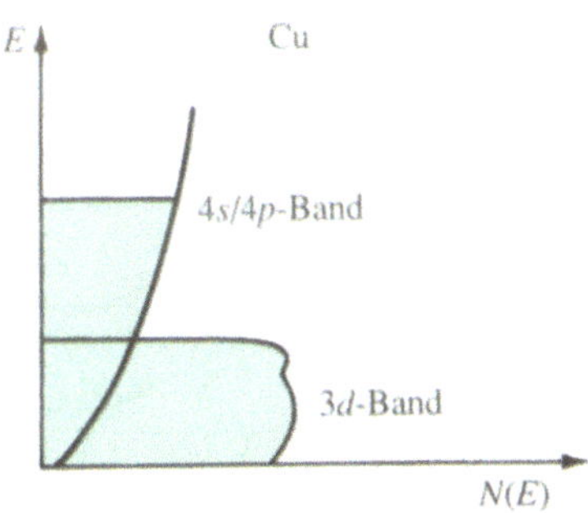

Bild 8.9   Die Bandstruktur von Kupfer

den Kristall hinein. Weiter in den Festkörper eindringende Photonen werden mit sehr großer Wahrscheinlichkeit absorbiert und durch einen spontanen Prozeß wieder emittiert. Die Folge dieser Vorgänge ist, daß das Licht nicht in den Festkörper eindringt, sondern von der Oberfläche reflektiert wird. Handelt es sich um eine hinreichend glatte Oberfläche, glänzen die Festkörper. Deshalb erscheint Silicium, dessen Bandlücke im langwelligen Bereich des sichtbaren Lichts liegt, metallisch glänzend. Bei vielen Metallen gibt es große Übergangswahrscheinlichkeiten zwischen dem Leitungsband und höher liegenden Energiezuständen. Das führt zu ihrem metallischen Glanz. Einige Metalle wie Wolfram und Zink haben Bandlücken, die im IR-Bereich liegen, während Übergänge im sichtbaren Bereich weniger häufig auftreten. Diese Metalle erscheinen verhältnismäßig matt. Die farbigen Metalle Gold und Kupfer besitzen ausgeprägte Absorptionsbanden, die von der Anregung der Elektronen aus dem d-Band in das s/p-Leitfähigkeitsband herrühren. Bei diesen Elementen ist das d-Band gefüllt und liegt knapp unter dem Ferminiveau (Bild 8.9). Sie reflektieren im gelben bzw. roten Teil des Spektrums besonders stark, grün und blau weniger, da Licht dieser Wellenlängen auch weniger absorbiert wird. Sehr dünne Schichten von Gold erscheinen im durchfallenden Licht deshalb grün. Isolatoren haben in der Regel Bandlücken im UV-Bereich. Sie sind farblos, wenn nicht ein lokaler Übergang im sichtbaren Bereich vorliegt. In den von uns besprochenen Anwendungen von Elektronenübergängen zwischen Bandkanten geht es vor allem um die Erzeugung von Licht durch Elektroenergie.

8.3.1 Lichtemittierende Dioden

Lichtemittierende Dioden (LEDs) arbeiten umgekehrt wie fotovoltaische Zellen (Kapitel 4). In fotovoltaischen Zellen erzeugt Licht eine elektrische Spannung; in LEDs wird an einen p-n-Übergang eine Spannung angelegt, und es wird Licht emittiert. Bild 8.10 zeigt schematisch einen p-n-Übergang an einem GaAs-Halbleiter.

Es ist die Bandstruktur des Halbleiters im Zustand gezeichnet, bei dem weder Licht noch ein äußeres elektrisches Feld auf ihn einwirkt. Wenn durch Anlegen einer Spannung der n-Halbleiter negativ gegenüber dem p-Halbleiter aufgeladen wird, fließen Elektronen von der n- zur p-Seite. Ein Elektron aus dem Leitungsband, das von der n- zur p-dotierten Seite gelangt ist, kann mit einem der dort im Valenzband vorhandenen Löcher rekombinieren und die dabei frei werdende Energie als Photon emittieren. Dieser Vorgang ist bei einem erlaubten Übergang leichter als bei einem verbotenen möglich. Deshalb verwendet man für LEDs ge-

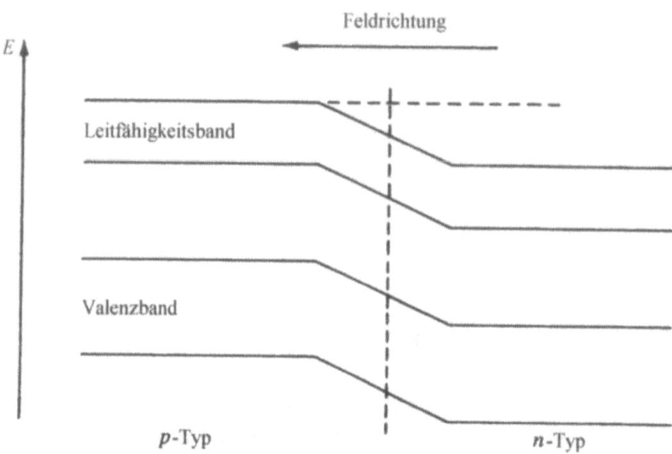

Bild 8.10   Die Energiebänder in der Nähe eines p-n-Übergangs

wöhnlich Halbleiter mit einer direkten Bandlücke. Halbleiter mit unterschiedlich breiter verbotener Zone liefern Licht verschiedener Farbe. GaP erzeugt rotes und GaN blaues Licht. Durch Variation von x in $Ga_{1-x}Al_xP$ lassen sich grün bzw. orange strahlende LEDs herstellen.

LEDs lassen sich auch aus Halbleitern mit einer indirekten Bandlücke herstellen. Bei diesen spielen die Energieniveaus von Dotanden eine wesentliche Rolle. Hierzu gehört das GaP. Dagegen kann man Silicium für diesen Zweck nicht einsetzen, weil es für die Elektronen an der Kante des Leitungsbandes einen strahlunglosen Übergang gibt, so daß sie die Anregungsenergie leichter als Schwingungsenergie an das Gitter abgeben als in Form von Licht.

Wenn Leitungselektronen unter dem Einfluß des elektrischen Feldes durch den p-n-Übergang auf die p-Seite fließen, ist dort das Leitungsband stärker besetzt als im thermischen Gleichgewicht. Ein derartiger Überschuß an Elektronen in einem angeregten Zustand ist die Voraussetzung für die Funktion eines Lasers. Auf dieser Grundlage arbeiten eine Reihe von Halbleiterlasern, von denen der GaAs-Laser am besten bekannt ist.

8.3.2 Der Galliumarsenidlaser

Ein GaAs-Laser besteht aus einer Schicht von GaAs, an die auf beiden Seiten eine Schicht p- bzw. n-leitendem $Ga_{1-x}Al_xAs$ grenzt. Die Bandlücke des $Ga_{1-x}Al_xAs$ ist größer als die des GaAs.

Durch das Anlegen eines Feldes in der in Bild 8.11 gezeigten Richtung fließen wie bei einer LED Elektronen von der n-Seite in das Leitungsband des GaAs. Sie können aber nicht weiter auf die p-dotierte Seite gelangen, da das Leitungsband in dieser Schicht höher liegt als im GaAs. Dadurch werden die überschüssigen Leitungselektronen gezwungen, in der GaAs-Schicht zu verbleiben. Wenn eins von ihnen in das Valenzband übergeht, induziert das dabei frei werdende Photon weitere solcher Übergänge, so daß ein kohärenter Lichtstrahl entsteht.

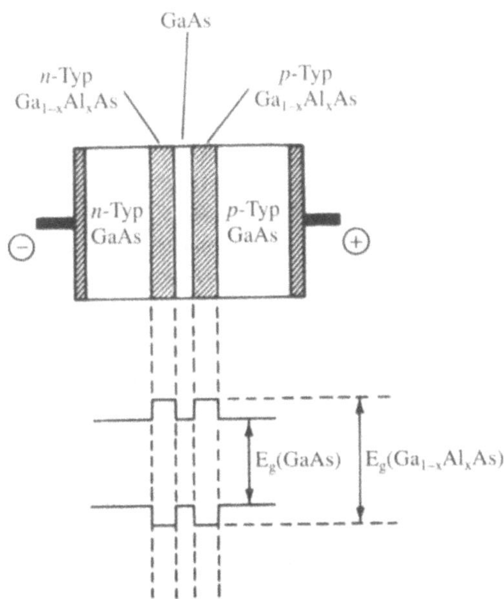

Bild 8.11 — Die Anordnung der verschiedenen Halbleiterzonen im GaAs-Laser und das zugehörige Profil der Bandlücke

Wie beim Rubinlaser sind die Seiten des Lasers verspiegelt, damit der primär gebildete Photonenstrom reflektiert wird und weitere Elektronenübergänge induziert. Es sind mehrere derartig funktionierende Laser entwickelt worden. Die meisten verwenden sogenannte III-V-Halbleiter. Das sind Verbindungen, die aus einem (oder mehreren) Elementen der III. Hauptgruppe (Al, Ga, In) und einem (oder mehreren) Elementen der V. Hauptgruppe (P, As, Sb) bestehen. Es lassen sich Materialien mit Bandlücken im Bereich von 400 - 1300 nm herstellen, indem man ihre Zusammensetzung sehr sorgfältig einstellt.

Infrarot-Halbleiterlaser werden unter anderem zum Lesen von Compact-Discs verwendet. Eine Compact-Disc besteht aus einer Kunststoffscheibe, die mit einer gut reflektierenden Aluminiumschicht und einer durchsichtigen Schutzschicht eines Polymeren überzogen ist. Die Originalton- bzw. Bildaufnahme wird in eine große Zahl von Frequenzkanälen aufgespalten und jeder Kanal wird binär (als Folge von Nullen und Einsen) verschlüsselt. Diese digitalisierten Informationen werden als Vertiefungen in Spuren mit einer Breite von 1,6 µm in die Scheibe eingebracht. Ein Laserstrahl trifft auf die Scheibe, die reflektierte Strahlung auf einen Fotodetektor. Durch die Vertiefungen in der Aluminiumschicht wird ein Teil des Lichts gestreut und die Intensität der reflektierten Strahlung entsprechend reduziert. Der Fotodetektor wertet intensive Strahlung als 1, verringerte Intensität als 0. Auf diese Weise wird der binäre Code gelesen und zurück in Klang oder Bilder umgesetzt.

Bei dem in Bild 8.11 vorgestellten Lasertyp wird die Strahlungsfrequenz durch die Bandlücke des Halbleiters festgelegt. Neuere Entwicklungen benutzen die Schichtdicke von extrem dünnen Halbleitern, um die Wellenlänge festzulegen.

8.3.3 Der Quanten-Kaskade-Laser

In einer Anordnung, die aus einer sehr dünnen Halbleiterschicht (< 40 nm) zwischen zwei anderen Halbleitern mit einer größeren Bandlücke besteht, verhalten sich die Elektronen des Leitungsbandes, als wären sie in einem Quantentopf eingeschlossen. Sie ähneln damit dem Teilchen im Kasten (Kapitel 4), doch in diesem Fall ist der Potentialwall nur von endlicher Höhe. Die Elektronen können nur verschiedene Energie-Subbänder besetzen, deren Ausdehnung von der Tiefe des Potentialtopfs und der Schichtdicke bestimmt wird. Wenn mehrere Potentialtöpfe ausgebildet werden, können die Elektronen von einem zu einem anderen durch die Wand tunneln. In den Quanten-Kaskade-Lasern werden 25 Regionen benutzt, von denen jede drei Potentialtöpfe enthält. Bild 8.12 zeigt die Struktur einer solchen Region und Bild 8.13 das Energieniveaudiagramm des Leitungsbandes von drei derartigen Potentialtöpfen. Bei Anlegen einer Spannung fließen Elektronen in das Leitungsband. Sie durchtunneln den Potentialwall und gelangen in einen zweiten Potentialtopf. Indem sie dort in ein niedrigeres Energieniveau übergehen, emittieren sie Strahlung. Von diesem Niveau aus durchtunneln sie den nächsten Potentialwall zum dritten Potentialtopf und von dort zur nächsten Region. Die Geschwindigkeit für den Übergang vom Potentialtopf 1 zu 2 und von 2 zu 3 ist größer als für die Strahlungsemission im Topf 2. Dadurch füllt sich dort das höher liegende Niveau mit angeregten Elektronen, so daß sich eine Besetzungsinversion aufbaut. Die emittierten Photonen werden an den Seiten des Halbleitermaterials reflektiert und induzieren die Entleerung der stark besetzten Niveaus. Es entsteht ein kohärenter Lichtstrahl wie beim GaAs-Laser.

Infrarotlaser wie der GaAs- und der Quanten-Kaskade-Laser werden für die Informationsübertragung durch optische Fasern verwendet.

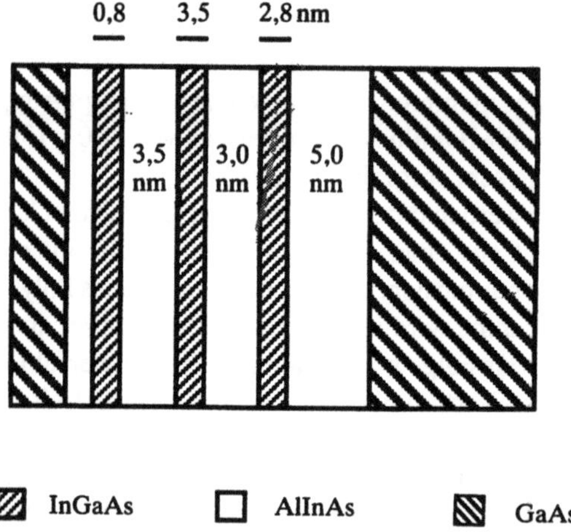

Bild 8.12   Schematischer Aufbau der aktiven Schichten eines Quanten-Kaskaden-Lasers

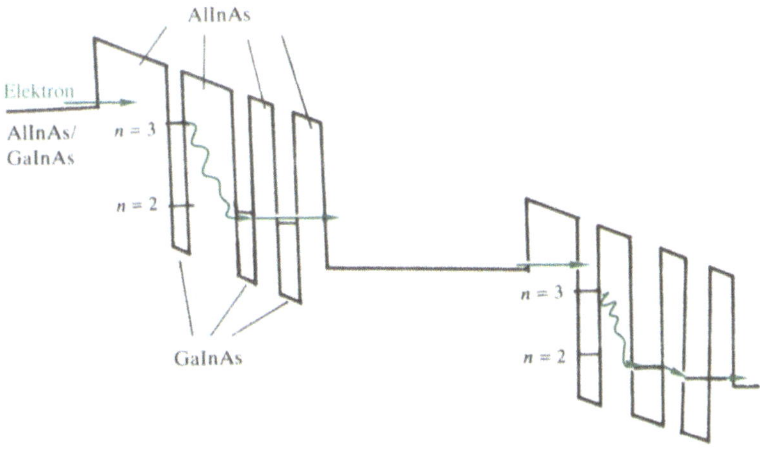

Bild 8.13   Energieniveau-Diagramm des Leitfähigkeitsbandes der in Bild 8.12 dargestellten
              Schichten

So, wie Drähte benutzt werden, um elektrische Ladungen weiterzuleiten, verwendet man optische Fasern für die Übertragung von Licht. Man kann beispielsweise ein Telefongespräch durch
Lichtleitkabel als eine Folge von Laserlicht-Impulsen übermitteln. Die Intensität, die Länge
der und Abstand der Impulse können zur Kodierung der Nachricht verwendet werden. Um die
Informationen durch Licht über größere Entfernungen übertragen zu können, müssen die Verluste niedrig gehalten werden, damit beim Empfänger ein noch wahrnehmbares Signal an-
kommt.

Die erste Voraussetzung ist, daß der Laserstrahl in der Faser bleibt. Laserstrahlung diver-
giert weniger als Licht anderer Quellen, aber es gibt trotzdem die Tendenz, aus der Faser
auszutreten. Es wurden deshalb Fasern mit einem Brechzahlgradienten im Faserquerschnitt
entwickelt. Der Laserstrahl wird durch den Kern der Faser geschickt. Der Kern hat einen
größeren Brechungsindex als der Mantel. Deshalb wird Strahlung, die vom Kern nach außen
gestreut wird, von dort durch Totalreflexion zurück in den Kern geführt (Bild 8.14).

Die reflektierten Lichtstrahlen müssen zwischen Quelle und Ziel einen längeren Weg zurücklegen als die Strahlung, die im Kern der Faser verbleibt. Dadurch kommt es zu einer
Verbreiterung der Impulse. Um dies möglichst klein zu halten, verwendet man Fasern mit sehr

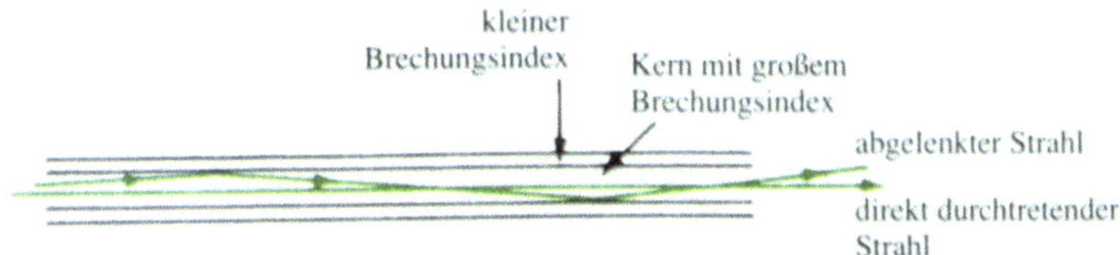

Bild 8.14   Totalreflektion in einer Lichtleitfaser

kleinen Kerndurchmessern. Eine andere Möglichkeit besteht darin, die Brechzahlunterschiede zwischen Kern und Mantel auszunutzen. Die Brechzahl hängt mit der Ausbreitungsgeschwindigkeit des Lichts in dem betreffenden Medium zusammen. Je kleiner der Brechungsindex, um so größer ist die Lichtgeschwindigkeit. Da der Mantel der Faser eine kleinere Brechzahl hat als der Kern, ist die Geschwindigkeit der reflektierten Strahlen größer als die der im Kern verlaufenden. Dadurch kann der Laufzeitunterschied ausgeglichen werden.

Eine weitere Quelle für Energieverluste sind Fehler im Fasermaterial. Diese Fehler sind die Ursache für *Raleigh-Streuung*, durch die nicht die Wellenlänge verändert wird, sondern die Richtung der Strahlung. Das Ausmaß der Streuung von Licht ist der Wellenlänge λ ist proportional $1/\lambda^4$. Das heißt, je länger die Wellenlänge des verwendeten Lichtes ist, um so geringer ist die Raleigh-Streuung. Schon der Übergang von blauen zu rotem Licht bringt eine signifikante Verringerung. Dieser Effekt zeigt sich auch in der blauen Farbe des Himmels. Für die Informationsübertragung verwendet man deshalb vorzugsweise Infrarot-Laser.

Eine dritte Ursache für Energieverluste ist die Strahlungsabsorption durch das Fasermaterial. Spuren von Verunreinigungen können in einer kilometerlangen Faser eine beträchtliche Absorption hervorrufen. Wenn man durch eine Fensterscheibe entlang ihrer Kante blickt, ist das Glas nicht mehr farblos, sondern durch kleine Mengen an Fe^{2+}-Ionen grün gefärbt. Die Spektren von Ionen, die in ein Glas bzw. einen Kristall eingebaut sind, ähneln sich sehr. Da sich die störenden Ionen aber im Glas nicht auf identischen Gitterplätzen befinden, sondern in sehr verschiedenen Umgebungen, sind ihre Absorptionsbanden breiter. In einer optischen Faser von 3 km Länge wird Strahlung aus dem nahen IR-Bereich (1300 nm) von Fe^{2+}-Ionen, die in der Konzentration 2 von 10^{10} Teilchen darin enthalten sind, auf die Hälfte reduziert. Deshalb muß das Material für optische Fasern außerordentlich rein sein. Da hochreines Siliciumtetrachlorid aus der Halbleitertechnologie kommerziell bereits zu Beginn dieser Entwicklung als Ausgangsmaterial zur Verfügung stand, werden vorwiegend Fasern aus Siliciumdioxid für die Informationsübertragung genutzt.

Bei der Verwendung von IR-Strahlung gibt es weitere Absorptionsverluste durch molekulare Schwingungen. Das Kieselglas enthält freie Si–O-Bindungen, die sich mit Wasser leicht zu OH-Gruppen umsetzen. Die Frequenz der O–H-Schwingung ist sehr hoch und liegt in der Nähe der für die Übertragung benutzten Frequenz. Deshalb muß Wasser bei der Herstellung der Kieselglasfasern sorgfältig ausgeschlossen werden. Auch wenn das gelingt, ist eine Absorption durch Schwingungsmoden nicht zu verhindern. Die Frequenz der Si–O-Bindung ist niedriger als die der O–H-Gruppe. Da diese Schwingungen sehr stark absorbieren, ist die zugehörige Bande sehr breit und überlappt mit den Übertragungsfrequenzen. Man hat deshalb nach Stoffen gesucht, deren Schwingungen bei niedrigeren Frequenzen liegen als beim Kieselglas. Die mit diesem Anwendungsziel besonders intensiv untersuchten Fluoride haben sich bisher noch nicht durchsetzen können, da sie schwieriger herzustellen und teurer sind als Kieselglas.

Es gibt noch weitere Ursachen für Intensitätsverluste in optischen Fasern. Sie konnten soweit verringert werden, daß Glasfasern heute für kilometerlange Verbindungen kommerziell verwendet werden. Es gibt Bestrebungen, auf optischen Prozessen beruhende Bauelemente nicht nur zur Informationsübertragung zu benutzen, sondern auch anstelle herkömmlicher elektronischer Schaltkreise in Computern. Für diese Anwendungen werden u. a. optische Schalter, Verstärker und Speicher benötigt.

8.4.1 Optische Schalter

Der Brechungsindex eines Kristalls ist keine Konstante, sondern eine von äußeren Einflüssen abhängige Größe. In manchen Materialien ändert bereits die Lichtintensität die Brechzahl. Das heißt, gegenüber intensiver Strahlung, wie sie z. B. ein Laser liefert, haben sie eine andere Brechzahl als für Licht herkömmlicher Quellen. Eine andere Möglichkeit, die Brechzahl zu beeinflussen, ist das Anlegen eines elektrischen Feldes. Das ist die Grundlage für praktisch verwendbare optische Schalter.

Der Lithiumniobat-Schalter besteht aus einem Lithiumniobat-Kristall ($LiNbO_3$), in dem durch einen Diffusionsprozeß zwei titanhaltige optische Kanäle erzeugt worden sind. Die Titanionen vergrößern die Brechzahl gegenüber dem Grundmaterial, so daß eintretende Strahlung durch Totalreflexion in den Kanälen geführt wird wie in einer optischen Faser. Durch ein elektrisches Feld wird die Brechzahl des Materials zwischen den Kanälen so verändert, daß keine Totalreflexion mehr stattfindet und der Strahl von einem zum benachbarten Kanal übertreten kann. Um diese Vorgänge zu verstehen, wollen wir kurz die atomaren Ursachen der Lichtbrechung besprechen (Bild 8.15).

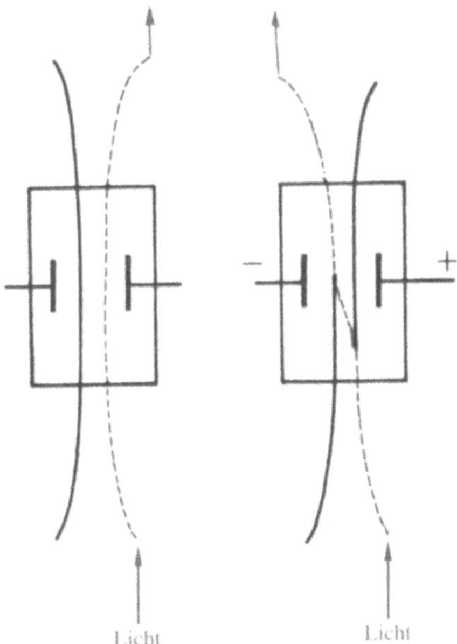

Bild 8.15   Arbeitsweise eines elektro-optischen Schalters

Elektromagnetische Strahlung ist stets mit einem oszillierenden elektrischen Feld verbunden. Auch wenn die Strahlung nicht absorbiert wird, beeinflußt das Feld die Elektronen eines Festkörpers. Durch ein elektrisches Feld werden die positiven und negativen Ladungsschwerpunkte eines Atoms gegeneinander verschoben, es wird ein Dipolmoment induziert. (Ein Molekül in einem Festkörper kann auch in Abwesenheit eines Feldes bereits ein permanentes Dipolmoment besitzen, wenn die bindenden Elektronen zwischen den Atomen ungleichmäßig verteilt sind.)

Man kann sich vorstellen, daß ein oszillierendes Feld die Elektronenhülle abwechselnd in die eine und die andere Richtung verschiebt. Das Ausmaß der Verschiebung, mit der die Elektronenhülle dem wechselnden Felde folgt, hängt davon ab, wie stark sie an den Kern gebunden ist. Diese Eigenschaft nennt man *Polarisierbarkeit*. Sie ist größer bei großen Ionen geringer Ladung, z. B. bei Cs^+, als bei kleinen hoch geladenen Ionen wie Al^{3+}. In einem Festkörper mit einer großen Konzentration stark polarisierbarer Ionen wird die Fortpflanzungsgeschwindigkeit des Lichts verringert, und damit vergrößert sich die Brechzahl. Lithiumniobat enthält die wenig polarisierbaren Kationen Li^+ und formal „Nb^{5+}" Der Einbau von „Ti^{4+}" in die optischen Kanäle vergrößert die Brechzahl, da das Titanion etwas polarisierbarer als das Niobion ist. Durch ein elektrisches Feld werden die Ionen des ferroelektrischen (Kapitel 9) Lithiumniobat-Materials etwas verschoben und die Brechzahl nimmt zu.

Der Brechungsindex läßt sich auch durch Zusatz sorgfältig ausgewählter Dotanden bestimmten Anwendungen anpassen. Bei der Herstellung von Linsen für optische Präzisionsgeräte ist die präzise Einhaltung der Brechzahl des Glases außerordentlich wichtig. Das leicht polarisierbare Pb^{2+}-Ion wird häufig für die Herstellung stark brechender Gläser verwendet.

Der Lithiumniobat-Schalter ist nur ein Beispiel für neuere Anwendungen optischer Bauelemente bei der Informationsübertragung und -speicherung. Andere Bauelemente gibt es bereits, oder sie werden entwickelt. Dazu gehören optische Schalter, die von der Lichtintensität gesteuert werden, und und Lesegeräte für CD-ROMs. Viele heute übliche Geräte beruhen auf der Anwendung elektrischer oder magnetischer Eigenschaften von Festkörpern. Die elektrischen Eigenschaften haben wir in Kapitel 4 besprochen. In Kapitel 9 werden wir die Natur und die Anwendung magnetischer und dielektrischer Eigenschaften behandeln.

Weiterführende Literatur

West, A. R.: *Basic Solid State Chemistry*, Kapitel 8. Wiley, New York, 1988.
Duffy, J. A.: *Bonding, Energy Levels and Bands in Inorganic Solids,* Kapitel 2, 3, 5, 8. Longman, London, 1990.
Moore, W. J.: *Der feste Zustand*, Kapitel 6. Vieweg, Braunschweig, 1977.
Nassau, K.: *The Physics and Chemistry of Color*, Wiley, New York, 1983.
Hill, C. G. A.: Inorganic luminescent materials. Chemistry in Britain, **1983**, September, 723.
Goodman, C. H. L.: Optical fibres. Chemistry in Britain, **1983**, September, 745.
Deluca, J. A.: An introduction to luminiscence in inorganic solids. Journal of Chemical Education, **57** (1980), 541.

Fragen

1. In der Verbindung MnO befinden sich die Mn^{2+}-Ionen in den Oktaederlücken einer *ccp*-Anordnung von Oxidionen. Die $3d$-Orbitale sind dabei wie beim Ti^{3+}-Ion in zwei Niveaus aufgespalten. Die fünf d-Elektronen besetzen entsprechend der Hundschen Regel je ein d-Orbital mit parallelem Spin. Warum ist die Bande des d–d-Übergangs im Absorptionsspektrum nur sehr schwach ausgebildet?

2. Neodymdotierte Kristalle von Yttrium-Aluminium-Granat ($Y_3Al_5O_{12}$) werden als Laser-material verwendet (YAG-Laser). Die Energieniveaus der für die Laserfunktion notwendigen Nd^{3+}-Ionen sind in Bild 8.16 dargestellt. Beschreiben Sie die Vorgänge, die beim Betreiben des Lasers ablaufen.

3. Ein Leuchtstoff, der in Fernsehbildschirmen verwendet wird, ist mit Cu^+-Ionen dotiertes Zinksulfid. ZnS überträgt Energie effizienter auf die für die Lichtemission verantwortlichen Dotanden als die im Text erwähnten Phosphat-Phosphore. ZnS ist ein Halbleiter. Begründen Sie die Effizienz dieser Verbindung für die Energieübertragung im Festkörper.

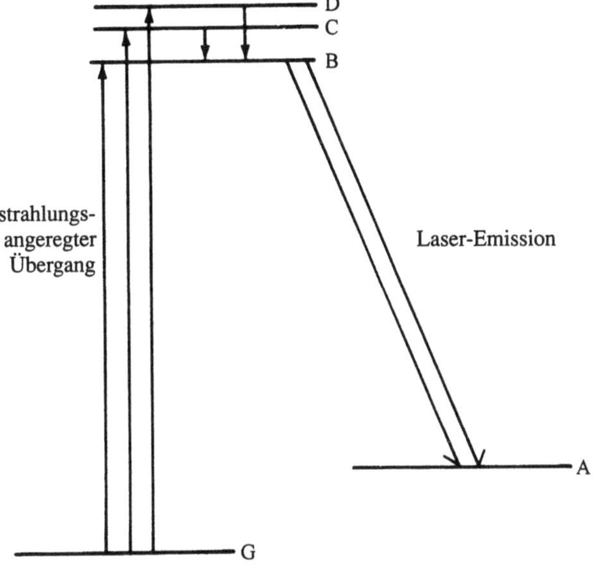

Bild 8.16   Energieniveaus des Nd^{3+}-Ions im Yttriun -Aluminium-Granat (YAG)

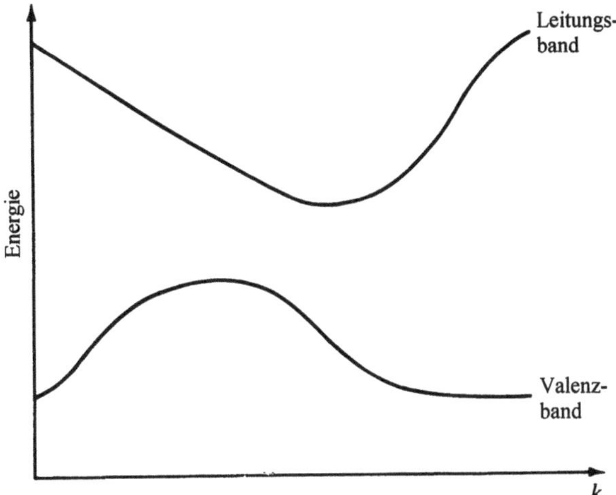

Bild 8.17   Energie als Funktion des Wellenvektors k von zwei Bändern eines Halbleiters

4. In Kapitel 5 ist der fotographische Prozeß beschrieben worden. Schildern Sie die Prozesse, die zur Bildung eines Silberatoms führen, wenn rotes Licht von der lichtempfindlichen AgBr-Emulsion absorbiert wird, die einen Sensibilisator enthält.

5. Bild 8.17 zeigt die Bandstruktur eines Halbleiters. Handelt es sich um eine direkte oder eine indirekte Bandlücke?

6. Erläutern Sie, warum Silicium als Solarzelle, aber nicht als LED verwendet werden kann.

7. Der Kern von Kieselglas-Lichtleitfasern enhält B_2O_3, GeO_2 und P_2O_5. Warum vergrößern diese Bestandteile die Brechzahl des Glases?

9 Magnetische und dielektrische Eigenschaften

9.1 Einleitung

Die starken Bindung in einem Festkörper ermöglichen Wechselwirkungen zwischen den Atomen, die zu Effekten führen, die es in Flüssigkeiten nicht gibt. Ein gut bekanntes Beispiel dafür ist der Ferromagnetismus. In einem aus Eisen bestehenden Magneten sind die magnetischen Momente der Atome parallel zueinander ausgerichtet und erzeugen ein starkes Magnetfeld. Andere kooperative magnetische Effekte führen dazu, daß sich die magnetischen Momente der einzelnen Atome gegenseitig aufheben (Antiferromagnetismus) oder teilweise aufheben (Ferrimagnetismus). Ferro- und ferrimagnetische Materialien werden in großem Umfang für verschiedene Zwecke kommerziell verwendet, angefangen von der Kompaßnadel über Haftmagnete bis zu Magnet-Ton- und -Videobändern sowie Speichern von Computern.

Kooperative Effekte beschränken sich nicht auf den Magnetismus. Ähnliche Erscheinungen können auch bei der Reaktion eines Kristalls auf die Einwirkung eines elektrischen Feldes oder mechanischer Spannung auftreten. Das elektrische Analogen zum Ferromagnetismus ist der ferroelektrische Effekt, bei dem der Festkörper eine Ladungstrennung erfährt. Ferroelektrika sind in der elektronischen Industrie sehr wichtig, u. a. als Material für Kondensatoren zum Speichern von Ladungen und für Wandler, die z. B. Ultraschallenergie in elektrische Energie umsetzen. Ferroelektrische Kristalle gehören zu den piezoelektrischen Stoffen. Piezoelektrische Verbindungen werden auch an anderer Stelle vielfältig eingesetzt. Die Verwendung von Quarzkristallen zum Stabilisieren elektromagnetische Schwingungen dürfte allgemein bekannt sein.

Wir werden unsere Betrachtungen zu den magnetischen und dielektrischen Eigenschaften mit den schwachen magnetischen Wechselwirkungen beginnen, die man bei allen Stoffen findet. Anschließend werden wir die Ursache der kooperativen magnetischen Effekte und ihre Anwendung besprechen. Diesem Abschnitt folgen die Diskussion der dielektrischen Erscheinungen und deren Verwendung sowie die Diskussion der Ferroelektrika.

9.2 Die magnetische Suszeptibilität

Ein Magnetfeld läßt sich durch sogenannte Feldlinien veranschaulichen, die das Medium durchsetzen, in dem sich das Feld ausbreitet. Die Wirkung der Feldlinien – nicht die Feldlinien selbst – lassen sich durch Eisenfeilspäne sichtbar machen. Die Dichte dieser Feldlinien nennt man die *magnetische Flußdichte B*. Im Vakuum gilt für den Zusammenhang zwischen der Flußdichte und der magnetischen *Feldstärke H*

$$B = \mu_0 H \tag{9.1}$$

Die Konstante μ_0 ist die Permeabilität (Durchlässigkeit) des Vakuums. Wenn ein beliebiger Stoff in das Magnetfeld eingebracht wird, kann die Flußdichte im Inneren größer oder kleiner als im Vakuum sein. Im ersten Fall nennt man den betreffenden Stoff *paramagnetisch*, im zweiten *diamagnetisch* (Bild 9.1). Die Änderung der Feldstärke durch einen Stoff gegenüber dem Vakuum ist seine *Magnetisierung M*, und es gilt die Beziehung

$$B = \mu_0(H + M) \tag{9.2}$$

Das Verhältnis zwischen Magnetisierung und Feldstärke ist die *magnetische Suszeptibilität* (Aufnahmefähigkeit) $\chi = M/H$. Bei diamagnetischen Stoffen gilt demzufolge $\chi < 0$, bei paramagnetischen $\chi > 0$.

Alle Stoffe haben prinzipiell diamagnetische Eigenschaften. Diamagnetische Wirkungen sind aber so klein, daß sie nicht beobachtet werden, wenn sie von anderen Effekten überlagert werden. Atome und Ionen mit abgeschlossenen Elektronenschalen und Moleküle, die nur gepaarte Elektronen enthalten, sind diamagnetisch. Ungepaarte Elektronen verursachen Paramagnetismus. Paramagnetisches Verhalten findet man bei vielen Übergangsmetallverbindungen, aber auch bei Radikalen und molekularem Sauerstoff. In Abwesenheit eines Magnetfeldes sind die magnetischen Momente paramagnetischer Teilchen willkürlich im Raum verteilt. Durch ein magnetisches Feld werden die magnetischen Momente der einzelnen paramagnetischen Zentren in die Feldrichtung gedreht. Dem wirkt aber ihre Wärmebewegung entgegen. Die entgegengesetzt wirkenden Einflüsse des Feldes und der Wärmebewegung führen zur Temperaturabhängigkeit der Suszeptibilität nach dem *Curieschen Gesetz*:

$$\chi = C/T \tag{9.3}$$

T ist dabei die absolute Temperatur und C eine als Curie-Konstante bezeichnete Größe.

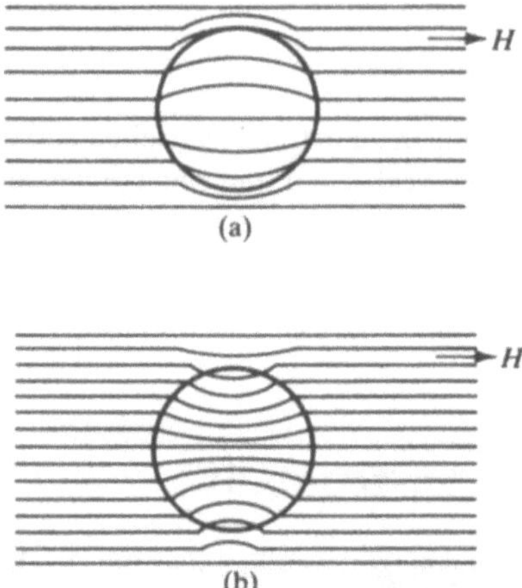

Bild 9.1   Die Flußdichte in einem (a) diamagnetischen und (b) paramagnetischen Stoff

Die verschiedenen kooperativen Eigenschaften zeigen unterschiedliche Temperaturabhängigkeiten. Der Übergang von individuellem zu kooperativem Verhalten geht bei charakteristischen Temperaturen vonstatten. Dadurch nimmt das Curiesche Gesetz für ferromagnetische Stoffe die Form an:

$$\chi = C(T - T_C) \tag{9.4}$$

und bei antiferromagnetischen Verhalten gilt:

$$\chi = C(T + T_N) \tag{9.5}$$

T_C ist die Curie-Temperatur, T_N die Néel-Temperatur.

Der Zusammenhang zwischen Temperatur und Suszeptibilität für verschiedene Formen des Magnetismus ist in Bild 9.2 dargestellt. Bei Ferrimagnetika ist dieser Zusammenhang komplizierter, da Ionen auf verschiedenen Gitterplätzen bei unterschiedlichen Temperaturen zu kollektivem Verhalten übergehen.

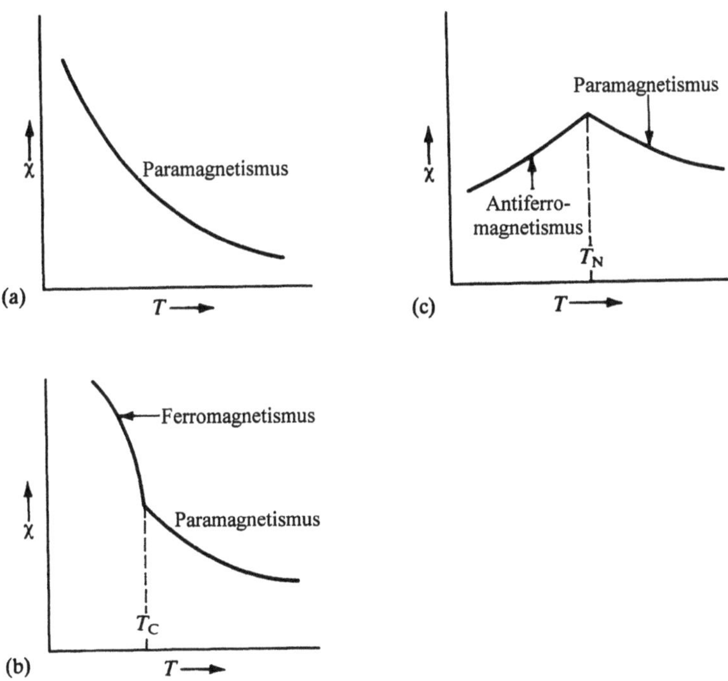

Bild 9.2   Die Abhängigkeit der magnetischen Suszeptibilität χ von der Temperatur T bei (a) paramagnetischen, (b) ferromagnetischen und (c) antiferromagnetischen Stoffen

Tabelle 9.1   Arten des Magnetismus und ihre charakteristischen Eigenschaften

Art des Magnetismus	*Vor-zeichen von χ*	*Größenordnung der Suszeptibilität χ*	*Abhängigkeit der Suszeptibilität χ von der Feldstärke H*	*Änderung von χ mit zunehmender Temperatur*	Ursprung des Magnetismus
Diamagnetismus	–	$-(1 \text{ bis } 600) \cdot 10^{-5}$	keine	keine	Elektronenladung
Paramagnetismus	+	10^{-6} bis 0,1	keine	Abnahme	Spin und Bahnbewegung der Elektronen individueller Atome
Ferromagnetismus	+	0,1 bis 10^{7}	$\chi = \mathrm{f}(H)$	Abnahme	Kooperative Wechselwirkung zwischen Magnetmomenten individueller Atome
Antiferromagnetismus	+	10^{-6} bis 0,1	$\chi = \mathrm{f}(H)$	Zunahme	
Ferrimagnetismus	+	0,1 bis 10^{5}	$\chi = \mathrm{f}(H)$	Abnahme	
Pauli-Paramagnetismus	+	10^{-5}	keine	keine	Spin und Bahnbewegung delokalisierter Elektronen

9.3 Der Paramagnetismus von Metallkomplexen

Die Suszeptibilität von festen Metallkomplexverbindungen, in denen die ungepaarten Elektronen der einzelnen Atome weit voneinander entfernt sind, läßt sich durch ihr magnetisches Moment beschreiben. Da jedes Molekül mit ungepaarten Elektronen sein eigenes Magnetfeld erzeugt, kann man sich vorstellen, daß jeder isolierte Metallkomplex ein kleiner Magnet ist. Wenn der Festkörper nur eine Art von Komplexen enthält, sind diese Magnetfelder gleich. Bedingt durch die thermische Bewegung sind diese Felder willkürlich orientiert. Die Temperaturabhängigkeit der Suszeptibilität im Curieschen Gesetz (9.2) ist die Folge der Wärmebewegung, die Konstante C enthält die Information über eine Größe dieses Magnetfeldes, die *magnetisches Moment* μ des Komplexes genannt wird. Im Gegensatz zur Suszeptibilität variiert das magnetische Moment nicht mit der Temperatur. Die dimensionslose Suszeptibilität χ in Gleichung (9.2) ist die sogenannte Volumensuszeptibilität. Um daraus eine Aussage über die magnetischen Eigenschaften eines einzelnen Komplexes zu erhalten, wird χ durch die Dichte geteilt und die sich daraus ergebende Massensuszeptibilität mit der relativen Molmasse des Komplexes multipliziert. Dadurch erhält man die Molsuszeptibilität χ_m. Unter der Annahme, daß jeder Komplex ein bestimmtes magnetisches Moment μ besitzt, das infolge der Wärmebewegung zufällig im Raum orientiert ist, kann gezeigt werden, daß χ_m proportional μ^2 ist:

$$\chi_m = \frac{N_A \mu_0}{3kT} \mu^2 \tag{9.6}$$

Hierin ist N_A die Avogadrokonstante, k die Boltzmannkonstante, μ_0 die Permeabilität des Vakuums und T die absolute Temperatur. Die SI-Größenart für die Molsuszeptibilität χ_m ist $m^3\,mol^{-1}$ und für das magnetische Moment μ J T^{-1}. Da das magnetische Moment eines Komplexes nur einen sehr kleinen Betrag hat, verwendet man häufig eine passend gewählte Einheit, das Bohrsche Magneton μ_B, für das die Beziehung gilt $\mu_B = 9{,}274 \cdot 10^{-24}$ J T^{-1}.

Das magnetische Moment μ ergibt sich aus dem Drehmoment ungepaarter Elektronen. Die Elektronen besitzen sowohl einen Spin als auch ein Bahndrehmoment. In einem elektrischen Feld, dessen Symmetrie von der Kugelgestalt abweicht, wie es in Komplexverbindungen in der Regel vorliegt, werden die Bahnbeiträge weitgehend unterdrückt. Man kann deshalb das Magnetmoment μ_S von Komplexverbindungen der $3d$-Elemente näherungsweise aus der Gesamtspinmomentquantenzahl S berechnen:

$$\mu_S = g_e \sqrt{S(S+1)} \tag{9.7}$$

Hierin ist g_e eine Konstante, die gyromagnetisches Verhältnis genannt wird und für freie Elektronen den Wert $g_e = 2{,}00023$ hat. Man erhält μ_S in der Größenart Bohrsche Magnetonen. In Tabelle 9.2 sind die Zahl der ungepaarten Elektronen, die daraus resultierende Gesamtspinquantenzahl S und das nach Gleichung (9.7) berechnete Magnetmoment μ_S zusammengestellt. Beiträge von Bahnmomenten zum magnetischen Verhalten von Verbindungen erkennt man an Abweichungen von den angegebenen Werten.

Tabelle 9.2   Werte des Gesamtspinquantenzahl S und des magnetischen Moments μ_s für ungepaarte
3d-Ionen

Zahl der ungepaarten Elektronen	*Gesamtspin-quantenzahl*	*Magnetisches Moment μ_S in Bohrschen Magnetonen μ_B*
1	1/2	1,73
2	1	2,83
3	3/2	3,87
4	2	4,90
5	5/2	5,92

Bei Komplexen, die schwerere Metallionen enthalten, kann man die Wechselwirkung zwischen Spin- und Bahnmomenten nicht mehr vernachlässigen. Bei den Lanthanoiden hängt das magnetische Moment nicht ausschließlich oder hauptsächlich vom Spin ab, sondern von der Gesamtdrehimpulsquantenzahl **J** ab. **J** ist die Vektorsumme aus dem Gesamtspinmoment **S** und dem Gesamtbahndrehimpuls **L**.

$$\mathbf{J} = \mathbf{L} + \mathbf{S} \tag{9.8}$$

In diesem Fall läßt sich das magnetische Moment μ aus **J** wie folgt berechnen:

$$\mu = g\sqrt{J(J+1)}$$

wobei

$$g = 1 + \frac{J(J+1) + S(S+1) - L(L+1)}{2J(J+1)} \tag{9.9}$$

Für Ionen mit vielen f-Elektronen ergeben sich aus Gleichung (9.9) große Magnetmomente, z. B. für das Ion Tb^{3+} mit f^8-Konfiguration 9,72 Bohrsche Magnetonen.

9.4 Ferromagnetische Metalle

In Kapitel 4 haben wir im Zusammenhang mit der elektrischen Leitfähigkeit die metallische Bindung als Gitter beschrieben, in dem Kationen durch delokalisierte Elektronen zusammengehalten werden. Die Rumpfelektronen der Ionen verursachen einen diamagnetischen Beitrag zur magnetischen Suszeptibilität der Metalle, die Valenzelektronen erzeugen einen paramagnetischen Anteil oder kooperative Effekte, von denen wir einleitend gesprochen haben.

Beim Auffüllen des Leitfähigkeitsbandes haben wir stillschweigend vorausgesetzt, daß die Elektronen in die einzelnen Energieniveaus mit parallelem Spin eingeordnet werden. Selbst im Grundzustand einfacher Verbindungen wie dem O_2-Molekül kann es energetisch günstiger sein, wenn sich Elektronen mit parallelem Spin in verschiedenen Orbitalen aufhalten, als wenn sie gepaart im gleichen Orbital vorliegen. Das tritt ein, wenn es entartete oder nahezu energiegleiche Orbitale gibt. In einem Band gibt es sehr viele derartige energetisch fast gleichwertige Orbitale und viele Niveaus in der Nähe des höchsten besetzten Orbitals. Um die gegenseitige

Abstoßung der Elektronen zu verringern, kann es günstiger sein, wenn Elektronen in der Nähe des Ferminiveaus einzeln Orbitale mit parallelem Spin besetzen. Ein meßbarer Effekt kann nur beobachtet werden, wenn die Zahl der Elektronen mit parallelem Spin in der Größenordnung der Atome liegt. 1000 ungepaarte Elektronen kann man in einer Probe von 10^{23} Atomen nicht feststellen. Maßgeblich für den Anteil von ungepaarten Elektronen ist das Verhältnis zwischen der benötigten Anregungsenergie und der beim Entkoppeln gepaarter Elektronen gewonnenen Spinpaarungsenergie. Wenn die Zustandsdichte in der Nähe des Ferminiveaus sehr groß ist, kann eine große Zahl von Elektronen in höhere Energieniveaus angeregt werden. Daraus resultiert eine meßbare Zahl paralleler Spins. In den breiten Bändern der einfachen Metalle ist die Zustandsdichte verhältnismäßig klein, so daß in Abwesenheit eines Magnetfeldes nur sehr wenige ungepaarte Elektronen mit parallelen Spins vorliegenkönnen.

Unter dem Einfluß eines äußeren Magnetfeldes ändert sich die Elektronenenergie durch die Wechselwirkung der Spinmomente mit dem Feld. Für Elektronen der Spinrichtung, die Magnetmomente parallel zum Feld erzeugt, verringert sich die Gesamtenergie, für Elektronen mit antiparalleler Ausrichtung erhöht sich die Energie. Für diesen Teil der Elektronen ist es deshalb energetisch günstiger, unter Spinumkehr in höher liegende unbesetzte Niveaus überzugehen, solange die Promotionsenergie nicht größer als der Gewinn an Spinpaarungsenergie ist. Für die meisten Leitungselektronen eines Metalls ist die Wahrscheinlichkeit für das Umklappen der Spins beim Anlegen eines Magnetfeldes gleich Null, da die meisten Zustände bereits besetzt sind. Nur Elektronen im Bereich des Ferminiveaus haben eine Möglichkeit zur Spinumkehr. Durch diesen Vorgang wird ein Ungleichgewicht der Spinausrichtung mit bzw. gegen das äußere Magnetfeld erzeugt, und der betreffende Festkörper ist paramagnetisch. Diesen schwachen Effekt nennt man *Pauli-Paramagnetismus*. Die daraus resultierende Suszeptibilität ist wesentlich kleiner als die von Stoffen, bei denen Atome mit ungepaarten Elektronen im Kristallgitter voneinander isoliert sind und liegt in der Größenordnung des Absolutbetrags von Diamagnetika.

Bei einigen Metallen führen die ungepaarten Elektronen im Leitungsband zum *Ferromagnetismus*. Von allen Metallen des Periodischen Systems besitzen nur Eisen, Cobalt und Nickel sowie einige Lanthanoide (Gd, Tb) diese einzigartige Eigenschaft. Sie wird nicht durch eine besondere Struktur hervorgerufen, denn diese Metalle kristallisieren in unterschiedlichen Gittern, die auch bei anderen, nicht ferromagnetischen Metallen zu finden sind.

Die $3d$-Orbitale sind weniger diffus als die $4s$- und $4p$-Orbitale, weil sie stärker am Kern konzentriert sind. Da die $3d$-Orbitale deshalb weniger gut überlappen, resultiert hieraus ein $3d$-Band, das deutlich schmaler ist als das $4s/4p$-Band. Es gibt fünf d-Orbitale, und demzufolge enthält ein Kristall aus N Atomen im $3d$-Band $5\,N$ Niveaus. Da dieses Band schmal ist, ist die Zustandsdichte entsprechend groß. Vor allem ist die Zustandsdichte auch im Bereich des Ferminiveaus sehr groß. In diesem Fall ist es energetisch günstig, wenn sich eine beträchtliche Zahl ungepaarter Elektronen in höher liegenden Niveaus befindet. Diese Elemente verfügen deshalb bereits in Abwesenheit eines Magnetfeldes über eine große Zahl ungepaarter Elektronen. In einem Eisenkristall gibt es z. B. etwa 2,2 ungepaarte Elektronen pro Atom, deren Spin parallel ausgerichtet ist. Im Gegensatz dazu sind die Spins paramagnetischer Komplexverbindungen von Übergangsmetallen, in denen bis zu fünf ungepaarte Elektronen pro Metallatom enthalten sein können, in Abwesenheit eines Magnetfeldes willkürlich im Raum orientiert.

Ferromagnetismus entsteht durch Parallelstellung der Spins im gesamten Kristallgitter. Dieser Zustand wird bei Metallen erreicht, die über teilweise gefüllte Bänder mit hoher Zustandsdichte in der Nähe des Ferminiveaus verfügen. $4d$- und $5d$-Orbitale sind diffuser als $3d$-

Orbitale und liefern beim Überlappen breitere Bänder. Deshalb gibt es in der 4*d*- und der 5*d*-Reihe keine ferromagnetischen Metalle. Innerhalb der ersten Übergangsmetallreihe nehmen die Ausdehnung und der Energieinhalt der *d*-Orbitale ab. Beim Titan sind die Valenzelektronen im 4*s*/4*p*-Band, das eine kleine Zustandsdichte besitzt. Beim Kupfer am anderen Ende der Reihe liegt das 3*d*-Orbital energetisch bereits so tief, daß sich das Ferminiveau im Bereich des 4*s*/4*p*-Bandes befindet. Deshalb findet man nur bei den Metallen Eisen, Cobalt und Nickel das Ferminiveau im Gebiet eines Bandes mit großer Zustandsdichte. Schematische Banddiagramme für Ti, Ni und Cu zeigt Bild 9.3.

Zusammenfassend läßt sich sagen, daß Ferromagnetismus nur auftreten kann, wenn unabgeschlossene Schalen mit großer Nebenquantenzahl vorliegen und der Abstand der Atome im Gitter groß gegenüber dem Radius dieser Schalen ist.

Ferromagnetismus ist nicht auf Elemente beschränkt, sondern es gibt auch zahlreiche ferromagnetische Legierungen. Einige enthalten ein oder mehrere ferromagnetische Elemente. Zu den Legierungen von Eisen, Cobalt und Nickel mit Lanthanoiden gehören z. B $SmCo_5$ und $Nd_2Fe_{14}B$. Das sind die technisch bedeutsamen Dauermagnetwerkstoffe mit der größten Flußdichte, die bisher hergestellt worden sind. Die sieben 4*f*-Orbitale können mit maximal sieben ungepaarten Elektronen pro Atom zur Magnetisierung beitragen, während bei den Übergangsmetallen maximal fünf ungepaarte Elektronen pro Atom vorhanden sein können, da es nur fünf *d*-Orbitale gibt. Dieser Maximalwert wird jedoch nie erreicht. Die *f*-Orbitale überlappen bei den reinen Lanthanoid-Metallen so wenig, daß man sie als lokalisiert betrachten kann.

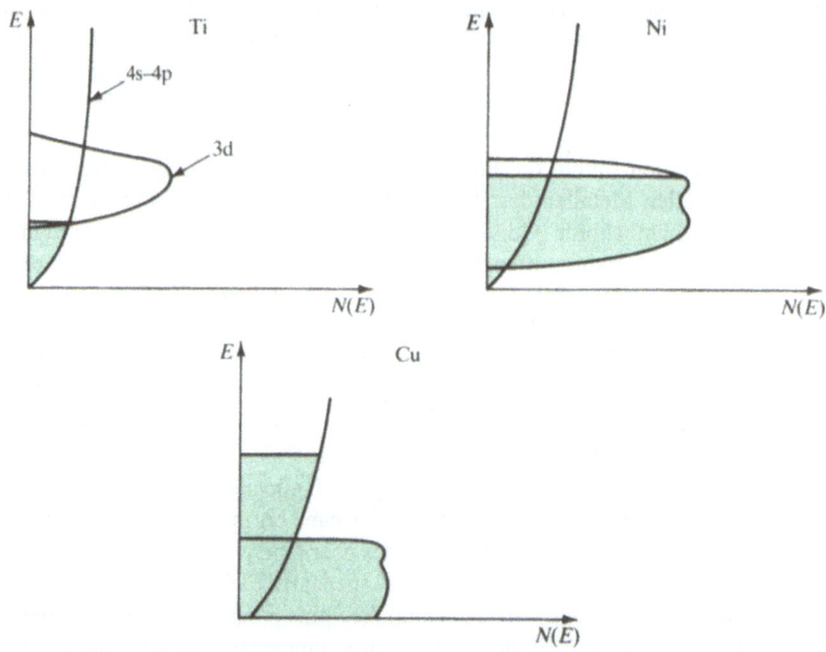

Bild 9.3   Energieniveau-Schemata für Titan, Nickel und Kupfer

Bei den ferromagnetischen Lanthanoiden bewirken delokalisierte d-Elektronen den Magnetismus. Die Wechselwirkung zwischen diesen d-Elektronen und den f-Elektronen erzeugt eine Parallelstellung der Spins, weil dadurch die Elektronenabstoßung verringert wird. Auch in Legierungen von Lanthanoiden stellen sich die Spins von f-Elektronen unter bestimmten Bedingungen durch Wechselwirkung mit d-Elektronen parallel ein. Obwohl nicht alle d- und f-Elektronen gleichsinnig ausgerichtet sind, resultiert ein großer Betrag für die Magnetisierung. Es ist deshalb nicht überraschend, daß die Magnete mit der größten Flußdichte Lanthanoid-Legierungen sind. Es gibt auch ferromagnetische Legierungen, die ausschließlich aus Metallen bestehen, die selbst nicht ferromagnetisch sind. Hierzu gehören die Heuslerschen Legierungen, die Aluminium, Mangan und Kupfer enthalten. Die atomaren Abstände werden durch die Legierungsbildung offensichtlich derartig verändert, daß die Überlappung der beteiligten d-Orbitale in den Bereich gelangt, der für das Auftreten des Ferromagnetismus notwendig ist.

Die Zahl der ungepaarten Elektronen bestimmt die maximal mögliche Magnetisierung. Weitere für die verschiedenen Anwendungen bedeutsame magnetische Kenngrößen – Remanenz, Koerzitivfeldstärke, magnetische Verluste (Bild 9.7) – hängen von anderen Faktoren ab, z. B. von der Struktur des Festkörpers und dem Gehalt an Verunreinigungen.

9.4.1 Ferromagnetische Domänen

Aus den oben geführten Diskussionen ergibt sich die Frage, warum nicht jedes Eisenstück magnetisch ist, wenn rund 2,2 Elektronen pro Atom paralell ausgerichtete Spins haben. Die Ursache dafür ist, daß unsere Erklärung nur jeweils für kleine Bereiche in der Größenordnung von 10^{-14} m^3 gilt, die *Domänen* oder *Weißsche Bezirke* genannt werden. Innerhalb jeder Domäne sind die Spins parallel gerichtet, aber die Ausrichtung der Domänen gegeneinander ist willkürlich, so daß das resultierende Gesamtmoment gleich Null ist. Die Domänen kann man unter einem Mikroskop sichtbar machen, indem man die polierte Metallfläche mit fein verteiltem Eisenpulver bestreut (Bild 9.4). Wodurch entstehen diese Domänen?

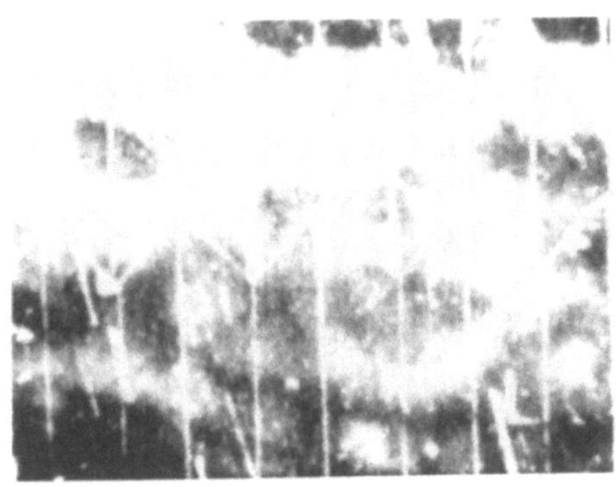 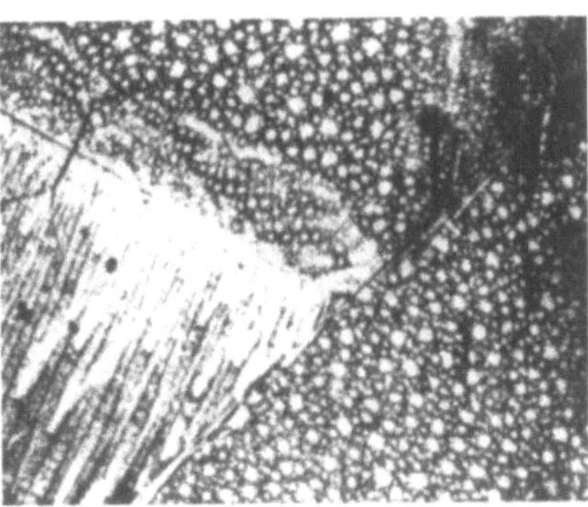

Bild 9.4   (a) Domänenmuster eines Eisen-Einkristalls, der 3,8% Silicium enthält Die weißen Linien zeigen die Lage der Bloch-Wände an. (Aus R. Eisberg und R. Resnick *Quantum Physics of Atoms, Molecules, Solids, Nuclei and Particles*, © John Wiley, 1985, mit freundlicher Genehmigung von H. J. Williams, Bell Telephone Laboratories). (b) Durch Eisenpulver sichtbar gemachte Weißsche Bezirke. (Aus W. J. Moore *Seven Solid States*, W. A. Benjamin Inc., © W. J. Moore, 1967)

Eine von der Elektronen-Elektronen-Abstoßung herrührende *Austauschwechselwirkung* mit kurzer Reichweite führt zu einer Parallelstellung der Spins. Die *Wechselwirkung magnetischer Dipole* wirkt über große Entfernungen und entgegengesetzt. Betrachten wir den Aufbau einer Domäne und beginnen mit einigen Atomen. Anfangs dominiert die Austauschwechselwirkung, durch die sich die Spins parallel ausrichten. Mit jedem hinzugefügten Atom nimmt die magnetische Dipolwechselwirkung zu. Wenn diese größer wird als die Austauschwechselwirkung richten sich die Spins eines benachbarten Bereichs antiparallel zur ursprünglichen Domäne aus und verringern dadurch den Energieinhalt des Stoffes. Verallgemeinernd kann man sagen, daß die Austauschwechselwirkung die Spins innerhalb einer Domäne parallel richtet, während die Wechselwirkung der resultierenden Magnetmomente die Spins verschiedener Domänen in unterschiedliche Richtungen orientiert.

Durch ein Magnetfeld können die einzelnen Domänen auf zwei verschiedenen Wegen in die gleiche Richtung orientiert werden. Einmal kann eine Domäne, deren magnetisches Moment mit der Richtung des äußeren Feldes übereinstimmt, auf Kosten benachbarter Domänen wachsen. Zwischen zwei Domänen gibt es einen Bereich, der Domänenwand oder Bloch-Wand genannt wird. Die Änderung der Spinorientierung von einer zur anderen Domäne geht innerhalb dieser Wand, die eine endliche Stärke hat, kontinuierlich vonstatten (Bild 9.5). Beim Anlegen eines Magnetfeldes werden zunächst die Spins umklappen, die in der Bloch-Wand der zum Feld parallel ausgerichteten Domäne benachbart sind. Beim Vergrößern der Feldstärke werden weitere Bereiche folgen, so daß die Wand durch den Kristall „wandert". Dieser Prozeß ist reversibel, die Spins drehen sich beim Entfernen des Magnetfeldes in die Ausgangslage zurück.

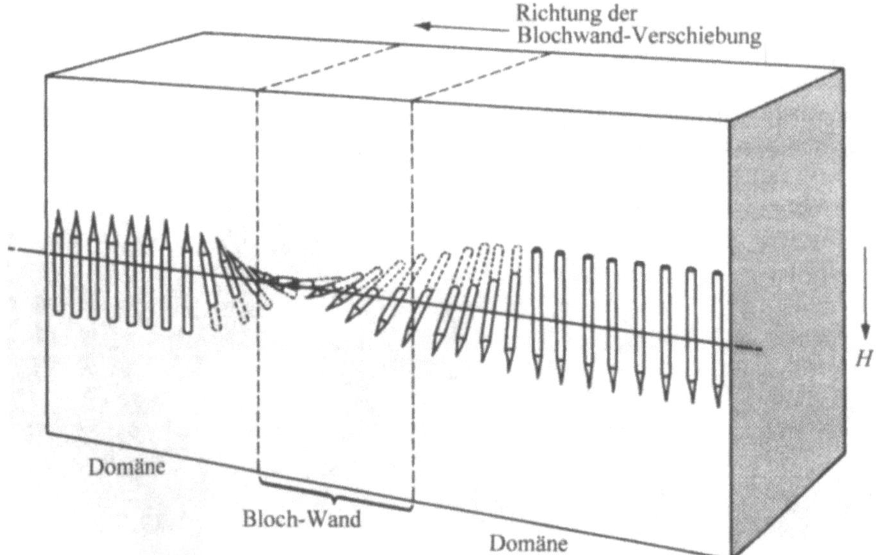

Bild 9.5   Verschiebung einer Bloch-Wand. Die gestrichelten Linien grenzen die Bloch-Wand ein, die zwei Domänen mit entgegengesetzten magnetischer Orientierung voneinander trennt. Die magnetischen Momente drehen sich in die Richtung des äußeren Feldes, die Bloch-Wand verschiebt sich in Pfeilrichtung.

Wenn der Kristall Verunreinigungen oder Defekte enthält, ist das Wachstum der Weißschen Bezirke erschwert. Dann ist eine Aktivierungsenergie notwendig, um die Ausrichtung der Spin-momente durch die Verunreinigung hindurch zu erreichen, so daß man eine größere Feldstärke anwenden muß als bei einem perfekten Kristall. Wenn die Domänenwand durch die Verunreinigung gewandert ist, wird beim Ausschalten des Magnetfeldes der Ausgangszustand nicht wiederhergestellt, da an der Verunreinigung die Verschiebung der Bloch-Wand beendet wird, wenn nicht erneut die Aktivierungsenergie aufgebracht wird. Die dadurch in einem ferro-magnetischen Material zurückbleibende Magnetisierung hängt von der Art und der Konzen-tration der Defekte und Verunreinigungen ab. Deshalb behält Stahl – Eisen mit einem großen Gehalt anderer Elemente – ein großes magnetisches Moment, wenn es einmal magnetisiert war, während das wesentlich reinere Weicheisen nur wenig von der Magnetisierung zurück-behält.

Der zweite Mechanismus für die Magnetisierung besteht darin, daß die Dipolwechselwirkung der Domänen unter dem Einfluß eines sehr starken Magnetfeldes überkompensiert wird und die Spins gleichzeitig umklappen. In Bild 9.6. werden diese beiden Mechanismen miteinander verglichen.

Die magnetischen Eigenschaften verschiedener Ferromagnetika lassen sich durch ihre *Hysteresis-Kurve* beschreiben. Dabei wird die magnetische Flußdichte B als Funktion der Feld-stärke H dargestellt (Bild 9.7). In einer nicht magnetisierten neuen Probe sind die Domänen willkürlich verteilt, so daß im feldfreien Raum gilt $H = B = 0$. In einem Feld wachsender Feldstärke nimmt B entlang der Kurve *oa* zu. Wenn alle Domänen gleichsinnig ausgerichtet sind, nimmt die Flußdichte auch mit weiter wachsender Feldstärke nicht mehr zu. Das Mate-rial ist dann im Punkt a „gesättigt". Beim Verringern der Feldstärke nimmt die Flußdichte

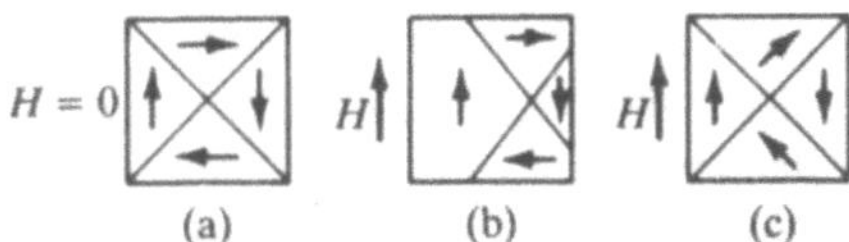

Bild 9.6   Der Magnetisierungsprozeß nach dem Domänenmodell: (a) die unmagnetische Probe, (b) Magnetisierung durch Domänenwachstum als Folge einer Bloch-Wand-Verschie-bung, (c) Magnetisierung durch Drehung der Domänen

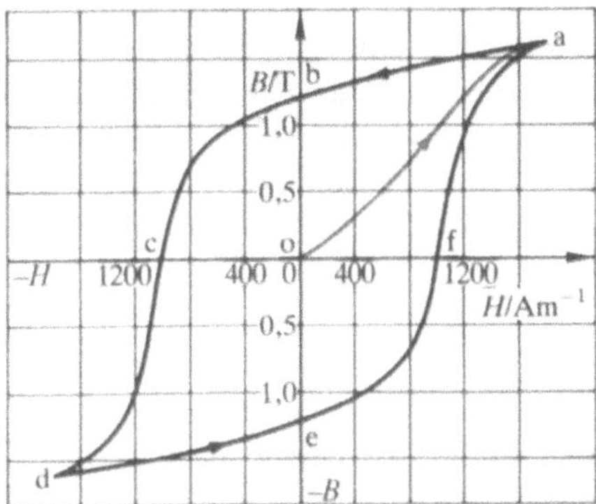

Bild 9.7   Hysteresis-Schleife $B = f(H)$ für einen typischen hartmagnetischen Werkstoff (Stahl)

nicht entlang der sogenannten „Neukurve" *oa* ab, sondern entlang des Kurvenzugs von *a* nach *b*, da die Entmagnetisierung durch Verunreinigungen und Gitterstörungen erschwert wird. Bei der Feldstärke $H = 0$ behält die Probe die Flußdichte $B = b$. Die zugehörige Magnetisierung heißt *Remanenz* oder remanente Magnetisierung. Um die Probe zu entmagnetisieren, muß ein Feld in entgegengesetzter Richtung angelegt werden. Im Punkt *c*, bei der sogenannten *Koerzitivfeldstärke* H_C erreicht die Flußdichte wieder den Wert $B = 0$. Die Form der Hysteresis-Schleife und die von ihr eingeschlossene Fläche beinhalten wesentliche Aussagen über die Eigenschaften unterschiedlicher Magnetwerkstoffe.

9.4.2 Permanentmagnete

Materialien, die als Dauermagnetwerkstoffe verwendet werden, müssen eine große Koerzitivfeldstärke und vor allem eine große Remanenz haben, damit sie nicht zu leicht entmagnetisiert werden können. Die Hysteresis-Kurve dieser Substanzen umschließt eine große Fläche. Sie bestehen meistens aus Legierungen von Eisen, Cobalt oder Nickel und enthalten oft unmagnetische Bereiche, die das reversible Wachstum der Domänen erschweren. Hochleistungsmagnete mit sehr großer Flußdichte werden aus Samarium-Cobalt-Legierungen hergestellt. Am wichtigsten unter ihnen ist die Legierung $SmCo_5$ mit der außerordentlich großen Koerzitivfeldstärke von $H_C = 6 \cdot 10^5 A\ m^{-1}$, dagegen hat reines Eisen nur einen H_C-Wert von 50 A m^{-1}.

9.5 Ferromagnetische Verbindungen – Chromdioxid

Chromdioxid CrO_2 kristallisiert im Rutilgitter und ist bis zur Curie-Temperatur von 392 K ferromagnetisch. Ähnlich dem VO und dem TiO verfügt das Metallion im CrO_2 über $3d$-Orbitale, die überlappen und ein Band bilden. Im CrO_2 ist dieses Band jedoch sehr schmal, so daß diese Verbindung in gleicher Weise wie die Metalle Eisen, Cobalt und Nickel ferromagnetisch ist. Die in der $3d$-Reihe folgenden Dioxide (z. B. MnO_2) haben lokalisierte $3d$-Elektronen und sind deshalb Halbleiter oder Isolatoren. TiO_2 besitzt keine $3d$-Elektronen und ist deshalb ein Isolator. VO_2 hat bei Zimmertemperatur eine andere Struktur und ist ein Halbleiter. Bei 340 K geht es in eine neue Phase mit metallischer Leitfähigkeit und Pauli-Paramagnetismus über. Das CrO_2 nimmt deshalb unter den Dioxiden der $3d$-Elemente eine ähnliche Sonderstellung ein wie Eisen, Cobalt und Nickel unter den entsprechenden Metallen. Die Dioxide der Elemente links vom Chrom haben breite Bänder mit delokalisierten Elektronen, die Elemente rechts vom Chrom bilden Dioxide mit lokalisierten $3d$-Elektronen. Da die Metallatome in den Oxiden weiter voneinander entfernt sind als im Metall, treten schmale Bänder als Voraussetzung für ferromagnetisches Verhalten bereits bei kleineren Ordnungszahlen auf als bei den metallischen Elementen.

9.5.1 Tonbandgeräte

Chromdioxid ist als Material für die Herstellung von Tonbändern von wirtschaftlichem Interesse. Tonbänder bestehen gewöhnlich aus einem Polyesterträger, auf dem nadelförmige Kristalle einer magnetischen Verbindung, z. B. CrO_2 oder γ-Fe_2O_3, fixiert sind. Mit Hilfe eines Mikrophons werden die Schallwellen in einen pulsierenden Wechselstrom gewandelt, der in der Spule des Schreib-Lese-Kopfes ein in Richtung und Stärke variierendes Magnetfeld erzeugt. Durch dieses Feld wird die Magnetisierung der Kristallite auf dem Band verändert. Beim Lesen der auf diese Weise gespeicherten Informationen induzieren die auf dem Band befindlichen Magnete in der genannten Spule eine Spannung.

Sowohl die Kristallform und die Korngrößenverteilung als auch die magnetischen Eigenschaften (Remanenz, Koerzitivfeldstärke) derartiger Signalaufzeichnungsmaterialien müssen bestimmten Anforderungen genügen. Sie sollen nadelförmig sein, damit sie sich auf dem Trägerband gut parallel ausrichten lassen, und weiterhin sollen sie sich hinreichend leicht magnetisieren lassen, anderseits muß aber auch die Magnetisierung gegenüber äußeren Einflüssen genügend stabil sein, damit die gespeicherten Informationen nicht zufällig gelöscht werden. Durch das Chromdioxid werden diese Ansprüche erfüllt. Nachteilig sind seine Toxizität und die niedrige Curie-Temperatur (386 K), weil die Magnetisierung durch Erwärmen leicht gelöscht werden kann.

9.6 Antiferromagnetismus – Übergangsmetallmonoxide

Diese Oxide haben wir bereits in Kapitel 4 diskutiert. Sie kristallisieren im NaCl-Gitter, haben aber sehr verschiedene elektrische und magnetische Eigenschaften. Im TiO und VO sind die $3d$-Orbitale diffus und bilden delokalisierte Bänder. Diese Oxide sind deshalb metallische Leiter. Die Delokalisierung der $3d$-Elektronen bestimmt auch das Verhalten dieser Verbindungen. Ähnlich den einfachen Metallen zeigen sie Pauli-Paramagnetismus. Bei MnO, FeO, CoO und NiO sind die $3d$-Elektronen lokalisiert. Daraus resultiert Paramagnetismus, der bei hohen Temperaturen beobachtet wird. Beim Abkühlen gehen sie bei der Néel-Temperatur in den antiferromagnetischen Zustand über (Bild 9.2c). Diese Temperatur liegt für o. g. Oxide bei 122 K, 198 K, 293 K bzw. 523 K. *Antiferromagnetismus* zeichnet sich dadurch aus, daß die Spinmomente der beteiligten Atome so miteinander kooperieren, daß sie sich gegenseitig aufheben.

Das kooperative Verhalten zeigt, daß die Elektronen verschiedener Atome miteinander in Wechselwirkung stehen, während das Leitfähigkeitsverhalten durch lokalisierte $3d$-Elektronen erklärt wird. Es handelt sich hierbei um eine besondere Form der Wechselwirkung, an der die diamagnetischen Oxidionen beteiligt sind. Sie wird als *Superaustausch* oder antiferromagnetische Wechselwirkung bezeichnet. In einem Kristall von NiO liegen Nickel- und Sauerstoffatome auf Geraden parallel zu den Kanten der Elementarzelle. Ein d_{z^2}-Orbital von Nickel kann mit einem $2p_z$-Orbital des Sauerstoff unter Ausbildung eines kovalenten Bindungsanteils überlappen. In dieser NiO-Bindung sind ein d_{z^2}-Elektron und ein $2p_z$-Elektron gepaart. Da die Valenzschale des Sauerstoffs abgeschlossen ist, muß das zweite $2p_z$-Elektron den entgegengesetzten Spin haben. Dieses zweite $2p_z$-Elektron bildet mit einem d_{z^2}-Elektron eines anderen benachbarten Nickelatoms ebenfalls eine Bindung aus. Daraus ergibt sich, daß die benachbarten Ni-Atome entgegengesetzte Spins haben (Bild 9.8).

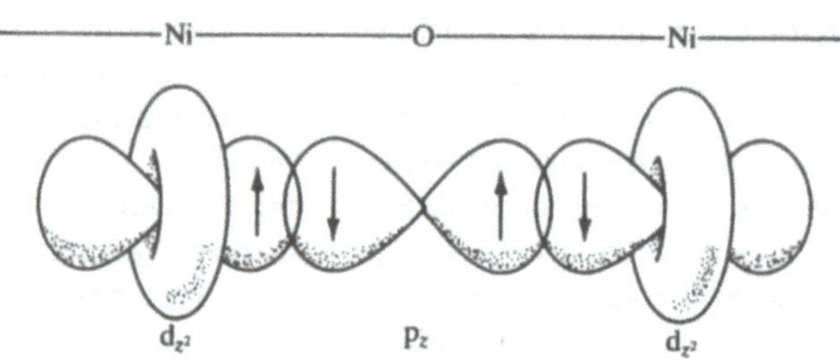

Bild 9.8   Überlappung zwischen Ni-d_{z^2}-Orbitalen und O-p_z-Orbitalen im NiO

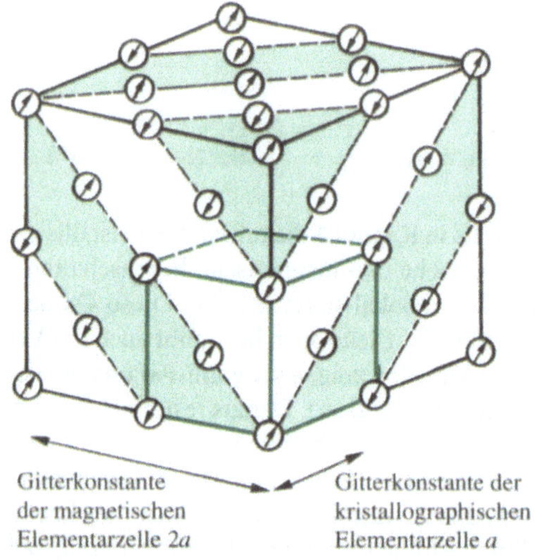

Bild 9.9   Die magnetische und die kristallographische Elementarzelle des NiO

Die alternierenden Spinmomente in antiferromagnetischen Verbindungen können durch Neutronenbeugung sichtbar gemacht werden. Da Neutronen keine Ladung, aber ein magnetisches Moment besitzen, enthält ein an einem Kristall gebeugter Neutronenstrahl nicht nur Informationen zur Lage der Atomkerne, sondern auch über ihre magnetischen Momente. Röntgenstrahlen haben im Gegensatz dazu kein magnetisches Moment und werden durch Wechselwirkung mit der Elektronenhülle gebeugt. Sie liefern deshalb nur Informationen zur Elektronendichte in dem betreffenden Kristall (Kapitel 2). Durch Röntgenbeugung ergibt sich für das NiO eine einfache NaCl-Struktur. Bei Neutronenbeugungsuntersuchungen treten im Diffraktogramm weitere Maxima auf, die sich dadurch erklären lassen, daß die Gitterkonstante der „magnetischen Elementarzelle" doppelt so groß ist wie die der kristallographischen Elementarzelle. Die Positionen der Nickelatome dieser Elementarzelle sind in Bild 9.9 dargestellt. Für Röntgenstrahlung sind alle Ni-Atome identisch, während der Neutronenstrahl in Abhängigkeit von der Spinorientierung zwei unterschiedliche Arten von Ni-Atomen identifiziert. Die Spins zweier benachbarter dichtest gepackter 111-Ebenen sind antiparallel zueinander ausgerichtet.

9.7 Ferrimagnetismus und Ferrite

Mit dem Namen Ferrite sind ursprünglich eine Reihe von ternären Oxiden mit einer *inversen Spinellstruktur* und der allgemeinen Zusammensetzung AFe_2O_4 bezeichnet worden. Diese Bezeichnung tragen heute auch andere Verbindungen mit ähnlichen magnetischen Eigenschaften, auch wenn sie kein Eisen enthalten.

Spinell ist ein Mineral der Zusammensetzung $MgAl_2O_4$, nach dem eine ganze Verbindungsklasse der Zusammensetzung AB_2O_4 benannt worden ist (Kapitel 1). Seine Struktur wird gebildet durch eine *ccp*-Anordnung von Oxid-Ionen, in der die Al^{3+}-Ionen die Hälfte der Oktaederlücken und die zweiwertigen Ionen ein Achtel der Tetraederlücken besetzen (Bild 9.10). In Spinellen mit inverser Struktur ($B[AB]O_4$) befinden sich die zweiwertigen Ionen auf Oktaederplätzen und die dreiwertigen Ionen je zur Hälfte auf Oktaeder- und Tetraederplätzen.

Die oktaedrisch koordinierten Ionen treten direkt miteinander in Wechselwirkung und stellen ihre Spins parallel ein. Gleichzeitig stellen sie über die Oxidionen durch den Superaustausch-Mechanismus ihre Spins antiparallel zu denen der zweiwertigen Ionen ein.

In den Ferriten sind die Spins der oktaedrisch koordinierten und der tetraedrisch koordinierten Fe^{3+}-Ionen antiparallel orientiert. Die magnetischen Momente heben sich dadurch gerade auf. Wenn die zweiwertigen A-Ionen ungepaarte Elektronen enthalten, sind ihre Spins parallel zu denen der Fe^{3+}-Ionen auf benachbarten Oktaederplätzen und deshalb auch zu allen anderen A-Ionen ausgerichtet. Daraus resultiert ein Gesamtmagnetmoment für diese Ferrite. Bild 9.11 zeigt das Schema für die ferrimagnetische Spinstruktur eines inversen Spinells.

Im Magnetit Fe_3O_4 ist die Wechselwirkung zwischen den Fe^{2+}- und Fe^{3+}-Ionen auf benachbarten Oktaederplätzen sehr stark. Man kann die elektronische Struktur dieser Verbindung dadurch erklären, daß man sich vorstellt, das sechste *d*-Elektron der Fe^{2+}-Ionen ist über alle Ionen auf Oktaederplätzen delokalisiert. Die Fe^{3+}-Ionen haben fünf $3d$-Elektronen mit parallelem Spin. Da fünf die Maximalzahl paralleler *d*-Elektronen ist, müssen die delokalisierten Elektronen stets antiparallel dazu ausgerichtet sein. Die Folge ist die Parallelstellung aller Spins der oktaedrisch koordinierten Ionen. Die Delokalisierung und damit die Wechselwirkung zwischen A- und B-Kationen ist in anderen Ferriten weniger stark ausgeprägt.

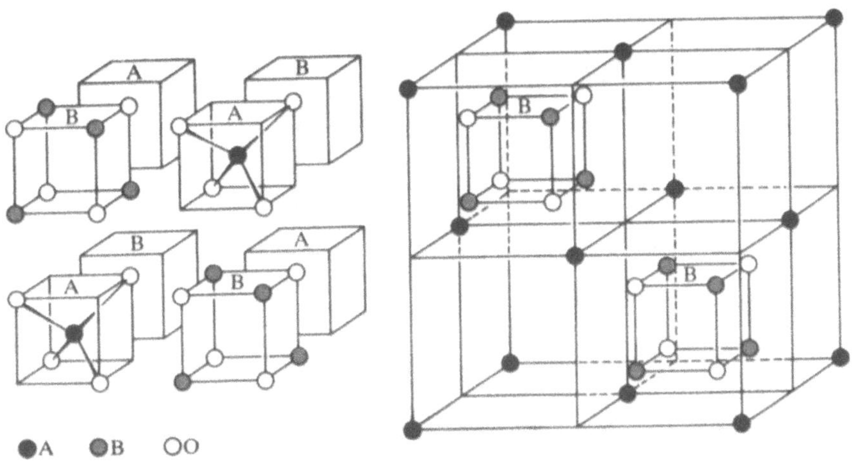

Bild 9.10   Die Spinell-Struktur AB_2O_4

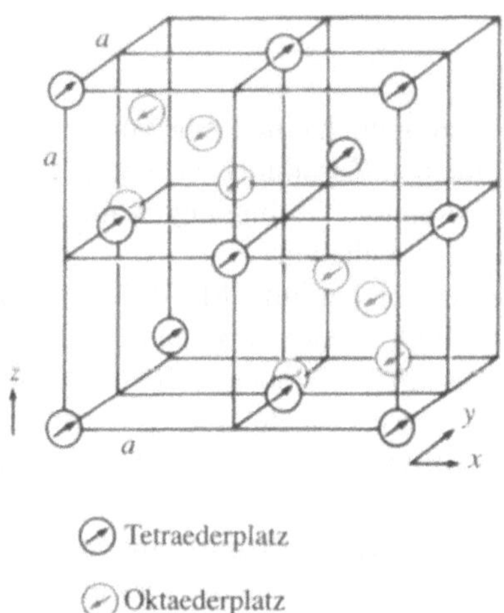

$\oslash$ Tetraederplatz

$\oslash$ Oktaederplatz

Bild 9.11   Die magnetische Struktur eines ferrimagnetischen inversen Spinells

Der bereits im Altertum bekannte Magneteisenstein, der auch als Kompaß benutzt worden ist, besteht aus Magnetit. Synthetische Ferrite werden in großem Umfang als Speichermedien in Computern, als Aufzeichnungsmaterialien für Ton- und Bildaufnahmen, als Transformatorenkerne und für viele andere Zwecke eingesetzt. Bild 9.12 zeigt schematisch den Aufbau eines Transformators. Ferrite eignen sich gut als Transformatorenkerne, da sie eine geringe elektrische Leitfähigkeit mit kleiner Koerzitivfeldstärke und großer Magnetisierung verbinden. Die niedrige Leitfähigkeit, die durch Aufteilung in Schichten weiter reduziert wird, verringert Wirbelstromverluste. Durch die große Sättigungsmagnetisierung wird erreicht, daß die Kerne nicht zu schnell gesättigt werden. Die kleine Koerzitivfeldstärke bewirkt eine gute magnetische Verbindung zwischen Primär- und Sekundärkreis.

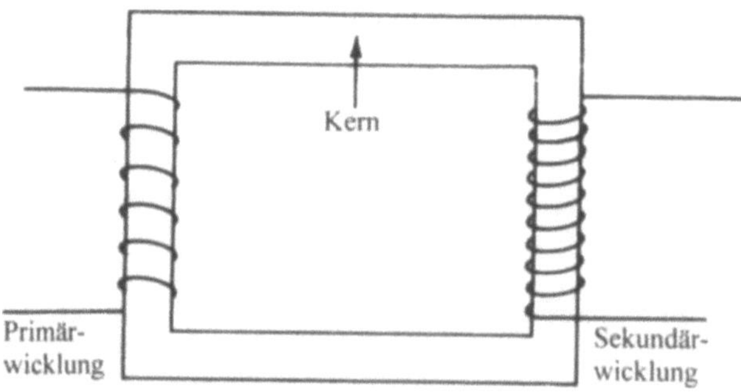

Bild 9.12   Aufbau eines Transformators

9.7.1 Computerspeicher

Ferrite werden als Speichermedien in Computern eingesetzt. Bei dieser Anwendung ist es notwendig, daß sie zwei verschiedene Zustände einnehmen können, die als Binärziffern 0 und 1 gelesen werden können, und die diesen Zustand solange beibehalten, bis sie durch einen geeigneten Impuls umgepolt werden. Eine nahezu rechteckige Hysteresiskurve, wie sie einige Ferrite besitzen, erfüllt diese Bedingungen am besten (Bild 9.13).

Neuerdings werden magnetische Blasenspeicher zu diesem Zweck verwendet. Sie bestehen aus sehr dünnen anisotropen Filmen eines magnetischen Materials, bei dem die Magnetisierung von der Richtung abhängt. In Abwesenheit eines äußeren Magnetfeldes sind die Domänen senkrecht zur Schichtebene magnetisiert, ein Teil nach oben, der andere Teil entgegengesetzt (Bild 9.14). Wenn ein Magnetfeld angelegt wird, dessen Feldlinien ebenfalls senkrecht zur Ebene des Films orientiert sind, werden die Domänen wachsen, deren Magnetisierung parallel zum anliegenden Feld ausgerichtet ist, während die entgegengesetzt magnetisierten Domänen schrumpfen. Beim Erhöhen der Feldstärke schrumpfen diese Domänen weiter bis zu einem Durchmesser von einigen Mikrometern und nehmen eine zylindrische Form an.

Diese zylinderförmigen Domänen werden *magnetische Blasen* genannt, da sich ihr Verhalten durch ähnliche Gleichungen beschreiben läßt wie Seifenblasen. Die Schichtdicke der verwendeten Filme ist gerade so groß, daß sich an jedem Punkt nur eine Blase bilden kann. Die Blasen bewegen sich in der Schicht in Richtung der geringeren Feldstärke. Dadurch lassen sich Informationen übertragen. Eine Magnetblase wird als 1 gelesen, die Abwesenheit einer Blase als 0. Die Speicherdichte von Blasenspeichern ist größer als bei anderen Magnetspeichern, sie werden aber darin möglicherweise durch optische Speicher übertroffen, wie sie in Kapitel 8 beschrieben worden sind. Als Blasenspeicher verwendet man gewöhnlich Materialien mit

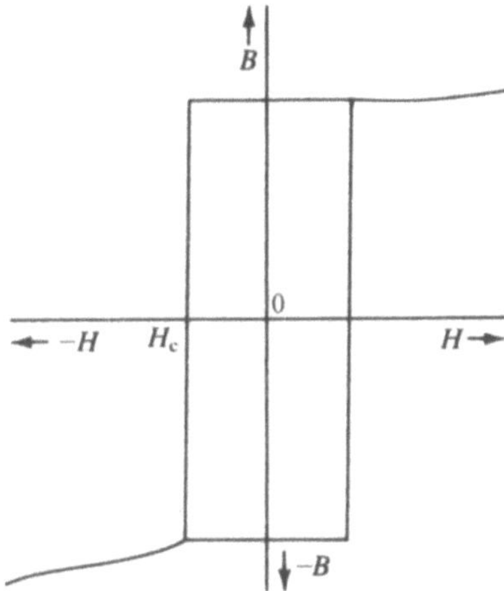

Bild 9.14   Idealisierte Hysteresis-Schleife eines für die Verwendung als Magnetspeicher geeigneten Ferrits

Granatstruktur. Das sind oxidische Verbindungen, in denen Eisenionen sowohl in oktaedrischer als auch in tetraedrischer Umgebung enthalten sind sowie achtfach koordinierte Lanthanoidionen auf Dodekaederplätzen. Dieses Koordinationsdodekaeder kann man sich als gestörte Würfel vorstellen (Bild 9.15). Die Spins der Eisenionen auf den verschiedenen Plätzen sind antiparallel ausgerichtet, während die Spins der Lanthanoidionen parallel zu den oktaedrisch koordinierten Eisenionen orientiert sind (Bild 9.16).

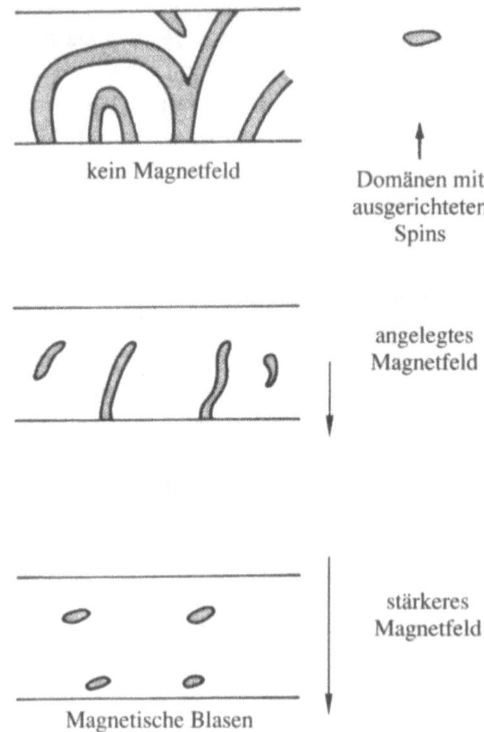

Bild 9.14   Domänen eines Dünnfilmes und die Bildung von magnetischen Blasen

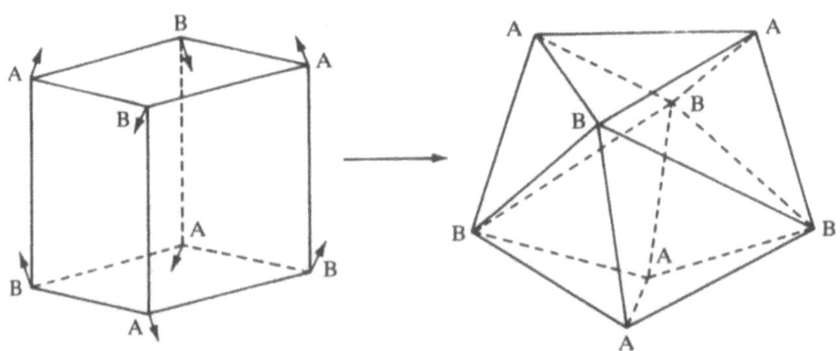

Bild 9.15   Ein achtfach koordinierter Dodekaederplatz

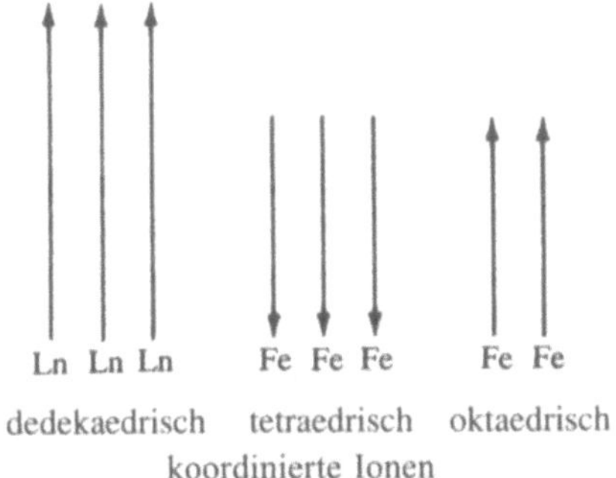

Bild 9.16   Spinorientierung in einem Lanthanoiden-Eisen-Granat

Die magnetische Anisotropie des Magnetismus und die Größe der Blasen wird durch sorgfältige Substitution verschiedener Ionen im Gitter erreicht. Ein Speicher, der Magnetblasen mit einem Durchmesser von 8 μm enthält, besteht aus einem Granat der Zusammensetzung $Sm_{0,4}Y_{2,6}Ga_{1,2}Fe_{3,8}O_{12}$.

9.8 Elektrische Polarisation

Obwohl alle Stoffe aus elektrisch geladenen Kernen und Elektronen bestehen, sind Festkörper nach außen immer elektrisch neutral. Auch innerhalb der meisten Festkörper sind positive und negative Ladungen nicht voneinander getrennt. Sie besitzen deshalb kein Dipolmoment. Wenn ein Festkörper aus Molekülen mit einem permanenten Dipolmoment besteht, z. B. Eis, sind die Moleküle im allgemeinen so angeordnet, daß die Elementarzelle – und damit auch der Festkörper – kein Dipolmoment aufweist. Durch ein von außen angelegtes elektrischen Feld wird in einem solchen Festkörper ein Feld induziert, das dem äußeren entgegengerichtet ist. Die Ursache für dieses Feld sind einerseits eine Verschiebung der Elektronenhülle der Atome bzw. der Moleküle und anderseits geringe Verschiebungen der Atome selbst. Das mittlere pro Volumeneinheit des Festkörpers induzierte Dipolmoment ist die *elektrische Polarisation P*. Sie ist proportional der Feldstärke E:

$$P = \varepsilon_0 \chi_e E \qquad (9.10)$$

ε_0 ist die Dielektrizitätskonstante (Permittivität) des Vakuums ($\varepsilon_0 = 8{,}85 \cdot 10^{-12}$ F·m^{-1}), χ_e ist eine reine Verhältniszahl und wird dielektrische Suszeptibilität genannt. Die dielektrische Suszeptibilität der meisten Festkörper liegt im Bereich zwischen 0 und 10. Die Suszeptibilität wird häufig dadurch ermittelt, daß man die Kapazität eines Kondensators einmal mit der untersuchten Substanz (C) und einmal ohne diese (C_0) bestimmt. Da Verhältnis diese beiden Kapazitäten ist die relative Permittivität oder die Dielektrizitätskonstante ε_r des Stoffes.

$$C/C_0 = \varepsilon_r \qquad (9.11)$$

Die Dielektrizitätskonstante ε_r ist mit der Suszeptibilität durch folgende Beziehung verknüpft:

$$\varepsilon_r = 1 + \chi_e \tag{9.12}$$

Benutzt man bei dieser Messung ein hochfrequentes Wechselfeld, können die Atome dem Wechsel der Feldrichtung nicht folgen. Es wird dann nur der Anteil bestimmt, den die Verschiebung der Elektronen zur Dielektrizitätskonstante beiträgt. Die Frequenz der elektromagnetischen Strahlung des sichtbaren und des ultravioletten Lichts liegt in diesem Bereich. Der Brechungsindex von Festkörpern ist deshalb ein Maß für diesen elektronischen Beitrag zur Dielektrizitätskonstante. Kristalle mit einer großen Dielektrizitätskonstante haben auch eine große Brechzahl. Deshalb werden wir hier ähnliche Substanzen besprechen wie im Zusammenhang mit optischen Vorrichtungen am Ende von Kapitel 8.

9.9 Piezoelektrische Kristalle – α-Quarz

Ein piezoelektrischer Kristall hat die Eigenschaft, daß er unter Einwirkung einer mechanischer Spannung oder von Druck eine elektrische Spannung erzeugt und umgekehrt durch Anlegen einer elektrischen Spannung eine mechanische Verformung erleidet. Durch Einwirkung eines elektrischen Feldes bewegen sich die Atome in dem Kristall, so daß ein Dipolmoment aufgebaut wird. Piezoelektrizität kann nur in Kristallen auftreten, deren Elementarzelle kein Symmetriezentrum besitzt. Unter den 32 Kristallklassen haben 11 ein Symmetriezentrum (Kapitel 1). Eine weitere Kristallklasse kann wegen des Vorhandenseins anderer Symmetrieelemente ebenfalls nicht piezoelektrisch sein.

α-Quarz ist aus SiO_4-Tetraedern aufgebaut. Tetraeder haben kein Symmetriezentrum, aber im α-Quarz sind die Tetraeder gestört, und besitzen deshalb ein Dipolmoment. Die Tetraeder sind im Kristall derartig verknüpft, daß sich unter normalen Bedingungen diese Dipolmomente gegenseitig aufheben und keine Polarisation beobachtet wird (Bild 9.17). Durch Einwirkung von Druck in bestimmten kristallographischen Richtungen verändern sich die Si–O–Si-Bindungswinkel so, daß sich die Dipolmomente gegenseitig nicht mehr kompensieren. Dadurch treten an der Oberfläche des Kristalls Ladungen auf, er ist polarisiert. Dieser Effekt ist beim α-Quarz nur klein. Das Verhältnis zwischen der aufgewandten mechanischen Arbeit zur erzeugten elektrischen Energie ist nur 0,01. Bei einer anderen kommerziell verwendeten piezoelektrischen Verbindung, dem Rochelle-Salz ($KNaC_4H_4O_6 \cdot 4\,H_2O$), ist dieses Verhältnis etwa 0,81. α-Quarz ist aber gut geeignet, die Frequenz von elektrischen Schwingkreisen zu stabilisieren. Ein elektrisches Feld verursacht eine mechanische Verformung eines Quarzkristalls. Unter der Einwirkung eines elektrischen Wechselfeldes beginnt der Kristall zu schwingen. Wenn die Frequenz des elektrischen Feldes mit der Schwingungsfrequenz des Quarzkristalls übereinstimmt, tritt Resonanz ein, und es bilden sich stehende Wellen aus. Der Quarzkristall wird einerseits durch das Wechselfeld zum Schwingen angeregt, anderseits speist er auch in jeder Schwingungsperiode elektrische Energie zurück in den elektrischen Kreis. Die besondere Bedeutung des α-Quarzes für die Stabilisierung von Schwingkreisen, die in Uhren und vielen anderen elektronischen Geräten verwendet werden, liegt u. a. darin, daß seine Frequenz nahezu temperaturunabhängig ist. Bei anderen Anwendungen, wie z. B. bilderzeugenden Ultraschall-Verfahren, ist es wichtiger, daß der Konversionsgrad mechanischer Energie in elektrische Energie möglichst groß ist.

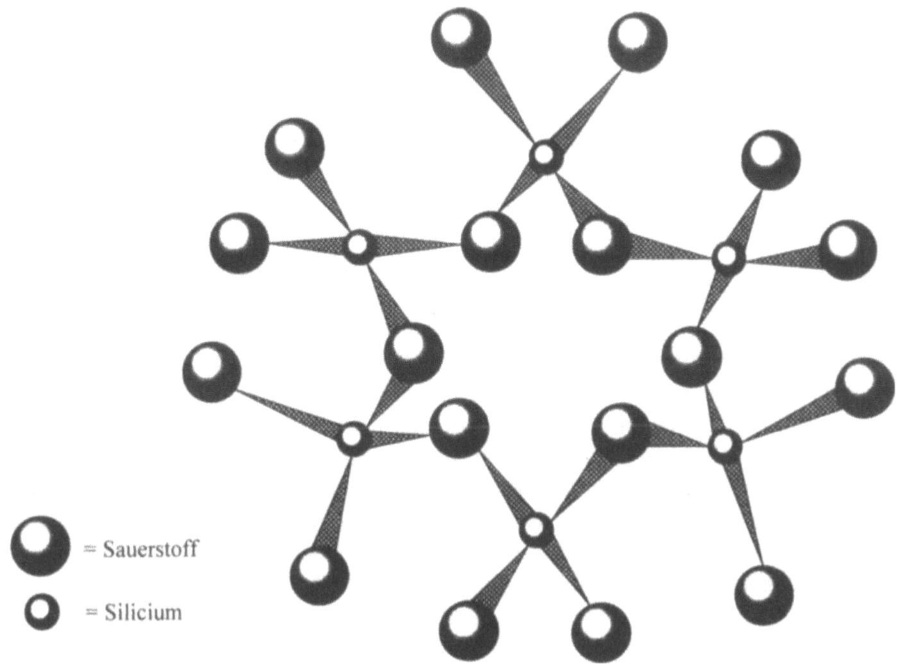

Bild 9.17   Ausschnitt aus der Struktur von α-Quarz

Einige piezoelektrische Kristalle sind bereits in Abwesenheit einer mechanischen Beanspruchung elektrisch polarisiert. Das ist z. B. bei Turmalinkristallen mit Edelsteinqualität der Fall. Unter gewöhnlichen Umständen wird dieser Effekt nicht bemerkt, weil die Kristalle nicht als Quelle eines elektrischen Feldes benutzt werden. Die Oberflächenladungen der Kristalle werden durch Partikel der Umgebung rasch neutralisiert. Die Polarisation nimmt mit zunehmender Temperatur ab. Beim Erwärmen verliert Turmalin einen Teil seiner Oberflächenbeladung. Bei raschem Abkühlen nimmt er seine ursprüngliche Polaristion wieder an und zieht deshalb kleine geladene Partikel an. Dadurch läßt sich die polare Natur der Kristalle nachweisen Diese Erscheinung nennt man Pyroelektrizität.

9.10 Der ferroelektrische Effekt

Ferroelektrische Kristalle enthalten verschieden orientierte elektrisch polarisierte Domänen. Durch Einwirken eines äußeren Feldes können diese Domänen parallel ausgerichtet werden. Zu den wichtigsten Ferroelektrika gehören Verbindungen mit Perowskitstruktur (Kapitel 1), darunter das klassische Beispiel des Bariumtitanats $BaTiO_3$. Diese Verbindung hat die außerordentlich große Dielektrizitätskonstante von etwa $\varepsilon_r = 1000$ und wird deshalb in großem Umfang in Kondensatoren eingesetzt. Oberhalb 393 K hat das $BaTiO_3$ die in Bild 10.6 bzw. 10.7 dargestellte kubisch Struktur, bei der die Ba^{2+}-Ionen das Zentrum, die Ti^{4+}-Ionen die Ecken eines Würfels und die O^{2-}Ionen die Flächenmitten diese Würfels besetzen. Die kleinen Ti^{4+}-Ionen (Radius etwa 75 pm) haben in dem O_6-Oktaeder Bewegungsspielraum. Bei 393 K geht die kubische Struktur in eine tetragonale über, wobei sich die Ti^{4+}-Ionen aus dem Zentrum des O_6-Oktaeders entlang einer Ti–O-Bindung verschieben. Bei 278 K gibt es eine weitere Phasenumwandlung, weil sich die Ti^{4+}-Ionen entlang einer Diagonale auf die Kante einer O–O-Bindung hin verschieben. Bei 183 K bildet sich eine rhomboedrische Phase, indem die Ti-Atome aus dem Zentrum in Richtung der Elementarzellen-Raumdiagonale wandern. Die drei verschieden Möglichkeiten für die Verschiebung der Ti-Atome aus dem Zentrum der Elementarzelle sind in Bild 9.18 gezeichnet. Der besseren Erkennbarkeit wegen ist das Ausmaß der Verschiebung vergrößert dargestellt. Der Abstand der Ti-Atome vom Oktaederzentrum beträgt nur 15 pm. In diesen drei Phasen weisen die TiO_6-Oktaeder ein Dipolmoment auf. Wenn in einer Phase sämtliche Ti-Atome in der gleichen Richtung verschoben sind, ist der ganze Kristall polarisiert. Wie die Ferromagnetika bilden auch die Ferroelektrika Domänen unterschiedlicher Orientierung aus, so daß sich die Polarisation nach außen hin aufhebt. In der tetragonalen Phase des $BaTiO_3$ gibt es für die Ti-Atome sechs verschieden Achsen, auf denen sie sich auf die sechs Sauerstoffatome des O_6-Käfigs hin bewegen können. Die Polarisationsrichtungen von benachbarten Domänen bilden deshalb miteinander Winkel von 90° oder 180°, wie in Bild 9.19 zu sehen ist. Die Domänen haben Durchmesser in der Größenordnung von 10^{-5} m. Sie lassen sich auf verschiedene Weise sichtbar machen. Die Photographie eines dünnen Plättchens von Bariumtitanat, aufgenommen unter einem Polarisationsmikroskop, läßt die scharfen Domänengrenzen deutlich hervortreten (Bild 9.20).

Unter dem Einfluß eines elektrischen Feldes richten sich die Domänen parallel. Dabei wächst die Polarisation mit zunehmender Feldstärke, bis die Sättigung erreicht ist, bei der alle Domänen in der Feldrichtung orientiert sind. Beim Verringern der Feldstärke bleibt die Polarisation erhalten. Man muß ein Feld in entgegengesetzter Richtung anlegen, um die Polarisation zu beseitigen. Die Abhängigkeit der Polarisation P von der Feldstärke E weist eine dem Ferromagnetismus vergleichbare Hysteresis auf (Bild 9.21).

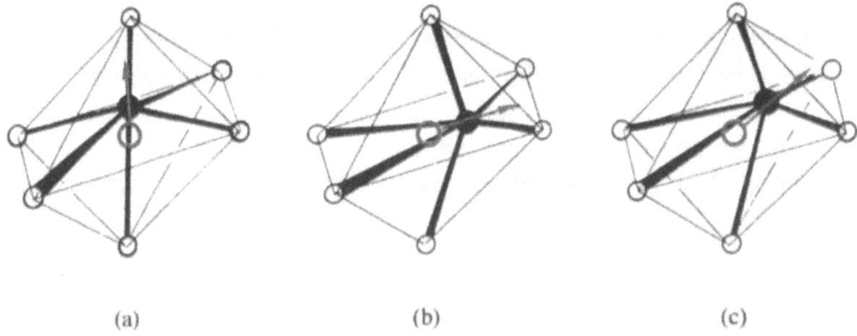

(a)   (b)   (c)

Bild 9.18   Störung der [TiO_6]-Oktaeder in den verschiedenen $BaTiO_3$-Modifikationen: (a) in der tetragonalen, (b) in der orthorhombischen und (c) in der rhomboedrischen Modifikation.

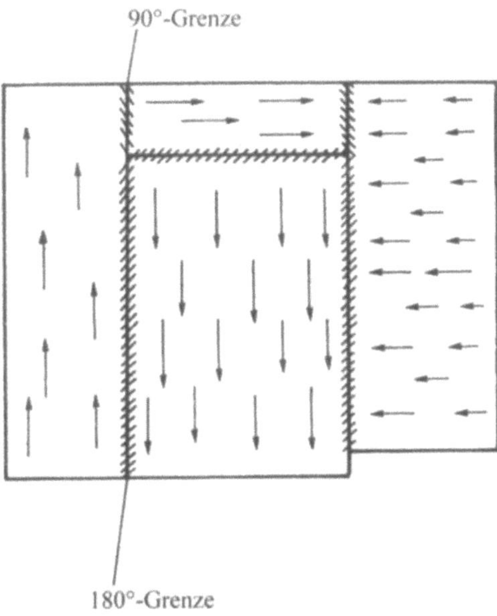

Bild 9.19   Schema der Domänenstruktur in Bariumtitanat mit 90°- und 180°-Grenzen

Bild 9.20   Mikroskopische Aufnahme von Domänen unterschiedlicher Polarisation in einem Bariumtitanat-Plättchen, die durch polarisiertes Licht sichtbar gemacht worden sind. (Aus A. Guinier und R. Jullien *The Solid State from Superconductors to Superalloys*, Oxford University Press/International Union of Crystallogrphy, Oxford, 1989. Bild 2.9, S. 67. Reproduktion mit Erlaubnis von Oxford University Press.)

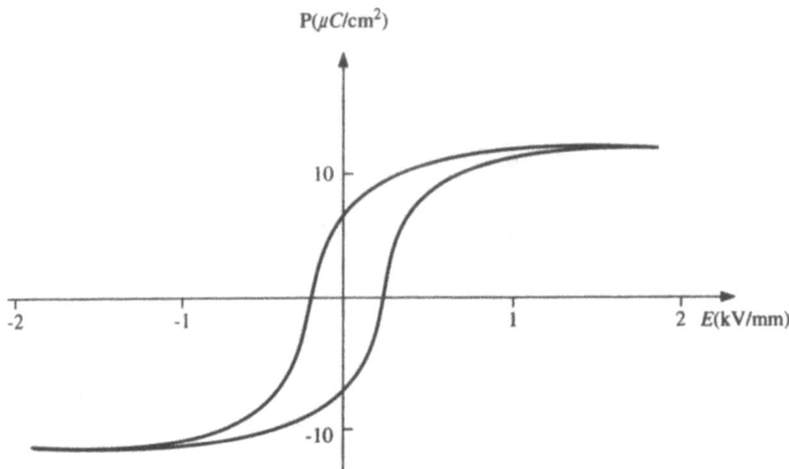

Bild 9.21   Hysteresis-Schleife der elektrischen Polarisation von Bariumtitanat (Korngröße der Probe
              $2 \cdot 10^{-5}$ m bis 10^{-4} m)

Die Temperaturabhängigkeit der dielektrische Suszeptibilität und der Dielektrizitätskonstante ε_r ferroelektrischer Substanzen folgen dem Curieschen Gesetz:

$$\varepsilon_r = \varepsilon_\infty + \frac{C}{T - T_c} \tag{9.13}$$

Hierin ist ε_∞ die Dielektrizitätskonstante bei Frequenzen im Bereich des sichtbaren Lichts und
T_c die Curie-Temperatur. Die Temperatur von 393 K, bei der sich das Bariumtitanat von der
tetragonalen in die kubische Phase umwandelt, ist zugleich die Curie-Temperatur. Da in der
kubischen Phase das Ti-Atom das Zentrum des O_6-Oktaeders besetzt, hat die Elementarzelle
ein Symmetriezentrum und demzufolge kein Dipolmoment mehr. Durch ein elektrisches Feld
lassen sich die Ti-Atome verschieben, und deshalb ist die Dielektrizitätskonstante noch sehr
groß, aber nach dem Ausschalten des Feldes geht die Polarisation verloren.

9.10.1 Keramische Vielschichtkondensatoren

Kondensatoren dienen dem Speichern von Ladungen. Durch ein elektrisches Feld lassen sich
in einem Kondensator Ladungen induzieren, die erhalten bleiben, bis sie durch einen Leiter
abfließen können. Aus Platzgründen ist man heute bestrebt, Kondensatoren für die Anwendung in elektronischen Geräten zu bauen, die in kleinem Volumen eine möglichst große Kapazität besitzen. Dazu benötigt man Materialien mit einer großen Dielektrizitätskonstante. Obwohl das Bariumtitanat in der Nähe der Curie-Temperatur eine Dielektrizitätskonstante von

$\varepsilon_r = 7000$ besitzt, ist es für diesen Zweck nur wenig geeignet, weil die Dielektrizitätskonstante beim Abkühlen auf Werte um 1000 bis 2000 abnimmt. Deshalb sucht man nach Stoffen mit größeren Dielektrizitätskonstanten und geringer Temperaturabhängigkeit im Bereich zwischen 218 K und 398 K. Ersetzt man einen Teil des Titans im Bariumtitanat durch Zirconium oder Zinn, nimmt die Curie-Temperatur und auch die Temperaturabhängigkeit der Dielektrizitätskonstante ab. Weitere Verbesserungen lassen sich erreichen, wenn das Barium durch andere Elemente substituiert wird. Die auf diesem Wege hergestellten Stoffe enthalten mehrere Phasen mit verschiedenen Curie-Temperaturen und zeigen insgesamt eine geringere Temperaturabhängigkeit für die Dielektrizitätskonstante. Eine mit Niob dotierte Probe, die aus 95 % $BaTiO_3$ und 5 % $CaZrO_3$ durch Sintern bei 1720 K hergestellt worden ist, hat zwischen 223 K und 403 K eine Dielektrizitätskonstante von $\varepsilon_r = 3000$. Die in dieser Substanz enthaltenen Phasen haben die allgemeine Zusammensetzung $Ba_{1-x}Ca_xTi_{1-y}Zr_yO_3$ und eine dem tetragonalen Bariumtitanat ähnliche Struktur. Durch das Niob scheint die Bildung anderer thermodynamisch stabiler Phasen verhindert zu werden.

Anderer Parameter, die die Dielektrizitätskonstante beeinflußt, sind die Korngröße und die Korngrößenverteilung. Die oberflächennahen Schichten tetragonaler Kristalle sind kubisch. Mit abnehmender Korngröße wächst deshalb der Anteil der kubischen Phase. Das ergibt eine höhere Dielektrizitätskonstante bei Zimmertemperatur, aber eine kleinere bei der Curie-Temperatur. Sehr kleine Kristalle zeigen keinen ferroelektrischen Effekt mehr. Beim Herstellen derartiger Materialien ist es deshalb wichtig, die Korngröße in geeigneter Weise zu steuern. Wir haben bereits in Kapitel 3 Präparationsmethoden für Bariumtitanat beschrieben, bei denen das besser als bei der keramischen Methode möglich ist. Vielschichtkondensatoren großer Kapazität bestehen aus zwei Paketen von leitfähigem Material, die durch Schichten des geeigneten dielektrischen Materials voneinander getrennt sind (Bild 9.22).

Bariumtitanat ist nur ein Beispiel für ferroelektrische Stoffe. Zur Klasse der ferroelektrischen Perowskite gehören auch die Verbindungen $PbTiO_3$ und $LiNbO_3$. Sie enthalten wie das $BaTiO_3$ kleine leicht verschiebbare Kationen in einem oktaedrischen O_6-Käfig. Andere ferroelektrische Verbindungen enthalten Wasserstoffbrückenbindungen, z. B. das KH_2PO_4 und das als Rochelle-Salz bezeichnete Kalium-Natrium-Tartrat ($KNaC_4H_4O_6 \cdot 4\,H_2O$), oder Anionen mit einem permanenten Dipolmoment wie das $NaNO_2$.

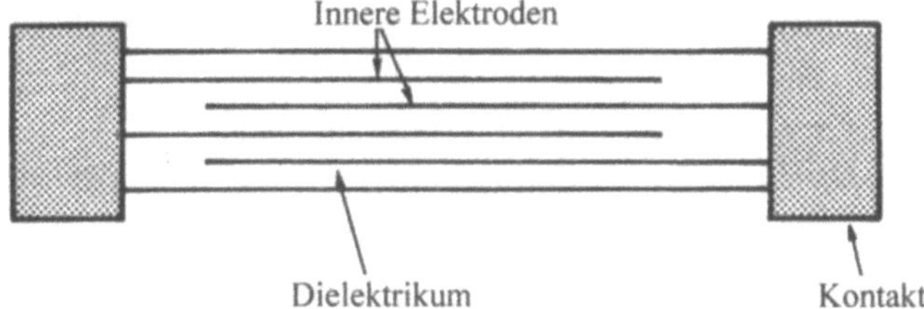

Bild 9.22   Schnitt durch einen Vielschichtkondensator

Weiterführende Literatur

Cox, P. A.: *Electronic Structure and Chemistry of Solids*, Oxford University Press, Oxford, 1987.

West, A. R.: *Basic Solid State Chemistry*, John Wiley, New York, 1988.

Moore, W. J.: *Der feste Zustand*, Kapitel 4 - 5. Vieweg, Braunschweig, 1977.

Duffy, J. A.: *Bonding, Energy Levels and Bands in Inorganic Solids*, Wiley, New York, 1990.

Rao, C. N. R. und Gopalakrishnan, J.: *New Directions in Solid State Chemistry*, Cambridge University Press, Cambridge, 1986.

Blunt, R.: Magnetic bubble memories, Chemistry in Britain, **1983**, September, 740.

Guinier, A. und Jullien, R.: *The Solid State from Superconductors to Superalloys*, Kapitel 2-3, Oxford University Press/International Union of Cristallography, Oxford, 1989.

Cheetham, A. K. und Day, P.: *Solid State Chemistry Compounds*, Oxford University Press, Oxford, 1992.

Newnham, R. E.; Trolier-McKinstry, S. und Giniewicz, J. R.: Piezoelectric, pyroelectric and ferroic crystals, Journal of Materials Education, **15** (1993), 189-223.

Fragen

1. Obwohl metallisches Mangan selbst nicht ferromagnetisch ist, gibt es ferromagnetische Manganlegierungen wie das Cu_2MnAl. Der Mn-Mn-Abstand ist in den Legierungen größer als im Element. Welchen Einfluß hat dieser Abstand auf das $3d$-Band und welcher Zusammenhang besteht mit dem Ferromagnetismus der Legierung?

2. Die Verbindung EuO hat eine NaCl-Struktur und ist oberhalb 70 K paramagnetisch, unterhalb dieser Temperatur aber magnetisch geordnet. Die Neutronenbeugung gibt für beide Zustände das identische Bild. In welchem magnetischen Zustand befindet sich die Verbindung bei der tieferen Temperatur?

3. $ZnFe_2O_4$ ist bei tiefen Temperaturen ein inverser Spinell. Welchen Typ von Magnetismus muß man in diesem Zustand bei diesem Ferrit erwarten?

4. In den pyritischen Sulfiden der Übergangsmetalle MS_2 besetzen die M^{2+}-Ionen Oktaederlücken. Bei der Bildung eines d-Bandes wird es wie bei den Monoxiden MO in zwei Teilbänder aufspalten. Leiten Sie aus den unten aufgeführten Angaben zu verschiedenen Sulfiden ab,

    (a) ob die d-Elektronen lokalisiert oder delokalisiert sind,

    (b) in welchem Band sich die Elektronen bewegen, wenn sie delokalisiert sind, und

    (c) für die Halbleiter, zwischen welchen Bändern sich die Bandlücke befindet.

    MnS_2: antiferromagnetisch ($T_N = 78$ K), Isolator, oberhalb T_N Paramagnetismus von fünf ungepaarten Elektronen

    FeS_2: diamagnetischer Halbleiter

    CoS_2: ferromagnetisch ($T_c = 115$ K), metallischer Leiter

5. In Ferroelektrika mit Wasserstoffbrückenbindungen ändern sich die Curie-Temperaturen und die Dielektrizitätskonstanten, wenn Wasserstoff durch Deuterium ersetzt wird. Welchen Schluß kann man daraus auf die Ursache für das ferroelektrische Verhalten dieser Verbindung ziehen?

10 Supraleitfähigkeit

10.1 Einleitung

In vielen Forschungsgruppen begannen intensive Untersuchungen zur Supraleitfähigkeit, nachdem Bednorz und Müller 1986 die „Hochtemperatursupraleiter" entdeckt hatten. Diese Entdeckung wurde für so bedeutsam gehalten, daß die beiden Forscher bereits ein Jahr später durch die Königliche Akademie der Wissenschaften von Schweden mit dem Nobelpreis ausgezeichnet worden sind.

Supraleiter besitzen zwei einzigartige Eigenschaften, die für die zukünftige Technik sehr wichtig werden können, wenn es gelingt, sie in geeigneter Weise zu verwerten. Erstens ist der elektrische Widerstand gleich Null, so daß sie Strom ohne Energieverlust leiten können. Durch diese Fähigkeit könnte das Stromverteilungssystem vollkommen neu gestaltet werden. Diese Eigenschaft wird bereits bei Supraleitungsmagneten höchster Feldstärke benutzt, wie sie für NMR-Untersuchungen benötigt werden. Zweitens verdrängen sie jeglichen magnetischen Fluß aus ihrem Inneren und werden deshalb von einem Magnetfeld abgestoßen. Supraleiter schweben aus diesem Grund frei über einem Magnetfeld. Diese Eigenschaft soll zukünftig Magnetschwebebahnen eine reibungsfreie Fortbewegung ermöglichen. Die höchste Temperatur, bei der vor 1986 Supraleitung beobachtet worden war, lag bei 23 K. Zum Kühlen benötigte man dazu flüssiges Helium mit einer Siedetemperatur von etwa 4 K. Die damit verbundenen hohen Kosten haben die Anwendung von Supraleitern sehr eingeschränkt.

Lange Zeit ist nach Stoffen gesucht worden, die den Zustand der Supraleitfähigkeit bereits bei Temperaturen des flüssigen Stickstoffs (etwa 77 K) erreichen, damit man das teuere Helium durch dieses billigere Kühlmittel ersetzen kann, und nach solchen, die bereits bei Zimmertemperatur diese Eigenschaft besitzen. Die Entdeckung von 1986 hat die Möglichkeit eröffnet, Supraleiter mit flüssigem Stickstoff zu betreiben. Zimmertemperatur-Supraleiter gibt es bisher noch nicht.

10.2 Die Entdeckung der Supraleiter

1908 gelang es Kamerlingh Onnes erstmals, Helium zu verflüssigen. Dadurch wurde der Weg eröffnet zu vielen neuen Untersuchungen zum Verhalten von Stoffen bei sehr tiefen Temperaturen. Zu diesem Zeitpunkt war durch Widerstandsmessungen schon lange bekannt, daß die elektrische Leitfähigkeit von Metallen mit abnehmender Temperatur zunimmt. 1911 hat Onnes die Temperaturabhängigkeit der Leitfähigkeit von Quecksilber untersucht. Er fand dabei überraschenderweise, daß der elektrische Widerstand bei 4,2 K sprunghaft auf den Wert Null fällt. Er nannte diese Eigenschaft *Supraleitfähigkeit* und die Temperatur, bei der sie beginnt, *kritische Temperatur* T_c, sie wird auch als Sprungtemperatur bezeichnet. Bild 10.1 zeigt den Unterschied im Verhalten eines gewöhnlichen Metalls und eines Supraleiters in der Nähe des absoluten Nullpunkts. Das Verschwinden des elektrischen Widerstands hat zur Folge, daß in einem Supraleiter ein Strom ohne Energieverlust beliebig lang fließen kann.

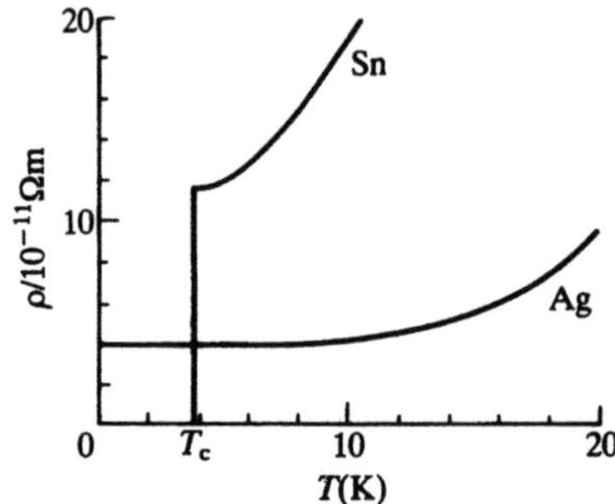

Bild 10.1 Abhängigkeit des spezifischen Widerstands ρ von der Temperatur T bei zwei verschiedenen Metallen. Ag: $\rho > 0$ bis $T = 0$ K, Sn: Abnahme auf $\rho = 0$ bei der kritischen Temperatur T_c

Mehr als zwanzig Jahre lang wurden im Verständnis der Supraleitfähigkeit keine Fortschritte gemacht, sondern nur neue Substanzen entdeckt, die dieses Phänomen zeigen. Es gibt mehr als 20 Elemente und Tausende von Legierungen, die unter geeigneten Bedingungen supraleitfähig werden (Bild 10.2). Erst 1933 wurde von Meißner und Ochsenfeldein weiterer Effekt entdeckt.

10.3 Die magnetischen Eigenschaften von Supraleitern

Meißner und Ochsenfeld untersuchten den Einfluß von Magnetfeldern auf Supraleiter. Dabei stellten sie fest, daß diese Stoffe beim Unterschreiten ihrer kritischen Temperatur T_c ein Magnetfeld aus ihrem Inneren verdrängen (Bild 10.3), die Flußdichte B ist im Inneren dann gleich Null. Wegen der Beziehung $B = \mu_0 H(1 + \chi)$ wird mit $B = 0$ die Suszeptibilität $\chi = -1$, d. h., Supraleiter sind ideale Diamagnetika. Ein Magnetfeld stößt deshalb einen Supraleiter ab, wie in Bild 10.4 zu erkennen ist.

Es hat sich herausgestellt, daß die kritische Temperatur T_c durch ein Magnetfeld beeinflußt wird. Diese Abhängigkeit ist für einen typischen Supraleiter in Bild 10.5 dargestellt. Mit zunehmender Feldstärke nimmt T_c ab. Man erkennt am Verlauf der Kurve, daß hinreichend starke Magnetfelder ein supraleitendes Material in einen nicht-supraleitenden Zustand bringen können. Die Feldstärke, die gerade ausreicht, diesen Zustand herzustellen, nennt man die *kritische Feldstärke* H_c. Sie ist abhängig von der Temperatur und vom betreffenden Stoff.

Weiterhin gibt es für Supraleiter eine *kritische Stromstärke* I_c, bei deren Überschreitung der widerstandslose Stromtransport zusammenbricht. Nach seinem Entdecker wird diese Erscheinung *Silsbee-Effekt* genannt. Die kritische Stromstärke hängt von der Natur des Materials und von der Geometrie der betreffenden Probe ab.

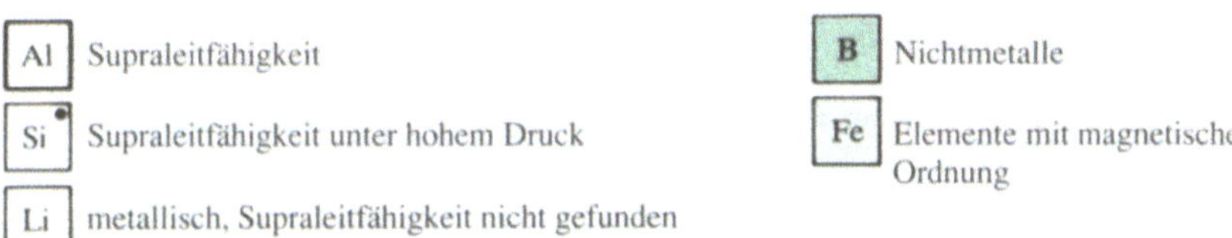

Al	Supraleitfähigkeit
Si	Supraleitfähigkeit unter hohem Druck
Li	metallisch, Supraleitfähigkeit nicht gefunden

| B | Nichtmetalle |
| Fe | Elemente mit magnetischer Ordnung |

Bild 10.2 Stellung der supraleitenden Metalle im Periodischen System der Elemente

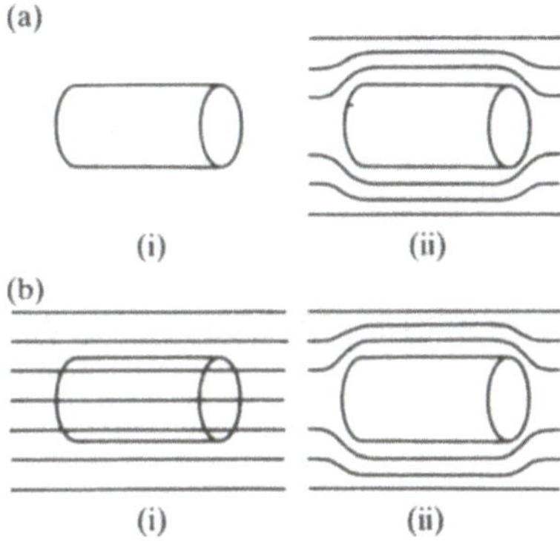

Bild 10.3 Schematische Darstellung der Meißner-Ochsenfeld-Effekte: (a) (i) Supraleiter im feld-freien Raum, (ii) der gleiche Supraleiter nach dem Anlegen eines Magnetfeldes: das Feld dringt in den Supraleiter nicht ein, (b) (i) supraleitender Stoff oberhalb der kritischen Temperatur T_c in einem Magnetfeld, (ii) bei Unterschreiten der kritischen Temperatur T_c wird der magnetische Fluß aus dem Inneren des supraleitenden Stoffes verdrängt.

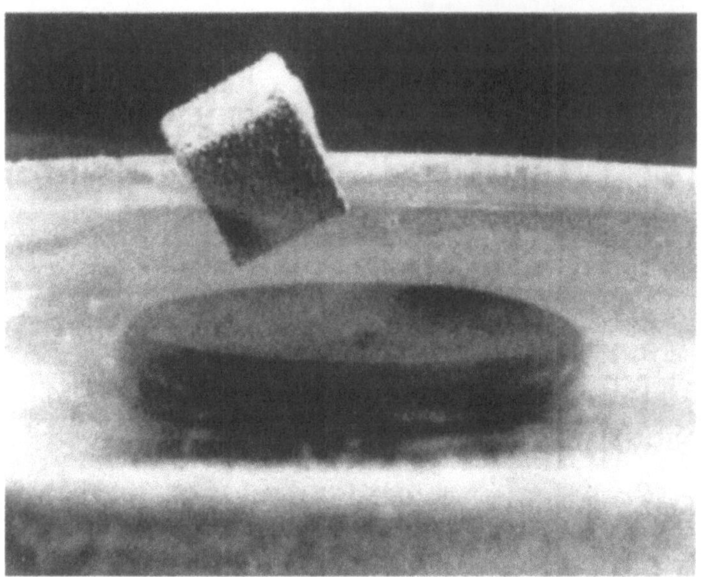

Bild 10.4   Ein Permanentmagnet schwebt über einer supraleitenden Oberfläche

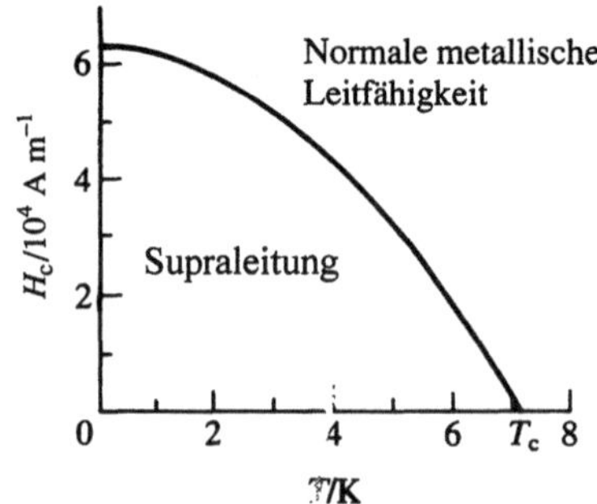

Bild 10.5   Die Abhängigkeit der kritischen Feldstärke H_c von der Temperatur T des Bleis $H_c = 0$
für $T = T_c$

Die Theorie der Supraleitung ist ein sehr komplexes Gebiet der Theoretischen Physik. Wir
werden deshalb hier nur ein qualitatives Bild der Zusammenhänge geben können und einige
wichtige Begriffe erläutern.

Es hat lange gedauert, bis es Physikern gelungen ist, eine Theorie aufzustellen, mit der die
Erscheinungen der Supraleitfähigkeit befriedigend erklärt werden konnten. Anfangs untersuchte man die Struktur supraleitender Metalle durch Röntgenbeugungsmethoden. Dabei stellte
man fest, daß sich bei der Sprungtemperatur weder die Gittersymmetrie noch die Gitterkonstanten ändern. 1950 entdeckte man, daß die Sprungtemperatur T_c verschiedener Isotope

des gleichen Elements von der Masse M der Gitterbausteine abhängt und nannte diese Erscheinung *Isotopeneffekt*.

$$T_c \propto \frac{1}{\sqrt{M}} \tag{10.1}$$

Man wußte, daß die Schwingungsfrequenz ν eines zweiatomigen Moleküls durch folgende Gleichung beschrieben werden kann:

$$\nu = \frac{1}{2\pi}\sqrt{\frac{k}{\mu}} \tag{10.2}$$

μ ist die reduzierte Masse und k die Kraftkonstante der betreffenden Bindung. Auch hier ist eine Größe, die Schwingungsfrequenz, umgekehrt proportional der Wurzel aus der Masse. Deshalb wurde aus dem Isotopeneffekt der Schluß gezogen, daß die Supraleitfähigkeit mit den Gitterschwingungen zusammenhängen muß. Die Schwingungsmoden bilden auf Grund der Kopplung der Gitterbausteine stehende Wellen, die sich in alle Richtungen erstrecken. Ihre Energie ist gequantelt, und sie werden als Quasiteilchen der Energie in Analogie zu den Photonen als *Phononen* bezeichnet.

Man nahm an, daß es bei Supraleitern eine starke Phononen-Elektronen-Wechselwirkung gibt. Stark vereinfacht kann man sich diesen Mechanismus folgendermaßen vorstellen: Ein Elektron, das sich durch das Gitter bewegt, stört die Gleichgewichtslage der Gitterkationen und bewirkt eine Verzerrung und Polarisation des Gitters in seiner Umgebung. Dadurch wird auf ein zweites Elektron mit entgegegesetztem Spin eine Anziehungskraft ausgeübt. Durch die Vermittlung der Gitterschwingungen bildet sich ein Elektronenpaar.

Bei der normalen metallischen Leitfähigkeit resultiert aus der Streuung der Leitungselektronen an den Phononen der elektrische Widerstand. (Bei sehr tiefen Temperaturen beruht der Widerstand vorwiegend auf der Streuung der Elektronen an Gitterdefekten.) Im Gegensatz dazu ist eine starke Kopplung der Elektronenbewegung an die Gitterschwingungen die Voraussetzung für Supraleitung. Man muß deshalb erwarten, daß die Supraleiter bei Zimmertemperatur schlechte Leiter sind. Tatsächlich sind die besten normalen metallischen Leiter, Silber und Kupfer, keine Supraleiter.

1957 haben Bardeen, Cooper und Schrieffer ihre als *BCS-Theorie* bezeichneten Vorstellungen zur Supraleitfähigkeit veröffentlicht. Sie gehen davon aus, daß unter bestimmten Bedingungen durch die Wechselwirkung mit den Phononen die Anziehung zwischen zwei Leitungselektronen größer ist als die Coulombsche Abstoßung infolge ihrer gleichsinnigen Ladung. Diese schwach aneinander gebundenen Elektronenpaare werden *Cooper-Paare* genannt und sind für die Supraleitfähigkeit verantwortlich. Die BCS-Theorie enthält eine Reihe von Bedingungen für das Auftreten von Supraleitfähigkeit, die hier nicht besprochen werden sollen.

Die Elektronen eines Cooper-Paares sind schwach aneinander gebunden und sind erstaunlich weit voneinander entfernt, in der Größenordnung von etwa $(0{,}1\,-1)$ μm. Diese Paare werden ständig aufgelöst und neu gebildet, gewöhnlich mit anderen Partnern. Die Paarbildung ist ein komplizierter dynamischer Prozeß. Der Grundzustand eines Supraleiters ist ein „kollektiver" geordneter Zustand. Nach Anlegen eines elektrischen Feldes wandern die Cooper-Paare auf eine solche Weise durch das Gitter, daß die Ordnung erhalten bleibt. Die Bewegung eines Paares ist gekoppelt an die der anderen, so daß keines einzeln an den Gitterbausteinen gestreut werden kann. Da es keine Streuung gibt, gibt es keinen Widerstand, und der betreffende Stoff ist ein Supraleiter.

10.5 Josephson-Effekte

Auf der Grundlage der BCS-Theorie sagte 1962 Josephson zwei neue quantenmechanische Effekte voraus, die später experimentell bestätigt werden konnten. Der *Gleichstrom-Josephson-Effekt* besteht darin, daß zwischen zwei Supraleitern, die durch eine außerordentlich dünne Isolierschicht (≈ 1 nm), z. B. ein Oxid eines der Metalle, voneinander getrennt sind, auch ohne anliegende Spannung ein Strom fließt. Dabei „tunneln" die Elektronenpaare durch die isolierende Barriere des Josephson-Elements. Legt man an ein solches Element eine Gleichspannung U, fließt durch den Kontakt ein Wechselstrom mit der Frequenz $v = 2(e/h)U$. Dieser Vorgang wird *Wechselstrom-Josephson-Effekt* genannt. Beide Effekte sind von großem Interesse für die Elektronikindustrie, da sie völlig neue Möglichkeiten für die Meß- und Schaltungstechnik eröffnen. Sie werden heute bereits zu verschiedenen Zwecken genutzt.

10.6 Die Suche nach Hochtemperatursupraleitern

Die höchste Sprungtemperatur, die man bis 1973 für Supraleiter gefunden hatte, war 23,3 K bei einer Verbindung der Zusammensetzung Nb_3Ge. Als höchste Temperatur, bei der ein Übergang in den supraleitenden Zustand beobachtet worden war, hatte dieser Wert Bestand bis 1986 Georg Bednorz und Alex Müller ihre Entdeckung veröffentlichten. Die Verleihung des Nobelpreises wurde begründet mit den Worten: „Im vergangenen Jahr, 1986, haben Bednorz und Müller berichtet, daß sie an einem oxidischen Material Supraleitfähigkeit bei einer Temperatur gefunden haben, die 12 K über der bisher bekannten höchsten Sprungtemperatur liegt". Die Verbindung, über die in der ersten Publikation berichtet worden war, hatte die Zusammensetzung $La_{1,8}Ba_{0,2}CuO_4$ und eine Struktur, die sich von der K_2NiF_4-Struktur ableiten läßt. Die Entdeckung dieser Verbindung war das Ergebnis von Überlegungen, die Festkörperphysik und -chemie von Metalloxiden im Hinblick auf die Supraleitfähigkeit systematisch zu untersuchen.

Es lag nahe, die Sprungtemperatur durch Substitution der Metalle in dieser Verbindung noch weiter zu erhöhen. Der Gruppe um Chu in Houston, Texas, gelang es schließlich auf diese Weise, mit der Verbindung $YBa_2Cu_3O_{7-x}$ den Temperaturbereich des flüssigen Stickstoffs zu erreichen. Diese Verbindung, die heute oft als „1-2-3" bzw. „Ybacu" bezeichnet wird, geht bei 93 K in den supraleitenden Zustand über.

10.7 Die Kristallstruktur der Hochtemperatursupraleiter

Die Perowskitstruktur trägt den Namen des Minerals Perowskit $CaTiO_3$ (Abschnitt 1.5.3). Viele andere ternäre Oxide der Zusammensetzung ABO_3 sowie Fluoride ABF_3 und Sulfide ABS_3 kristallisieren im gleichen Gitter. In Bild 10.6 ist eine Perowskit-Elementarzelle vom A-Typ dargestellt. Dabei befindet sich das A-Kation im Zentrum eines Würfels, dessen 8 Ecken durch die B-Kationen gebildet werden und die 12 Kantenmitten durch Sauerstoffatome besetzt sind.

Die Perowskitstruktur läßt sich gleichwertig auch durch eine andere Elementarzelle (B-Typ) wiedergeben, indem man den Ursprung des Gitters um eine halbe Raumdiagonale verschiebt. Dann liegen die A-Atome an den Ecken des Würfels, die B-Atome in seinem Zentrum und die Sauerstoffatome auf der Mitte der Würfelflächen (Bild 10. 7).

Der Supraleiter von Bednorz und Müller $La_{1,8}Ba_{0,2}CuO_4$ hat eine Struktur vom K_2NiF_4-Typ. Seine raumzentrierte tetragonale Elementarzelle und die Beziehung zur Perowskitstruktur sind in Bild 10.8 gezeigt. In Bild 10.8a ist die Elementarzelle quer zur c-Achse in drei Untereinheiten geteilt. Der Mittelteil ist eine Perowskit-Elementarzelle vom B-Typ, die beiden anderen Einheiten sind A-Typ-Elementarzellen, bei denen – punktiert gezeichnet – die Deck- bzw. Grundfläche entfernt worden ist. Lanthan- und Bariumatome sind etwa gleich groß und verteilen sich statistisch auf die A-Gitterplätze, Kupfer nimmt die B-Positionen ein. Man sieht, daß in diesem Gitter die A-Kationen (K bzw. La/Ba) nur von neun Sauerstoffatomen umgeben sind (Bild 10.8c), während im Perowskitgitter die A-Kationen von zwölf gleich weit entfernten Sauerstoffatomen koordiniert werden.

Der Einfachheit halber sind die drei Teile der Elementarzelle als Würfel gezeichnet worden. In Wirklichkeit ist der mittlere Teil entlang der c-Achse leicht gedehnt, und die Kupferatome befinden sich im Zentrum eines verzerrten Oktaeders von sechs Sauerstoffatomen. Diese Verzerrung beruht auf dem Jahn-Teller-Effekt und war die Ursache dafür, daß Bednorz und Müller diese oxidischen Kupferverbindungen für Untersuchungen zur Supraleitfähigkeit aus-

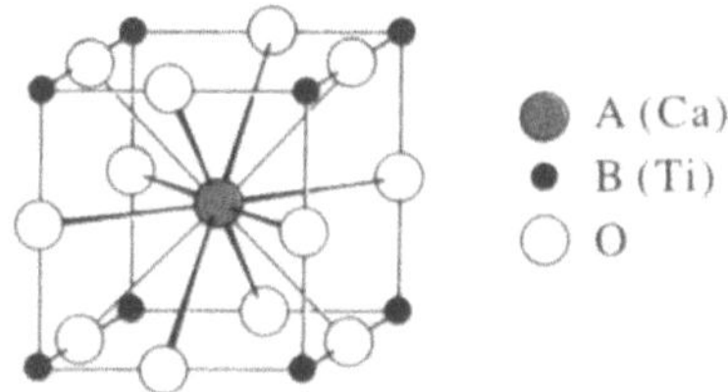

Bild 10.6   Perowskit-Elementarzelle ($CaTiO_3$) vom Typ A

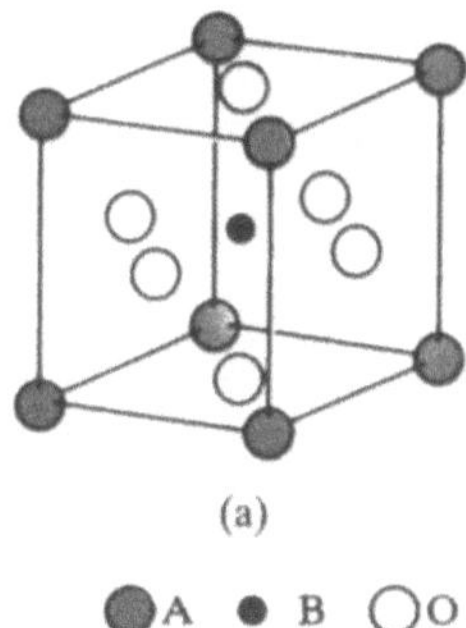

Bild 10.7   Perowskit-Elementarzelle ($CaTiO_3$) vom Typ B

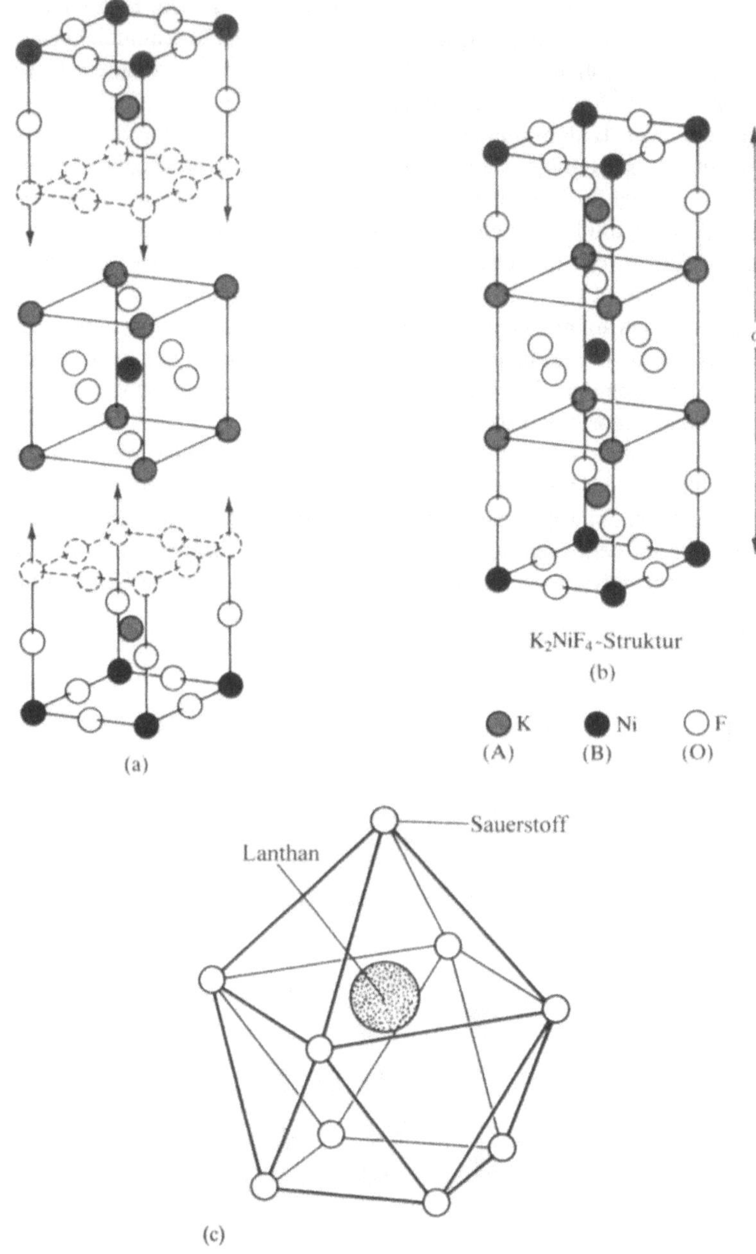

Bild 10.8   (a) Ableitung der K_2NiF_4-Struktur von der Perowskit-Struktur, (b) Die Struktur von $La_{2-x}Ba_xCuO_4$, (c) das Koordinationspolyeder $[LaO_9]$ im Gitter des $La_{2-x}Ba_xCuO_4$

gewählt haben. Die Kupferatome und die vier nächsten Sauerstoffatome liegen in der *ab*-Ebene und bilden Schichten, die durch von anderen Atomen gebildete Ebenen getrennt werden. Die planare Anordnung der Kupfer- und Sauerstoffatome bewirkt die Supraleitfähigkeit dieser Verbindung.

Die bariumfreie „Mutter"-Verbindung La_2CuO_4 ist kein Supraleiter und ist antiferromagnetisch. Die Verbindung enthält Cu^{2+}-Ionen, deren ungepaarte Elektronen im Kristall antiparallel zueinander ausgerichtet sind. Durch diese antiferromagnetische Wechselwirkung werden die Elektronen im Gitter gebunden, und sowohl normale elektrische Leitfähigkeit als auch die Supraleitfähigkeit werden effektiv unterbunden. Wenn La^{3+} durch Ba^{2+} ersetzt wird, muß zum Ladungsausgleich für jedes Ba^{2+}-Ion entweder ein Cu^{2+} zu Cu^{3+} oder ein O^{2-} zu O^--oxidiert werden. Dadurch wird die antiferromagnetische Kopplung der ungepaarten Spins gebrochen. Bei einem mittleren Oxidationsgrad des Kupfers von etwa 2,2 verschwindet der Antiferromagnetismus, und die Verbindung ist – nach entsprechender Abkühlung – supraleitend. Den gleichen Einfluß übt die Substitution durch Strontium oder Calcium aus. Es hat sich herausgestellt, daß sich durch Ausüben von Druck auf die Kristalle, wobei sich die Cu–O-Abstände verringern, die Sprungtemperatur T_c erhöht. Es gibt auch einen allgemeinen Zusammenhang zwischen Erhöhung des Gehalts an Cu(III) und höherer Sprungtemperatur. Eine Cu(III)–O-Bindung ist kürzer als eine Cu(II)–O-Bindung, da bei der Oxidation das Elektron aus einem antibindenden e_g-Orbital entfernt wird. Diese beiden Beobachtungen müssen nicht unbedingt miteinander zusammenhängen, denn bei Hochdruckexperimenten wird eine Zunahme von T_c erreicht, ohne daß der Cu(III)-Gehalt erhöht wird.

Die Kristallstruktur des 1-2-3-Supraleiters $YBa_2Cu_3O_{7-x}$ ist in Bild 10.9 dargestellt. Das Bild 10.9a zeigt nur die Positionen der Metallatome. Man erkennt daran die große Ähnlichkeit mit der Struktur des $La_{1,8}Ba_{0,2}CuO_4$ und den Zusammenhang mit der Perowskitstruktur. Das Kupfer befindet sich auf den B-Plätzen, denn es ist oktaedrisch von Sauerstoff umgeben (Bild 10.9b). Der mittlere Teil der Elementarzelle entspricht deshalb einer Perowskit-Elementarzelle vom A-Typ ebenso, wie die darüber und darunter liegenden Teile vom A-Typ abgeleitet werden können, indem die Fuß- bzw. Deckschicht entfernt wird. Die Kupferatome besetzen die acht Ecken der Elementarzelle und die vier Kanten bei den Bruchkoordinaten 1/3 und 2/3 – entsprechend 8/8 + 8/4 = 3 Kupferatome pro Elementarzelle. Im Mittelpunkt der Elementarzelle befindet sich das *Yttrium*, und die Mittelpunkte des oberen und unteren Teilwürfels sind mit *Barium* besetzt.

Wenn diese Elementarzelle aus drei exakten Perowskit-Elementarzellen gebildet wird, befinden sich Sauerstoffatome auf den Kantenmitten dieser Würfel (Bild 10.9b). Zu einer Elementarzelle gehören 20/4 + 8/2 = 9 Sauerstoffatome. Daraus resultiert die Bruttoformel für diese Verbindung. Diese Zusammensetzung ist sehr unwahrscheinlich, denn, wenn man für das Yttrium und das Barium die normalen Oxidationszahlen von +3 bzw. +2 zugrunde legt, ergibt sich für das Kupfer eine mittlere Oxidationszahl von +11/3, oder pro Elementarzelle müssen 1 Cu(III)- und 2 Cu(IV)-Ionen enthalten sein. Cu(IV)-Verbindungen sind aber außerordentlich selten. Die Elementarzelle enthält in Wirklichkeit auch nur etwa sieben Sauerstoffatome ($YBa_2Cu_3O_{7-x}$). Bei der Zusammensetzung $x = 0$ fehlen insgesamt zwei Sauerstoffatome, 4/4 von den senkrechten Kanten des mittleren Würfels und je 2/4 von den Kanten der Grund- und Deckfläche (Bild 10.9c), und die mittlere Oxidationszahl des Kupfers verringert sich auf +7/3. Das entspricht 1 Cu(III)- und 2 Cu(II)-Ionen pro Formeleinheit.

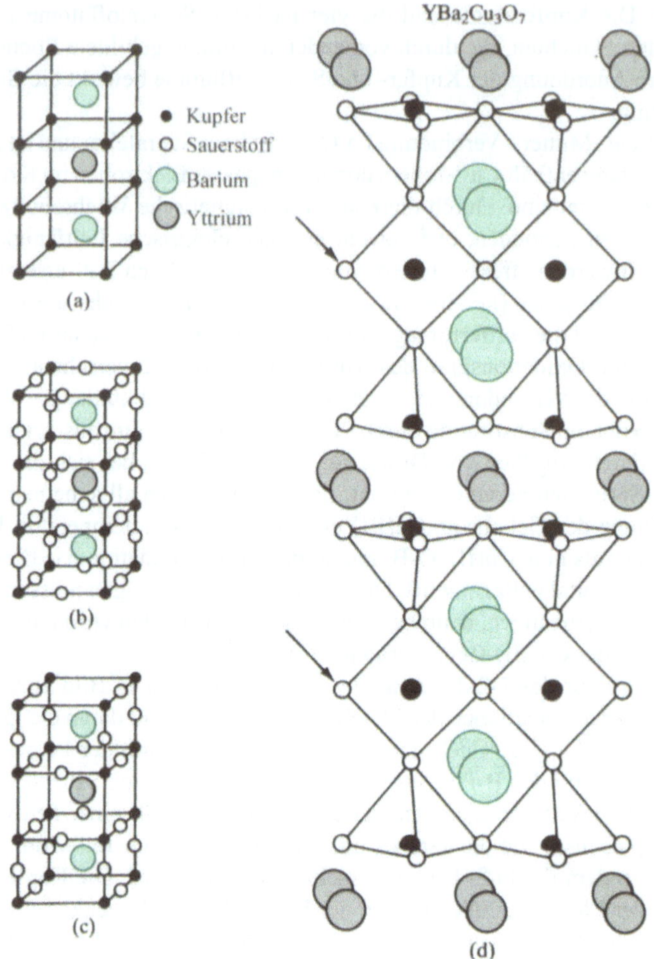

Bild 10.9 Die Struktur des Hochtemperatursupraleiters 1–2–3: (a) Positionen der Metallionen, (b) ideale Struktur der hypothetischen stöchiometrischen Verbindung YBa$_2$Cu$_3$O$_9$, (c) ideale Struktur einer stöchiometrischen Verbindung YBa$_2$Cu$_3$O$_7$. (d) Ansicht der Cu–O-Ebenen in der Verbindung YBa$_2$Cu$_3$O$_7$, die aus den Grundflächen von Cu–O-Pyramiden gebildet werden, und die zwischen den Pyramidenschichten liegenden Cu–O-Rhomben

In der 1-2-3-Verbindung sind bei $x = 0$ das Yttrium von acht und das Barium von zehn Sauerstoffatomen umgeben. Durch die Sauerstoffvakanzen werden in der Struktur Schichten und Ketten gebildet, in denen Sauerstoff- und Kupferatome miteinander verknüpft sind. Dieses Strukturmotiv ist idealisiert in Bild 10.9d gezeigt. Die Kupferatome sind im realen Kristall leicht gegen die Sauerstoffebene verschoben. Ein Teil der Kupferatome ist planar-quadratisch, der andere tetragonal-bipyramidal koordiniert (Bild 10.9d). Man hat gefunden, daß der Ladungstransport im supraleitenden Zustand parallel zu den Kupferschichten erfolgt, die von den Grundflächen der Cu–O-Pyramiden gebildet und die durch Yttrium-Schichten voneinander getrennt sind. Es scheint, als wären derartige Cu–O-Netze das Gemeinsame aller neuen Hochtemperatursupraleiter. Wenn man den Sauerstoffgehalt auf $YBa_2Cu_3O_{6,5}$ ($x = 0,5$) senkt, fällt die Sprungtemperatur T_c auf 60 K, und bei der Zusammensetzung $YBa_2Cu_3O_6$ ist die Verbindung nicht mehr supraleitend. Beim Verringern des Sauerstoffgehalts bleiben Sauerstoffpositionen im Gitter nicht statistisch unbesetzt, sondern in der Weise, daß die planar-quadratisch Koordination des Kupfers entlang der c-Achse allmählich in eine zweifache lineare Koordination übergeht, wie sie für Cu(I) charakteristisch ist. In Bild 10.9d sind die Positionen, von denen der Sauerstoff entfernt wird, durch Pfeile markiert. Die Anordnung der Kupfer- und Sauerstoffatome in den Pyramidengrundflächen wird dabei nicht beeinflußt. Bei der Zusammensetzung $YBa_2Cu_3O_6$ hat das Kupfer eine mittlere Oxidationszahl von 5/3. Es sind alle planar-quadratischen Baueinheiten in lineare Ketten mit Cu(I)-Ionen übergegangen, und die Pyramidenbasen enthalten nur Cu(II)-Ionen. Die ungepaarten Spins der Cu(II)-Ionen sind antiparallel zueinander ausgerichtet, so daß die Verbindung antiferromagnetisch ist. Der Übergang vom antiferromagnetischen Verhalten zum Supraleiter erfolgt mit zunehmendem Sauerstoffgehalt erst bei der Zusammensetzung $YBa_2Cu_3O_{6,5}$.

In beiden hier besprochenen Supraleitern ist die mittlere Oxidationszahl des Kupfers größer als zwei und die $CuO_{4/2}$-Schichten enthalten positive Löcher. Die Ladungen werden von den positiven Löchern transportiert, und deshalb werden diese Materialien als *p-Typ-Supraleiter* bezeichnet. Da alle bis 1988 entdeckten Hochtemperatursupraleiter zum *p*-Typ gehören, hat man angenommen, das wäre ein Merkmal dieser Stoffe. Inzwischen hat man auch einige *n-Typ-Hochtemperatursupraleiter* gefunden. Die erste derartige Verbindung hat die Zusammensetzung $Nd_{2-x}Ce_xCuO_{4-y}$ ($x = 0,17$; Neodym kann durch Samarium, Europium oder Praseodym vertreten werden). Seitdem sind weitere strukturell ähnliche Verbindungen gefunden worden, wie z. B. $Nd_{2-x}Th_xCuO_{4-y}$. Ihre Sprungtemperaturen liegen unterhalb 25 K.

1995 war der Supraleiter mit der höchsten Sprungtemperatur die Verbindung $HgBa_2Ca_2Cu_3O_{8+x}$. Ihre Sprungtemperatur liegt bei $T_c = 135$ K und nimmt unter Druck bis auf 164 K zu. Die Struktur ähnelt denen der bereits besprochen Cu–O-Supraleiter. Sie enthält Schichten mit Cu–O-Pyramiden, wie sie in Bild 10.9d zu sehen sind, und Barium ebenfalls in ähnlichen Positionen. Aber zwischen zwei derartigen Pyramidenschichten sind drei weitere Schichten eingelagert, die von Calcium-, Kupfer- und nochmals Calciumionen gebildet werden. Die Ebenen zwischen den Pyramidenspitzen und den Bariumionen werden von Quecksilber- und Sauerstoffatomen besetzt (Bild 10.10).

Die meisten Hochtemperatursupraleiter bilden vom Perowskit abgeleitete Schichtstrukturen mit Sauerstoffdefizit und enthalten CuO_2-Ebenen. Die Mutterverbindungen, z. B. $La_2Cu_2O_4$, sind antiferromagnetisch, da die Elektronen der Kupferionen durch den Superaustauschmechanismus (Kapitel 9) über die Oxidionen miteinander wechselwirken. Wenn diese Verbindungen dotiert werden, um *n*- oder *p*-Typ-Supraleiter zu erzeugen, wird der Superaustausch gestört. Die Kupfer-Sauerstoff-Schichten werden supraleitend und die dazwischenliegenden isolierenden Schichten wirken als Reservoir für Ladungen. Obwohl man überzeugt ist, daß in diesen keramischen ebenso wie in den konventionellen Supraleitern Elektronenpaare die Supraleitfähigkeit hervorrufen, gibt es noch keine allgemein anerkannte Theorie dafür, durch welchen Mechanismus die Elektronen aufeinander wirken. Nach den derzeitigen Vorstellungen sollte die Phononenkopplung oberhalb von etwa 40 K nicht mehr wirksam sein.

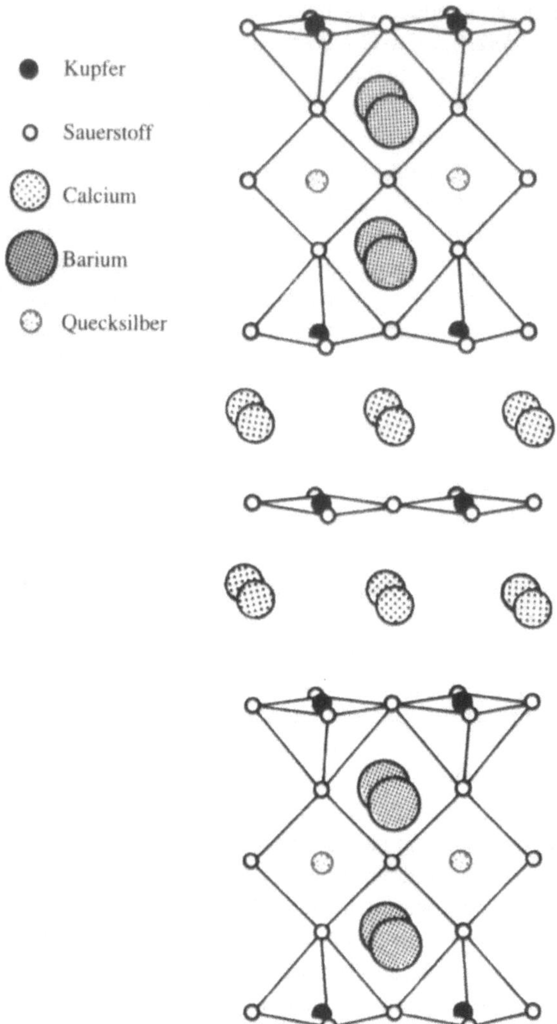

Bild 10.10   Vereinfachte Struktur des Hochtemperatursupraleiters $HgBa_2Ca_2Cu_3O_{8+x}$

Eine entsprechende Hypothese muß auch auf Hochtemperatursupraleiter anwendbar sein, die nicht auf Cu–O-Schichten beruhen, wie z. B. die Verbindung $Ba_{1-x}K_xBiO_3$ (T_c = 36 K). Eine andere aufregende Verbindungsklasse von Supraleitern stammt vom Buckminsterfulleren (Kapitel 1) ab. Die höchste bisher bekannt gewordene Sprungtemperatur eines Metallfullerides der allgemeinen Formel A_3C_{60} hat die Verbindung Rb_2CsC_{60} mit T_c = 35 K. Mit dieser ungewöhnlichen Kohlenstoffverbindung kündigt sich vielleicht das Zeitalter organischer Supraleiter an.

10.8 Anwendung von Hochtemperatursupraleitern

Die neuen Hochtemperatursupraleiter müssen einige Kriterien erfüllen, wenn sie für die praktische Anwendung in Frage kommen sollen. Die kritische Stromstärke I_c und die kritische Feldstärke H_c müssen hinreichend groß sein, d. h. die Stromtragfähigkeit soll größer als 10^5 A cm^{-2} sein und eine Flußdichten von 5 T darf noch nicht zum Zusammenbrechen des supraleitenden Zustandes führen. Weiterhin müssen sie auch mechanisch stabil genug sein, damit sie in Motoren und Generatoren verwendet werden können. Einige dieser Kriterien sind für verschiedene Anwendungsgebiete in Bild 10.11 zusammengestellt. Für viele Zwecke ist kompaktes Material ungeeignet. Man benötigt Drähte, Bänder oder dünne Schichten. Die Aufwendungen für die Entwicklung der neuen Technologie überwiegen zur Zeit noch den Nutzen, den diese neuen Materialien durch größere Leistung oder geringere Betriebskosten erreichen können.

Die Anwendung von Supraleitern beruht auf vier Haupteigenschaften: dem widerstandsfreien Stromtransport, der Erzeugung starker Magnetfelder, den Josephson-Effekten und dem Meißner-Ochsenfeld-Effekt.

Die Eigenschaft, die die Supraleiter am bekanntesten gemacht haben, ist ihre Fähigkeit, Magnetfelder aus ihrem Inneren zu verdrängen und deshalb über einem Magneten zu schweben. In Japan wird eine Magnetschwebebahn „Maglev" (magnetic levitating train) entwickelt, bei der Tieftemperatursupraleiter-Magnete verwendet werden. Durch den Einsatz der neuen

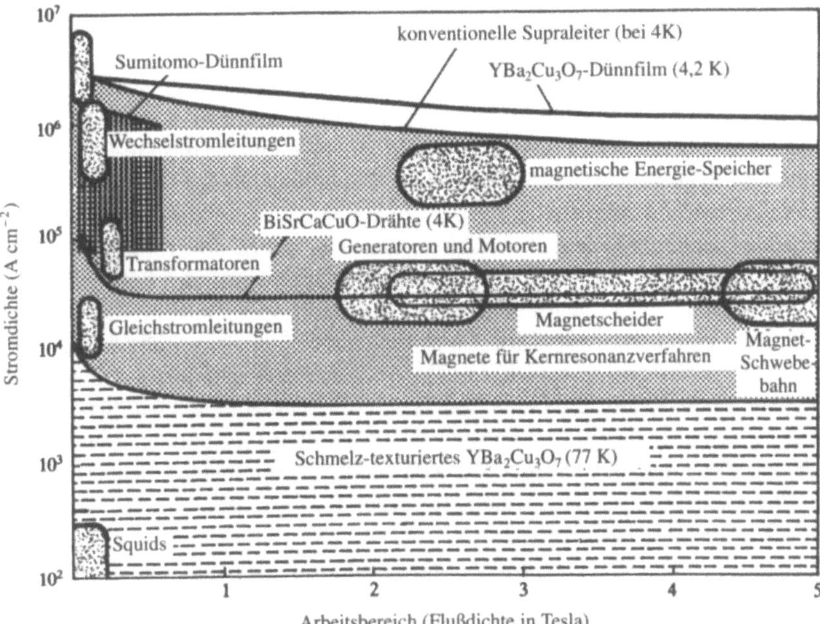

Bild 10.11 Anforderungen an die magnetische Flußdichte und die elektrische Stromdichte für verschiedene Anwendungen von Supraleitern aus heutiger Sicht

Hochtemperatursupraleiter sollten sich die Kosten für das Kühlen der Magnete wesentlich reduzieren lassen. Die Kosten für die Kühlung sind aber nur ein sehr kleiner Bruchteil der Anlage- und Betriebskosten, so daß der Unterschied für die Entwicklung eines einsatzfähigen Transportsystems nicht wesentlich ins Gewicht fällt. Das Ziel besteht darin, eine Bahn zu bauen, die mit Geschwindigkeiten von einigen hundert Kilometern pro Stunde auf kurzen und mittleren Entfernungen mit Flugzeugen konkurrieren kann.

Herkömmliche Elektromagnete – bestehend aus Kupferspulen mit Eisenkern – erzeugen Flußdichten bis 2 T. Tieftemperatursupraleiter-Magnete lassen sich aus Drähten von NbTi oder Nb_3Sn herstellen. Sie besitzen eine Stromtragfähigkeit von etwa 400 000 A cm^{-2} und benötigen deshalb keinen Eisenkern. Diese Supraleitungsmagnete sind sowohl leichter als auch stärker (etwa 10 T) als konventionelle Magnete, benötigen kaum Strom, da sie keine Wärme erzeugen, müssen aber ständig auf 4 K gekühlt werden. Wenn es gelingt, Spulen aus Hochtemperatursupraleitern herzustellen, die zum Kühlen statt Helium nur flüssigen Stickstoff benötigen, lassen sich die Betriebskosten für derartige Apparaturen wesentlich senken.

Supraleitende Magnete werden heute bereits für viele Zwecke benutzt. Mit starken Magneten kann man Verunreinigungen aus Lebensmitteln und Rohstoffen entfernen, z. B. wird Porzellan durch magnetische Verunreinigungen verfärbt, wenn man sie nicht beseitigt. Bei NMR-Spektrometern läßt sich durch die Vergrößerung der Feldstärke die Empfindlichkeit der Messung steigern. Diese Magnete sind wesentliche Werkzeuge der Grundlagenforschung und erhalten mit der Kernspin-Computertomographie zunehmende Bedeutung in der medizinischen Diagnostik.

Die Verwendung von supraleitenden Magneten in Generatoren würde die Elektroenergie nur unwesentlich, vielleicht um 1%, verbilligen, so daß sich der Aufwand für die Entwicklung derartiger Generatoren nicht lohnt.

Supraleiter transportieren Gleichstrom ohne Verluste. Wechselstrom erzeugt aber in Supraleitern eine hochfrequente Strahlung und damit Leitungsverluste. Leiter ohne elektrischen Widerstand wären bei der Stromversorgung sehr nützlich. Die Verluste in Leitern aus Kupfer und Aluminium liegen zwischen 5 % und 8 %. Ein supraleitender Draht – falls man in der Lage sein wird, solchen herzustellen – eignet sich nicht als Freileitung und müßte zusammen mit dem Kühlsystem als Erdkabel verlegt werden. Das würde außerordentlich hohe Kosten verursachen. Anderseits würden Umweltschützer das aber wegen des Landschaftsbildes und aus Sicherheitsgründen sehr begrüßen.

Es gibt auch Planungen, mit Hilfe von Supraleitungsmagneten große Energiemengen als Gleichstrom ohne Verluste zu speichern (*SMES* = supermagnetic energy storage). Der Entwurf sieht vor, als Spulenmaterial eine NbTi-Legierung und zum Kühlen flüssiges Helium zu benutzen. Zu Zeiten geringen Energiebedarfs, nachts oder im Sommer, kann die Spule mit Strom „beladen" werden, der zu gegebener Zeit wieder entnommen werden kann. Durch Kühlung mit flüssigem Stickstoff ließen sich die Kosten für die Errichtung und den Betrieb einer solchen Anlage deutlich verringern.

Josephson-Elemente sind von großem Interesse für die Elektronikindustrie, da sie sich für sehr schnelle Schaltvorgänge eignen. Dabei verbrauchen sie nur außerordentlich wenig Energie und erwärmen sich nicht. Deshalb kann man sie sehr dicht packen, ohne daß für Kühlung gesorgt werden muß. Es besteht die Hoffnung, auf dieser Grundlage kleinere und schnellere Computer bauen zu können. Bei der Firma IBM hat man mit großem Aufwand die Entwicklung eines derartigen Computersystems betrieben. Diese Arbeiten sind leider eingestellt worden, da die Speicherzellen nicht zuverlässig arbeiteten. Japanische Forscher sind weiter auf diesem Gebiet tätig, obwohl inzwischen die Halbleitertechnologie so weit ausgereift ist und so gut beherrscht wird, daß sie sich nur sehr schwer verdrängen lassen wird.

Josephson-Elemente werden auf verschiedenen Gebieten als sogenannte *SQUIDs* (superconducting quantum interference devices) zu Meßzwecken eingesetzt. Diese Josephson-Elemente bestehen aus einer Windung von supraleitendem Draht mit einem (RF SQUID) bzw. zwei Josephson-Kontakten (DC SQUID). Diese Vorrichtungen reagieren sehr empfindlich auf Änderungen des Magnetfeldes. Man kann mit ihnen magnetische Flußdichten bis 10^{-14} T, Spannungen bis zu 10^{-18} V und Ströme bis 10^{-18} A messen. So werden SQUIDs in der Medizin verwendet, um Änderungen der Magnetfelder nachzuweisen, die von den Bioströmen im Gehirn bzw. am Herzmuskel hervorgerufen werden. Geologen verwenden SQUIDs bei der Suche nach Mineralien und Erdöl, da sich Lagerstätten durch kleine lokale Änderungen des Erdmagnetfeldes bemerkbar machen. Sie benutzen diese Vorrichtungen auch zum Untersuchen der Plattentektonik, indem sie Daten zum Magnetismus von Gesteinen unterschiedlichen Alters zusammentragen. Physiker verwenden SQUIDs bei der Erforschung der Elementarteilchen. Auf militärischem Gebiet lassen sich SQUIDs zum Aufspüren von U-Booten einsetzen. Für SQUIDs mit ihrer beispiellosen Empfindlichkeit gibt es noch zahllose weitere potentielle Anwendungsmöglichkeiten. Zu den wenigen kommerziell verfügbaren Geräten, bei denen heute bereits von Hochtemperatursupraleitern Gebrauch gemacht wird, gehören SQUIDs. Gewöhnlich verwendet man dazu $YBa_2Cu_3O_{7-x}$. Die mit flüssigem Stickstoff gekühlten SQUIDs erreichen nicht ganz das große Auflösungsvermögen wie die heliumgekühlten, aber sie lassen sich auch dort einsetzen, wo flüssiges Helium nicht verfügbar oder zu teuer ist. So sind geologische Felduntersuchungen unter Benutzung von flüssigem Helium kaum durchführbar, da es ständig verdampft und deshalb regelmäßig nachgefüllt werden muß, was aber nur in industriell und verkehrstechnisch gut erschlossenen Gebieten möglich ist.

Weiterführende Literatur

Vanderah, T. (ed): *Chemistry of Superconductor Materials: Preparation, Chemistry, Characterisation and Theory,* Noyes Publications, 1992.

Ellis, A. B.: Superconductors: better levitation through chemistry. Journal of Chemical Education, **64** (1987), 836.

Cava, R. J.: Superconductors beyond 1-2-3. Scientific American, **1990**, Juni, 24-31.

Hazen, R. M.: Perovskites. Scientific American, **1990**, Juni, 52-61.

Grant, P.: Do-it-yourself superconductors. New Scientist, **1987**, 30. Juli, 36-9.

Lamb, J.: Industry warms to superconductivity. New Scientist, **1987**, 22. Oktober, 56-61.

Wolsky, A. M.; Giese, R. F. und Daniels, E. J.: The new superconductors: prospect for applications. Scientific American, **1989**, Februar, 45-52.

Cava, R. J.: Structural chemistry and the local charge picture of copper oxide superconductors, Science **247** (1989), 656-62.

Sleight, A. W.: Chemistry of high-temperatur superconductors, Science **242** (1988), 1519 - 27.

Khurana, A.: Electron superconductors challenge theories, start a new race. Physics today, **1989**, April, 17-9.

Fragen

1. Von einer Feier nachts heimkehrende Leute entschließen sich, den Weg abzuschneiden und quer über ein Feld zu laufen, von dem bekannt ist, daß es viele Gruben enthält. Da die Nacht finster und mondlos war, kam einer auf die gute Idee, daß man sich beim Vorwärtsgehen gegenseitig unterhaken sollte, damit jemand, der in ein Loch stürzt, mit vereinter Hilfe wieder herausgezogen werden kann. Verwenden Sie diese Geschichte als unvollkommene Analogie zur BCS-Theorie und versuchen Sie, so viele Komponenten wie möglich daraus mit denen der BCS-Theorie zu identifizieren.

2. Zeichnen Sie ein Packungsdiagramm (Abschnitt 1.5.8) einer Perowskit-Elementarzelle vom A-Typ ($CaTiO_3$/ABO_3), ermitteln Sie die Zahl der darin enthaltenen Formeleinheiten und beschreiben Sie die Koordinationsverhältnisse jeder Atomart. Wiederholen Sie das gleiche für eine Elementarzelle vom B-Typ.

3. Die Elementarzelle der K_2NiF_4-Struktur ist in Bild 10.8 dargestellt. Zeichnen Sie ein Packungsdiagramm für die Schichten, die in der Höhe 1/6 und 1/3 der c-Achse liegen.

Antworten

Antworten zu Kapitel 1

1. Es gibt sowohl in der *ccp*- als auch in der *hcp*-Anordnung $2n$ Tetraederlücken und n Oktaederlücken.

2. Die Koordinationszahl ist zwölf, ebenfalls in beiden dichtesten Kugelpackungen.

3. Die Koordinationszahl ist für jedes Atom gleich sechs.

4. (a) NF_3: Bild 1.62a zeigt die dreizählige Drehachse (C_3) und drei Symmetrieebenen.
   (b) SF_4: Bild 1.62b zeigt die zweizählige Drehachse (C_2) und zwei Symmetrieebenen.
   (c) ClF_3: Bild 1.62c zeigt die zweizählige Drehachse (C_2) und zwei Symmetrieebenen.

5. Nein. Tetraedrische Moleküle haben kein Inversionszentrum. Wenn man von einem F-Atom eine Gerade zum C-Atom zieht und den Abstand darüber hinaus verdoppelt, dann trifft man nicht wieder auf ein F-Atom. Eine zweizählige Drehachse (C_2) ist identisch mit einer Inversionsdrehachse $\bar{4}$ bzw. Drehspiegelachse S_4.

6. **P** Die Ecke jeder Elementarzelle gehört gleichzeitig acht verschiedenen Elementarzellen an. Zu einer Elementarzelle gehören deshalb $8 \cdot 1/8 = 1$ Gitterpunkt.

   I Zu einer raumzentrierte Elementarzelle gehören $8 \cdot 1/8 = 1$ Gitterpunkt an den Ecken und ein weiterer im Zentrum des Würfels, insgesamt zwei Gitterpunkte.

   A Bei einer flächenzentrierten A-Zelle enthalten nur zwei gegenübeliegende Seitenflächen Gitterpunkte, die zu je zwei verschiedenen Elementarzellen gehören: entsprechend $2 \cdot 1/2 = 1$ Gitterpunkt. Dazu kommen $8 \cdot 1/8 = 1$ Gitterpunkt an den Ecken der Elementarzelle, zusammen 2 Gitterpunkte.

   F Die Mittelpunkte von allen sechs Seitenflächen sind besetzt, $6 \cdot 1/2 = 3$, und an den Ecken $8 \cdot 1/8 = 1$ Gitterpunkt ergibt zusammen 4 Gitterpunkte.

7. Es sind vier. Die Elementarzelle (2) enthält zwei Gitterpunkte; (3a) und (3b) enthalten je drei Punkte und (4) enthält vier Gitterpunkte.

8. Die Indizes sind B 1 $\bar{1}$, C 01; D 21; E 2 $\bar{1}$.(Beim Zugrundelegen anderer Geraden erhält man die Indizes $\bar{1}$ 1, 0 $\bar{1}$, $\bar{2}$ $\bar{1}$ und $\bar{2}$ 1. Das sind ebenfalls richtige Antworten.)

9. In Bild 1.26b sind die 200-Flächen dargestellt. Sie liegen parallel zur yz-Ebene und schneiden x bei $a/2$.
   Bild 1.26c zeigt die 1 1 $\bar{1}$ -Ebenen. Sie unterteilen die x-, y- bzw. z-Achse in die Achsenabschnitte a, b bzw. c.
   Bild 1.26d zeigt die 110-Ebenen. Sie schneiden die z-Achse nicht, unterteilen die x- bzw. y-Achse in die Achsenabschnitte a bzw. b.

10. Bild 1.63 zeigt drei Ebenen: a) 100, b) 110 und c) 111. Der Flächeninhalt der 100-Fläche ist $a^2 \sqrt{2}$. Die Fläche enthält $(1 + 4 \cdot 1/4) = 2$ Atome. Die 110-Fläche enthält bei einer Größe von a^2 insgesamt $(2 \cdot 1/2 + 4 \cdot 1/4) = 2$ Atome. Die 111-Ebene hat in der Elementarzelle eine Fläche von $a^2 \sqrt{3} / 2$ und enthält $(3 \cdot 1/2 + 3 \cdot 1/6) = 2$ Atome. Die relative

Besetzungsdichte pro Flächeninhalt ergibt deshalb für die Flächen 100,110 und 111 ein Verhältnis = 2 : 1,414 : 2,31. Die 111-Ebenen sind die dichtest gepackten Schichten in der Struktur.

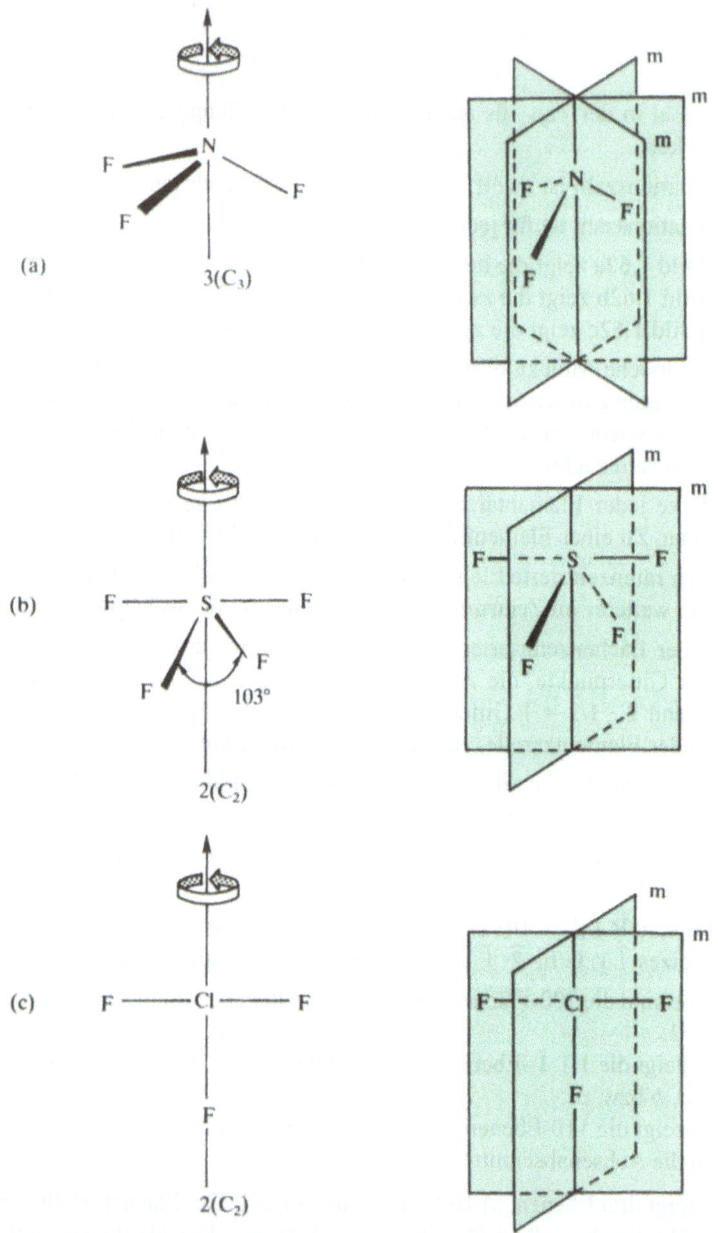

Bild 1.62   (a) Dreizählige Drehachse (C_3) und die drei Symmetrieebenen im NF_3-Molekül,
(b) zweizählige Drehachse (C_2) und die zwei Symmetrieebenen im SF_4-Molekül,
(c) zweizählige Drehachse (C_2) und die zwei Symmetrieebenen im ClF_3-Molekül

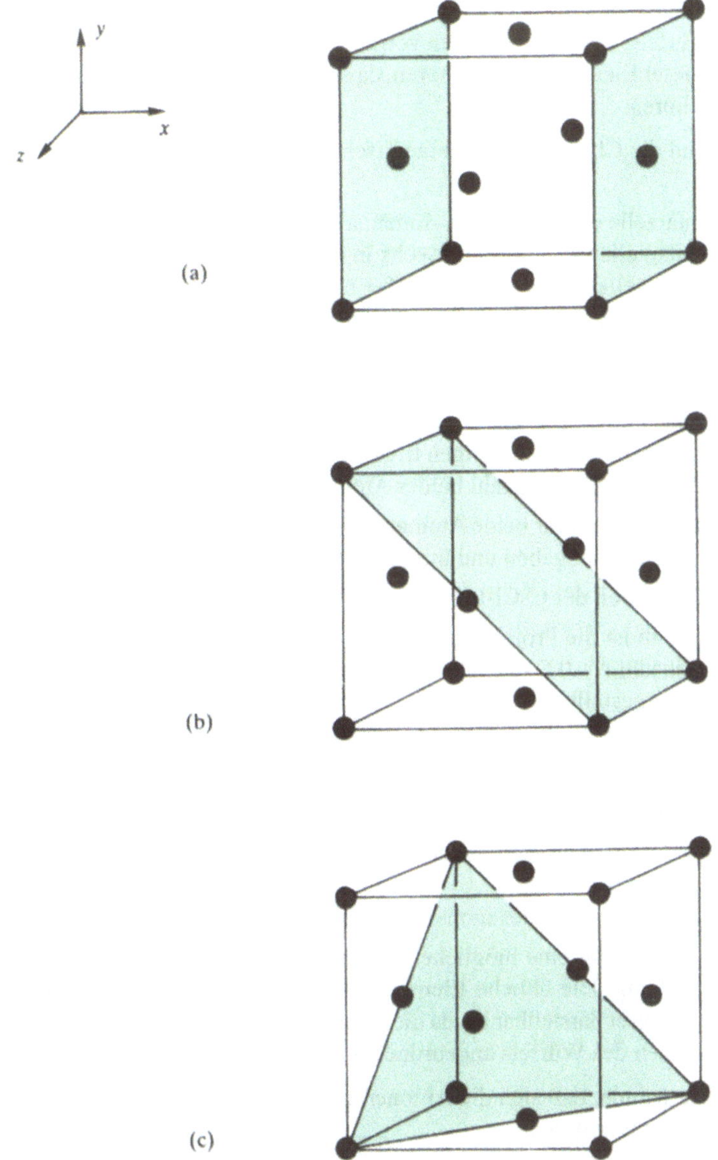

Bild 1.63   Netzebenen einer *ccp*-Anordnung: (a) 100, (b) 110 und (c) 111

11. Sowohl die Cs$^+$- als auch die Cl$^-$-Ionen haben die Koordinationszahl acht, da sie von acht entgegengesetzt geladenen Ionen umgeben sind, die die Ecken eines Würfels bilden.

12. CsCl hat ein primitives Gitter. Wenn Sie annehmen, daß das nicht stimmt und Sie glauben, es würde sich um ein raumzentriertes Gitter handeln, sehen Sie sich die Definition der Gitter im Abschnitt 1.5 noch einmal an. Es wäre eine raumzentrierte Struktur, wenn die Gitterpunkte im Zentrum und an den Ecken des Würfels identisch wären.

Die Elementarzelle enthält eine Formeleinheit CsCl. Ein Cl⁻-Ion befindet sich im Zentrum des Würfels, dessen acht Ecken von acht Cs⁺-Ionen besetzt sind, die jeweils zu einem Achtel zu dieser Elementarzelle gehören, da sie gleichzeitig acht verschiedenen Elementarzellen angehören.

13. Die Na⁺- und die Cl⁻-Ionen sind oktaedrisch von sechs entgegengesetzt geladenen Ionen koordiniert.

14. Die Elementarzelle enthält vier Na⁺-Ionen: an den Würfelecken acht, die gleichzeitig zu je acht Elementarzellen gehören und sechs in der Mitte der Seitenflächen, die gleichzeitig zwei Elementarzellen angehören: $(8 \cdot 1/8 + 6 \cdot 1/2) = 4$. Es sind auch vier Cl⁻-Ionen: zwölf auf den Mittelpunkten der Würfelkanten, die zu je vier Elementarzellen gehören, und ein weiteres im Zentrum des Würfels: $(12 \cdot 1/4) + 1 = 4$. Die Elementarzelle enthält also vier Formeleinheiten NaCl.

15. Die Ni-Atome sind oktaedrisch von sechs As-Atomen umgeben. Die As-Atome befinden sich im Zentrum eines regelmäßigen trigonalen Prismas, das von sechs Ni-Atomen gebildet wird. Die Koordinationszahl beider Atomarten ist gleich sechs.

16. Die Koordinationszahl für beide Atomarten ist gleich vier. Jedes Zn-Atom ist tetraedrisch von vier S-Atomen umgeben und umgekehrt. Das gleiche gilt für die Wurtzitstruktur.

17. (a)   Die Projektion der CsCl-Elementarzelle stellt Bild 1.64a dar.

    (b)   Bild 1.64b ist die Projektion der NaCl-Zelle auf die *ab*-Ebene. Die Atome mit den Koordinaten $c = 0,5$ sind schwarz und die Atome in den Schichten $c = 0$ bzw. $c = 1$ farbig dargestellt.

    (c)   Bild 1.64c zeigt die Projektion einer Zinkblende-Zelle.

18. Vier. In Bild 1.38 sind die S-Atome durch schwarze Kugeln dargestellt. Die Elementarzelle enthält davon acht an den Würfelecken und drei auf den Flächenmitten: $(8 \cdot 1/8 + 3 \cdot 1/2) = 4$. Die Zinkatome besetzen jedes zweite Zentrum der acht Achtelwürfel einer Elementarzelle: $8/2 = 4$.

19. (a)   Bild 1.65a zeigt die hexagonale Elementarzelle einer *hcp*-Packung.

    (b)   Bild 1.65b zeigt eine mögliche Elementarzelle mit dreizähliger Symmetrie für die *ccp*-Packung. Die übliche Elementarzelle für diese Struktur ist eine kubische, die aber schwerer darstellbar ist, da die dichtest gepackten Schichten senkrecht zur Raumdiagonalen des Würfels angeordnet sind (Bild 1.31).

20. Unter der Annahme, daß sich die Anionen gemäß Bild 1.48 gegenseitig berühren, ergibt sich der Anionenradius zu

$$\left(300/\sqrt{2}\right)\text{pm} = 212\ \text{pm}.$$

21. Aus dem Kernabstand im NaI erhält man $r(\text{Na}^+) = (323 - 212)\ \text{pm} = 111\ \text{pm}$. Aus den Abständen im NaF ergibt sich $r(\text{F}^-) = (231 - 111)\ \text{pm} = 120\ \text{pm}$. Auf die gleiche Weise lassen sich aus den entsprechenden Werten von RbI und RbF die Radien $r(\text{Rb}^+) = 154\ \text{pm}$ und $r(\text{F}^-) = 128\ \text{pm}$ berechnen.

22. Die 100- und die 111-Ebenen sind die gleichen Flächen wie in der *ccp*-Packung von Frage 10, Bild 1.63. Dagegen enthält die 110-Ebene in diesem Fall zwei zusätzliche Atome (Bild 1.66). Die relativen Packungsdichten pro Flächeneinheit für die 100-, 110- und 111-Flächen verhalten sich deshalb im Diamantgitter wie 2 : 2,83 : 2,31.

Es handelt sich hierbei nicht mehr um eine dichtest gepackte Struktur, weil die 110-Ebene dichter besetzt sind als die 111-Ebene. In einer *ccp*-Anordnung von Kugeln mit dem Radius r ist der Radius einer Tetraederlücke gleich $0{,}225r$. Da alle Kohlenstoffatome gleich groß sind, kann die eine Hälfte von ihnen nicht in Tetraederlücken passen, die von der anderen Hälfte gebildet wird. Trotzdem ist es eine nützliche und anschauliche Vorstellung von der Diamantstruktur, wenn man annimmt, daß die Mittelpunkte der C-Atome so angeordnet sind wie in einer *ccp*-Struktur, in der die Hälfte der Tetraederlücken besetzt ist.

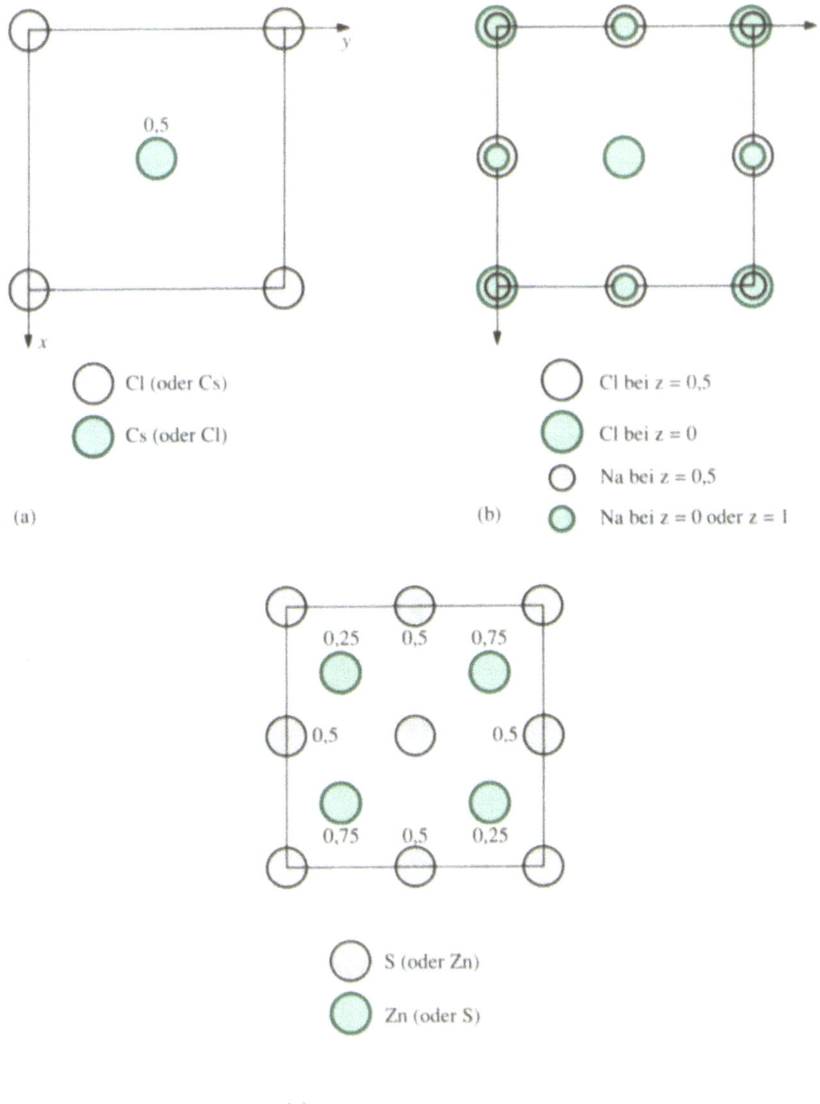

Bild 1.64   Packungsdiagramme (a) der CsCl-Struktur, (b) der NaCl-Struktur und (c) der Zinkblende-Struktur

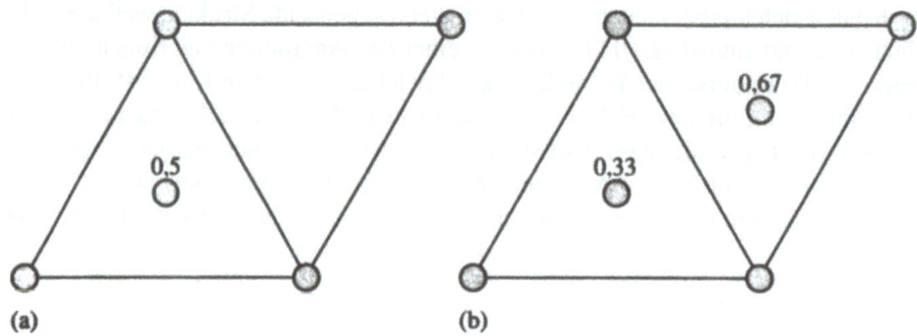

Bild 1.65   Packungsdiagramme (a) einer *hcp*-Anordnung und (b) einer *ccp*-Anordnung

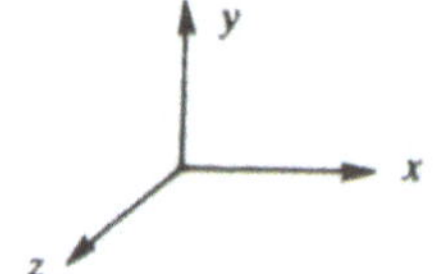

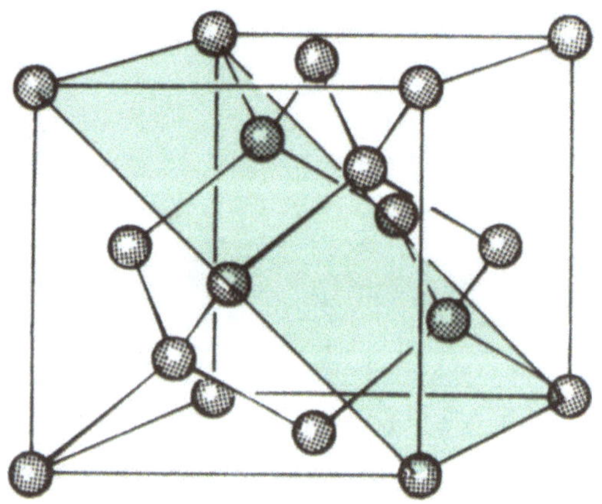

Bild 1.66   Die 110-Ebene der Diamantstruktur

23. $L_0[CaCl_2(s)] = -2255,8$ kJ/mol. Aus Gleichung (1.21) ergibt sich

$$\Delta H^{\ominus}_f[CaCl_2(s)] = \Delta H^{\ominus}_{atm}[Ca(s)] + I_1(Ca) + I_2(Ca) + D(Cl-Cl) - 2\,E\,(Cl) + L_0[CaCl_2(s)].$$

Durch Umstellen der Gleichung und Einsetzen der Werte aus Tabelle 1.16 erhält man das Ergebnis. Die Gitterenergie von $CaCl_2$ hat einen großen negativen Wert. Man erkennt, welchen starken Einfluß die zweite Ionisationsenergie I_2 des Calciums auf das Ergebnis ausübt.

24. Die Madelung-Konstante beträgt $\alpha = -3{,}99$. Das Teilchen in Bild 1.61 enthält 7 Atome, sechs Kationen und ein Anion. Berechnen Sie zunächst den Beitrag der Wechselwirkung zwischen den sechs Kationen und dem Anion zu potentiellen Energie. Der Abstand der Kationen vom Anion ist gleich r_0.

$$E_1 = -\frac{6e^2}{4\pi\varepsilon_0 r_0}$$

Jede Kation steht in Wechselwirkung mit einem diametral entgegengesetzen Kation im Abstand $2\,r_0$. Es gibt drei derartige Wechselwirkungen:

$$E_2 = +\frac{3e^2}{4\pi\varepsilon_0 2r_0}$$

Schließlich wird E_3 als Summe der Abstoßung zwischen benachbarten Kationen im Abstand $\sqrt{2}\,r_0$ berechnet. Davon gibt es $6\cdot 4/2 = 12$:

$$E_3 = +\frac{12e^2}{4\pi\varepsilon_0\sqrt{2}}\frac{1}{r_0}$$

$$E = E_1 + E_2 + E_3 = \frac{e^2}{4\pi\varepsilon_0 r_0}\left(6 - \frac{3}{2} - \frac{12}{\sqrt{2}}\right) = -\frac{\alpha e^2}{4\pi\varepsilon_0 r_0}\;.$$

Daraus erhält man $\alpha = 6 - \dfrac{3}{2} - \dfrac{12}{\sqrt{2}} = -3{,}99$

25. In Bild 1.56 ist ein geeigneter Born-Haber-Kreisprozeß dargestellt. Er führt zur Gleichung (1.2):

$$\Delta H^{\ominus}_{f}[MCl(s)] = \Delta H^{\ominus}_{atm}[M(s)] + I_1(M) + 1/2\,D\,(Cl–Cl) - E(Cl) + L_0[MCl(s)].$$

Mit den Werten aus Tabelle 1.17 erhält man

$$L_0 = (-436{,}7 - 89{,}1 - 418 - 122 + 349)\ kJ/mol = -717\ kJ/mol.$$

Aus Gleichung (1.17)

$$L_0 = -\frac{1{,}214\times 10^5\,vZ_+Z_-}{r_+ + r_-}\left(1 - \frac{34{,}5}{r_+ + r_-}\right)$$

ergibt sich für KCl mit $Z_+ = 1$, $Z_- = 1$, $r_+ = 152\ pm$, $r_- = 167\ pm$, $v = 2$

$L_0 = -679\ kJ/mol$. Die Differenz zwischen dem berechneten und dem thermodynamischen Wert beträgt $38\ kJ/mol$.

26. Ein geeigneter Kreisprozeß ist in Bild 1.67 dargestellt. Dabei ist zu beachten, daß Schwefel im Standardzustand kein Gas, sondern ein Festkörper ist. Wir können $[E(S) + E(S^-)]$ berechnen, wenn wir $L_0[FeS(s)]$ ermittelt haben. Die Werte aller anderen Bestandteile des

Kreisprozesses sind bekannt. Es wird die Beziehung für die Gitterenergie nach Gleichung (1.17) benötigt:

$$L_0 = -\frac{1{,}214\times10^5\, v Z_+ Z_-}{r_+ + r_-}\left(1 - \frac{34{,}5}{r_+ + r_-}\right)$$

Mit $v = 2$, $Z_+ = 2$, $Z_- = 2$, $r_+ = 92$ pm, $r_- = 170$ pm erhält man $L_0 = -3219$ kJ/mol. Aus dem Kreisprozeß von Bild 1.67 berechnet man

$$E(\mathrm{S}) + E(\mathrm{S}^-) = \Delta H^{\ominus}{}_f[\mathrm{FeS(s)}] + \Delta H^{\ominus}{}_{atm}[\mathrm{Fe(s)}] + (I_1 + I_2)[(\mathrm{Fe})(\mathrm{g})]$$

$$+ \Delta H^{\ominus}{}_{atm}[\mathrm{S(s)}] + L_0[\mathrm{FeS(s)}]$$

$$= (100 + 416 + 761 + 1561 + 279 - 3219)\ \text{kJ/mol}$$

$$= -102\ \text{kJ/mol}.$$

$E(\mathrm{S}) = 200$ kJ/mol, daraus folgt $E(\mathrm{S}^-) = (-102 - 200)$ kJ/mol $= -302$ kJ/mol

Die Elektronenaffinität ist die Energie, die mit der Addition eines Elektrons an das betreffende Molekül verbunden ist:

$$\mathrm{S}^-(\mathrm{g}) + \mathrm{e}^- = \mathrm{S}^{2-}(\mathrm{g}); \qquad \Delta H^{\ominus} = 302\ \text{kJ/mol}$$

Es ist nicht überraschend, daß diese Reaktion ein endothermer Prozeß ist, da das Anlagern eines Elektrons an ein Anion wegen der gegenseitigen Abstoßung energetisch ungünstig ist.

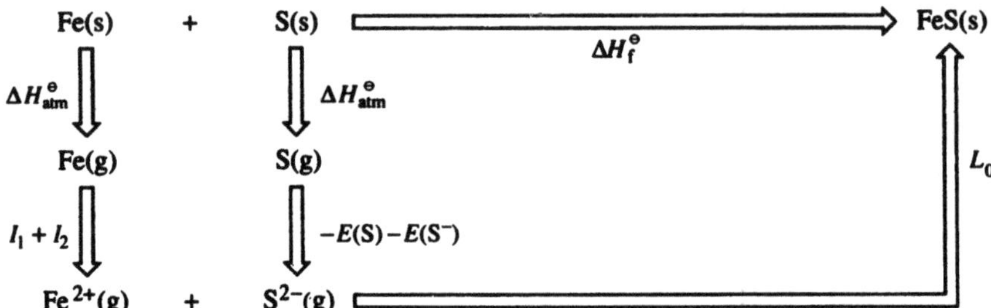

Bild 1.67   Born-Haber-Kreisprozeß zum Berechnen der Elektronenaffinität des Schwefels

27. Ein geeigneter Kreisprozeß ist in Bild 1.68 dargestellt. Wir können $[E(\mathrm{O}) + E(\mathrm{O}^-)]$ berechnen, wenn wir $L_0[\mathrm{MgO(s)}]$ ermittelt haben. Die Werte aller anderen Bestandteile des Kreisprozesses sind bekannt. Es wird die Beziehung für die Gitterenergie nach Gleichung (1.17) benötigt:

$$L_0 = -\frac{1{,}214\times10^5\, v Z_+ Z_-}{r_+ + r_-}\left(1 - \frac{34{,}5}{r_+ + r_-}\right)$$

Mit $v = 2$, $Z_+ = 2$, $Z_- = 2$, $r_+ = 86$ pm, $r_- = 126$ pm erhält man $L_0 = -3836$ kJ/mol. Aus dem Kreisprozeß von Bild 1.68 berechnet man

$$E(O) + E(O^-) = \Delta H^\ominus_f[\text{MgO(s)}] + \Delta H^\ominus_{atm}[\text{Mg(s)}] + (I_1 + I_2)[\text{Mg(g)}]$$

$$+ \; 1/2 \, D(\text{O–O}) + L_0[\text{MgO(s)}]$$

$$= (602 + 148 + 736 + 1452 + 249 - 3836) \text{ kJ/mol}$$

$$= -649 \text{ kJ/mol}.$$

Aus $E(O) = 141$ kJ/mol folgt $E(O^-) = (-649 - 141)$ kJ/mol $= -790$ kJ/mol.
Auch die Addition eines Elektrons an das Anion $O^-(g)$ ist ein endothermer Prozeß:

$$O^-(g) + e^-(g) = O^{2-}(g) \; ; \; \Delta H^\ominus = 790 \text{ kJ/mol}.$$

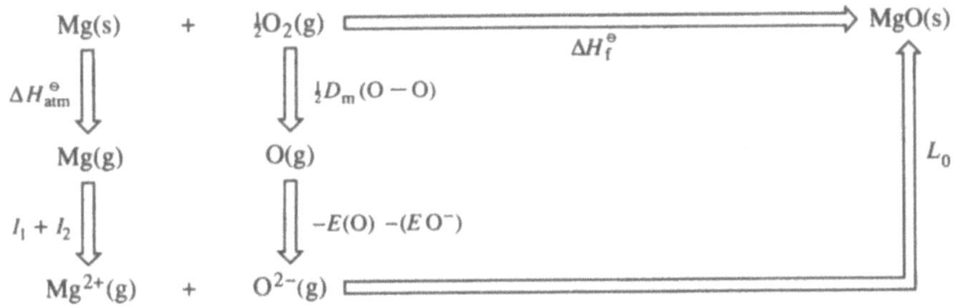

Bild 1.68   Born-Haber-Kreisprozeß für die Bildung von MgO

28. Zunächst berechnen wir nach Gleichung (1.17) die Gitterenergie:

$$L_0 = -\frac{1{,}214 \times 10^5\, v Z_+ Z_-}{r_+ + r_-}\left(1 - \frac{34{,}5}{r_+ + r_-}\right)$$

Für NH_4Cl gilt $v = 2$, $Z_+ = 1$, $Z_- = 1$, $r_+ = 151$ pin, $r_- = 167$ pm, $L_0 = -681$ kJ/mol.
Aus dem Kreisprozeß von Bild 1.58 ergibt sich:

$$P[\text{NH}_3(g)] = -\Delta H^\ominus_f[\text{NH}_4\text{Cl(s)}] + \Delta H^\ominus_f[\text{NH}_3(g)] + \tfrac{1}{2} D\,(\text{H–H})$$

$$+ \; I(\text{H}) + 1/2 D(\text{Cl–Cl}) - E(\text{Cl}) + L_0[\text{NH}_4\text{Cl(s)}]$$

$$= (314 - 46 + 218 + 1314 + 122 - 349 - 681) \text{ kJ/mol}$$

$$= 892 \text{ kJ/mol}.$$

Entsprechend der Definition der Protonenaffinität ist die Addition eines Protons an ein Ammoniakmolekül ein exothermer Vorgang:

$$\text{NH}_3(g) + \text{H}^+(g) = \text{NH}_4^+(g) \; ; \; \Delta H^\ominus = -892 \text{ kJ/mol}.$$

Der für dies Reaktion experimentell bestimmte Wert beträgt in guter Übereinstimmung mit dem berechneten Ergebnis $\Delta H^\ominus = -(871 \pm 15)$ kJ/mol.

29. Der Born–Haber –Kreisprozeß für ein Chlorid MCl ist Bild 1.56 zu entnehmen. Er führt zur Gleichung (1.2):

$$\Delta H^\ominus_f[\text{MCl(s)}] = \Delta H^\ominus_{atm}[\text{M(s)}] + I_1(\text{M}) + 1/2 D(\text{Cl–Cl}) - E(\text{Cl}) + L_0[\text{MCl(s)}]$$

und für NaCl zu einer Gitterenergie $L_0[\text{NaCl(s)}] = -786$ kJ/mol. Wenn wir annehmen, daß die Gitterenergie L_0 für MgCl bzw. AlCl etwa gleich groß sind, lassen sich die Bildungsenthalpien $\Delta H^{\ominus}_f$ für diese Verbindungen berechnen. Man erhält:

$$\Delta H^{\ominus}_f[\text{MgCl(s)}] = -129 \text{ kJ/mol bzw. } \Delta H^{\ominus}_f[\text{AlCl(s)}] = -110 \text{ kJ/mol.}$$

Wir können die freie Bildungsenthalpie $\Delta G^{\ominus}_f$ dieser beiden Verbindungen berechnen, wenn wir als Bildungsentropie $\Delta S^{\ominus}_f$ den entsprechenden Wert von NaCl $\Delta S^{\ominus}_f[\text{NaCl(s)}] = -90{,}6$ J/K mol als Näherung verwenden:

$$\Delta G^{\ominus}_f[\text{MgCl(s)}] = -102 \text{ kJ/mol bzw. } \Delta G^{\ominus}_f[\text{AlCl(s)}] = -83 \text{ kJ/mol.}$$

Dieses Ergebnis ist überraschend, denn es bedeutet, daß die Subchloride des Magnesiums und Aluminiums unter Standardbedingungen gegenüber den Elementen stabil sein müßten. Trotzdem gibt es diese Verbindungen nicht, weil es in beiden Fällen eine andere thermodynamisch begünstigte Reaktion gibt, die *Disproportionierung* entsprechend folgender Gleichung:

$$2 \text{ MgCl(s)} \rightarrow \text{Mg(s)} + \text{MgCl}_2\text{(s)} \; ; \; \Delta G^{\ominus}_r = -388 \text{ kJ/mol}$$

$$3 \text{ AlCl(s)} \rightarrow 2 \text{ Al(s)} + \text{AlCl}_3\text{(s)} \; ; \quad \Delta G^{\ominus}_r = -380 \text{ kJ/mol.}$$

Antworten zu Kapitel 2

1. Die Netzebenenabstände sind $d_{100} = a$, $d_{110} = a/\sqrt{2}$, $d_{111} = a/\sqrt{3}$, und deshalb ist die Reihenfolge der zugehörigen Reflexe 100, 110 und 111.

2. Da der Abstand der Netzebenen in der Weise abnimmt, wie die Summe $h^2 + k^2 + l^2$ zunimmt, nehmen auch die Werte für $\sin\theta^2$ zu. Die Summe $h^2 + k^2 + l^2$ ist für die Netzebene 220 gleich 8, für 300 gleich 9 und für 211 gleich 6. die Reihenfolge der Reflexe ist deshalb 211, 220 300.

3. Wenn die 100- und 110-Reflexe ausgelöscht sind, handelt es sich wahrscheinlich um ein flächenzentriert-kubisches Gitter.

4. In diesem Fall ist der größte gemeinsame Teiler der $\sin\theta^2$-Werte der beiden ersten Reflexe $A = 0{,}005$. Dividiert man alle $\sin\theta^2$-Werte durch diese Zahl, erhält man die für ein flächenzentriertes Gitter charakteristische Reihe 3, 4, 8, 12, 16, 19. Aus Gleichung (2.8) folgt $A = \lambda^2/(4\,a^2)$ und:

$$a^2 = \frac{\lambda^2}{4 \times 0{,}005} = \frac{(154{,}2\,pm)^2}{0{,}02}$$

$$a = 1090 \text{ pm}$$

5. Die $\sin\theta^2$-Werte stehen zueinander weder im Verhältnis $1 : 2 : 3 : 4 : 5 : 6 : 8...$ noch im Verhältnis $1 : 2 : 3 : 4 : 5 : 6 : 7 : 8...$, so daß die Elementarzelle weder primitiv noch raumzentriert ist. Wenn es sich um eine flächenzentrierte Zelle handelt, ist der gemeinsame Faktor $A = 0{,}0746 - 0{,}0560 = 0{,}0186$. Teilt man die $\sin\theta^2$-Werte durch diesen Faktor

A, erhält man die Summen $h^2 + k^2 + l^2$, die in Tabelle 2.6 – gerundet auf die nächstliegende ganze Zahl – zusammengestellt sind. Die Indizes *hkl* eines Tripels sind entweder alle gerade oder alle ungerade. Sie erfüllen damit die Bedingungen für ein flächenzentriert-kubisches Gitter.

Tabelle 2.6   Auswertung des Pulverdiffraktogramms von NaCl

θ_{hkl}	$sin^2\theta$	$h^2 + k^2 + l^2$	*hkl*
13°41'	0,0560	3	*111*
15°51'	0,0746	4	*200*
22°44'	0,1492	8	*220*
26°56'	0,2052	11	*311*
28°14'	0,2239	12	*222*
33°70'	0,2984	16	*400*
36°32'	0,3544	19	*331*
37°39'	0,3731	20	*420*
42°00'	0,4477	24	*422*
45°13'	0,5036	27	*511, 333*
50°36'	0,5972	32	*440*
53°54'	0,6529	35	*531*
55°20'	0,6715	36	*600, 442*
59°45'	0,7462	40	*620*

6. Der Mittelwert des gemeinsamen Teilers ist $A = 0,01875 = \lambda^2 / (4\,a^2)$. Daraus berechnet man:

$$a^2 = \frac{\lambda^2}{4 \times 0,01875} = \frac{(154,2\,pm)^2}{0,075}$$

a = 563 pm.

7. Mit der Masse *m* und dem Volumen *v* der Elementarzelle erhält man die Dichte ρ aus:

$$\rho = \frac{m}{v} = 2,17 \times 10^3\,\text{kg m}^{-3} \text{ und}$$

$$v = \left(563,1 \times 10^{-12}\right)^3 \text{m}^3$$

Die molare Masse des NaCl, $M = (22,99 + 35,45) \cdot 10^{-3}$ kg/mol, geteilt durch die Avogadrokonstante ergibt die Masse einer Formeleinheit *m*(NaCl)

$$m(\text{NaCl}) = \frac{(22,99 + 35,45) \times 10^{-3}}{6,022 \times 10^{23}} \text{ kg}$$

und mit Z Formeleinheiten pro Elementarzelle ist die Masse m der Elementarzelle

$$m = \frac{Z(22{,}99 + 35{,}45) \times 10^{-3}}{6{,}022 \times 10^{23}}\,\text{kg}$$

Aus diesen Werten und der gemessenen Dichte ρ läßt sich Z wie folgt berechnen:

$$\rho = \frac{m}{v} = \frac{Z \times M}{N_A \times a^3}$$

und $Z = \dfrac{\rho \times N_A \times a^3}{M}$

$$Z = \frac{2{,}17 \times 10^3 \times 6{,}022 \times 10^{23} \times \left(563{,}1 \times 10^{-12}\right)^3}{(22{,}99 + 35{,}45) \times 10^{-3}} = 3{,}99$$

gerundet auf die nächste ganze Zahl $Z = 4$.

8. Mit $\theta = 19{,}1°$ und $\sin\theta = 0{,}327$ sowie der Braggschen Gleichung

$$\lambda = 2d_{111}\sin\theta_{111}$$

erhält man

$$d_{111} = \frac{\lambda}{2\sin\theta_{111}} = \frac{154{,}2}{0{,}654}\,\text{pm} = 235{,}8\,\text{pm}$$

Der Abstand d zwischen den 111-Ebenen ist gleich $d = \sqrt{3}\ a$ und

$$a = \sqrt{3}\ (235{,}8\,\text{pm}) = 408{,}4\,\text{pm}.$$

Die Dichte ρ ist gleich $\rho = m/v$, $v = a^3$ sowie $Z = 4$ Silberatomen pro Elementarzelle

$$m = \frac{Z \times 107{,}9 \times 10^{-3}}{N_A}\,\text{kg}.$$

$$Z = \frac{\rho \times N_A \times a^3}{M}$$

$$N_A = \frac{4 \times 107{,}9 \times 10^{-3}}{10{,}5 \times 10^3 \times \left(408{,}4 \times 10^{-12}\right)^3}\,\text{mol}^{-1} = 6{,}03 \cdot 10^{23}\,\text{mol}^{-1}.$$

9. $\rho = m/v = 3{,}35 \cdot 10^3\,\text{kg/m}^3$. Mit

$$m = \frac{Z \times M}{N_A}\quad\text{und}\quad v = a^3\quad\text{erhält man}\quad Z = \frac{\rho \times N_A \times a^3}{M}$$

Mit $a = 481$ pm , $M(CaO) = (40.08 + 16,00)$ g/mol ergibt sich

$$Z = \frac{3,35\times10^3 \times \left(481\times10^{-12}\right)^3 \times 6,02\times10^{23}}{56,08\times10^3} = 4$$

10. $\rho = m/v = 8,5 \cdot 10^3$ kg/m^3. Mit

$$m = \frac{Z\times M}{N_A} \quad \text{und} \quad v = a \times b \times c \quad \text{erhält man} \quad Z = \frac{\rho \times N_A \times a \times b \times c}{M}.$$

$$Z = \frac{8,5\times10^3 \times 6,02\times10^{23} \times (442\times761\times906)\times(10^{-12})^3}{(232,0+2\times78,96)\times10^3} = 4$$

11. Gleichung (2.7):

$$\sin^2\theta_{hkl} = \frac{\lambda^2}{4a^2}(h^2 + k^2 + l^2).$$

Weiterhin wissen wir, daß eine *ccp*-Struktur eine flächenzentrierte Elementarzelle besitzt. Die ersten beiden Reflexe gehören deshalb zur 111- und. zur 200-Ebene, deren Summe $(h^2 + k^2 + l^2)$ gleich 3 bzw. 4 ist. Folglich ist

$\sin^2\theta_{111} = 3\lambda^2/4a^2$ und

$\sin^2\theta_{200} = 4\lambda^2/4a^2$ sowie $\lambda^2/4a^2 = \sin^2\theta_{200} - \sin^2\theta_{111} = 0,181 - 0,136 = 0,045$.

Daraus folgt:

$$a = \sqrt{\frac{\lambda^2}{4\times(\sin^2\theta_{200} - \sin^2\theta_{111})}} = \sqrt{\frac{(154,2\,\text{pm})^2}{4\times0,045}} = 363,5\,\text{pm}.$$

Man nimmt an, daß sich bei einer dichtest gepackten Struktur die Atome gegenseitig berühren. Bei einem Atomradius r hat die Raumdiagonale der Elementarzelle eine Länge von $4r$, folglich

$$r = \frac{1}{4}\times\sqrt{3}\times a = (0,25\times1,732\times363,5)\,\text{pm} = 157,4\,\text{pm}.$$

12. Das Streuvermögen eines Atoms wird durch die Zahl der Elektronen jedes Atoms bestimmt, d. h., durch seine Ordnungszahl. Die Reihenfolge zunehmenden Streuvermögens ist deshalb: H, O, F, Na, Cl, Co, Cd, Pt, Tl.

13. Sind die Koordinaten der beiden Platinatome Pt_1 x, y, z und Pt_2 $-x$, $-y$, $-z$, dann sind die Koordinaten der beiden Vektoren $2x$, $2y$, $2z$. Teilt man diese Werte durch 2, erhält man $x = 0,26$, $y = 0,02$, $z = 0,24$. Die Koordinaten der beiden Pt-Atome sind deshalb:

Pt_1 0,26, 0,02, 0,24 bzw.

Pt_2 −0,26, −0,02, −0,24 (Diese Koordinaten sind gleichwertig mit den Koordinaten 0,74, 0,98, 0,76.)

14. Bild 2.19 zeigt die sechs Vektoren, durch die man vier Atome einer Elementarzelle miteinander verbinden kann. Man erkennt, daß der Vektor zwischen Pt_1 und Pt_2 die gleiche Länge und die gleiche Richtung hat wie der Vektor von Pt_1' nach Pt_2', und daß auch die Vektoren von Pt_1 nach Pt_2' und von Pt_2 nach Pt_1' in Größe und Richtung übereinstimmen. Wir erwarten deshalb, daß die beiden kleineren Piks in der Patterson-Darstellung zu den Vektoren zwischen Pt_1 und Pt_1' ($2x_1$, $2y_1$, $2z_1$) bzw. Pt_2 und Pt_2' gehören ($2x_2$, $2y_2$, $2z_2$). Daraus lassen sich die Koordinaten für Pt_1 zu 0,40, 0,38, 0,22 berechnen und für Pt_2 zu 0,12, 0,25, 0,29. Diese Positionen lassen sich durch den Vektor u, v, $w = (x_1 - x_2, y_1 - y_2, z_1 - z_2) = (0,40 - 0,12, 0,38 - 0,25, 0,22 - 0,29) = 0,28, 0,13, -0,07$ und durch den Vektor u, v, $w = (-x_1 - x_2, -y_1 - y_2, -z_1 - z_2) = (0,60 - 0,12, 0,62 - 0,25, 0,78 - 0,29) = 0,48, 0,37, 0,49$ zweifach überprüfen.

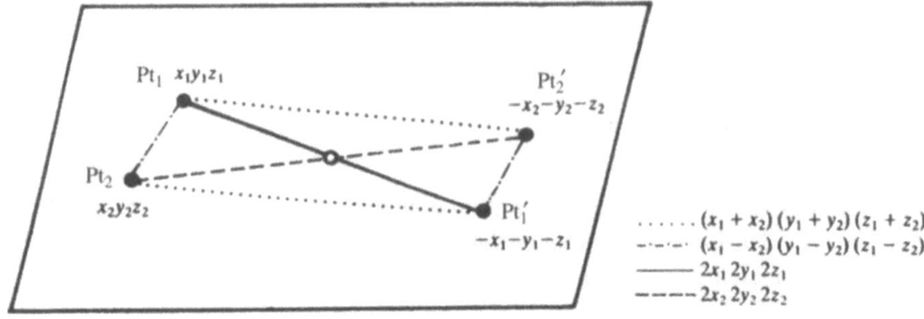

Bild 2.19   Projektion einer triklinen Elementarzelle mit zwei Paaren von Pt-Atomen (Pt_1 und Pt_1' bzw. Pt_2 und Pt_2'), die durch ein Symmetriezentrum zueinander in Beziehung stehen und die sechs Vektoren, die die Pt-Atome verbinden

Antworten zu Kapitel 3

1. Diese Verbindung kann aus den Elementen hergestellt werden, wenn man sie in exakt stöchiometrischem Verhältnis einsetzt. Die Ausgangsstoffe müssen sehr gut vermischt werden, und das Reaktionsgefäß muß verschlossen werden, damit der leichtflüchtige Schwefel bei der Reaktionstemperatur nicht verdampft (vgl. die Präparation von SmS)

2. Von den in Kapitel 3 beschriebenen Verfahren sind hierfür geeignet:
   (a) Sol-Gel-Verfahren, da ein Gel zu sehr dünnen Schichten verarbeitet werden kann; CVD-Methoden.
   (b) Hydrothermalsynthese; Dampfphasen- und Molekularstrahl-Epitaxie
   (c) Dampfphasen- und Molekularstrahl-Epitaxie
   (d) Sol-Gel-Precursor-Verfahren

3. Vorteile: bessere Homogenität und schmalere Korngrößenverteilung, Möglichkeit zum Herstollen von Dünnschichten für Mikrokondensatoren
   Nachteile: der Prozeß ist komplizierter und teuerer beim Umsetzten in industrielle Verfahren.

4. Die angegebene Verbindung kann als Precursor verwendet werden, da sie das richtige Cu:Cr-Verhältnis hat. Beim Erhitzen werden der Ammoniak und die Ammoniumionen pyrolysiert und ausgetrieben.

    Das Produkt wird eine bessere Homogenität haben als ein nach dem keramischen Verfahren hergestelltes Präparat, da die Ausgangskomponenten in atomarer Verteilung vorliegen. Die Temperatur zum Vertreiben des Ammoniaks und des Wassers sind niedriger als die für eine Festkörperreaktion benötigte.

    Der Precursor enthält Kristall-Ammoniak und ist demzufolge wahrscheinlich in flüssigem Ammoniak gefällt worden.

5. β-TeI ist metastabil und enthält Te in einer ungewöhnlichen Oxidationsstufe. Eine Methode, die in dem genannten Temperaturbereich verwendet werden kann und die Herstellung von Verbindungen in ungewöhnlichen Oxidationsstufen ermöglicht, ist die Hydrothermalsynthese.

6. Aluminiumoxid ist auch unter hydrothermalen Bedingungen in reinem Wasser schwerlöslich. Da es amphotere Eigenschaften besitzt, kann es zu diesen Synthesen durch Alkalien in Lösung gebracht werden. Die OH^--Ionen bilden dabei mit den Al^{3+}-Ionen Aluminatanionen $[Al(OH)_4]^-$.

7. Bei diesen Synthesen muß wenigstens ein Reaktionspartner die Mikrowellenstrahlung stark absorbieren. Teilen wir die genannten Verbindungen in die Ausgangsstoffe auf, erhalten wir $CaO + TiO_2$, $BaO + PbO_2$, $ZnO + Fe_2O_3$, $ZrO_2 + CaO$, $K_2O + V_2O_5$.

    PbO_2, ZnO und V_2O_5 absorbieren Mikrowellenstrahlung sehr gut. Deshalb lassen sich $BaPbO_3$, $ZnFe_2O_4$ und KVO_3 auf diese Weise herstellen.

8. Da die Reaktion exotherm ist, verschiebt sich das Gleichgewicht durch steigende Temperatur nach links. Die Kristalle wachsen deshalb auf der heißeren Seite des Rohres.

9. Niob liegt im $LiNbO_3$ in der höchsten Oxidationsstufe vor. Durch Verwenden von Sauerstoff als Trägergas wird die Zersetzung in Sauerstoff und Verbindungen niedrigerer Oxidationsstufen verhindert.

    Bei der Synthese von HgTe wird Wasserstoff als Trägergas verwendet, da der Wasserstoff das Tellur reduziert (es liegt im HgTe als Tellurid in der Oxidationsstufe -2 vor) und mit den Ethylradikalen Kohlenwasserstoffe bildet.

Antworten zu Kapitel 4

1. Das Fermi-Niveau des Natriums liegt bei $E_F = 2{,}8$ eV $= 4{,}5 \cdot 10^{-19}$ J, die Masse eines Elektrons beträgt $m_e = 9{,}11 \cdot 10^{-31}$ kg. Es gilt:

$$E_F = \frac{1}{2} \times m \times v^2 \quad \text{und} \quad v^2 = \frac{2E_F}{m}.$$

Daraus folgt

$$v^2 = \frac{2E_F}{m}.$$

$$v = \sqrt{\frac{2 \times 2,8 \times 1,60 \times 10^{-19}\, kg \times m^2}{9,11 \times 10^{-31}\, kg \times s^2}} = 9,9 \cdot 10^{-5}\ \text{m/s}$$

2. Die Zahl der Atome in dem Na-Kristall des Volumens $v = 10^{-12}$ m³ (Würfel mit der Kanten-länge $a = 0,1$ mm) und der Masse m sei N. Es gilt:

$$m = \rho \times v = N\frac{M(\text{Na})}{N_A} \quad \text{und} \quad N = \frac{\rho \times v \times N_A}{M(\text{Na})}$$

$$N = \frac{970 \times 10^{-12} \times 6,02 \times 10^{23}}{23 \times 10^{-3}} = 2,5 \times 10^{16}$$

3. $$N = \frac{v \times \sqrt{\left(2m_e \times E_F\right)^3}}{3\pi^2 \hbar^3}$$

(a) $$N = \frac{10^{-12} \times \sqrt{\left(2 \times 9,11 \times 10^{-31} \times 2,8 \times 1,60 \times 10^{-19}\right)^3}}{3 \times 3,14^2 \times \left(1,055 \times 10^{-34}\right)^3} = 2,125 \times 10^{16}$$

(b) $N = 2,125 \cdot 10^{22}$

(c) $N = 0,2$

Jedes Niveau kann zwei Elektronen aufnehmen. Ein Natriumkristall mit N Atomen hat N Elektronen, um das Leitungsband zu füllen. Die Übereinstimmung zwischen der Zahl gefüllter Niveaus, die durch diese einfache Theorie berechnet worden ist, und der Zahl von Atomen in dem Kristall ist sehr gut. Beachten Sie auch, wie die Aufspaltung der Energieniveaus zunimmt, wenn die Elektronen in immer kleiner werdenden Volumina untergebracht werden müssen.

4. Die Bandlücke liegt im Energiebereich der Photonen des sichtbaren Lichts. Deshalb kön-nen Elektronen durch sichtbares Licht aus dem Valenz- in das Leitfähigkeitsband über-führt werden. Die Elektronen in beiden Bändern tragen dann zur Leitfähigkeit bei.

5. Si, Ge.

6. (a) n-Typ

     (b)   weder n- noch p-Typ

     (c) p-Typ

     (d) p-Typ

7. Carborund (SiC) hat, ähnlich wie Silicium und Germanium, in einem Kristall aus N Ato-men $4N$ Valenzelektronen. Die tetraedrisch koordinierte Diamantstruktur ist begünstigt, weil dabei alle $4N$ Elektronen in bindende Orbitalen passen und die Gesamtenergie des-halb niedriger ist als in einer Struktur mit größerer Koordinationszahl.

Antworten zu Kapitel 5

1. $n_S \approx N \exp(-\Delta H_S / 2RT)$, mit $\Delta H_S = 200$ kJ/mol und $R = 8{,}314$ J/(K·mol)

Tabelle 5.9   Konzentration der Schottky-Defekte von Verbindungen der Zusammensetzung MX bei verschiedenen Temperaturen

Temperatur		n_S/N	$\dfrac{n_S}{mol^{-1}}$
°C	K		
27	300	$3{,}87 \cdot 10^{-18}$	$2{,}33 \cdot 10^{6}$
227	500	$3{,}57 \cdot 10^{-11}$	$2{,}15 \cdot 10^{13}$
427	700	$3{,}45 \cdot 10^{-8}$	$2{,}08 \cdot 10^{16}$
627	900	$1{,}57 \cdot 10^{-6}$	$9{,}45 \cdot 10^{17}$

2.   Durch Umstellen und Logarithmieren der Gleichung (5.4) erhält man

$$\ln \frac{n_S}{N} = -\frac{\Delta H_S}{2RT} \quad \text{oder}$$

$$\lg \frac{n_S}{N} = -\frac{\Delta H_S}{\ln 10 \times 2RT}$$

Durch Auftragen von $\lg n_S/N$ gegen $1/T$ erhält man eine Gerade, die durch den Ursprung verläuft. Der Anstieg der Geraden ist $-[(\Delta H_S/(2{,}303 \cdot 2R)]$ und liefert hier den Wert $\Delta H_S = 183$ kJ/mol als Bildungsenthalpie für ein Mol Schottky-Defekte. Teilt man diesen Wert durch die Avogadrokonstante N_A ergibt sich die Bildungsenthalpie für einen Schottky-Defekt $h_S = 3{,}05 \cdot 10^{-19}$ J $= 1{,}91$ eV.

3.   Die Zunahme der Konzentration an Verunreinigungen beeinflußt die Eigenleitung nicht (linke Gerade in Bild 5.38), sondern nur die Fremdleitung. Da die Aktivierungsenergie E_A für die Kationenbewegung konstant bleibt, ändert sich der Anstieg der Geraden nicht. Je weniger verunreinigt (bzw. je sauberer) ein Kristall ist, um so niedriger ist die Temperatur, bei der die Fremdleitung in die Eigenleitung durch die thermische Bildung von Defekten übergeht.

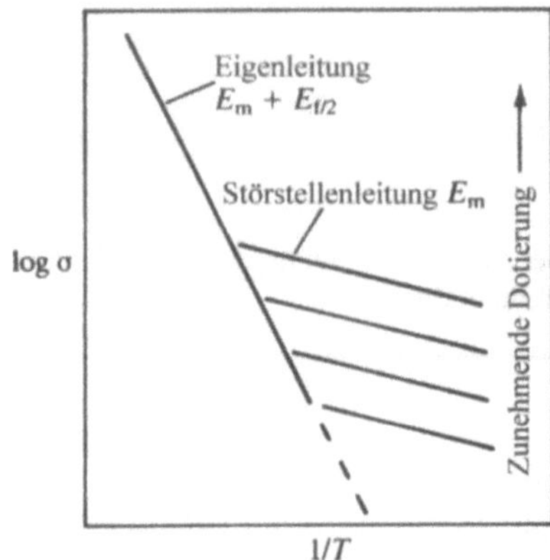

Bild 5.38   Schematische Darstellung der Temperaturabhängigkeit der Ionenleitfähigkeit von NaCl
(Nach A. R. West *Solid State Chemistry and ist Applications*, Wiley, 1984)

4. (a) Fast nicht
    (b) Die Leitfähigkeit nimmt zu, wenn zwei Na^+-Ionen durch ein Mg^{2+}-Ion ersetzt werden, weil dadurch je eine Vakanz gebildet wird.
    (c) Fast nicht
    (d) Zwei Cl^--Ionen werden durch ein O^{2-}-Ion und eine Leerstelle ersetzt. Dadurch nimmt die Leitfähigkeit geringfügig zu, da der Beitrag der Cl^--Ionen zur Leitfähigkeit nur klein ist.

5. Die Oxide dieser Struktur sind formal aus höher geladenen Ionen (M^{4+} und O^{2-}) aufgebaut als die Fluoride. Deshalb ist die Coulombsche Anziehung zwischen ihnen stärker und die zur Bildung von Defekten benötigte Energie größer (Tabelle 5.1). Bei einer gegebenen Temperatur ist deshalb bei den Oxiden die Defektkonzentration kleiner als bei den Fluoriden

6. Der Diffusionspfad ist in Bild 5.39 dargestellt. Das Anion springt von der Tetraederlücke durch den Mittelpunkt der Dreiecksfläche in die Oktaederlücke im Zentrum der Elementarzelle.

7. Das Anion im Zentrum des Würfels in Bild 5.3c ist oktaedrisch von sechs anderen Anionen im Abstand $a/2$ umgeben und tetraedrisch von vier Kationen im Abstand eines Viertels der Raumdiagonale $a\sqrt{3}/4 = 0{,}43\,a$. Der Zwischengitterplatz im Zentrum der Elementarzelle in Bild 5.3a ist von acht Anionen im Abstand $0{,}43\,a$ und im Abstand $a/2$ von sechs Kationen umgeben. Die Wechselwirkungsenergie E_1 eines Anions auf einem gewöhnlichen Gitterplatz errechnet man

— für die vier Kationen mit $r = (0{,}43 \cdot 573 \cdot 10^{-12})$ m und $Z_+ = +2$ und
— für die sechs Anionen mit $r = (0{,}5 \cdot 537 \cdot 10^{-12})$ m und $Z_- = -1$:

$$E_1 = -\left(\frac{2{,}31\times10^{-28}\,\mathrm{Jm}}{537\times10^{-12}\,\mathrm{m}}\right)\left(\frac{4\times2}{0{,}43}+\frac{6\times(-1)}{0{,}5}\right)$$

$$= -\left(4{,}302\times10^{-19}\,\mathrm{J}\right)\left(6{,}605\right)$$

$$= -2{,}84\times10^{-18}\,\mathrm{J}.$$

Die entsprechende Energie E_2 eines Anions auf einem Zwischengitterplatz ist

$$E_2 = -\left(4{,}302 \times 10^{-19}\,\text{J}\right)\left(\frac{8 \times (-1)}{0{,}43} + \frac{6 \times 2}{0{,}5}\right)$$

$$= -\left(4{,}302 \times 10^{-19}\,\text{J}\right)(5{,}395)$$

$$= -2{,}32 \times 10^{-18}\,\text{J}.$$

Die Energie, die für die Bildung eines Defekts benötigt wird, ist gleich der Differenz $E_2 - E_1$:

$$(-2{,}32 \cdot 10^{-18}\,\text{J}) - (-2{,}84 \cdot 10^{-18}\,\text{J}) = 5{,}2 \cdot 10^{-19}\,\text{J}$$

Das Ergebnis stimmt mit dem in Tabelle 5.1 aufgeführten experimentell ermittelten Wert von $4{,}49 \cdot 10^{-19}$ J gut überein, obwohl bei dieser einfachen Berechnung die Wechselwirkung mit entfernteren Ionen sowie Gitterschwingungen und die Gitterrelaxation nicht berücksichtigt worden sind.

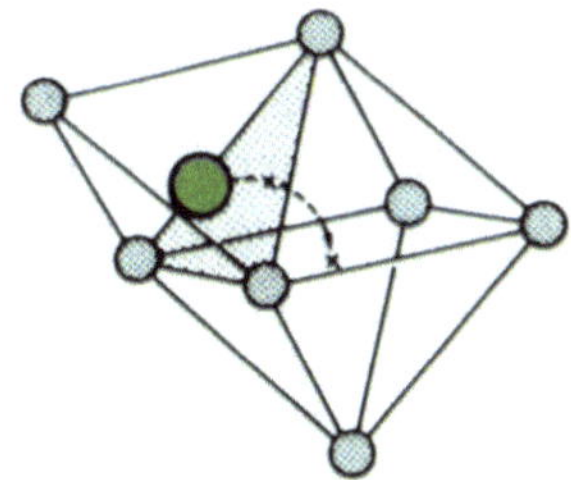

Pfad für die Diffusion eines Anions aus einer Tetraederlücke in eine Oktaederlücke in einem Fluoritgitter

8.   In beiden Strukturen befinden sich die Ag^+-Ionen auf Tetraederplätzen. In der Zinkblendestruktur des γ-AgI ist die Hälfte der Tetraederlücken besetzt, die andere Hälfte leer, d. h., pro Ag^+-Ion enthält das Gitter einen äquivalenten vakanten Gitterplatz, während es beim α-AgI fünf sind. Beide Strukturen enthalten darüber hinaus noch vakante Oktaederlücken und trigonal koordinierte Plätze. Im γ-AgI befinden sich die Oktaederlücken im Zentrum der Elementarzelle und im Mittelpunkt jeder Würfelkante. Die trigonal koordinierten Plätze sind die Dreiecksflächen, die sowohl zu einem Oktaeder als auch zu einem benachbarten Tetraedern gehören (Bild 5.40).

Im γ-AgI kann eine Ag^+-Ion aus einer Tetraederlücke zu einer anderen entweder auf dem in Bild 5.40 gezeichneten Weg wandern, auf dem das Ion zunächst durch eine Dreiecksfläche und dann durch das Zentrum einer Oktaederlücke diffundiert. Oder es gelangt in den oberen Teil des benachbarten Oktaeders, und erreicht die Koordinationszahl fünf, ehe es durch eine andere Dreiecksfläche hindurch weiter wandert. Diese Diffusionspfade sind energetisch weniger günstig als der, den wir für das α-AgI besprochen haben.

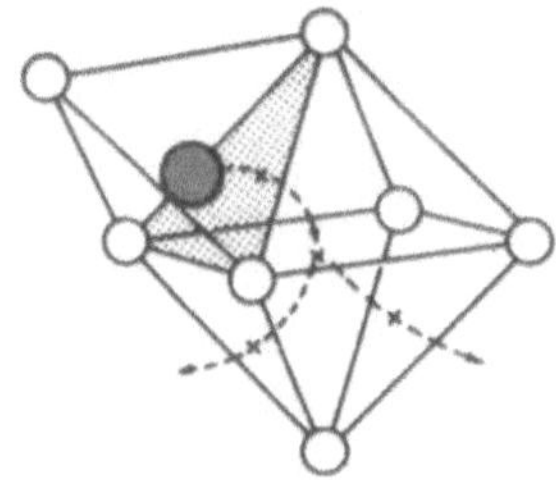

Bild 5.40   Diffusionspfade für Ag^+-Ionen im γ-AgI

9. Die Anionen I^-, S^{2-}, Se^{2-} und Te^{2-} sind alle stark polarisierbar.

10. Im undotierten β-Aluminiumoxid werden die Ladungen der überschüssigen Natriumionen dadurch kompensiert, daß zusätzlichen Oxidionen in die Leitungsebene eingebaut werden. Man beobachtet, daß von einer bestimmten Konzentration an dadurch die Beweglichkeit der Na^+-Ionen behindert wird. Im Gegensatz dazu führt die Dotierung mit Mg^{2+}-Ionen zu einer anderen Ladungskompensation. Wenn Mg^{2+}-Ionen in den Spinellblöcken Al^{3+}-Ionen ersetzen, werden zur Ladungskompensation zusätzliche Na^+-Ionen in die Leitungsebenen eingebaut, ohne daß Oxidionen auf Zwischengitterplätzen untergebracht werden müssen. Dadurch wird die Leitfähigkeit verbessert.

11. Die analytische Zusammensetzung Fe:O = 0,910 läßt zwei Grenzfälle zu ($Fe_{0,910}O$ mit Kationenleerstellen oder $FeO_{1,099}$ mit Oxidionen auf Zwischengitterplätzen), die sich in ihrer Dichte unterscheiden müssen.

$$\rho = \frac{m}{v} = \frac{4 \times M(FeO)}{N_A \times a^3}$$

$a = 428,2$ pm,

$M_1(Fe_{0,91}O) = (55,85 \cdot 0,91 + 16,00)$ g/mol $= 66,82$ g/mol,

$M_2(FeO_{1,099}) = (55,85 + 1,099 \cdot 16,00)$ g/mol $= 73,43$ g/mol

$\rho_1 = 5,653 \cdot 10^3$ kg/m³ und $\rho_2 = 6,212 \cdot 10^3$ kg/m³.

Der Vergleich dieser theoretischen Werte mit dem experimentell bestimmten zeigt die Richtigkeit des Strukturmodells mit Fe-Vakanzen

12. Aus Tabelle 5.6 geht hervor, daß mit abnehmendem Fe:O-Verhältnis auch die Gitterkonstante kleiner wird. Diesen Trend erwartet man, wenn mit abnehmendem Sauerstoffgehalt die Zahl der Leerstellen zunimmt. Umgekehrt müßte die Zunahme des Anteils von Sauerstoff auf Zwischengitterplätzen die Elementarzelle vergrößern.

13. Ein Kristall, der F-Zentren enthält, besitzt Anionenleerstellen. Man muß deshalb erwarten, daß seine Dichte kleiner ist als die eines farblosen Kristalls.

14. (a) Der abgebildete mittlere Ausschnitt enthält zwei Fe^{3+}-Ionen auf Tetraederplätzen und sieben Leerstellen. Er heißt deshalb 7:2-Cluster.

(b) Es sind 32 Oxidanionen. Es gibt sieben oktaedrische Leerstellen und zwei Fe^{3+}-Ionen auf tetraedrischen Zwischengitterplätzen, insgesamt 27 Fe-Kationen. In dem Cluster sind zwei Fe^{3+}-Ionen und sechs oktaedrisch koordinierte Fe-Ionen eingeschlossen. Die äußere Schicht ist die gleiche wie im Koch-Cohen-Cluster mit $(8 \cdot 1/8) = 1$ Fe_{okt} an den Ecken, $(12 \cdot 1/4) = 3$ Fe_{okt} auf den Mittelpunkten der Kanten und $(30 \cdot 1/2) = 15$ Fe_{okt}, zusammen 27 Fe-Ionen. Die Zusammensetzung entspricht deshalb der Formel $Fe_{27}O_{32}$.

(c) Die negativen Ladungen der 32 O^{2-}-Ionen werden durch die Kationen kompensiert. Da zwei tetraedrisch koordinierte Ionen in der Oxidationsstufe +3 vorliegen, entfallen auf die restlichen 25 Fe-Ionen 58 positive Ladungen. Ist x die Zahl der Fe^{2+}- und y die Zahl der Fe^{3+}-Ionen, ergeben sich folgende Gleichungen:

$$x + y = 25 \text{ und } 2x + 3y = 58.$$

Als Lösung erhält man $x = 17$ und $y = 8$.

15. *Titan-Vakanzen*: es gibt acht an den Ecken $(8 \cdot 1/8) = 1$, und auf zwei sich gegenüber liegenden Flächen $(2 \cdot 1/2) = 1$.
Titan-Ionen: auf den Kanten der Elementarzelle $(4 \cdot 1/4) = 1$, auf der Grund- und der Deckfläche der Zelle $(8 \cdot 1/2) = 4$ und im Inneren eingeschlossen fünf weitere Ionen, das ergibt zusammen 10 Ti-Ionen. Die Stöchiometrie der Elementarzelle ist natürlich repräsentativ für die Verbindung: auf 12 Gitterplätze entfallen 10 Ionen, zwei Plätze sind vakant.
Sauerstoff-Vakanzen: auf den Flächen $(4 \cdot 1/2) = 2$.
Sauerstoff-Ionen: auf den Flächen $(8 \cdot 1/2) = 4$ und auf den Kanten $(8 \cdot 1/4) = 2$. Vier weitere Ionen liegen im Inneren der Elementarzelle. Das sind zusammen ebenfalls 10 Ionen.

16. Beginnen wir mit den Ti-Positionen: die acht Ecken der Elementarzelle sind nicht besetzt, $(8 \cdot 1/8) = 1$, eine weitere Leerstelle befindet sich im Inneren der Zelle, das ergibt zusammen zwei Vakanzen. Auf den Kanten befinden sich keine Ti-Ionen und von den Flächen enhalten jeweils nur die Grund- und die Deckfläche je vier Ti-Ionen $(2 \cdot 4 \cdot 1/2) = 4$. Vier weitere Ti-Ionen befinden sich im Inneren der Zelle. Die Oxidionen besetzen vier Kanten $(4 \cdot 1 \cdot 1/4) = 1$, die Grund- und Deckflächen enthalten je fünf Oxidionen $(2 \cdot 5 \cdot 1/2) = 5$ und das Innere nochmals vier Oxidionen. Die Elementarzelle hat die Zusammensetzung Ti_8O_{10} bzw. $TiO_{1,25}$.

17. In dieser Struktur ist jeder fünfte Ti-Gitterplatz nicht besetzt. Für jedes fehlende Ti^{2+}-Ion müssen zwei andere Ionen zum Ti^{3+}- bzw. eins zum Ti^{4+}-Ion oxidiert sein.

18. Bild 5.41 zeigt, wie sich die Stöchiometrie verändert, wenn oktaedrisch koordinierte Zentralatome über gemeinsame Ecken, Kanten bzw. Flächen verknüpft werden.

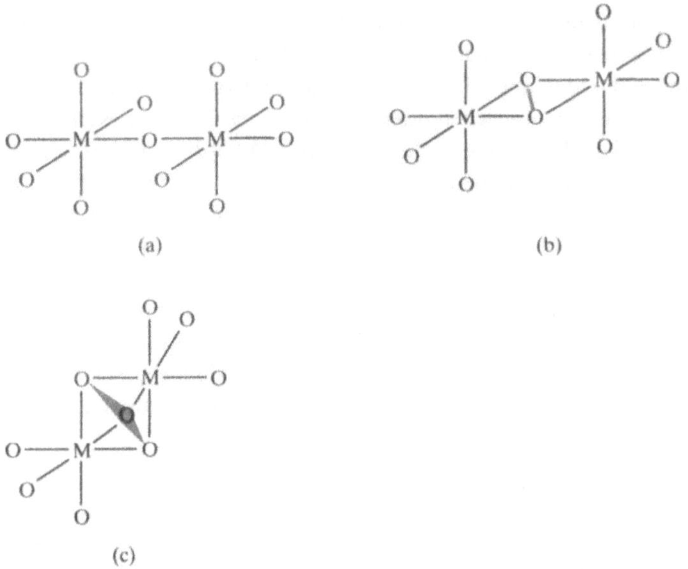

Bild 5.41   Änderung der Stöchiometrie durch unterschiedliche Verknüpfung von [MO$_6$]-Oktaedern: (a) Eckenverknüpfung M$_2$O$_{11}$, (b) Kantenverknüpfung M$_2$O$_{10}$ und (c) Flächenverknüpfung M$_2$O$_9$

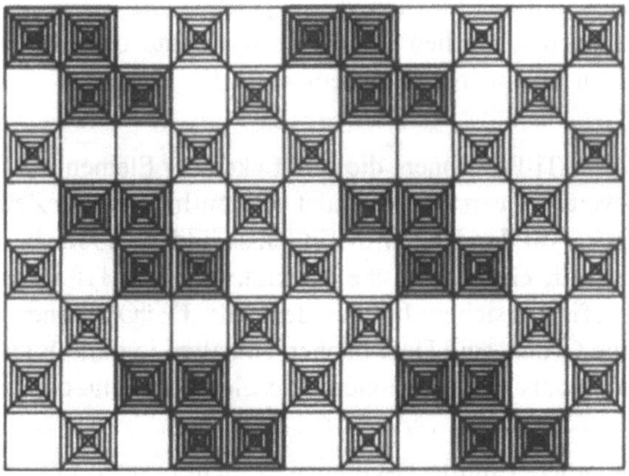

Bild 5.42   Projektion der W$_8$O$_{23}$-Struktur mit Angabe einer Elementarzelle

19. In die in Bild 5.42 dargestellte Scherstruktur ist eine Elementarzelle eingezeichnet. Sie enthält eine Gruppe aus vier kantenverknüpften Oktaedern und vier weitere eckenverknüpfte Oktaeder. Die Zusammensetzung ist deshalb W$_4$O$_{11}$ + 4 WO$_3$ = W$_8$O$_{23}$.

20. Das nichtstöchiometrische ZnO ist ein n-Halbleiter. Wenn im Kationenteilgitter 3 Zn^{2+}-Ionen durch 2 Ga^{3+}-Ionen ersetzt werden, müssen auch im Anionenteilgitter zum Aufrechterhalten der Struktur Oxidionen entfernt werden. Die Elektronen, die bei der Oxidation der Oxidionen zu Sauerstoff frei werden, verbleiben zur Ladungskompensation im Gitter und verstärken die n-Leitung. Legt man zur Vereinfachung ein stöchiometrisch zusammengesetztes ZnO zugrunde, ergibt sich für diesen Prozeß folgende Reaktionsgleichung:

$$x\,Ga_2O_3 + 2(1-x)ZnO = 2\,Ga_xZn_{1-x}O + 1/2x\,O_2.$$

Antworten zu Kapitel 6

1. Die Benzolringe des Polyphenylenvinylen enthalten delokalisierte π-Systeme. Über die π-Systeme der Vinylengruppen können benachbarte Benzolringe in Wechselwirkung treten und die Delokalisierung über das ganze Molekül ausdehnen.

2. (a) Rb gibt unter Bildung von Rb^+-Ionen ein Elektron an das Poyacetylen ab. Das Polymere wird dadurch n-leitend, da die Elektronen das Leitungsband teilweise auffüllen.

   (b) Schwefelsäure wirkt als Elektronenakzeptor. Polyacetylen geht in den p-leitenden Zustand über.

3. $8\,(CH)_n + 9\delta n\,HClO_4 \rightarrow 8\,[(CH)^{\delta+}(ClO_4)^-{}_\delta]_n + \delta n\,HCl + 4\delta n\,H_2O$

4. Die K^+-Ionen haben die Ladung +1, die Cyanid- und die Bromidionen jeweils –1. Da die Nettoladung der Verbindung gleich Null sein muß, ist die Oxidationszahl des Platins gleich $-2 + 4 + 0{,}3 = 2{,}3$. Dieser Wert ist wie jede Oxidationszahl eine formale Rechengröße.

5. Wenn es zwischen den $(SN)_x$-Ketten keine Wechselwirkung gibt, wäre diese Verbindung ein eindimensionaler Leiter und würde sich bei tiefen Temperaturen dem Peierls-Theorem entsprechend verhalten. In diesem Zustand wäre die Verbindung ein Isolator oder ein Halbleiter. Die beobachtete Tieftemperaturleitfähigkeit zeigt, daß die Peierls-Verzerrung nicht eintritt. Das kann damit erklärt werden, daß zwischen den Ketten eine Wechselwirkung besteht, durch die das System die Eigenschaften eindimensionaler Moleküle verliert.

6. Die alternierenden Bindungslängen weisen auf eine partielle Lokalisation der d-Elektronen hin. In Polyacetylen sind alternierende Bindungslängen die Ursache für die Ausbildung einer Bandlücke. Das ist auch für diese Verbindung wahrscheinlich. Deshalb findet man im VO_2 anstelle eines teilweise gefüllten Bandes, das man erwarten könnte, wenn die Verbindung eine TiO_2-Struktur ausbilden würde, ein d-Band, das in ein voll besetztes und ein leeres Band aufgespaltet ist.

7. Fluoratome wirken stark elektronenziehend auf ihre Umgebung. Deshalb ist $TCNQF_4$ ein stärkerer Elektronenakzeptor als TCNQ. Die Leitfähigkeit von Festkörpern des Typs TTF–TCNQ wird durch einen partiellen Elektronenübergang von einem Molekül zum anderen hervorgerufen. $TCNQF_4$ ist ein so starker Elektronenakzeptor, daß pro Formeleinheit ein Elektron übertragen wird. Dadurch wird das Leitungsband in einem Stapel vollständig gefüllt, in einem anderen völlig geleert. Deshalb hat $HMTTF–TCNQF_4$ kein teilweise gefülltes Band und ist nicht metallisch leitend.

Antworten zu Kapitel 7

1. Die Maxima des Spektrums liegen bei −88, −93, −99 und −105 ppm. Durch Vergleich mit den Werten aus Bild 7.13 ist ersichtlich, daß im Faujasit vier Bindungstypen vorliegen: $Si(OAl)_3(OSi)$, $Si(OAl)_2(OSi)_2$, $Si(OAl)(OSi)_3$ und $Si(OSi)_4$.

2. Die modifizierte Verbindung zeigt nur noch einen Pik im Spektrum, der bei −108 ppm liegt. Diese Verschiebung weist entsprechend den Werten aus Bild 7.13 auf den Bindungstyp $Si(OSi)_4$ hin. Durch die Behandlung mit $SiCl_4$ sind die tetraedrisch gebundenen Al-Ionen aus dem Netzwerk entfernt worden. Durch Intensitätsmessungen läßt sich das Si:Al-Verhältnis zu 55 bestimmen.

3. (a) Der Pik bei 61 ppm weist in der Ausgangsverbindung eindeutig das Vorhandensein von tetraedrisch koordiniertem Al im Netzwerk nach.

    (b) Nach dem Behandeln mit $SiCl_4$ ist der Gehalt an Al im Netzwerk stark verringert, aber ein neuer Pik bei 100 ppm zeigt die Anwesenheit von $[AlCl_4]^-$-Tetraedern an. Das weitere Maximum bei 0 ppm geht auf oktaedrisch koordiniertes Al zurück.

    (c) Durch Wasser wird zunächst das $NaAlCl_4$ ausgewaschen.

    (d) Wiederholtes Waschen entfernt auch einen Teil des oktaedrisch koordinierten Al.

4. Aus der Zusammenstellung in Bild 7.13 geht hervor, daß im Zeolith A die am häufigsten auftretende Si-Umgebung vom Typ $Si(OAl)_3(OSi)$ ist. Da wir aber wissen, daß das Si:Al-Verhältnis gleich 1 ist, ist diese Koordination ohne systematische Verletzung der Löwensteinregel nicht möglich. Durch spektroskopische Untersuchungen dieser Verbindung (und des Zeoliths ZK 4) ist die $Si(OAl)_4$-Struktur mit der regelmäßigen Folge von Si–O–Al–O-Bindungen bestätigt worden. Durch diese Ergebnisse ist der Bereich, in dem die chemische Verschiebung der unterschiedlich gebundenen Si-Atome auftreten kann, modifiziert worden, wie es in Bild 7.13 dargestellt ist.

5. Dieses System wirkt als reaktandselektiver Katalysator. Die verzweigtkettigen Kohlenwasserstoffe sind zu voluminös, um durch die Porenöffnungen ins Innere des Katalysators zu gelangen.

6. Auf diese Weise wirkt ein produktselektiver Katalysator. Die Moleküle beider Ausgangsverbindungen sind so klein, daß sie in die Poren des Katalysators diffundieren und dort hydriert werden können. Das nur wenig größere Propanmolekül kann den Hohlraum aber nicht verlassen.

7. Der Zeolith A (Ca-Form) weist Reaktandselektivität auf. Das geradkettige *n*-Hexan gelangt durch die Öffnungen des Gerüsts in die Kanäle und reagiert dort, während das verzweigte 3-Methylpentan davon ausgeschlossen ist. Die selektive Spaltung geradkettiger Kohlenwasserstoffe in Gegenwart von verzweigten Verbindungen ist eine wichtige industriell genutzte Reaktion.. Durch den *Selectoforming* genannten Prozeß wird die Oktanzahl von Vergasertreibstoffen erhöht.

8. Es gibt zwei Ursachen für die Erhöhung der Ausbeute an *p*-Xylol. Mit zunehmender Kristallitgröße des Katalysators vergrößern sich die Diffusionswege für die Moleküle in den Zeolithkanälen, und die für die Isomerisierung zur Verfügung stehende Zeit verlängert sich entsprechend. Zweitens findet die formselektive Reaktion vor allem im Inneren der Zeolithkanäle und weniger an seiner Oberfläche statt. Da sich mit zunehmender

Kristallitgröße das Verhältnis von innerer zu äußerer Oberfläche vergrößert, nimmt die Selektivität zu.

9. Mit der Vergrößerung des Si:Al-Verhältnisses fällt die OH-Streckfrequenz. Das ist ein Zeichen für die Abnahme des Kovalenzgrades der O–H-Bindung. Der Wasserstoff kann demzufolge leichter als H^+-Ion abgespalten werden, er ist saurer als in aluminiumreicheren Verbindungen.

Antworten zu Kapital 8

1. Im Mn^{2+}-Ion (d^5-System) kann ein Elektron nur von einem d-Niveau in ein anderes d-Niveau übergehen, wenn es seinen Spin umkehrt. Da solche Übergängen verboten sind, resultieren daraus Spektrallinien sehr geringer Intensität.

2. Die Strahlung einer Lampe pumpt Elektronen vom Grundzustand G in die angeregten Zustände B, C und D. Aus den Niveaus C und D können die Elektronen durch strahlungslose Übergänge ebenfalls zum Niveau B gelangen. Übergänge von B zu tiefer liegenden Zuständen unter Strahlungsemission sind verboten. Dadurch wird eine große Besetzungsdichte des Zustands B aufgebaut. Wenn schließlich ein Elektron von dort spontan in den Zustand A übergeht und dabei ein Photon emittiert wird, induziert dieses Photon eine große Zahl weiterer Strahlungsübergänge von B nach A – einen Laserstrahl. Damit sich in B eine große Besetzungsdichte aufbauen kann, müssen die Übergänge von B nach A und G verboten sein, aber das Verbot für den Übergang von B nach G muß strenger befolgt werden als für den Übergang von B nach A, damit der für die Laserstrahlung erforderliche Übergang B $\rightarrow$ A wahrscheinlicher ist als für B $\rightarrow$ G.

3. ZnS ist ein Halbleiter mit gefülltem Valenzband und leerem Leitungsband. Wenn dieser Leuchtstoff bestrahlt wird, werden Elektronen in das Leitungsband angehoben. Da die Orbitale in einem Band delokalisiert sind, kann ihre Energie leichter zu anderen Bestandteilen des Gitters übertragen werden, vor allem auch zu Atomen, mit denen der Kristall dotiert ist.

4. Sensibilisatoren wirken ähnlich wie Verunreinigungen in einem Kristall.. Sie absorbieren Strahlung und gehen dadurch in einen angeregten Zustand über. Die angeregten Elektronen gehen strahlungslos in ein Niveau des Leitfähigkeitsbandes des AgBr über. Da es in diesem Band nicht lokalisiert ist, kann sich das Elektron im Kristall bewegen, bis es auf ein Zwischengitterkation Ag^+ trifft und dieses zum Ag-Atom reduziert. Da das AgBr eine indirekte Bandlücke besitzt, ist die Wahrscheinlichkeit verringert, daß das Elektron vom Leitungsband in eine Lücke des Valenzbandes übergeht. Während bei Leuchtstoffen das von den Dotanden emittierte Licht der wichtige ausgenutzte Effekt ist, stellt bei den Sensibilisatoren die Lichtabsorption den wesentlichen Vorgang dar.

5. Dieser Festkörper hat eine indirekte Bandlücke, da das höchste Niveau des Valenzbandes und das tiefste Niveau des Leitungsbandes bei verschiedenen k-Werten liegen. Der direkte Übergang vom Maximum des Valenzbandes zum Minimum des Leitfähigkeitsbandes ist wegen $\Delta k \neq 0$ verboten.

6. Silicium hat eine indirekte Bandlücke und verfügt über einen strahlungslosen Übergang vom Leitungsband zum Valenzband. In photovoltaischen Zellen werden Elektronen durch Licht aus dem Valenzband ins Leitfähigkeitsband überführt und verrichten dann elektrische Arbeit. Die angeregten Elektronen gehen weder direkt durch Strahlungsemission noch auf einem strahlungsfreien Weg zurück ins Valenzband. In LEDs ist der wesentliche Vorgang die Lichtemission bei der Rückkehr der Elektronen in das Leitungsband. Bei einem indirekten Halbleiter ist dieser Vorgang weniger wahrscheinlich als ein strahlungsloser Weg. Auch in den Solarzellen ist der Übergang ins Leitungsband wenig wahrscheinlich, aber es gibt keinen damit konkurrierenden strahlungslosen Weg.

7. Diese Oxide enthalten kleine Ionen mit formal großen Oxidationszahlen, die nur wenig polarisierbar sind. Das ist die Ursache für den großen Brechungsindex.

Antworten zu Kapitel 9

1. Da die Mn-Atome in den Legierungen weiter voneinander entfernt sind als im Element, ist die Überlappung der $3d$-Orbitale geringer, und deshalb ist hier das $3d$-Band schmaler als im Mn-Metall. In einem schmalen Band ist die interelektronische Abstoßung größer als in einem breiten. Deshalb wird dann ein Zustand begünstigt, bei dem die Zahl ungepaarter Spins vergleichbar mit der Zahl der Atome wird. Die Legierung ist deshalb ferromagnetisch.

2. Die magnetisch geordnete Elementarzelle ist identisch mit der Elementarzelle der paramagnetischen Hochtemperaturform. Deshalb müssen in der Tieftemperaturform die Spins aller Eu-Ionen parallel ausgerichtet sein. Die Verbindung ist deshalb ferromagnetisch.

3. Die Zn^{2+}- und die Hälfte der Fe^{3+}-Ionen besetzen Oktaederplätze. Die andere Hälfte der Fe^{3+}-Ionen besetzt Tetraederlücken und hat antiparalell zu den oktaedrisch koordinierten Fe^{3+}-Ionen orientierte Spins. Das Gesamtmoment der Fe^{3+}-Ionen ist deshalb gleich Null. Da das Zn^{2+}-Ion als d^{10}-System nur gepaarte Elektronen hat, gibt es kein magnetisches Gesamtmoment, und die Verbindungen ist antiferromagnetisch.

4. Aus den genannten Eigenschaften geht hervor, daß im MnS_2 die $3d$-Elektronen lokalisiert sind. Oberhalb der Néel-Temperatur ist die Verbindung ein Isolator mit einer paramagnetischen Suszeptibilität von fünf ungepaarten Elektronen pro Mn-Ion. Das kann man damit erklären, daß unterhalb des $3d$-Niveaus gefüllte Bänder vorliegen und die $3d$-Elektronen lokalisiert sind. Unterhalb der Néel-Temperatur treten die Elektronen verschiedener Mn-Ionen über die Disulfidionen durch den antiferromagnetischen Superaustausch miteinander in Wechselwirkung. Die magnetischen Momente heben sich dadurch auf.

   Aus den Eigenschaften des FeS_2 geht hervor, daß alle Spins gepaart sind, entweder in einem Band oder lokalisiert bei den einzelnen Fe-Ionen. Es gibt sechs $3d$-Elektronen pro Fe^{2+}-Ion, die gerade ausreichen, um das tiefer liegenden t_{2g}-Band vollständig zu füllen. Da es sich um einen Halbleiter handelt, muß es noch ein leeres Band geben, das nur wenig über diesem Band liegt. Das ist wahrscheinlich das e_g-Band.

   Im CoS_2 reichen die Elektronen aus, um das e_g-Band teilweise zu füllen. Deshalb weist diese Verbindung metallische Leitfähigkeit auf. Sie ist ferromagnetisch, weil das Band schmal ist.

5. Der Einfluß, den die Deuteriumsubstitution auf die Eigenschaften ausübt, beweist, daß die Wasserstoffatome im Gitter verschoben werden, wenn die ferroelektrische Phase gebildet wird.

Antworten zu Kapitel 10

1. Jede Person stellt ein Cooper-Paar dar. Die Überlappung zwischen den Paaren wird dadurch symbolisiert, daß sich die Leute an den Händen halten und so ein geordnetes System bilden. Da sich die Gruppe gemeinsam bewegt, gibt es an den Defekten – den Löchern im Gelände – keine Störung in der Vorwärtsbewegung. Der Vergleich hinkt insofern, daß die „Überlappung" in der Gruppe und nicht nur paarweise stattfindet.

2. Bild 10.12 enthält das Packungsdiagramm einer Elementarzelle vom A-Typ. Ein Ca-Atom befindet sich im Mittelpunkt der Elementarzelle und 8 Ti-Atome an ihren acht Ecken, die jeweils 8 Elementarzellen gleichzeitig angehören. Zur Elementarzelle gehören noch 12 O-Atome in der Mitte der 12 Würfelkanten. Sie gehören gleichzeitig zu vier verschiedenen Elementarzellen. Das ergibt die Zusammensetzung [1Ca + 8 · 1/8Ti + 12 · 1/4O] = $CaTiO_3$. Das Calcium ist umgeben von 12 O-Atomen und acht Ti-Atomen, die Ti-Atome oktaedrisch von sechs O-Atomen und von acht Ca-Atomen. Jedes O-Atom ist linear koordiniert an zwei Ti-Atome und planar-quadratisch an vier Ca-Atome.

   Das Packungsdiagramm einer B-Elementarzelle ist in Bild 10.13 dargestellt. Hier bildet das B-Atom (Ti) das Zentrum und die Ca-Atome die Ecken eines Würfels. Die O-Atome befinden sich in den Mittelpunkten der sechs Würfelflächen. Die Stöchiometrie ergibt demzufolge: [8 · 1/8Ca + 1Ti + 6 · 1/2O] = $CaTiO_3$. Die Koordinationsverhältnisse sind natürlich identisch mit denen der A-Zelle.

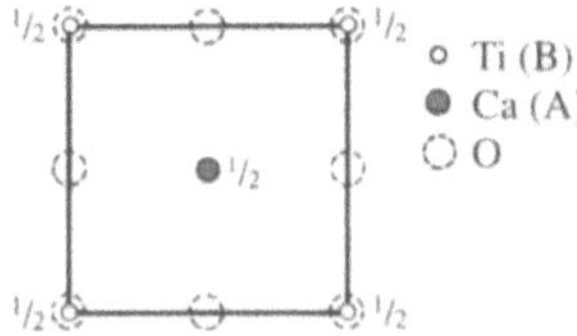

Bild 10.12   Packungsdiagramm einer Elementarzelle des Typs A von Perowskit ($CaTiO_3$)

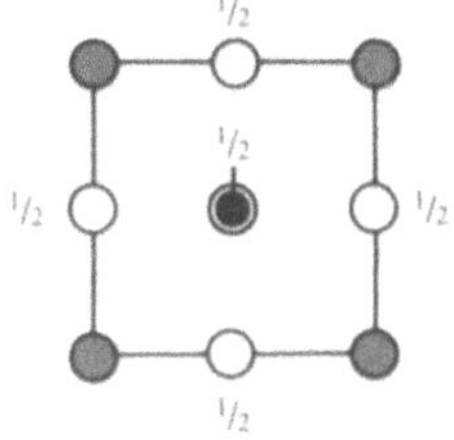

Bild 10.13   Packungsdiagramm einer Elementarzelle des Typs B von Perowskit ($CaTiO_3$)

3. Bild 10.14 enhält das Packungsdiagramm der Schichten mit $c = 1/6$ bzw. (damit identisch) 5/6 und für $c = 2/6$ bzw. 4/6.

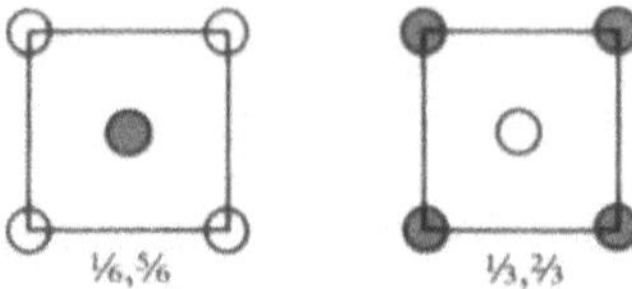

Bild 10.14   Schichtenfolge in der K_2NiF_4-Struktur

Sachwortverzeichnis

Molekül-Origami
Maßstabgetreue Papiermodelle

von Robert M. Hanson
Aus dem Englischen übersetzt von Heike Voelker.

1996. XII, 230 S. Kart.
ISBN 3-528-06883-3

"Mit meinem Buch möchte ich die Neugier an der Chemie und an der Struktur der Materie stimulieren", sagt Hanson über sein Buch. Die Leser werden aufgefordert, die maßstabsgetreuen Modelle (1:300.000.000) aus diesem Buch auszuschneiden und nach alter japanischer Kunst zu falzen. Dabei entdecken sie spielerisch die Dreidimensionalität der Moleküle, begreifen, ohne räumliches Vorstellungsvermögen entwickeln zu müssen, wie sich laut chemischer Formel ähnliche Moleküle doch räumlich unterscheiden können.

Molekül-Origami geht allerdings über den reinen Spielbetrieb deutlich hinaus. Mit einführenden Seiten, zahlreichen Aufgaben am Rande des Bastelprozesses und den Angaben genauer Bindungslängen und -winkel wird dem Studenten auch Lehrstoff vermittelt.

Die perfekte Papierform des modernen "Edutainment".

Abraham-Lincoln-Str. 46
Postfach 15 46
65005 Wiesbaden
Fax. (06 11) 78 78-4 20

MIX
Papier aus verantwortungsvollen Quellen
Paper from responsible sources
FSC® C105338

www.fsc.org

If you have any concerns about our products,
you can contact us on
ProductSafety@springernature.com

In case Publisher is established outside the EU,
the EU authorized representative is:
Springer Nature Customer Service Center GmbH
Europaplatz 3, 69115 Heidelberg, Germany

Printed by Libri Plureos GmbH
in Hamburg, Germany